| 洞庭湖研究系列丛书 |

洞庭湖区
防洪设计水位研究

刘晓群　朱德军　赵文刚◎编著

·南京·

图书在版编目(CIP)数据

洞庭湖区防洪设计水位研究 / 刘晓群，朱德军，赵文刚编著. -- 南京 ：河海大学出版社，2023.12

（洞庭湖研究系列丛书）

ISBN 978-7-5630-8816-4

Ⅰ. ①洞… Ⅱ. ①刘… ②朱… ③赵… Ⅲ. ①洞庭湖—湖区—防洪 Ⅳ. ①TV87

中国国家版本馆 CIP 数据核字(2023)第 255423 号

书　　名　洞庭湖区防洪设计水位研究
书　　号　ISBN 978-7-5630-8816-4
责任编辑　陈丽茹
特约校对　李春英
装帧设计　徐娟娟
出版发行　河海大学出版社
地　　址　南京市西康路 1 号(邮编:210098)
电　　话　(025)83737852(总编室)　(025)83722833(营销部)
　　　　　(025)83787104(编辑室)
经　　销　江苏省新华发行集团有限公司
排　　版　南京布克文化发展有限公司
印　　刷　广东虎彩云印刷有限公司
开　　本　700 毫米×1000 毫米　1/16
印　　张　25.75
字　　数　523 千字
版　　次　2023 年 12 月第 1 版
印　　次　2023 年 12 月第 1 次印刷
定　　价　228.00 元

编写委员会

主　　任　刘晓群　朱德军

参编人员　伍佑伦　纪炜之　沈新平　曾　杨

沈宏晖　周北达　汤小俊　赵　敏

王在艾　赵文刚　江晨辉　冉雪嫣

宋　雯　蒋婕妤　吕慧珠　罗　雷

梁亚琳　鲁瀚友　顿佳耀　唐　瑶

王　灿　彭丽娟　刘思凡　陈旺武

张文倩　谢雨航　刘焕宇

前言

洞庭湖区受长江、湘资沅澧四水及区间洪水遭遇影响，分析计算其工程治理的设计洪水位十分复杂，故在洞庭湖一期、二期和近期实施方案等各个治理阶段，东、南洞庭湖采用1954年最高水位，西洞庭湖采用1991年最高水位作为设计水位。2003年以来，三峡及其上游水库群近700亿m^3防洪库容相继投入运营，对长江洪水的控制作用使洞庭湖洪水的长江边界条件趋向简单。但近20年，城陵矶实际洪水水位也多次超过既有的设计洪水位，在长江大保护、国家现代化建设进程中，研究洞庭湖区适应江湖关系变化后的设计洪水位，以策洞庭湖乃至长江中游防洪安全尤为紧迫。

根据《水利水电工程设计洪水计算规范》(SL 44—2006)，洞庭湖设计洪水位由江湖洪水组合或江湖汇合后控制站的设计洪水进行分析计算并合理确定。在长江上游清水下泄导致中下游河道下切、洞庭湖高洪调蓄容积不再衰减、高洪水位持续时间缩短等变化背景下，本研究利用洞庭湖水沙数值模型计算湖区设计洪水位，包括湖区现状及未来30年泥沙输运情景下设计洪水位的空间分布变化，并评估现状条件下洞庭湖重点垸、蓄洪垸防洪能力。

目录

第 1 章　研究概述 …… 001

1.1　研究背景 …… 003

1.2　研究内容 …… 004

1.3　研究进展 …… 005

1.3.1　江湖关系影响下的洞庭湖防洪形势变化 …… 005

1.3.2　洞庭湖区防洪控制水位研究 …… 007

1.3.3　流域洪水演算模型研究 …… 009

1.3.4　洪水影响下的堤防建设与管理现状 …… 010

1.4　技术路线 …… 012

1.5　预期目标 …… 013

第 2 章　区域概况 …… 015

2.1　自然地理 …… 017

2.2　气候概况 …… 017

2.2.1　气候条件 …… 017

2.2.2　降雨特性 …… 019

2.3　河网水系 …… 021

2.3.1　长江干流 …… 021

2.3.2　四口水系 …… 022

2.3.3　四水水系 …… 025

2.3.4　其他水系 …… 026

2.3.5　内湖与撇洪河 …… 027

2.4　水文测站 …… 032

第3章　洞庭湖洪水组成及特性…… 035
3.1　洞庭湖洪水地区组成 …… 037
3.1.1　长江洪水…… 037
3.1.2　四水洪水…… 041
3.1.3　区间洪水…… 046
3.2　入湖洪水组成 …… 047
3.2.1　入湖径流的地区组成…… 048
3.2.2　汛期入湖水量…… 049
3.2.3　入湖洪峰流量…… 050
3.2.4　入湖历时洪量…… 051
3.2.5　小结…… 051
3.3　洪水传播时间 …… 053
3.3.1　长江洪水传播…… 053
3.3.2　四水洪水传播…… 053
3.4　洪水遭遇分析 …… 054
3.4.1　洪峰遭遇…… 055
3.4.2　洪量遭遇…… 056

第4章　实际洪水统计与分析…… 081
4.1　洪水量级划定 …… 083
4.2　长江下泄 30 000 m^3/s 量级洪水 …… 088
4.2.1　1969 年洪水 …… 088
4.2.2　1973 年洪水 …… 089
4.2.3　1991 年洪水 …… 090
4.2.4　1995 年洪水 …… 092
4.2.5　1996 年洪水 …… 093
4.2.6　2003 年洪水 …… 095
4.2.7　2010 年洪水 …… 096
4.2.8　2016 年洪水 …… 098
4.2.9　2017 年洪水 …… 098
4.2.10　小结 …… 101
4.3　长江下泄 40 000 m^3/s 量级洪水 …… 102
4.3.1　1964 年洪水 …… 102
4.3.2　1968 年洪水 …… 104

4.3.3　1988 年洪水 …………………………………………… 104
4.3.4　1999 年洪水 …………………………………………… 106
4.3.5　2002 年洪水 …………………………………………… 106
4.3.6　2012 年洪水 …………………………………………… 108
4.3.7　2020 年洪水 …………………………………………… 109
4.3.8　小结 ………………………………………………………… 111
4.4　长江下泄 50 000～60 000 m^3/s 量级洪水 ………… 112
4.4.1　1954 年洪水 …………………………………………… 112
4.4.2　1980 年洪水 …………………………………………… 114
4.4.3　1983 年洪水 …………………………………………… 115
4.4.4　1993 年洪水 …………………………………………… 116
4.4.5　1998 年洪水 …………………………………………… 117
4.4.6　小结 ………………………………………………………… 119
4.5　小结 ……………………………………………………………… 120

第 5 章　洞庭湖防洪体系 ……………………………………………… 123
5.1　蓄滞洪区 ……………………………………………………… 125
5.2　长江上中游梯级水库群 …………………………………… 127
5.3　洞庭湖中游水库工程 ……………………………………… 133
5.3.1　湘江-东江水库 ……………………………………… 140
5.3.2　资江-柘溪水库 ……………………………………… 145
5.3.3　沅江-五强溪水库、凤滩水库 ………………………… 146
5.3.4　澧水-皂市、江垭水库 ……………………………… 147
5.4　小结 ……………………………………………………………… 148

第 6 章　梯级水库群影响下的江湖水文条件变化 …………… 151
6.1　洪水特征变化 ………………………………………………… 153
6.1.1　序列洪水水文过程变化 ……………………………… 153
6.1.2　荆江三口分流能力 …………………………………… 155
6.1.3　洪水遭遇变化 ………………………………………… 159
6.1.4　湖区高洪水位特征变化 ……………………………… 164
6.2　江湖主要控制站点特征分析 …………………………… 176
6.2.1　长江干流主要站点特征分析 ………………………… 176
6.2.2　荆江三口 ………………………………………………… 180

6.2.3 湘资沅澧四水…………………………………………… 183
6.2.4 洞庭湖区…………………………………………………… 189
6.3 江湖槽蓄能力 ……………………………………………… 196
6.3.1 荆江河段…………………………………………………… 196
6.3.2 洞庭湖区…………………………………………………… 196
6.4 螺山站水位流量关系 ……………………………………… 198
6.4.1 三峡水库运用前后水位流量关系变化……… 199
6.4.2 特殊水情下螺山控制站水位流量关系变化 …………………………………………………………… 200
6.4.3 同等来水条件下螺山站相应水位变化过程 …………………………………………………………… 200
6.4.4 断面冲淤分析…………………………………………… 202
6.4.5 同水位过水面积变化……………………………… 203
6.4.6 水位对应泄流能力变化…………………………… 203
6.5 小结 …………………………………………………………… 205

第7章 洞庭湖区防洪设计水位………………………………… 207
7.1 城陵矶洪水组成 ………………………………………… 209
7.2 设计洪水组成方案 ……………………………………… 210
7.3 模型构建 …………………………………………………… 216
7.3.1 模型原理…………………………………………………… 216
7.3.2 计算区域…………………………………………………… 222
7.3.3 模型验证…………………………………………………… 222
7.4 洪水情景组合 …………………………………………… 229
7.4.1 工况一——长江频率洪水组合四水实测洪水 …………………………………………………………… 229
7.4.2 工况二——以四水频率洪水为主……………… 237
7.4.3 工况三——江湖汇合洪水………………………… 262
7.4.4 工况四——现状条件下江湖洪水……………… 264
7.5 设计水位确定 …………………………………………… 266
7.6 2050 年地形条件下洞庭湖区设计水位 ……………… 270
7.6.1 长江频率洪水…………………………………………… 270
7.6.2 四水频率洪水…………………………………………… 277
7.6.3 2050 年设计水位确定 ……………………………… 296

7.7 水位验证 …… 300
7.7.1 计算原理 …… 301
7.7.2 模型改进 …… 302
7.7.3 螺山水位流量关系计算 …… 303
7.7.4 产汇流计算 …… 303
7.7.5 参数自动优选 …… 310
7.8 洪水参数选取 …… 312
7.9 计算结果 …… 313
7.10 小结 …… 316

第8章 洞庭湖区堤防设防标准研究 …… 319
8.1 经济社会概况 …… 321
8.2 洞庭湖战略地位 …… 323
8.2.1 长江经济带高质量发展的重要阵地 …… 323
8.2.2 长江重要的水源地和生态功能区 …… 324
8.2.3 长江“黄金水道”的重要通道 …… 324
8.3 洞庭湖生态经济区 …… 325
8.3.1 发展定位 …… 326
8.3.2 发展目标 …… 326
8.3.3 城镇发展布局 …… 327
8.3.4 城市职能定位 …… 329
8.4 洞庭湖堤防设防标准的确定 …… 330
8.4.1 国家防洪标准 …… 330
8.4.2 湖区城市防洪标准 …… 333
8.4.3 堤防防洪标准 …… 336
8.5 小结 …… 343

第9章 工程体系标准抬高对长江防洪影响 …… 345
9.1 工程体系标准 …… 347
9.1.1 现状工程体系标准 …… 347
9.1.2 设计工程体系标准 …… 348
9.2 上游梯级水库工程调度作用 …… 349
9.2.1 1870年洪水 …… 350
9.2.2 1954年洪水 …… 351

9.2.3 1999 年放大后洪水 …………………………… 353
9.3 边界条件确定 ………………………………………… 354
9.3.1 1954 年洪水还原 …………………………… 354
9.3.2 上游梯级水库调度过程……………………… 357
9.4 不同工程体系标准下的洪水演进概况 …………… 361
9.4.1 基于三峡水库不同调度目标的洪水演进…… 361
9.4.2 针对莲花塘站不同控制水位目标的调度方案 ……………………………………………… 373
9.5 标准抬高的工程措施 ……………………………… 382
9.6 小结 ………………………………………………… 382

第 10 章 结论与建议 ………………………………………… 387
10.1 结论…………………………………………………… 389
10.2 建议…………………………………………………… 391

参考文献……………………………………………………… 392

第 1 章
研究概述

1.1 研究背景

洞庭湖调蓄长江上游与湖南湘、资、沅、澧洪水并经城陵矶汇入长江，因湖区巨大的集水面积(约 130 万 km^2)以及江湖汇合后下游螺山卡口有限的泄流能力，洞庭湖防洪任务一直是长江中下游防洪工作的重点。以三峡水库为主的上中游水库群以及四水干流水库的联合调度，使得洞庭湖防洪的被动局面有所改观。2022 年，在原有基础上，增加洞庭湖水系东江、涔天河、三板溪和托口水库，纳入联合调度的控制性水库进一步增加至 51 座，总调节库容达到 1 160 亿 m^3，防洪库容 705 亿 m^3，对比四水汛期年均入湖水量 1 000 亿 m^3，洞庭湖防洪形势依然不容乐观。

洞庭湖的洪水不仅组成复杂，而且还与长江洪水相互作用。长江干流宜昌以上来水洪峰流量大、历时长，洪水过程一般在 10 天以上，四水洪水发生时间短，但遭遇组合频率高。近年来，受气候变化、人类活动的影响，洞庭湖洪水与长江洪水遭遇频繁。以 2020 年为例，在大范围、高强度暴雨作用下，沅水、澧水来水及长江干流洪水来水产生叠加影响，洞庭湖洪水峰高、量大，湖口出流顶托严重，湖区 7 月份整体水位偏高，城陵矶站超警戒水位历时长达 60 d。特大洪水或大洪水条件下的洞庭湖水位空间如何分布，是当前洞庭湖防洪任务中亟待解决的问题。

湖区防洪体系主要由堤防、蓄洪区、排涝系统等工程构成。其中，湖南 24 处蓄滞洪区中，包括已完成安全建设的西官、澧南、围堤湖 3 个堤垸 8.8 亿 m^3，以及钱粮湖、大通湖东、共双茶三大垸 50 亿 m^3，考虑长江上游干支流水库群建成，超额洪量可能出现区域调整，城陵矶附近承担超额分洪量的任务需要进一步讨论。堤防作为最主要的防洪工程，因为历史悠久以及复杂的地质条件和不均匀的堤身填土构造，再加上多次超保证水位运行，导致 3 471 km 一线临洪大堤管涌、渗漏、滑坡等重大险情众多，防汛抢险任务艰巨；2020 年洪水期，湖区堤防损坏共 3 506 处，长达 372 km。

科学认识、正确处理江湖关系，是维护健康长江，构建和谐洞庭湖的重点和关键。本研究着眼于三峡及上游梯级群逐次运用引起荆江-洞庭湖关系发生变化后，长江中下游 1954 年型标准(100 年一遇洪水)以下洪水得到有效控制，洞庭湖区洪水出现新的特点和趋势。统计分析洞庭湖洪水遭遇组合特征，量化湘、资、沅、澧及湖区区间(区间考虑电排区和蓄满产流自排区)多种组合的频率洪水入湖可能遭遇的荆江四口分流和城陵矶莲花塘水位条件，并以此为边界，利用洞庭湖水沙数值模型计算洞庭湖区防洪设计水位，研究湖区现状及未来 30 年泥沙输运情景下设计洪水位的空间分布变化;探讨莲花塘防洪控制水位抬高对上游荆江及四口分流、下游螺山到汉口的防洪影响;提出适应当代江湖关系及其变化趋势下的湖区防洪设计水位。

本项目是保障洞庭湖防洪安全乃至长江中下游防洪安全最为基础的研究,可建立洞庭湖防洪对策研究的实用技术,为提高其防洪能力提供技术支持,为新水沙形势下洞庭湖综合治理提供科学支撑。

1.2 研究内容

1. 洞庭湖防洪体系防洪能力、防洪形势分析

(1) 利用大湖演算模型,根据三峡调节以后的1954年洪水过程,考虑螺山泄流能力、槽蓄能力变化、四水入湖实际洪水过程,分析城陵矶莲花塘控制水位对洞庭湖区堤防设计水位的整体影响,研判洞庭湖防洪体系的防洪形势、防洪能力。

(2) 根据1951—2020年四水洪水组合入湖过程与枝城、城陵矶莲花塘遭遇情况,分析四水年最大洪峰过程入湖时相应的四口分流及莲花塘水位。通过频率计算和同频率放大,确定四水组合的入湖设计洪水过程,并考虑四水一支为主、其余三支响应时的入湖设计洪水过程。湖区区间均采用相应的降水情况,按照电排、自排分布情况汇入。通过水沙模型模拟计算研究四水尾闾、洞庭湖水位空间分布,结合湖区堤防现有设计水位,对湖区防洪体系的防洪能力进行分析。其中,沅水考虑五强溪水库,资江考虑柘溪水库,澧水考虑江垭水库、皂市水库、鱼潭水库对洪水的调节控制作用;湖区堤垸电排区主要考虑堤防设计水位以下运行,自排区蓄满产流汇入。

2. 洞庭湖堤防设防标准研究

通过资料收集与调查,统计分析湖区经济社会指标与发展情况。按照《防洪标准》(GB 50201—2014),根据洞庭湖区重点、蓄洪、一般三类堤垸经济社会发展情况,分别研究不同堤垸的防洪设计标准;按照洞庭湖区重点保护区、蓄洪保护区、一般保护区三大块经济社会发展情况,整体分析确定堤防防洪设计标准。

3. 洞庭湖典型区域防洪设计水位研究

根据长江及湘资沅澧洪水遭遇组合情况确定入湖洪水条件,同时,增加蓄满产流模型模拟的区间来水,利用洞庭湖水沙模型,模拟基于现状实测地形及未来30年泥沙冲淤变化条件下地形,输出洞庭湖区设计洪水位的空间分布,包括荆江四口分流控制节点和湖口控制节点莲花塘水位。

4. 洞庭湖防洪工程体系标准提高对长江防洪的影响

考虑莲花塘防洪、蓄洪控制水位抬高 0.5 m 和历史最高水位 35.80 m，在三峡水库及其上游梯级群对城陵矶补偿调度条件下，针对螺山实际泄流能力，利用大湖模型，分析计算长江 1954 年来水、四水 1954 年相应入流时，宜昌-汉口分河段超额洪量的变化情况，研究城陵矶设计水位抬高对长江中下游防洪形势的影响。

1.3 研究进展

本项目围绕三峡水库及长江上游梯级水库群运行后，洞庭湖区面临的复杂江湖关系和变化的水文条件，以及洪涝灾害频发的现实，运用大湖模型及前期建立并优化的洞庭湖水沙数值模型，模拟典型洪水、洪水组合条件下洞庭湖区水位，研究区域防洪设计水位特点，尤其是洞庭湖防洪控制水位抬高对长江防洪形势的影响，在此基础上，提出与洞庭湖社会经济发展需求相适应的堤防设防标准。四口河系水沙及城陵矶水位体现当代江湖关系特征，长江河势及洞庭湖容积变化对此产生影响。

1.3.1 江湖关系影响下的洞庭湖防洪形势变化

一直以来，长江流域都是我国洪涝灾害最为频发、最为严重的区域，特别是荆江河段，受洪水威胁更加严重，是长江中下游地区防洪的心腹之患。1954 年长江洪水造成大范围的洪灾，长江中下游地区灾情严重，分洪溃口水量达 1 023 亿 m^3。宜昌最大洪峰流量 66 800 m^3/s，莲花塘水位 33.95 m，洞庭湖区溃决堤垸 356 个，溃决面积 385 万亩①。1996 年自 6 月 19 日至 7 月 22 日，长江中下游发生 7 次暴雨过程，致使长江上游一般洪水与清江、洞庭湖水系洪水遭遇，长江中游干流出现大洪水，螺山站洪峰流量 68 500 m^3/s，莲花塘水位 35.01 m，洞庭湖区溃决或被迫蓄洪堤垸 145 个，堤垸淹没水深 4～5 m，淹没时间大多 1 个月以上，灾害损失严重。随后，1998 年受厄尔尼诺现象的影响，长江发生了继 1954 年以来又一次全流域性的大洪水，宜昌 7—8 月先后出现 8 次洪峰，8 月 16 日出现 63 300 m^3/s 最大洪峰流量，向下传播与清江、洞庭湖、汉江的洪水遭遇，导致莲花塘出现新中国成立以来最高水位 35.8 m，洞庭湖区溃垸 142 个，溃灾总面积 66.35 万亩。进入 21 世纪以来，随着三峡工程修建，洞庭湖区洪水特点发生较大变化。2017 年洞庭湖湘、资、沅三水同时发生大洪水，洞庭湖最大入

---

① 1 亩≈667 m^2

湖流量、出湖流量分别达到 81 500 m^3/s、49 400 m^3/s，3 471 km 一线堤防全线超警戒，1/3 堤段超保证，受灾人口 1 223.8 万人。2020 年洞庭湖流域连续 4 次强降雨引发的洪水与长江 5 次编号洪水在洞庭湖“碰头”并组合叠加，三峡水库下泄流量 50 000 m^3/s，长江四口入洞庭湖流量一度达到 12 500 m^3/s，为三峡建库以来之最。洞庭湖超警戒 60 d，130 个堤垸 2 930 km 堤防超警戒，莲花塘最高水位达到 34.59 m。总体来看，洪涝灾害最集中体现为莲花塘水位和城陵矶附近的超额洪量。因此，洞庭湖防洪是在莲花塘水位控制条件下保证湖区自身防洪安全的同时确保超额洪量的分蓄洪。

经过几十年的防洪建设，已基本形成以堤防为基础、三峡工程为骨干，其他干支流水库、蓄滞洪区、河道整治工程及防洪非工程措施相配套的综合防洪体系，防洪能力显著提高。三峡水库及其上游库群运用后，荆江河段防洪标准从以前的不足 10 年一遇提高至现状的 100 年一遇，在遇 1 000 年一遇或类似 1870 年的特大洪水情况下，通过长江上游控制性水库与中下游分蓄洪区联合运用，可避免荆江两岸发生毁灭性灾害；遇 1954 年洪水，长江中下游超额洪量从三峡水库建成前的 492 亿 m^3 减少至 2030 年工况的 250 亿～300 亿 m^3。这是基于莲花塘站水位 34.40 m 时螺山断面基本具有 65 000 m^3/s 泄流能力得出的结论。

螺山是洞庭湖汇入长江后的控制站，位于城陵矶下游 30.5 km，集水面积 129.57 万 km^2，占长江大通以上 170.5 万 km^2 的 76%。由于江湖槽蓄作用巨大，洪水起涨水位、洪水涨落、下游回水、干支流洪水组合，以及河段冲淤、江湖关系、分洪溃口等都会影响其泄流能力，水位流量关系复杂多变。20 世纪 80 年代以来，沙市至汉口间的河川汇流机制基本稳定，其影响因素以洪水涨落率和起涨水位、下游回水顶托等水力因素为主。根据 20 世纪 60—70 年代实测资料，相应于莲花塘站水位 34.40 m 时的校正流量为 65 000 m^3/s，由于实测流量中含有顶托，因此，实际过流能力约 60 000 m^3/s；根据 20 世纪 90 年代以来水位-流量实测资料，相应莲花塘站水位 34.40 m 时的校正流量为 64 000 m^3/s，与 20 世纪 60—70 年代的校正流量采用值 65 000 m^3/s 相比略有减少。与之不同的是，根据洪水资料对螺山实测水位-流量曲线进行分析，得出的以下游顶托流量和起涨水位为参数的稳定水位流量关系曲线，发现相对于防洪规划采用的 65 000 m^3/s 要小 6 300～9 300 m^3/s。2020 年莲花塘水位为 34.59 m，对应的螺山下泄流量不到 55 000 m^3/s。这对长江中下游防御 1954 年型目标洪水的超额洪量分配可产生重大影响。

同时，长江中下游以及城陵矶附近超额洪量也受到河湖槽蓄能力的影响。三峡水库蓄水运用后，长期清水下泄，导致宜昌以下长江干流均出现不同程度冲刷。集中体现为：三峡运用至 2016 年，宜昌至沙市河段出现不同程度的冲刷，当宜昌流量为 50 000 m^3/s 时，较蓄水前槽蓄量增大 13.1%，主要集中在枯水河槽。沙市至城陵矶河段低水河槽出现不同程度的冲刷，同水位下槽蓄量增大。当螺山水位为 32.0 m 时，较蓄水前槽蓄量增大 19.0%，增加部分集中在河道深槽。城陵矶至汉口河段河槽冲刷，使得不同水位下河槽容积发生变化。当汉口水位为 27.0 m 时，较蓄水前槽蓄量增大 6.47%，增幅主要发生在河道深泓部分。汉口至湖口河段河床持续冲刷，使得三峡水库运用前后在同一水位下，相应河段河槽发生变化。当湖口水位为 19.0 m 时，槽蓄量较蓄水前增大 6.77%，增幅主要是由于河道深泓冲刷。三峡工程蓄水运用前，洞庭湖一直处于淤积状态，三峡水库蓄水以来洞庭湖入湖沙量大幅减小，2003—2016 年多年平均入湖沙量为 0.18 亿 t，多年平均出湖沙量为 0.20 亿 t，湖区总体呈冲刷状态，多年平均冲刷量为 0.02 亿 t。据 2011 年地形，东洞庭湖沿湘江 21 m 高程以下为深水河槽，琴棋望、中洲等处约有 26.9 km^2，最深处高程由原来的 10 m 左右下降到 5 m 以下，共增加蓄水容积 3.45 亿 m^3，年平均增加约 0.38 亿 m^3，折合沙量为 5 500 万 t 左右，地形形态上呈现明显非自然冲刷影响。扣除统计的 2011 年 21 m 高程以下 3.45 亿 m^3 非自然冲刷影响，东洞庭湖自低向高蓄水容积变化了 −0.52 亿～1.55 亿 m^3，淤积仅在 22 m 高程以下，若升高至 23 m 高程则湖水容积相应增大 0.14 亿 m^3。虽然各河段槽蓄能力发生一定变化，但在以往规划计算的超额洪量中，采用的槽蓄成果并未更新，《长江流域防洪规划(2007 年)》中，江湖槽蓄能力计算洞庭湖依据 1995 年地形，长江中下游干流依据 1998 年地形，鄱阳湖依据 1999 年地形。

此外，长江中下游为应对超额洪量，蓄滞洪区布局也至关重要。依托三峡工程对城陵矶调度的运用，若遭遇 1954 年型目标洪水，荆江分洪区无须分洪，四口河系中部的安化、南顶 2 个蓄洪垸具备不分洪条件，安昌和集成安合 2 垸的分洪作用已不明显。

毋庸置疑，防洪控制水位和超额洪量是长江中下游包括洞庭湖区防洪安全的焦点，也是历次流域防洪或综合规划需要权衡的要点，但不同历史时期会有不同的重点。新时期，螺山泄流能力、河湖槽蓄能力、蓄滞洪区建设均发生不同程度变化，相应的长江中下游、洞庭湖区的防洪形势也会发生调整。因此，需要进一步评估各因素变化对超额洪量的影响，明确新的边界条件下防洪形势的现状，进而制订与经济社会相适应的防洪体系建设方案。

1.3.2　洞庭湖区防洪控制水位研究

城陵矶水位体现洞庭湖的调蓄水量和长江顶托特点，代表整个洞庭湖区的水位特征，是长江中游城陵矶附近防洪调度的依据，也是湖区防洪、蓄洪控制的关键指标。

历史上的不同阶段，城陵矶控制水位有不同变化，对其有诸多研究。1998 年以前长江中下游防洪控制水位系经 1972 年及 1980 年两次长江中下游防洪规划座谈会确定的，确定长江流域的防洪标准是在防御 1954 年实际洪水的基础上适当提高干堤防御水位，当时确定城陵矶（莲花塘）防洪控制水位 34.40 m（相应螺山河段的过流能力为 65 000 m^3/s）。《长江流域综合利用规划简要报告（1990 年修订）》也明确了这个水位，并指出“主要堤防达到上述标准计算，遇 1954 年洪水在理想运用情况下，共需分洪 492 亿 m^3，其中城陵矶附近 320 亿 m^3（洞庭湖 24 个分蓄洪民垸、洪湖各 160 亿 m^3）”。1997 年水利部长江水利委员会（以下简称“长江委”）在洞庭湖区综合治理近期规划报告中，根据 1997 年前的资料，研究了抬高城陵矶控制水位的作用和影响，认为抬高控制水位后将“较多增加武汉附近区分洪量，对防洪保护重点区域——武汉地区的防洪不利”，并在其他方面带来一定影响。原《长江流域综合规划》及 2003 年编制完成的《长江流域防洪规划报告》，确定四个主要站的控制水位分别为：沙市 45.0 m、城陵矶 34.40 m、汉口 29.73 m、湖口 22.50 m。《长江流域防洪规划报告》同时还明确，城陵矶附近堤防超高比《长江流域综合规划》中的再增加 0.5 m，以提高该处防洪调度的灵活性。2002 年，刘晓群等及湖南省有关研究单位采用新定线的螺山水位流量关系曲线及改进后的大湖演算模型来重现 1954 年洪水，认为抬高控制水位即使到 35.80 m，也只是“将螺山河段安全泄量恢复到 65 000 m^3/s 的措施，不存在分洪量转移的问题”。2004 年王煌利用大湖演算模型提出城陵矶莲花塘水位抬高到 34.90 m 的建议。2009 年，易放辉认为，莲花塘防洪水位采用 35.8 m，为保证调度灵活性，可将蓄洪调度水位确定为 34.4～35.80 m。实际上 1998 年、1999 年、2002 年、2020 年城陵矶水位分别达 35.80 m、35.54 m、34.75 m、34.59 m，分别超设计水位 1.40 m、1.14 m、0.35 m、0.19 m 运行，抬高控制水位运行成为事实，也引起了多方关注，对于长江城陵矶防洪控制水位是否需要调整以及调整幅度取多少较为合适一直有争议，有维持莲花塘防洪控制水位 34.40 m，抬高 0.5～34.90 m，以及抬高莲花塘防洪控制水位至 35.80 m（1998 年实测最高水位）三种意见。

针对这些水位，全面系统确定四水区间各种频率的组合入湖洪水，遭遇荆江四口分流和莲花塘水位不同情景，计算湖区设计洪水位，量化湖区设计洪水位空间分布的成果还没有。同时，针对抬高城陵矶控制水位，对荆江河段、城陵矶附近区，特别是对武汉河段的防洪情势将带来不同程度的影响，抬高后江湖关系变化、防洪工程影响程度及其解决措施等一系列问题，有待进行系统、认真的分析研究。

1.3.3 流域洪水演算模型研究

长江中下游防洪涉及面十分广泛，洪水组成与变化极为复杂，如何对长江中下游洪水演进进行正确模拟，实时、准确掌握各地水情一直是长江防洪研究的重要内容。洪水模拟模型的研制已有较长历史，主要的方法有水文学方法与水力学方法。

长江水利委员会在研究长江中下游的防洪问题时，涉及了洞庭湖区的洪水模拟，以水文学方法为基础，考虑了防洪系统中的河道与湖泊元素，构建了长江中下游大湖演算模型，该模型从宜昌一直演算到湖口，并以沙市、城陵矶、汉口为节点，将模型分为四个河段，基于槽蓄关系与水量平衡原理，利用上断面流量与水位过程，求解各河段出口断面的流量与水位。模型在对洞庭湖区的水系处理时，未考虑区内复杂河网、湖泊之间水流运动的主要特征，过于粗略。随后，在大湖演算模型的基础上，采用水文学方法进一步建模，将宜昌湖口河段划分为计算单元，提高了模拟精度，可为长江各种防洪规划方案提供模拟模型，同时该研究将洞庭湖区与荆江河段分开处理，为研究洞庭湖区的水情提供了模型基础。

水文学方法构建的模型，对单一河道能获得较精确的模拟结果，但是由于受单一水位流量关系曲线的制约，对于水流关系复杂的洞庭湖区，水文学模型则不能给出较为精确的模拟结果。随着计算机技术的高速发展，以及数学求解技术的日趋完善，以水动力学方法为基础的洞庭湖区水流数值模拟开始兴起，包括一维水动力模型以及一、二维耦合水动力模型。水动力学方法基于详细的地形资料，考虑了洪水传播中的各水力要素，大大提高了模拟精度。

20世纪80年代末以来，长江科学院、中国水利水电科学研究院、武汉大学、丹麦水力学研究所等将荆江和洞庭湖区概化为一维河网，建立了一维非恒定流模型，取得了较好的模拟效果。

2020年，清华大学与湖南省水利水电科学研究院基于Saint-Venant方程组及Preissmann隐式差分格式，建立了一维非恒定流模型，该模型采用粒子滤波数据同化方法，对沿程多测站的同步水文观测数据进行实时同化，优化更新模型状态变量水位和流量，动态校正模型参数糙率系数，模型涵盖长江干流宜昌至汉口河段以及洞庭湖区各断面，构建了实时校正的一维河网水动力数值模型。朱德军等利用汊点水位预测-校正法(JPWSPC)处理缓流河网汊点处的回流效应，构建了非恒定河网水动力模型，克服了分级解法需要建立和求解河网总体矩阵的缺点，显著提高了稳定性和计算效率。

为反映江、河、湖之间的水流交换，精确模拟洞庭湖区水流运动，学者开始了洞庭湖区二维水动力数值模型的研究。主要以长江科学院、南京水利科学研究院、穆锦斌等自主开发的改进模型及 MIKE 模型为代表，模型对河网和湖泊做了概化处理，均采用一维河网模型模拟，蓄滞洪区采用二维水动力学方法模拟，并在模型中提出了实时预报模式、河道和分蓄洪区水量交换模式等。

为进一步提高模型模拟精度，在洞庭湖区洪水安全形势、防洪措施方面，相关学者做了三口分流、区间产流、优化调度、闸门调控等防洪作用的研究。此外，针对退田还湖的洪水效应，姜加虎等建立了长江及洞庭湖一、二维耦合水动力学数值模型，研究湿地恢复的洪水效应，结果表明退田还湖对于缓解洞庭湖区越来越严峻的江湖洪水威胁效果非常明显。

总的来看，目前已有的荆江-洞庭湖水沙数学模型仍以一维非恒定河网数学模型为主体，一般将湖泊概化为一维宽浅断面进行模拟，主要采用 Preissmann 四点偏心隐格式和河网三级解法进行求解；泥沙数学模型构建均以不平衡输沙理论和挟沙力公式为基础，在挟沙力分配模式、床沙冲淤调整模式和泥沙恢复饱和系数选取等方面有所不同。荆江-洞庭湖水沙数学模型总体研究现状主要归纳为：①多数为局部模型、分块模型，整体模型少。②模型大多以一维河网模型为主体，在此基础上，对蓄滞洪区、宽浅湖泊、堤垸溃决等进行处理。③非恒定水流计算速度慢，难以满足洪水模拟及水沙联算要求。④从水沙输移模拟技术来看，一些理论尚不成熟，某些关键环节处理模式仍不完善，计算效率不高。⑤模型模拟过程中对于洞庭湖区间来水及堤垸内排水问题一般忽略处理。

本项目针对上述问题，选用长江中下游洪水模型，即大湖模型演算控制性水文站水位，同时，为弥补黑箱模型对于区域内水位分布的无法模拟问题，采用基于数据同化的洞庭湖水沙模拟模型，可计算湖区水位空间分布。

1.3.4 洪水影响下的堤防建设与管理现状

1954 年大水以后，长江中下游以 1954 年实测最高洪水位为设计防御标准全面加培堤防。1972 年、1980 年国家两次召开长江中下游防洪座谈会，确定适当提高堤防设计水位，除武汉仍按 1954 年最高水位 29.73 m 不变外，其他河段分别比 1954 年实际水位提高 0.33～0.82 m 作为设计水位，进行堤防的加高加固。1998 年大水以后，长江中下游又掀起堤防加固建设的新高潮，到目前为止，中下游堤防建设累计完成土石方 50 多亿 m^3，长江中下游干堤已全部达标。

而主要支流和重要湖泊堤防工程面广线长、基础薄弱、堤身质量差，高洪水位管涌、渗漏等重大险情众多，防汛抢险任务艰巨。特别是洞庭湖区堤防绵长、标准不高、建设不平衡。一是垸与垸之间建设不平衡。洞庭湖一期治理和二期治理，主要针对重点垸一线大堤建设，蓄洪垸和一般垸堤防未进行有效整治，建设严重滞后，难以达到有计划分蓄洪水的调度目标。二是垸内与垸外建设不平衡。撇洪河堤、内湖渍堤、间(隔)堤与一线大堤共同构成了堤垸防洪体系,但由于财力限制,建设重点主要集中在一线大堤,即使纳入二期治理规划的涔水、渐水、冲柳、南湖、烂泥湖、屈原、中洲、华容、野湖9条撇洪河及冲柳、西毛里湖、西湖、珊珀湖、马公湖、大通湖、烂泥湖、白泥湖、东湖、大荆湖、塌西湖、黄盖湖12个内湖的堤防,重点垸华容护城大圈、永固垸北隔堤均未进行加固或新建,防洪体系实际并未封闭。三是地下与地上建设不平衡。洞庭湖区堤防基础可以粗略地分为两大类:长江南岸、四水尾间及四口河道堤防基础为粉砂、细砂或表层为薄层黏土层、下部为厚砂、砂卵石层;环湖周边堤防基础多为淤泥质软土。由此也相应带来两大类问题:一是砂、砂卵石基础的渗流破坏及砂土振动液化容易造成基础管涌、堤身和垸内地面塌陷;二是软土地基变形造成堤身及穿堤建筑物不均匀沉陷,引起堤身裂缝和滑坡、建筑物漏水、启闭失灵等。由于资金、技术等方面原因,基础处理除进行了部分吹填和个别垂直防渗试验工程外,未开展其他举措,而由基础问题引起的险情在近几年的防汛抢险中已占到了险情总数的60%。

砂和砂卵石基础的渗流破坏、软土地基变形及堤防断面整体偏小问题,一直都是关注的热点。软土地基破坏主要是在渗流场作用下,淤泥层屈服,淤泥迁移,造成堤防破坏,其治理关键主要为通过换基、反压平台、砂井排水及加固桩基等方式降低水位差、减少淤积层,防止堤防滑动破坏。砂基渗流破坏,主要是在汛期高水位下,水在堤身内或堤基内渗透流动带出细颗粒,形成集中水流通道,集中渗流加大,孔道迅速扩大,形成管涌,导致堤防崩溃,发生险情。常规治理渗透破坏主要采用劈裂灌浆、防渗墙、黏土筑堤等方法。

相较砂和砂卵石基础的渗流破坏、软土地基变形局部堤防问题,解决洞庭湖整体堤防标准偏低、断面偏小的问题对于洞庭湖防洪能力提高至关重要。洞庭湖区的堤防标准仍然偏低,重点堤垸仅10～20年一遇,蓄洪垸、一般垸仅3～5年一遇,在全国七大江河流域中处于落后地位,远不能满足现状防洪的需要。

除了淤泥质、砂质堤基及断面整体偏小等“先天不足”问题,洞庭湖后天管理也不到位。近年来“四水一湖”堤防几乎每年汛期都要经受洪水灾害的考验,特别是2017年7月洞庭湖区洪灾、2019年7月湘江流域100年一遇洪灾,堤防出现了多处溃决。充分暴露出“四水一湖”堤防管理、水利工程建设存在严重的问题,主要表现在以下几个方面:①部分堤防、穿堤建筑物管护缺失,年久失修,险工险段多。堤内调蓄水利设施少,排渍难。电排设施大多为20世纪70—80年代所建,设备陈旧老化,多年未除险加固或更换,每逢汛期,堤内、外水位皆较高,变成两水夹堤,加剧堤防险情。②堤防岸线长,管理任务重,管护资金不足。部分堤防无人管护,杂草、灌木丛生,白蚁活动活跃,部分灌木根系坏死,在汛期高洪水位作用下,形成管涌通道,引发险情,造成溃堤。以汉寿县西湖垸为例,编制内堤防水利技术人员共 12 人，其需要管护沅江一线防洪大堤 60 290 m，堤防标准化管理探索 60 290 m，重点苏家吉间堤 2 650 m，穿堤建筑物 15 处，就算整个单位全员全年只负责堤防管护工作，每人至少也需要负责 5～6 km 堤防管理任务，基本无法实现堤防精细化有效管理，导致堤防留下安全隐患，在汛期强降雨和高洪水位双重作用下，引发险情。

洞庭湖区设计水位的调整，对湖区堤防建设及其管理体系提出了新的要求，设计水位调整对堤防建设及管理的影响程度及其相应工程措施尚缺乏全体性、成体系的研究，堤防体系管理能力现代化研究有待进一步加强。

综合上述的研究进展，不难看出：长江中下游及洞庭湖区防洪形势依然严峻，对于表征防洪形势的超额洪量、水位研究相对比较滞后，且用来计算超额洪量、水位的水文学、水动力学模型仍存在过度简化，忽略区间产汇流及堤垸排水的问题；承担防洪重任的堤防本身标准依然过低。因此，本项目拟以问题为导向，针对在上下游水位远低于控制水位情况下，三峡水库运用前后城陵矶水位反复突破防洪控制水位的困局，通过当前江湖关系条件的城陵矶防洪形势与防洪能力适应性分析，梳理洞庭湖区当前防洪存在问题；基于此，通过大湖模型在充分发挥三峡等上游水库群补偿调度作用及河道槽蓄、泄流能力的条件下，确定适应新形势下的洞庭湖防洪控制水位，探讨其对下游主要控制站洪水水位、洪峰流量、洪量等洪水特征影响；并组合洞庭湖区间频率洪水与长江洪水，研究洞庭湖区防洪水位空间分布，确定洞庭湖区的防洪设计水位，进而针对新形势下堤防断面不达标、砂基堤防渗漏等问题，提出适应性对策。

1.4 技术路线

本项目研究的核心是洞庭湖区防洪设计水位，采用螺山洪峰、洪量做频率分析，推求不同频率的设计洪水，再推算洞庭湖的设计洪水位，理论上可行。但由于三峡及其上游水库群的调节作用、江湖水量分配和长江干流螺山站复杂的水位流量关系影响，历史洪水资料缺乏一致性等，难以准确表达江湖洪水遭遇的特点，故不予以深入研究。拟根据江湖关系现状，以三峡水库下游控制站宜昌—汉口段的长江干流以及湘资沅澧四水控制站湘潭、桃江、桃源、石门以下的洞庭湖为对象，深入分析四水与长江四口分流、城陵矶莲花塘洪水遭遇组合的特点，调查研判洞庭湖防洪体系现状防洪能力、面临的防洪形势；并根据经济社会发展情况确定洞庭湖区设防标准，通过大湖模型及洞庭湖水沙模型研究洞庭湖区的防洪设计水位，探讨洞庭湖防洪工程体系标准提高对长江防洪的影响，项目技术路线如图 1-1 所示。

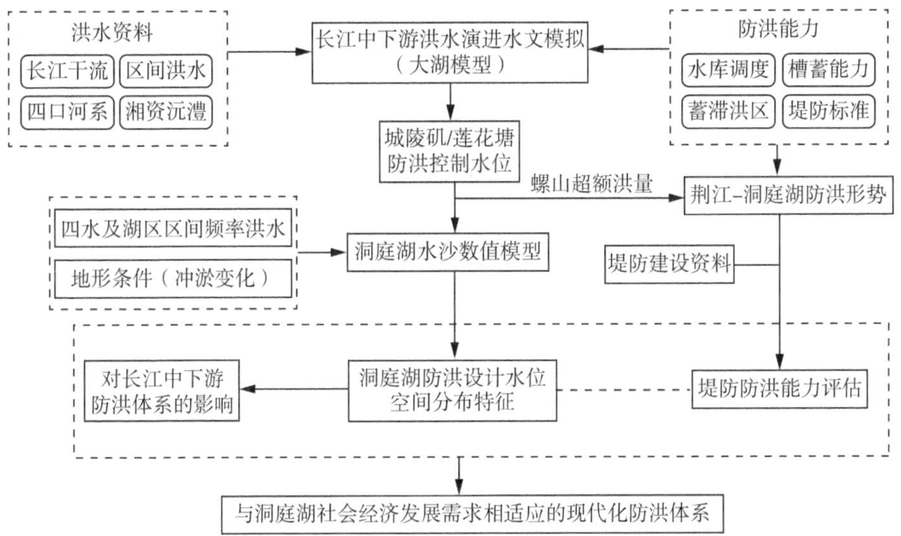

图 1-1　项目技术路线

本项目的主要创新点在于：针对新江湖形势下首次提出洞庭湖区设计洪水水位空间分布，并结合湖区水文情势及冲淤变化条件，对比地形 30 年冲淤变化前后，结合水利工程使用概况，利用水文学与水力学模型相互验证，确定洞庭湖区不同防洪标准条件下设计洪水水位，针对“长江大保护”背景，提出适应新江湖关系以及洞庭湖水文地质条件的标准化堤防建设方案。

1.5　预期目标

本研究旨在通过大湖模型分析三峡及其上游梯级水库群对长江中下游 100 年一遇(1954 年型)以下洪水具有调节控制作用的背景下，洞庭湖防洪体系现状防洪能力和未来防洪形势；结合实测水文资料统计分析洞庭湖洪水遭遇组合特征，确定湘资沅澧及湖区区间(区间考虑电排区和蓄满产流自排区)多种组合的频率洪水入湖可能遭遇的荆江四口分流和城陵矶莲花塘水位条件，利用洞庭湖水沙数值模型计算洞庭湖区防洪设计水位，研究湖区现状及未来 30 年泥沙输运情景下设计洪水位的空间分布变化；探讨莲花塘防洪控制水位抬高对上游荆江及四口分流、下游螺山到汉口的防洪影响；提出适应当代江湖关系及其变化趋势下的湖区防洪设计洪水位。在此基础上，针对四水尾间砂基、四口河系及纯湖区淤泥质地质条件以及堤身长期修筑界面复杂不均匀等条件，结合长江、黄河等圩垸堤防建设经验，初步提出堤防管理现代化的建议。

第 2 章

区域概况

洞庭湖位于长江中游荆江河段南岸，南汇湘、资、沅、澧“四水”，北纳长江松滋、太平、藕池、调弦（1958年已建闸控制）“四口”，东接汨罗江和新墙河，由城陵矶注入长江，形成以洞庭湖为中心的辐射状水系，流域面积26.3万 km^2，涉及湖南、湖北、重庆、贵州、广西、江西6省（区、市），主要位于湖南省。湖南省96.7%的土地面积属洞庭湖水系。

洞庭湖、洞庭湖区是既有联系又相互区别的两个概念。洞庭湖是指丰水期间水面所能覆盖的水体区域。洞庭湖区则既包含历史概念，又包含现实认知习惯，水利行业中，洞庭湖区是指长江荆江河段以南，湘、资、沅、澧四水尾闾控制站以下，高程在50 m以下的广大平原、湖泊水网区，总面积18 780 km^2，跨湘、鄂两省。湖南洞庭湖区总面积15 200 km^2，涉及岳阳、常德、益阳、长沙、湘潭、株洲6市38个县市区，现有耕地1 049万亩，人口921万人。洞庭湖区区域地位独特，经济基础较好，是我国粮食、棉花、油料、淡水鱼等重要农产品生产基地，初步形成了装备制造、石化、轻工、纺织等支柱产业。

2.1 自然地理

我国江南大陆的地势，自东南沿海向西北逐渐升高，及至南岭和武夷山区，海拔达2 000 m，武夷山是长江下游与东南沿海丘陵区的分水岭。分水岭往北山势一度下降，至长江南侧又重新升起。流域北缘濒临长江荆江段，与广袤的江汉平原通过华容隆起隔江相望，最高点雷打岩海拔为380 m，是荆江与洞庭湖的分水岭。君山、墨山、石首残丘和黄山头，这些大小不同的孤山残丘勾画出洞庭湖区的大致轮廓。湖盆内为湘资沅澧四水及湖泊冲积平原地貌，平原宽阔平坦，河湖交错相连，水流平缓，是湖南省地势最低的地区。洞庭湖现有湖泊面积2 625 km^2，分成东洞庭湖、南洞庭湖、西洞庭湖，对应面积分别为1 313 km^2、905 km^2、407 km^2，容积167亿 m^3（对应城陵矶莲花塘水位33.5 m）。洞庭湖鸟瞰图如图2-1所示。

2.2 气候概况

2.2.1 气候条件

洞庭湖区三面环山、北面“缺口”的地形地貌，为冷空气进入的咽喉。现今气候条件下，受太阳辐射、大气环流等因素的综合作用，冬季高空受南北支西风急流辐合点阴影区的影响，地面受蒙古高压所散发的干冷气流控制，除因准静止锋

图 2-1　洞庭湖鸟瞰图

面及气旋活动影响，带来一定的雨雪天气外，一般属全年少雨、较冷季节。

春季，高空西风南支急流减弱，地面南北气流对峙，气旋及锋面活动频繁，雨水较多，天气多变，3 月中旬入春，入春后阴雨连绵，气温逐渐回升，春季可维持 65～75 天。

夏季，高空西风带北移，副热带高压脊北跳西伸，南支急流消失，受副高压控制或热带海洋气团支配，盛吹偏南风，蒸发旺盛，晴燥少雨，高温伏旱，5 月下旬入夏，6 月下旬起进入盛夏，立秋（8 月 7 日或 8 日）后为晚夏，夏季一般长 4 个月左右。

秋季，是从夏入冬的过渡季节，高空西风南支急流建立，并逐步加强，地面蒙古高压以秋风扫落叶之势，一举将副热带高压势力驱逐出大陆，控制广大地区，受偏北气流影响，形成秋高气爽天气，9 月底前后进入秋季，一般维持 2 个月左右。

冬季，自 11 月底前后开始，一般可维持 3 个多月，气温不太低，但比较湿冷。如果按月份划分，则湖区冬季为 12 月—次年 2 月（月平均气温低于 10 ℃），夏季为 6—9 月（月平均气温高于 22 ℃）。

洞庭湖区气候属亚热带季风湿润气候，兼有向亚热带和北亚热带过渡的特征，加之湖泊水体的调节，气候温暖湿润，热量充足，雨量丰沛，四季分明。但降雨时空不均，春温多变，夏秋多汛，严寒期暑热期长，湖泊水面受气候影响明显。

2.2.2　降雨特性

2.2.2.1　地区特性

由于流域内地形等因素，在洞庭湖、鄱阳湖地区新生的气旋波动。该现象一年四季都可能发生，按其形成过程可分为静止锋波动(4 月最多)、静止锋锋生波动(5 月最多)、冷锋波动(6 月最多)三种类型，其中以冷锋波动出现较多。两湖波动形成前后，降水明显加大，常造成暴雨天气，约占湖南省雨季暴雨过程的 1/3。

空间上，湖区年降水量的分布总趋势是由外围山丘向内部平原减少，在其中部的雪峰山、湘东南的南岭和罗霄山脉、东北面的幕阜山至连云山和西北的澧水上游的武陵源地区，形成四个多雨区，多年平均降雨量在 1 600～2 000 mm 之间。纯湖区年均降雨量为 1 304 mm，为洞庭湖水系少雨区。洞庭湖区多年平均降水量一般在 1 300～1 400 mm，雨日(日降水量≥0.1 mm)年均 135～165 天。降水量的空间分布以北部安乡(1 203.3 mm)、华容(1 210.5 mm)、南县(1 229.7 mm)最少；其西侧的澧县、东侧的岳阳、汨罗年降水量稍增；南侧的常德、汉寿、益阳、湘阴一线增至 1 300～1 400 mm。湘江流域多年平均降水量为 1 478.3 mm，资水流域 1 497.2 mm，沅江流域 1 361.3 mm，澧水流域 1 545.8 mm，汨罗江流域1 512.3 mm，新墙河流域 1 483.8 mm。

洞庭湖水系各地多年平均降水量在 1 200～2 000 mm 之间。山地多雨区多年平均降水量一般在 1 600 mm 以上；丘陵、平原区在 1 200～1 600 mm 之间。

2.2.2.2　年内分配

洞庭湖水系降水量在年内分配很不均匀，降雨相对较集中的几个月，决定了一年降水的丰枯。洞庭湖区 1960—2011 年多年平均降水量空间分布如图 2-2 所示。洞庭湖多年逐月降水量如表 2-1 所示。据 1956—2000 年系列资料统计，多年平均 4—6 月 3 个月降水量占全年降水量的 41%～44%，4—9 月连续 6 个月降水量占全年降水量的 60%～70%，最大月降水量一般出现在 5—6 月，占全年降水量的 13%～20%。降水量特别不均匀的年份可达 40%以上。如湘江青山桥站 1971 年最大月降水量占全年的 46.9%。最小月降水量一般出现在 12 月或次年 1 月，仅占全年降水量的 1.6%～4%。

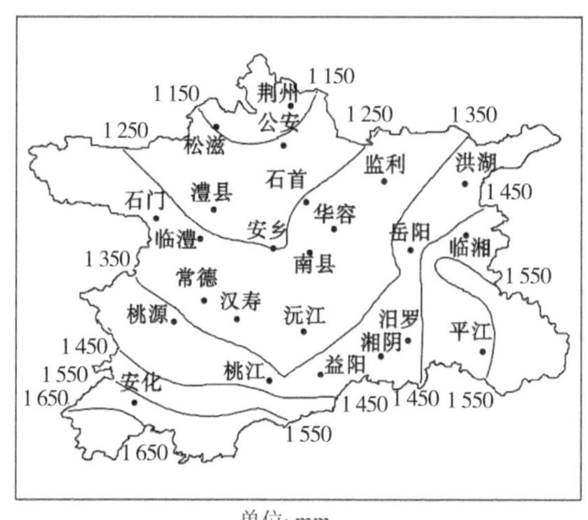

单位: mm

图 2-2　洞庭湖区 1960—2011 年多年平均降水量空间分布

表 2-1　洞庭湖多年逐月降水量　　单位：mm

站名	月份												全年
	1月	2月	3月	4月	5月	6月	7月	8月	9月	10月	11月	12月	
澧县	32.9	48.5	91.3	149.7	186.5	197.7	187.1	135.2	90.2	96.5	63.9	33.31	1 262.8
安乡	34.5	54.1	95.0	148.6	167.5	204.4	108.4	122.1	80.4	88.8	62.0	37.5	1 203.3
常德	44.0	65.1	113.7	165.4	201.3	185.9	134.4	150.8	70.4	90.4	60.3	43.0	1 324.7
汉寿	44.9	64.1	120.3	171.9	190.7	188.0	125.8	147.9	76.5	91.0	68.6	44.8	1 334.5
南县	41.6	61.2	109.4	150.7	177.2	194.3	106.7	129.6	74.3	82.0	62.4	40.3	1 229.7
沅江	51.3	77.7	126.6	176.5	196.9	176.4	108.4	135.2	66.4	78.4	63.8	43.3	1 300.9
益阳	58.9	85.9	133.6	186.5	208.0	180.7	104.5	154.8	72.6	99.3	74.1	47.2	1 406.1
华容	36.0	55.6	99.8	148.3	166.9	201.1	117.0	129.9	69.4	84.8	64.6	37.2	1 210.6
岳阳	46.9	68.1	123.7	168.0	190.3	220.4	102.1	118.2	61.8	80.5	63.2	43.8	1 287.0
湘阴	54.6	85.7	135.5	190.6	210.3	188.5	113.8	126.9	69.8	89.4	70.7	44.8	1 380.6

2.2.2.3　雨强

暴雨以日降雨量不小于 50 mm 为标准，日降雨量在 100～200 mm 为大暴雨，日降雨量大于 200 mm 的为特大暴雨。在地区分布上四水流域暴雨也展现出山区大于丘陵、丘陵大于平原的特点，在北纬 28°以南地区，最大 24 小时点雨量均值一般在 90～100 mm 之间，在北纬 28°以北地区，最大 24 小时点雨量均值一般在 100～150 mm 之间。有 3 个暴雨高值区：澧水上游和溇水上游区，最大

24小时年平均降雨量130～160 mm;资水中下游和沩水上游山区,最大24小时年平均降雨量120～140 mm;湘东九岭、幕阜山及浏阳宝盖洞等地为中心的高值区,最大24小时年平均降雨量120～130 mm。衡邵丘陵区和洞庭湖平原区是两个暴雨低值区,最大24小时年平均降雨量90～100 mm。

洞庭湖区全年暴雨日多年平均3～4天,是省内暴雨日较少的地区,暴雨最多的个别年份一年可出现10～13个暴雨日,少数年份不出现暴雨。一年中的暴雨日,几乎全部出现在4—10月,这7个月的暴雨日数占全年暴雨日数的94%～100%,以6月份的暴雨日最多。一般暴雨出现在4—6月,最大24小时点暴雨大于400 mm的特大暴雨均发生在7—8月,极易引发山洪灾害。

洪水遭遇频率与湖区内暴雨出现时间息息相关。洞庭湖属于内陆型湖盆,地势较为平坦,遇到冷空气南下,前锋一般很快通过洞庭湖区在南岭附近静止,因此洞庭湖为湖南省内的少雨地区。降雨类型多为连绵阴雨,暴雨出现频率较小。但洞庭湖水系众多,其中四口水系的径流和洪水受长江上游和清江降雨量控制。长江流域上游多年平均年降雨量为1 067 mm,各大支流平均年降水量为:金沙江736 mm、岷江和沱江1 083 mm、嘉陵江965 mm、乌江1 163 mm、清江1 460 mm。年降水量的年内分配很集中,各站连续最大4个月降水量占年降水量的60%～80%,大水年份,最大4个月降水量可超过常年年降水量,是造成洪涝灾害的主要原因。另外,四水多年平均降雨量在1 300～1 500 mm,全年降雨集中在5—6月,且澧水、资江、湘江存在3个暴雨高值区,若在4—10月内,长江高强降雨与四水降雨时间重叠,极易造成洞庭湖区出现大型或特大型洪水。

2.3 河网水系

洞庭湖区水系包括长江、四口水系、洞庭湖、四水及区间直接入湖河道以及内湖。洞庭湖区水系示意图如图2-3所示。

2.3.1 长江干流

长江与洞庭湖直接相关的有荆江河段和城汉河段,涉及湖南的河道长度163 km。

荆江河段上起湖北枝城,下至湖南城陵矶,全长347.20 km,河道呈西北—东南走向。以藕池口为界,荆江分为上荆江与下荆江,上荆江长约171.70 km,河段较为稳定,属微弯分汊型河道;下荆江全长175.5 km,为典型的蜿蜒型河道,有“九曲回肠”之称。此段中,涉及湖南的河段均为下荆江,上起华容县五马口,下至城陵矶,河道长度76.8 km。

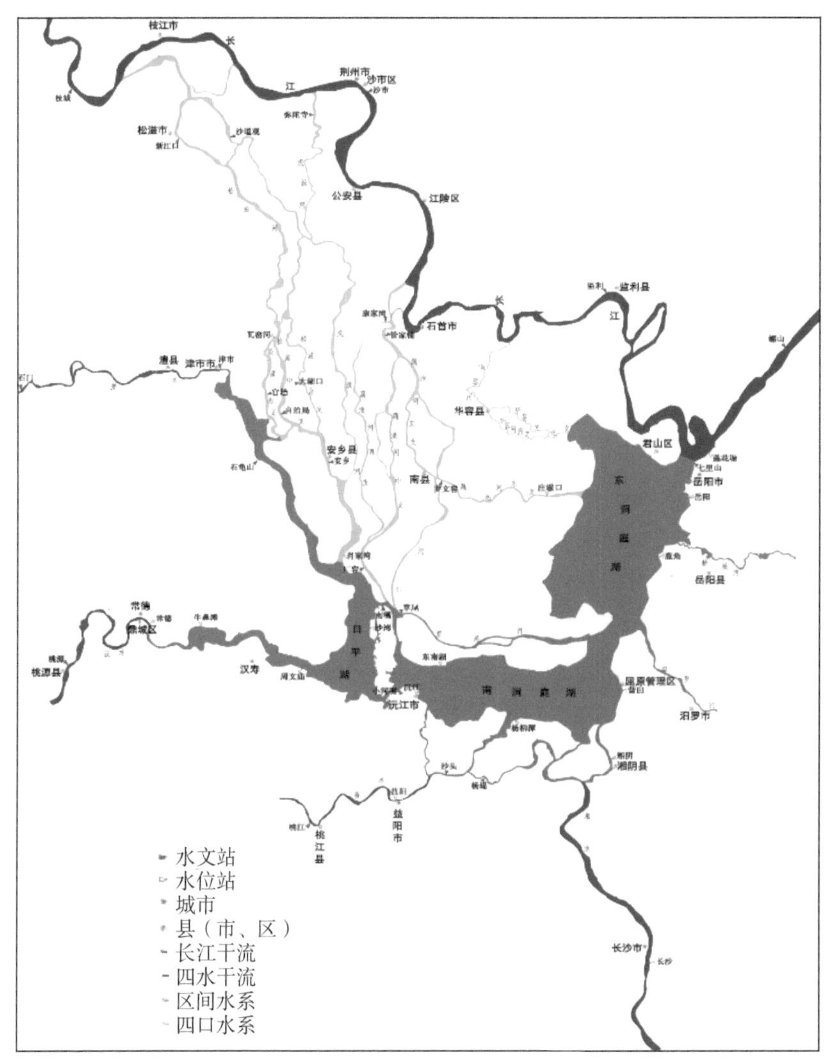

图 2-3　洞庭湖区水系示意图

城汉河段上起湖南城陵矶，下至湖北汉口武汉关，全长 235.60 km，除簰洲湾河段呈 S 形弯道外，其余多为顺直河段，江面开阔，但两岸多山丘、石嘴、矶头对峙，下距城约 30 km 处有著名的界牌河段。此段中，涉及湖南的河段为城陵矶至铁山嘴河段，长 65.25 km。长江干流宜昌至城陵矶段如图 2-4 所示。

2.3.2　四口水系

长江四口水系由松滋河、虎渡河、藕池河和华容河组成，总长 956.3 km，其中湖南省境内 559 km。

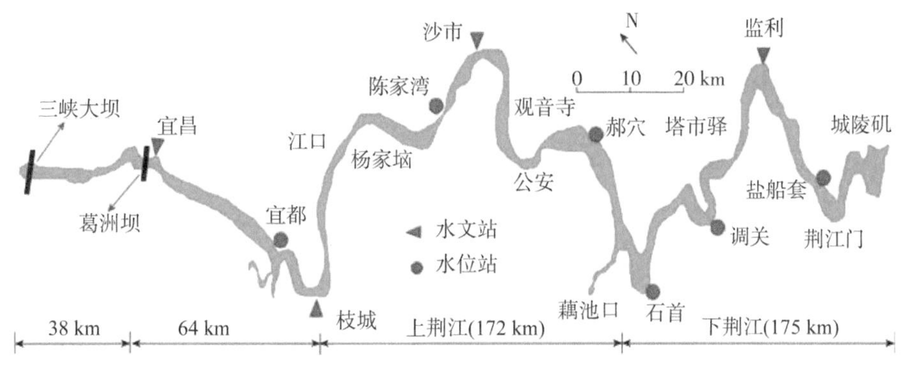

图2-4　长江干流宜昌至城陵矶段

(1) 松滋河。松滋河于1870年荆江南溃形成，口门位于长江枝城以下约17 km的陈二口，流经湘鄂两省，河道总长401.8 km（其中湖南省境内166.9 km），湖北省境内分为东、西两河，湖南省境内分为东、中、西三支，又称大湖口河、自治局河与官垸河，3支合流后，于新开口与虎渡河合流。陈二口到松滋大口（规划建闸处）河段长度为22.7 km，在大口分为东西两河，松西河在湖北省内自大口经新江口、狮子口到湖南省杨家垱，长约82.9 km；松东河在湖北省境内自大口经沙道观、中河口、林家厂到新渡口进入湖南省，长约87.7 km。松西河、松东河进入湖南省后，在尖刀咀附近由葫芦坝串河（瓦窑河）相连，长约5.3 km，高洪时连成一片。松西河在青龙窖分为松滋西支（官垸河）和松滋中支（自治局河），松滋西支经青龙窖、官垸、濠口、彭家港，于张九台汇入中支（自治局河），长约36.3 km；松滋中支经三岔垴、自治局、张九台，于小望角汇入东支（大湖口河），长约33.2 km；松滋东支（大湖口河）由新渡口经大湖口、小望角，在新开口汇入松虎合流段，长约49.5 km。松虎合流段由新开口经小河口，于肖家湾汇入澧水洪道，长约21.2 km。松滋河系共7条串河，除瓦窑河外，另外6条串河分别为：沙道观附近西支与东支之间的串河莲支河，长约6 km；南平镇附近西支与东支之间的串河苏支河，长约10.6 km；曹咀垸附近松东河串河官支河，长约23 km；中河口附近东支与虎渡河之间的串河中河口河，长约2 km；官垸河与澧水洪道之间分别在彭家港、濠口附近的两条串河，分别长约6.5 km、14.9 km。

(2) 虎渡河。虎渡河口门位于沙市上游约15 km处的太平口，经弥陀寺、黄金口、黑狗垱，经黄山头南闸进入湖南省安乡县，经大杨树、陆家渡至新开口与松滋河汇合，全长136.1 km，其中流经安乡境内44.9 km。1952年修建荆江分洪区时，在黄山头附近修建节制闸——南闸，控制虎渡河下泄流量不超过3 800 m^3/s。

(3) 藕池河。藕池河于1860年荆江南溃形成，口门位于沙市下游约72 km处的藕池口（由于泥沙淤积的影响，主流进口已上移到沙市下游约20 km处的郑家河头），流经湘鄂两省，河道总长332.8 km（其中湖南274.3 km），包括藕池东支、中支、西支三支，以及东支汊河沱江、鲇鱼须河及中支汊河陈家岭河三条汊河。东支为主流通道，自藕池口经管家铺、黄金咀、梅田湖、注滋口入东洞庭湖，全长94.3 km；西支亦称安乡河，从藕池口经康家岗、下柴市与中支合并，长70.4 km；中支由黄金咀经下柴市、厂窖，至茅草街汇入南洞庭湖，全长74.7 km。东支支汊沱江，自南县城关至茅草街连通藕池东支和南洞庭湖，河长41.2 km，已在进出口建闸坝封堵后称为内河，建成三仙湖平原水库；东支支汊鲇鱼须河，起于华容县殷家洲，止于南县九都，长27.9 km；中支支汊起于南县陈家岭，止于南县葫芦咀，长24.3 km。

(4) 华容河。华容河口门位于湖北省石首市调关镇附近的调弦口，全长85.6 km，其中湖南省境内72.9 km。华容河包括1条主支（北支）和1条支汊河道（南支）。主支于蒋家山进入湖南华容县，经潘家渡、君山区罐头尖至六门闸入东洞庭湖，长约60.9 km，其中湖南省境内48 km；南支均位于湖南省境内，自治河渡从主支分流而出，经层山镇至罐头尖再汇入主支，长约24.9 km。1958年，经湖南、湖北两省协议，中央批准，分别在上游入口（调弦口）建调弦口闸，在下游出口（旗杆嘴）建六门闸控制，形成一条内河。荆江四口洪道长度统计如表2-2所示。

表2-2　荆江四口洪道长度统计

河名			洪道范围	河道长(km)	湖南省河道长(km)	湖北省河道长(km)
主流	支河	串河				
松滋			起:松滋口;止:松滋大口	22.7		22.7
	松东河		起:松滋大口;止:新开口	137.2	49.5	87.7
	松西河		起:松滋大口;止:张九台	119.2	36.3	82.9
	松中河		起:青龙窖;止:小望角	33.2	33.2	
	松虎合流段		起:新开口;止:肖家湾	21.2	21.2	
		莲支河	起:松东肖家嘴;止:松西沙子口	6		6
		官支河	起:松东同丰尖;止:松东薄田嘴	23		23
		中河口河	起:中河口;止:中河口	2		2
		葫芦坝串河	起:松东下河口;止:松西尖刀嘴	5.3	5.3	
		苏支河	起:松西双河场;止:松东港关	10.6		10.6
		彭家港	起:彭家港;止:澄水洪道	6.5	6.5	
		五里河	起:濠口;止:澧水洪道	14.9	14.9	

续表

河名			洪道范围	河道长(km)	湖南省河道长(km)	湖北省河道长(km)
主流	支河	串河				
虎渡河			起:太平口;止:新开口	136.1	44.9	91.2
藕池河	藕池东支		起:王蜂腰闸;止:华容县流水沟	94.3	67.3	27
	藕池西支		起:王蜂腰闸;止:南县下柴市	70.4	51.5	18.9
	藕池河中支		起:黄金咀;止:南县新镇州	74.7	62.1	12.6
		鲇鱼须河	起:华容县殷家洲;止:南县九都	27.9	27.9	
		陈家岭河	起:南县陈家岭;止:南县葫芦咀	24.3	24.3	
		沱江	起:南县城关;止:茅草街	41.2	41.2	
调弦河			起:调弦口;止:六门闸	60.7	48	12.7
	南支		起:护城;止:罐头尖	24.9	24.9	
合计				956.3	559	397.3

2.3.3 四水水系

洞庭湖四水及汨罗江、新墙河尾闾洪道长度统计如表 2-3 所示。

(1) 湘江。湘江是湖南最大河流,有两源,一源发源于广西东北部兴安、灵州、灌阳、全州等县境内的海洋山,一源发源于永州市蓝山县境内的野狗岭,在湖南省永州市区汇合,开始称湘江,向东经永州、衡阳、株洲、湘潭、长沙,至湘阴县濠河口入洞庭湖后归长江,湘江是洞庭湖水系中最大的一条河流,长江的五大支流之一,干流河长 856 km,其中湖南省境内 670 km,流域面积为 9.47 万 km^2,其中湖南省境内面积 8.54 万 km^2。

表 2-3 洞庭湖四水及汨罗江、新墙河尾闾洪道长度统计

河名		起点	终点	河长(km)	水文(位)站及地方水尺
湘江	尾闾	株洲航电坝址	湘阴县濠河口	165.9	湘潭水文站、长沙水位站、靖港
	东支洪道	湘阴县濠河口	湘阴县斗米咀	21.1	湘阴水位站、许家台
	西支洪道	湘阴县濠河口	湘阴县古塘	20.8	新泉寺闸
资江	尾闾	桃江水文站	益阳市甘溪港	43.5	桃江水文站、益阳水位站
	茈湖口洪道	益阳市甘溪港	湘阴县杨柳潭	28.6	小河口、沙头水文站茈湖口
	甘溪港洪道	益阳市甘溪港	沅江市沈家湾	20.7	窑山头、下星港(沅江市七鸭子)
	毛角口洪道	湘阴县毛角口	湘阴县临资口	35.6	杨堤水文站、东河坝

续表

河名		起点	终点	河长(km)	水文(位)站及地方水尺
沅江	尾闾	桃源水文站	常德德山枉水口	51.4	桃源水文站、常德水位站
	洪道	常德德山枉水河口	汉寿县坡头	53.5	牛鼻滩水位站、周文庙水位站、坡头
澧水	尾闾	石门水文站	澧县小渡口	62.4	石门水文站、津市水文站、小渡口
	洪道	石龟山水文站	汉寿县三角堤	38	石龟山水文站、沙河口、三角堤
汨罗江尾闾		汨罗市南渡桥	汨罗市磊石山	24.5	三星渡
新墙河尾闾		岳阳县筵口镇	岳阳县岳武咀	26.8	三合

(2) 资江。资江是四水中最清的河流,含沙量低,水质清澈。资江有左右两源,左源为郝水,右源为夫夷水,于邵阳县双江口交汇。夫夷水发源于广西资源县,流入湖南新宁县,往北流至邵阳县双江口。郝水为资江正源,发源于城步县北茅坪镇(原资源乡)黄马界,流经武冈、洞口,先后纳蓼水与平溪,至隆回纳辰水,至邵阳县双江口汇纳南来的夫夷水,经邵阳市纳邵水,新化以下纳石马江、大洋江、渠江,安化以下纳敷溪、伊溪、沂溪等支流,于益阳以下甘溪港注入洞庭湖。资江全长 653 km,流域面积 2.81 万 km^2,其中湖南省境内 2.67 万 km^2。

(3) 沅水。沅水(又称沅江)是四水中最长的河流,发源于贵州东南部,有南北二源,以南源为主。南源龙头江源出贵州都匀市斗篷山北中寨,又称马尾河,流至贵州凯里市汊河口与北源重安江汇合后,称清水江,在贵州銮山入湖南芷江县境,东流至洪江市黔城镇与舞水汇合,始称沅水。沅水在湖南省境内流经芷江、怀化、会同、洪江、溆浦、辰溪、泸溪等县,至沅陵折向东北,经桃源、常德德山注入洞庭湖。沅水全长 1 028 km,流域面积 8.98 万 km^2,其中湖南省境内 5.22 万 km^2。

(4) 澧水。澧水是四水中最陡的河流,河床坡比大,洪水陡涨陡落。有北、中、南三源,以杉木界北源为主。三源在桑植县南岔汇合后,往南经桑植、永顺,再向东流,纳入茅溪,经张家界至慈利,纳溇水,至石门纳渫水,经临澧至澧县纳道水、涔水,至津市小渡口注入洞庭湖。澧水全长 388 km,流域面积 1.85 万 km^2,其中湖南省境内 1.55 万 km^2。

2.3.4 其他水系

汨罗江发源于江西省修水县,在平江县进入湖南省,至屈原管理区磊石山注入洞庭湖。河长 233 km,流域面积 5 770 km^2,其中湖南省境内 5 495 km^2。新墙河发源于平江县宝贝岭,至岳阳县筻口与油港河汇合,在岳阳县荣家湾入洞庭湖,河长 108 km,流域面积 2 359 km^2。

新墙河位于东洞庭湖东侧，发源于平江县宝贝岭，至岳阳北部新墙河口直接注入洞庭湖，全长 108 km，流域面积 2 370 km^2。注入的一级支流有 24 条，其中流域面积在 100 km^2 以上的有大洞、游港、彭宗屋 3 条支流。

2.3.5 内湖与撇洪河

内湖、撇洪河是洞庭湖区排涝体系的重要组成部分，承担着调蓄涝水、减少内涝灾害的任务，是湖区经济社会发展的重要保障措施之一。

2.3.5.1 内湖

内湖是指堤垸形成后，垸内原有河道、洼地形成的垸内水域。据统计，当前洞庭湖主体水域面积大于 1 km^2 的内湖共 94 处，水域总面积 560.98 km^2。洞庭湖内湖位于各堤垸内，一方面调蓄山洪或垸内渍水，另一方面保证沿湖农田灌溉，内湖渍水一般通过排水闸与外河相通，部分大型内湖设有控制泵站。具体内湖情况如表 2-4 所示。

表 2-4 洞庭湖大于 1 km^2 内湖水系统计表

序号	名称	市	所在地	湖泊编码（全国第一次水利普查）	常年水面面积（km^2）	主体水域面积（km^2）
1	大通湖	益阳市	南县、沅江市、大通湖管区	FE077	79.4	79.09
2	东湖	岳阳市	湘阴县	FE212	3.2	25.66
3	东湖	岳阳市	华容县	FE085	24.2	25.66
4	毛里湖	常德市	津市	FE132	25.7	23.9
5	珊珀湖	常德市	安乡县	FE155	18.9	17.39
6	北民湖	常德市	澧县	FE059	13.3	13.67
7	南湖	岳阳市	岳阳楼区	FE139	13.8	13.31
8	柳叶湖	常德市	武陵区	FE119	9.07	10.26
9	坪桥湖	岳阳市	岳阳县	FE220	11.3	10.22
10	冶湖	岳阳市	临湘市	F6080	10.6	10.12
11	黄家湖	益阳市	资阳区、沅江市	FE106	12.6	9.68
12	大明外湖	岳阳市	岳阳县	FE208	6.64	9.59
13	西湖	常德市	津市	FE179	9.52	9.53
14	胭包山湖	常德市	沅江市、汉寿县	FE192	11.2	9.36
15	烂泥湖	益阳市、岳阳市	益阳赫山区、岳阳湘阴县	FE086	12.3	9.32

续表

序号	名称	市	所在地	湖泊编码（全国第一次水利普查）	常年水面面积（km^2）	主体水域面积（km^2）
16	白泥湖	岳阳市	云溪区	F6072	9.4	9.28
17	占天湖	常德市	武陵区	FE202	7.12	9.2
18	牛屎湖	常德市	鼎城区	FE147	8.18	9.07
19	安乐湖	常德市	汉寿县	FE043	11.2	9.02
20	芭蕉湖	岳阳市	岳阳楼区、云溪区	F6071	10.4	8.7
21	塌西湖	岳阳市	华容县	FE163	9.24	8.43
22	龙池湖	常德市	汉寿县	FE121	8.22	8.22
23	大荆湖	岳阳市	华容县	FE075	9.93	7.6
24	团头湖	长沙市	望城区、宁乡市	FE171	8.03	7.18
25	八形汊内湖	益阳市	沅江市	FE045	3.94	6.51
26	太白湖	常德市	汉寿县	FE164	5.61	5.34
27	白芷湖	常德市	鼎城区	FE053	6.84	5.23
28	松杨湖	岳阳市	云溪区	F6077	4.05	5.04
29	瓦缸湖	益阳市	沅江市	FE172	2.95	4.84
30	鹿角湖	益阳市、岳阳市	赫山区、湘阴县	FE125	4.88	4.74
31	土硝湖	常德市	鼎城区	FE071	4.47	4.68
32	浩江湖	益阳市	沅江市	FE095	5.78	4.5
33	青泥湖	常德市	汉寿县	FE152	4.32	4.46
34	冲天湖	常德市	鼎城区	FE168	3.89	4.15
35	马公湖	常德市	澧县	FE130	3.76	4.07
36	西湖	岳阳市	华容县	FE177	8.48	3.92
37	杨家湖	常德市	澧县	FE195	4.02	3.58
38	洋溪湖	岳阳市	云溪区、临湘市	F6079	3.26	3.52
39	沉塌湖	岳阳市	华容县	FE068	3.91	3.5
40	涓田湖	岳阳市	临湘市	F6076	4.01	3.37
41	南湖撇洪湖	常德市	汉寿县	FE141	4.18	3.3
42	洋沙湖	岳阳市	湘阴县	FE196	3.75	3.23
43	下宝塔湖	岳阳市	岳阳县	FE226	3.05	3.04

续表

序号	名称	市	所在地	湖泊编码（全国第一次水利普查）	常年水面面积（km²）	主体水域面积（km²）
44	德兴湖	益阳市	资阳区	FE080	3.6	2.95
45	宋鲁湖	常德市	澧县	FE162	2.7	2.93
46	牛氏湖	岳阳市	华容县	FE148	4.17	2.84
47	白泥湖	岳阳市	湘阴县	FE048	2.77	2.79
48	范家坝湖	岳阳市	湘阴县	FE091	2.49	2.64
49	下采桑湖	岳阳市	君山区	FE182	3.42	2.59
50	肖家湖	常德市	鼎城区、汉寿县	FE186	2.47	2.58
51	东风湖	岳阳市	岳阳楼区	FE084	2.69	2.29
52	三汊港湖	岳阳市	湘阴县	FE154	2.69	2.22
53	蔡田湖	岳阳市	华容县	FE063	2.51	2.19
54	杨坝垱	常德市	津市	FE194	2.18	2.15
55	罗帐湖	岳阳市	华容县	FE128	2.84	2.11
56	中山湖	岳阳市	临湘市	F6081	3.83	2.07
57	酬塘湖	岳阳市	湘阴县	FE072	2.21	2.04
58	城北湖	常德市	汉寿县	FE069	2.15	2.02
59	团湖	岳阳市	君山区	FE170	3.58	2.01
60	大榨栏湖	益阳市	沅江市	FE079	2.61	1.99
61	悦来湖	岳阳市	君山区	FE201	1.09	1.94
62	赤眼湖	岳阳市	华容县	FE070	2.16	1.87
63	北萍湖	益阳市	赫山区	FE060	1.99	1.82
64	肖家湖	岳阳市	云溪区	F6078	2.42	1.75
65	南门湖	益阳市	资阳区	FE142	2.27	1.74
66	谢家湖	常德市	鼎城区	FE187	1.66	1.73
67	滑泥湖	常德市	汉寿县	FE104	1.77	1.72
68	洪合湖	益阳市	资阳区	FE101	1.61	1.64
69	万石湖	岳阳市	岳阳县	FE174	1.47	1.63
70	梅溪湖	长沙市	岳麓区	FE216	1.09	1.58
71	北套湖	岳阳市	岳阳县	FE207	1.51	1.57
72	东湾湖	岳阳市	华容县	FE088	1.63	1.56
73	上宝塔湖	岳阳市	岳阳县	FE223	1.42	1.47

续表

序号	名称	市	所在地	湖泊编码（全国第一次水利普查）	常年水面面积（km^2）	主体水域面积（km^2）
74	北港长湖	益阳市	沅江市	FE057	3.13	1.41
75	此湖口湖	益阳市	资阳区	FE191	1.4	1.39
76	七星湖	岳阳市	君山区	FE151	1.93	1.38
77	北湖	岳阳市	君山区	FE058	2.62	1.37
78	刘家湖	益阳市	资阳区	FE117	1.58	1.35
79	樊溪湖	常德市	鼎城区	FE090	1.34	1.34
80	黄荆湖	益阳市	资阳区	FE107	2.48	1.29
81	大溪湖	常德市	汉寿县	FE078	1.18	1.24
82	义合金鸡垸哑湖	岳阳市	湘阴县	FE198	1.27	1.23
83	上琼湖	益阳市	沅江市	FE159	1.88	1.22
84	吉家湖	岳阳市	岳阳楼区	FE110	1.29	1.16
85	下荆湖	岳阳市	湘阴县	FE227	1.14	1.11
86	南湖汊	常德市	澧县、津市	FE140	1.25	1.09
87	刘家湖	常德市	汉寿县	FE118	1.13	1.08
88	方台湖	岳阳市	君山区	FE092	1.41	1.08
89	田珍湖	常德市	津市	FE167	1.37	1.07
90	鹤龙湖	岳阳市	湘阴县	FE097	5.24	1.07
91	夹洲哑河湖	岳阳市	湘阴县	FE213	1.07	1.02
92	定子湖	岳阳市	临湘市	F6074	1.52	1.02
93	黄盖湖	岳阳市	湖北省赤壁市、湖南省临湘市	F6070	65.7(含湖北)	35.71(湖南)
94	牛浪湖	常德市	湖北省公安县、湖南省澧县	FE219	15.5(含湖北)	4.69(湖南)

注：引自《洞庭湖内湖名录(2022年)》。

2.3.5.2 撇洪河

撇洪河是按高水高排、等高截流的要求修筑的人工河道。洞庭湖区撇洪河将沿湖丘陵地带山水汇集后，沿渠汇集垸内涝水排往外河(湖)，一般撇洪河出口均建闸控制，其水位既受上游来水影响，又受出口外河水位的影响。洞庭湖区现有撇洪河 304 条，总长 1 299 km，撇洪面积 8 406 km^2，设计撇洪流量 14 129 m^3/s。

其中大中型（撇洪流量>50 m^3/s）撇洪渠 19 条，长 504 km，撇洪面积5 383 km^2，设计撇洪流量 12 031 m^3/s。纳入本次研究的主要有冲柳撇洪河、涔水撇洪河、南撇河、南湖撇洪河、烂泥湖撇洪河。

冲柳高水撇洪河从八宝湖起，流经常德市津市西湖垸、鼎城区冲柳垸、八官崇孝垸、民主阳城垸、汉寿西湖垸和西洞庭管理区，集水面积 553.61 km^2。另接纳沿撇洪河 26 处 83 台 14 578 kW 的泵站排水，冲柳撇洪河全长 46.8 km。撇洪河出口建有苏家吉泵站，装机 8 台 6 400 kW，在外河水位较高，苏家吉闸关闭时抽排内河洪水。冲柳撇洪河还有冲柳闸与冲柳低水水系相连，当冲柳撇洪河来水危及堤防安全时，通过此闸往低水区泄水，通过牛鼻滩泵站和马家吉泵站排出。此外，冲柳高水还规划有一处蓄洪区——土硝湖蓄洪区，用以蓄滞冲柳撇洪河的超额水量。

涔水为松澧大圈内撇洪河，松澧大圈位于洞庭湖西北部，为洞庭湖重点防洪保护区，属澧水尾闾的冲积平原。涔水发源于王家山及燕子山，全长约 80 km，涔水撇洪河堤全长 100.904 km（左、右岸），总集雨面积 1 144.25 km^2，地跨临澧、澧县、津市、津市监狱。北民湖为涔水撇洪河调蓄内湖，面积 14.5 km^2，最大水深 3 m，平均水深 2.8 m。

南湖撇洪河上起谢家铺，下止蒋家嘴，全长 50.45 km，于蒋家嘴汇入目平湖。南湖撇洪河沿途拦截谢家铺、沧水、严家河、太子庙、崔家桥、龙潭桥、纸料洲 7 条支流山洪，山洪集雨面积总计 967.56 km^2，其中沧水面积最大，面积为 287.3 km^2。

烂泥湖撇洪河工程位于益阳市与岳阳市，属跨市河流，原设计撇洪面积 734.6 km^2，实际撇洪面积为 689.5 km^2，撇洪河干流自赫山区罗家嘴至乔口出湘江，全长 41.68 km，出口建有乔口防洪闸。沿途有南岳塘河（45.9 km^2）、稠木垸河（17.2 km^2）、沧水铺河（120 km^2）、泉交河（221 km^2）、千角岭河（6 km^2）、侍郎河（186 km^2）、汤家冲河（6 km^2）、朱良桥河（62.3 km^2）8 条支流自上游至下游汇入烂泥湖撇洪河。洞庭湖撇洪河水系情况表如表 2-5 所示。

表 2-5　洞庭湖撇洪河水系情况表

垸名	撇洪河名	干流起止点		撇洪面积（km^2）	河长（km）
		起点	终点		
沅澧垸	冲柳撇洪河	新民闸	苏家吉	554	46.8
松澧垸	涔水撇洪河	临澧官亭闸	小渡口	1 144	80
	南撇河	官亭水库	南撇闸	126	9
沅南垸	南湖撇洪河	谢家铺	蒋家嘴	968	50.5

续表

垸名	撇洪河名	干流起止点		撇洪面积(km^2)	河长(km)
		起点	终点		
烂泥湖垸	烂泥湖撇洪河	光坝	乔口	690	41.7
合计				3 482	228

2.4 水文测站

洞庭湖区水文站站网密布，四水入湖控制站为湘潭（湘江）、桃江（资水）、桃源（沅江）、石门（澧水），四口水系控制站有新江口（松滋西支）、沙道观（松滋西支）、弥陀寺（虎渡河）、管家铺（藕池东支）、康家岗（藕池西支）。洞庭湖出口控制站为城陵矶（七里山）水文站；在湖区还有几十个水文（水位）站。长江干流相关的水文（水位）站有宜昌、枝城、沙市、监利、城陵矶（莲花塘）、螺山等。水文测站及高程系统换算表如表 2-6 所示。

表 2-6　水文测站及高程系统换算表

序号	水系	类型	站名	集水面积(km^2)	主要测验项目	冻结基面换算值(m)		
						吴淞	56 黄海	85 黄海
1	长江	干流	宜昌	1 005 501	水位、流量、含沙量	−0.36	−2.14	−2.07
2		干流	枝城	1 024 131	水位、流量、含沙量	−0.37	−2.15	−2.05
3		干流	沙市(二郎矶)		水位、流量、含沙量	−0.42	−2.21	−2.15
4		干流	新厂	1 032 206	水位、流量		−1.8	−1.78
5		干流	石首		水位	−0.27	−2.08	−2.01
6		干流	监利	1 033 274	水位、流量、含沙量	−0.31	−2.14	−2.07
7		干流	莲花塘		水位	−0.21	−2.03	−1.94
8		干流	螺山	1 294 911	水位、流量、含沙量	−0.19	−2.03	−1.99
9		干流	汉口(武汉关)	1 488 026	水位、流量	−0.21	−2.09	−2.07
10	松滋河	西支	新江口		水位、流量、含沙量	−0.36	−2.17	−2.09
11		东支	沙道观		水位、流量、含沙量	−0.27	−2.09	−2.01
12		西支	瓦窑河(二)		水位	−0.18	−2.07	−1.98
13	虎渡河	干流	弥陀寺		水位、流量、含沙量	−0.22	−2.03	−1.95
14		干流	黄山头(闸上)		水位	−0.38	−2.19	−2.1
15		干流	黄山头(闸下)		水位	−0.38	−2.19	−2.1
16		干流	董家垱		水位、流量、含沙量	0	−1.81	−1.72

续表

序号	水系	类型	站名	集水面积（km^2）	主要测验项目	冻结基面换算值(m)		
						吴淞	56 黄海	85 黄海
17	藕池河	西支	康家岗		水位、流量、含沙量	−0.27	−2.09	−2.01
18		东支	管家铺		水位、流量、含沙量	−0.25	−2.09	−2.01
19		中支	石矶头		水位	−0.24	−2.05	−1.96
20		中支	三岔河		水位、流量、含沙量	0	−1.81	−1.72
21		东支	北景港		水位	−0.24	−2.03	−1.94
22		东支	宋市		水位	−0.09	−1.9	−1.81
23	调弦河	华容河	调弦口		水位			−2.43
24	湘江	干流	湘潭	81 638	水位、流量、含沙量	−0.46	−2.28	−2.19
25		干流	长沙		水位	−0.48	−2.28	−2.19
26		干流	靖港		水位	—	−2.41	−2.32
27		洪道	湘阴		水位	−0.26	−2.08	−1.99
28		沩水	双江口		水位	−0.79	−2.61	−2.52
29	资江	干流	桃江(二)	26 704	水位、流量、含沙量	−0.53	−2.34	−2.25
30		干流	益阳		水位	−0.32	−2.13	−2.04
31		干流	杨堤		水位	0	−1.81	−1.72
32	沅江	干流	桃源	85 223	水位、流量、含沙量	−0.17	−1.98	−1.89
33		干流	常德(二)		水位、流量	−0.09	−1.91	−1.82
34		干流	牛鼻滩		水位、流量	−0.25	−2.06	−1.97
35		干流	车脑站		水位	−0.29	−2.1	−2.01
36		尾闾	周文庙站		水位	0	−1.78	−1.69
37	澧水	干流	石门	15 307	水位、流量、含沙量		−2.09	−2
38		干流	津市	17 549	水位、流量	−0.31	−2.18	−2.09
39	西洞庭湖	松滋西支	官垸		水位、流量、含沙量		−2.41	−2.32
40		澧水洪道	石龟山		水位、流量、含沙量	−0.28	−2.13	−2.1
41		澧水洪道	小渡口		水位	−0.31	−2.18	−2.09
42		松澧河流	安乡		水位、流量、含沙量		−2.28	−2.27
43		藕池中支	南县(罗文窖)		水位、流量、含沙量		−2.13	−1.94
44		西洞庭湖北端	南咀		水位、流量、含沙量	−0.18	−1.94	−1.85
45		西洞庭湖南端	小河咀		水位、流量、含沙量	−0.14	−1.96	−1.87
46		目平湖	赵家河		水位	−0.16	−1.97	−1.88

续表

序号	水系	类型	站名	集水面积（km^2）	主要测验项目	冻结基面换算值(m)		
						吴淞	56 黄海	85 黄海
47	南洞庭湖	甘溪港	甘溪港		水位、流量		−2.08	−1.97
48		湘江东支	湘阴		水位、流量		−2.08	−1.98
49		万子湖	沅江(二)		水位	−0.27	−2.04	−1.95
50		南洞庭湖	杨柳潭		水位	−0.18	−1.99	−1.9
51		草尾河	黄茅洲		水位	−0.02	−1.83	−1.74
52		横岭湖	营田		水位	−0.22	−2.04	−1.95
53	东洞庭湖	东洞庭湖	鹿角(二)		水位	−0.24	−2.06	−1.97
54		洞庭湖口	岳阳		水位、流量		−2.03	−1.94
55		洞庭湖口	七里山		水位、流量、含沙量		−2.03	−1.94

注:该成果引自《洞庭湖区防洪治涝手册》。

第 3 章

洞庭湖洪水组成及特性

洞庭湖的洪水由暴雨形成，但其来源有两大部分：其一为四水洪水；其二为长江四口洪水，即松滋河、虎渡河、藕池河、调弦河（1958 年冬调弦堵口后，只余三口）。由于暴雨成因、暴雨中心位置、暴雨走向及降水时空分布等不同，地形地势、洪水传播速度不同，以及干、支流分布情况不一，洪水组成的来源各有不同。洞庭湖水系概化图如图 3-1 所示。

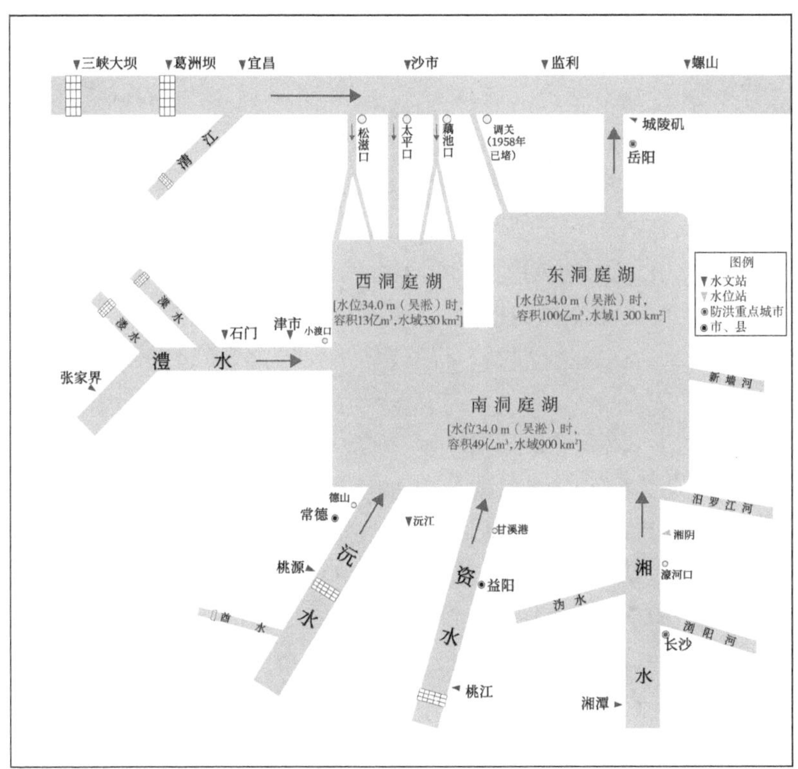

图 3-1　洞庭湖水系概化图

3.1　洞庭湖洪水地区组成

洞庭湖区洪水主要由长江来水、湘资沅澧四水以及区间来水组成。

3.1.1　长江洪水

3.1.1.1　洪水形成

长江流域的洪水主要由暴雨形成，除青藏高原外，流域内各地均可能发生暴雨。上游直门达站以上，年平均气温在 0 ℃以下，7—8 月有少量降雨，因此直门达站很少有洪水，径流量主要由融冰化雪形成。金沙江洪水由暴雨和融冰化雪共同形成。上游宜宾至宜昌河段，有川西暴雨区和大巴山暴雨区，暴雨频繁，岷江、嘉陵江两支流分别流经这两个暴雨区，洪峰流量甚大，暴雨走向大多和河流流向一致，使岷江、沱江和嘉陵江洪水相互遭遇，易形成寸滩、宜昌站峰高量大的洪水。经对宜昌百余次洪水分析，宜昌站一次洪水过程至少由两次暴雨过程形成。宜昌至螺山河段的洪水，主要来自长江上游，清江、洞庭湖水系，此间有湘西北、鄂西南暴雨区，暴雨主要出现在 6—7 月和 5—6 月，清江和洞庭湖水系的洪水也出现在 6—7 月间。螺山至汉口河段洪水，除主要来自螺山以上外，汉江的加入对这一河段的洪水也有较大影响。汉口以下有大别山和江西两个暴雨区，江西九岭山至安徽黄山一带暴雨区暴雨频次多，雨量大，范围广，是汉口以下洪水的主要来源之一。大通以下为感潮河段，受到上游来水和潮汐的双重影响，江阴以下河段高水位受潮汐影响很大，长江河口水位的急剧变化主要受台风引起的风暴潮影响，发生在长江口的风暴潮使江水位异常升降是长江河口段洪灾的主要原因。

长江流域的洪水发生的时间和地区分布与暴雨一致，一般是中下游早于上游，江南早于江北。中下游鄱阳湖水系、洞庭湖水系的湘江、资江、沅水洪水发生时间一般为 4—7 月，澧水与清江、乌江洪水发生时间一般为 5—8 月，金沙江下游和四川盆地各水系洪水发生时间一般为 6—9 月，汉江洪水发生时间一般为 7—10 月。一般年份各河洪峰互相错开，中下游干流可顺序承泄中下游支流和上游干支流洪水，不致造成大的洪灾。但如果气象异常，干支流洪水遭遇，会形成大洪水或特大洪水。

按暴雨地区分布和覆盖范围大小，通常将长江大洪水分为两种类型：一种类型是区域性大洪水，是由上游若干支流或中游汉江、澧水以及干流某些河段发生强度特别大的集中暴雨而形成的大洪水，历史上的 1860 年、1870 年及 1935 年、1981 年、1991 年洪水即为此类；另一种类型为全流域型大洪水，某些支流雨季提前或推迟，上、中、下游干支流雨季相互重叠，形成全流域洪水量大、持续时间长的大洪水，1954 年、1998 年、1931 年和历史上的 1849 年、1788 年洪水即属此类。不论哪一类大洪水均对中下游平原区造成很大的威胁。

此外，还有由短历时、小范围特大暴雨引起的突发性洪水，往往产生泥石流、滑坡、山崩、城市积水、圩垸内涝等灾害。这种洪水灾害范围虽小，却会造成铁路、公路、通信中断，人员伤亡、毁坏房屋和农田等严重灾害。长江下游台风风暴潮洪水也属此类。

3.1.1.2　洪水特性

长江上游两岸多崇山峻岭，江面狭窄，河道坡降陡，洪水汇集快，河槽调蓄能力小。长江流域暴雨的走向多为自西北向东南或自西向东，与长江干流流向一致，上游的岷江、沱江、嘉陵江洪水依次叠加，形成陡涨陡落、过程尖瘦的洪水；宜昌以上暴雨产生的洪水汇集到宜昌有先有后，因此宜昌洪水峰高量大，过程历时较长，一次洪水过程短则7～10天，长则可达1个月以上。长江出三峡后，进入中下游冲积平原，江面展宽，水流变缓，河槽、湖泊蓄量大，上游干流和中下游支流入汇的洪水过程经河湖调蓄后，峰形较为平缓，洪水逐渐上涨，到达峰顶后，再缓慢下落，退水过程十分缓慢，退水时若遇某一支流涨水，又会出现局部的涨水现象，形成多次洪峰的连续洪水，一次洪水过程往往要持续30～60天，甚至更长，因而长江中下游干流和长江上游干流洪水过程有较大差异。

长江流域面积广，降雨量大，暴雨频繁，形成的中下游干流洪水大都峰高量大，持续时间长。长江干流主要控制站宜昌、螺山、汉口、大通多年平均年最大洪峰流量均在50 000 m^3/s以上。宜昌站实测最大洪峰流量为1981年的70 800 m^3/s，历史调查最大洪峰流量为1870年的105 000 m^3/s；汉口站实测最大流量为1954年的76 100 m^3/s；大通站实测流量也以1954年的92 600 m^3/s为最大。支流中洪水较大的岷江、嘉陵江、湘江、汉江及赣江实测年最大洪峰多年平均值在12 300～23 400 m^3/s，洪峰流量以1870年嘉陵江北碚的57 300 m^3/s最大，1935年汉江襄阳站52 400 m^3/s次之。

3.1.1.3　洪水组成

长江流域水系繁多，水情复杂，各年暴雨区位置不同，洪水来源与组成相差很大。宜昌以上洪水占长江流域洪量的一半，约占中下游重点防洪地区荆江河段的90%以上，因此长江上游洪水是造成这些地区洪灾的最主要原因。宜昌洪水组成特点：金沙江屏山站控制面积约占宜昌控制面积的1/2，多年平均汛期(5—10月)水量占宜昌水量的1/3，因其洪水过程平缓，年际变化较小，是长江宜昌洪水的基础来源。岷江、嘉陵江分别流经川西暴雨区和大巴山暴雨区，洪峰流量甚大，两条支流的控制站面积占宜昌控制面积的29%，但多年平均汛期水量共占宜昌站水量的40%左右，是宜昌洪水的主要来源。此外，干流区间(宜宾—寸滩，寸滩—宜昌)的来水也不可忽视，特别是寸滩—宜昌区间是长江上游的主要暴雨区之一，其面积虽然只占宜昌控制面积的5.6%，但多年平均汛期水量约占宜昌水量的8%左右，个别年份可达宜昌的20%以上(如1982年)。宜昌的一次洪水过程为20～30天，根据多年资料统计，对比宜昌站最大15 d洪量与最大

30 d 洪量洪水组成比例，各地区洪水组成的比例相差不大。各地区组成分别为：金沙江来水约占 30%，嘉陵江与岷江两水系约占 38%，乌江占 10%，干流区间占 16%，其他所占比例较小。宜昌站 5—10 月水量地区组成如表 3-1 所示。

表 3-1　宜昌站 5—10 月水量地区组成表

水量：亿 m^3　面积：万 km^2

项目		金沙江	岷江	沱江	嘉陵江	屏山—寸滩区间	长江	乌江	寸滩—宜昌区间	长江
		屏山/向家坝	高场	李家湾	北碚		寸滩	武隆		宜昌
集水面积		48.51	13.54	2.33	15.61	6.67	86.66	8.3	5.6	100.55
占宜昌(%)		48.2	13.5	2.3	15.5	6.6	86.2	8.3	5.6	100
多年平均	水量	1 390	770	127	555	366	3 207	526	423	4 157
	占宜昌(%)	33.4	18.5	3.1	13.3	8.8	77.2	12.7	10.2	100.0
1954 年	水量	1 614	894	128	608	438	3 682	714	346	4 742
	占宜昌(%)	34.0	18.9	2.7	12.8	9.2	77.6	15.1	7.3	100.0
1991 年	水量	1 336	644	95.4	422	296	2 793	398	287	3 478
	占宜昌(%)	38.4	18.5	2.7	12.1	8.5	80.3	11.4	8.3	100.0
1995 年	水量	1 050	693	103	382	332	2 560	445	308	3 313
	占宜昌(%)	31.7	20.9	3.1	11.5	10.0	77.3	13.4	9.3	100.0
1996 年	水量	1 042	606	78.5	311	347	2 384	538	348	3 270
	占宜昌(%)	31.9	18.5	2.4	9.5	10.6	72.9	16.5	10.6	100.0
1998 年	水量	1 656	675	132	650	394	3 507	471	471	4 449
	占宜昌(%)	37.2	15.2	3.0	14.6	8.9	78.8	10.6	10.6	100.0
2017 年	水量	1 158	634	108	498	245	2 642	362	518	3 522
	占宜昌(%)	32.9	18.0	3.1	14.1	7.0	75.0	10.3	14.7	100.0
2020 年	水量	1 269	869	173	709	357	3 377	533	443	4 354
	占宜昌(%)	29.1	20.0	4.0	16.3	8.2	77.6	12.3	10.2	100.0

注：2012 年，屏山水文站改为屏山水位站；2017 年、2020 年沱江径流量从《四川省水资源公报》获得，由于缺少汛期数据，5—10 月水量为全年×0.8 的系数。引自《长江流域防洪规划(2008 年)》。

长江中下游洪水以宜昌以上来水占主导地位，洞庭湖和鄱阳湖水系洪水是其重要组成部分，汉江洪水也是其重要来源之一。长江宜昌至螺山河段，主要有支流清江及洞庭湖四水洪水的加入；螺山至汉口河段加入的主要支流有汉江。汉口至大通河段，左岸有府澴河、倒水、举水、巴水、浠水、蕲水、皖河等汇入，右岸主要有鄱阳湖五河的来水。汛期 5—10 月，汉口站水量以宜昌以上来水为主，宜昌汛期多年平均水量占汉口水量的 66%，其次是洞庭湖水系和汉江洪水，分别占汉口水量的 20.7%和 6.7%。大通站汛期水量平均有 80%以上来自汉口，鄱阳湖水系的面积占大通面积的比重不足10%,但其汛期来水量平均占大通总水量的15%左右。城陵矶以下一次洪水过程往往持续2个月左右,根据1951—2020年资料统计,螺山站最大60天洪量中,上游宜昌来水约占70%,洞庭湖水系来水约占25%,清江及区间各占2.5%左右;而在汉口站最大60天洪量中,上游宜昌来水约占67%,洞庭湖水系来水占20%(大于面积比14%),其余13%来自区间;在大通站最大60天洪量中,宜昌来水占51%,约占洪水总量的一半,洞庭湖与鄱阳湖水系来水分别占21%和15%(其中鄱阳湖水系的比例远大于面积比10%),其余5%来自汉江,约8%来自宜昌至大通区间。

3.1.2 四水洪水

3.1.2.1 湘江

湘江流域暴雨多为气旋雨,偶尔为台风雨。暴雨多发生于每年4—7月,尤以5月、6月为甚。暴雨时空分布不均,全流域暴雨中心主要分布在湘东南汝城、湘东黄丰桥、湘东北浏阳三处。

湘江流域暴雨历时多为1 d,连续2 d或2 d以上的较少。但在两次暴雨过程之间,有大雨或中雨,因而形成历时长、雨区广、强度大的强降水过程,这种雨型极易形成大洪水。

湘江流域洪水主要由暴雨形成,洪水时空变化特性与暴雨特性一致。每年3—8月为汛期,年最大洪水多发生于4—8月,其中5月、6月出现次数最多。以归阳水文站为例:在1951—2010年共60年实测资料中,5月、6月出现年最大洪水的概率最大;2月、9月、10月、11月出现年最大洪水的概率最小。

湘江干流洪水过程形状:上中游以单峰形居多,下游多呈复式峰形。一次大洪水历时:中游为7～12 d,下游为10～18 d。湘江流域洪水地区组成大致分为3种情况:①上游洪水。此类洪水主要来自老埠头以上的上游地区,雨强较大,可形成较大量级洪水,如1985年洪水。②区间洪水。此类洪水的暴雨中心主要位于全州至各控制站区间支流,如1976年、2007年、2008年洪水主要来自潇水;2006年洪水主要来自舂陵水、耒水。③全流域洪水。此类洪水为全流域普降暴雨,且降雨持续时间较长,往往形成特大洪水,如1961年、2002年洪水属于此类型。

湘江干流各控制站年最大洪水峰现概率表如表3-2所示。

表 3-2　湘江干流各控制站年最大洪水峰现概率表(建站—2010 年)

站名	类别	月份									
		2 月	3 月	4 月	5 月	6 月	7 月	8 月	9 月	10 月	合计
全洲(二)	出现次数	1	1	8	23	13	6	1	1		54
	概率(%)	1.96	1.96	13.73	45.1	23.53	9.8	1.96	1.96		100
老埠头	出现次数	1	1	6	22	17	10	2			59
	概率(%)	1.69	1.69	10.17	37.3	28.81	16.95	3.39			100
归阳	出现次数	1	1	7	23	17	8	3			60
	概率(%)	1.67	1.67	11.67	38.33	28.33	13.33	5			100
衡阳	出现次数		4	8	21	15	8	2	1	2	61
	概率(%)		6.56	13.11	34.43	24.59	13.11	3.28	1.64	3.28	100
衡山	出现次数		2	7	15	17	8	4	1	1	55
	概率(%)		3.64	12.73	27.27	30.9	14.55	7.27	1.82	1.82	100
株洲	出现次数		2	8	15	19	9	4	1	1	59
	概率(%)		3.39	13.56	25.42	32.2	15.25	6.78	1.7	1.7	100
湘潭	出现次数		2	6	17	19	9	5	1	1	60
	概率(%)		3.33	10	28.33	31.67	15	8.33	1.67	1.67	100

注:引自《湘江流域综合规划报告》。

3.1.2.2　资江

资江上游流域内有三个暴雨中心:一是洞口县以上区域,二是隆回县的六都寨附近区域,三是广西壮族自治区的资源县。从环流形成背景看,高层高压槽、低层切变线与西南低空急流的共同作用以及西太平洋副热带高压的变化和移动直接影响暴雨中心走向。暴雨强度在时间的分配上,大致是大强度暴雨发生在5—7 月,即为主汛期。20 世纪资江中上游三次大的洪灾中有两次发生在 7 月(1924 年、1996 年),一次发生在 6 月(1949 年)。隆回县六都寨实测最大 24 小时降水量达 274.3 mm,冷水江市区最大 24 小时降水量为 226.2 mm。

资江中游是湖南省三大暴雨区之一,尤以安化至马迹塘一带为甚。从成因上分析,一方面是受低压及锋面活动影响;另一方面,该地区居于雪峰山与武陵山之间,地势起伏度较大,有利于气流辐合上升,易产生暴雨。从多年平均雨量等值线图上查得,多年平均雨量上游为 1 300～1 400 mm,中游为 1 400～1 800 mm,下游为 1 400～1 700 mm,多年平均最大 24 小时暴雨量上游为 90 mm,中游为 100～130 mm,下游为 100～110 mm,安化梅城最大 24 小时雨量达 423 mm(按 1955 年 8 月 26 日安化农场实测日雨量乘换算系数 1.1 求得),为湖南省 24 小时暴雨最大值。本流域暴雨多由低压、锋面、切变所造成。年内降水量主要集中在 4—8 月，尤以 5、6 月两月最大，各年雨季结束时间一般（约占 40%）在 6 月下旬，最迟到 8 月末；一次降雨历时一般在 3 天左右。

流域洪水主要来源于暴雨，洪水和暴雨在时空分布上一致，一般一场暴雨历时多在 3 天左右，最长达 6 天；形成大洪水的集中降水在 24 小时之内，一次洪水历时上游一般在 3 天左右，中、下游段最长达 7～8 天。洪水在季节上的变化表现为以 7 月 15 日为界，7 月 15 日之前的洪水多为峰高量大的复峰，一次洪水过程多在 5 天左右，而之后的洪水则多为峰高量小的尖瘦形式，单峰居多，一次洪水过程多在 4 天左右。柘溪以上特大洪水多发生在 7 月 15 日之前，柘溪以下区间特大洪水主要发生在 7 月 15 日之后。流域各站年最大洪水各月发生情况如表 3-3 所示。

表 3-3　流域各站实测年最大流量发生情况统计表

站名	类别	月份									
		3 月	4 月	5 月	6 月	7 月	8 月	9 月	10 月	11 月	共计
罗家庙	出现次数	1	6	12	21	9	2	1	2	1	55
	概率(%)	1.82	10.91	21.82	38.18	16.36	3.64	1.82	3.64	1.82	100
冷水江	出现次数	2	4	7	23	11	2	1	1	1	52
	概率(%)	3.85	7.69	13.46	44.23	21.15	3.85	1.92	1.92	1.92	100
桃江	出现次数	2	5	10	18	14	4	2	1		56
	概率(%)	3.57	8.93	17.86	32.14	25.00	7.14	3.57	1.79		100
新宁	出现次数		3	19	16	11	1	1	1		52
	概率(%)		5.76	36.5	30.8	21.1	1.92	1.92	1.92		100

注：引自《资江流域综合规划报告》。

3.1.2.3　沅江

流域暴雨发生在 3—10 月，以 5—7 月出现次数最多，大面积、长历时的暴雨大都发生在 6—7 月。各地暴雨发生，有先东南（5—7 月），后西北（6—8 月）的趋势。

流域内实测最大 1 d 点雨量为 325 mm（潘溪 1970 年 7 月 12 日）、实测最大 3 d 点雨量为 446 mm（官庄 1967 年 5 月 18—20 日）。五强溪以上流域最大 1 d 面雨量为 62 mm（1969 年 7 月 16 日），最大 3 d 面雨量为 115.7 mm（1958 年 7 月 12—14 日）。流域暴雨（面平均雨量≥50 mm）历时一般为 1 d，单站暴雨最长持续 4 d。流域长历时暴雨历史上曾有发生，例如 1931 年、1935 年等大水，其暴雨历时都在 4 d 以上。

暴雨的地区分布，大致分为全流域、中下游、中上游三种情况，以中下游暴雨居多，强度也较大，而且常与澧水、清江流域形成同一雨带。暴雨走向，一般自北向南，或自西北向东南。暴雨中心多出现在北部的沅陵、古丈和南部的雷山、丹寨一带。根据对流域暴雨极值及汛期平均降水量的分析，高值区在北部，南部次之，中部较小，而中部沿雪峰山山脊为南北向条状高值区，雪峰山以西渐小，至怀化、芷江一线为低值中心。流域附近著名的特大暴雨有"35・7"五峰暴雨、"75・8"都镇湾暴雨。1956—1998年沅江流域及其附近的实测大暴雨有"69・7"清水湾暴雨，"83・7"忠堡暴雨，"97・7"清江暴雨，"98・7"沅江、澧水暴雨等。

流域洪水由暴雨形成，洪水出现时间与暴雨相对应，即一般发生在4—10月，4—8月为主汛期，年最大洪水多发生在4月中旬—8月，以5—7月发生次数最多，占75%～88%（桃源站为84.6%），个别洪水出现在9—10月初。大洪水大多发生在6—7月。由于季风进慢退快的特点，导致8月前后洪水过程明显不同，5—7月的洪水一般是峰高量大、历时长的多峰形状，8月以后的洪水多为峰高量小、历时短的单峰形状。沅江大洪水的地区来源，可分为全流域、上中游、中下游三种情况，以中下游来水机会最多。洪水过程的形状：清水江及沅江上中游以单峰居多，中下游多为复式峰。一次大洪水历时，中游为7～11 d，下游为10～14 d；洪峰流量主要集中在3～5 d时段内。

干流、舞水、酉水主要控制站年最大洪水各月发生情况如表3-4所示。

表3-4　各站址年最大洪水（洪峰流量）各月发生情况统计表

<table>
<tr><th rowspan="2">流域</th><th rowspan="2">站名</th><th rowspan="2">类别</th><th colspan="10">月份</th><th rowspan="2">资料年限</th></tr>
<tr><th>3月</th><th>4月</th><th>5月</th><th>6月</th><th>7月</th><th>8月</th><th>9月</th><th>10月</th><th>11月</th><th>共计</th></tr>
<tr><td rowspan="6">干流</td><td rowspan="2">安江</td><td>出现次数</td><td></td><td>4</td><td>13</td><td>19</td><td>10</td><td>3</td><td></td><td>2</td><td>1</td><td>52</td><td rowspan="2">1959—2010年</td></tr>
<tr><td>概率(%)</td><td></td><td>7.7</td><td>25.0</td><td>36.5</td><td>19.2</td><td>5.8</td><td>0</td><td>3.8</td><td>1.9</td><td>100</td></tr>
<tr><td rowspan="2">王家河（五强溪）</td><td>出现次数</td><td></td><td>4</td><td>10</td><td>15</td><td>21</td><td>3</td><td>1</td><td>1</td><td>1</td><td>56</td><td rowspan="2">1954—2009年</td></tr>
<tr><td>概率(%)</td><td></td><td>7.1</td><td>17.9</td><td>26.8</td><td>37.5</td><td>5.4</td><td>1.8</td><td>1.8</td><td>1.8</td><td>100</td></tr>
<tr><td rowspan="2">桃源</td><td>出现次数</td><td></td><td>4</td><td>11</td><td>17</td><td>23</td><td>3</td><td>2</td><td>1</td><td>1</td><td>62</td><td rowspan="2">1948年、1950—2010年</td></tr>
<tr><td>概率(%)</td><td></td><td>6.5</td><td>17.7</td><td>27.4</td><td>37.1</td><td>4.8</td><td>3.2</td><td>1.6</td><td>1.6</td><td>100</td></tr>
<tr><td rowspan="2">㵲水</td><td rowspan="2">芷江</td><td>出现次数</td><td>1</td><td>3</td><td>15</td><td>21</td><td>16</td><td>5</td><td>2</td><td>2</td><td>1</td><td>66</td><td rowspan="2">1940—1948年、1954—2010年</td></tr>
<tr><td>概率(%)</td><td>1.5</td><td>4.5</td><td>22.7</td><td>31.8</td><td>24.2</td><td>7.6</td><td>3.0</td><td>3.0</td><td>1.5</td><td>100</td></tr>
<tr><td rowspan="4">酉水</td><td rowspan="2">来凤</td><td>出现次数</td><td>2</td><td>1</td><td>4</td><td>20</td><td>18</td><td>7</td><td>2</td><td></td><td></td><td>54</td><td rowspan="2">1957—2010年</td></tr>
<tr><td>概率(%)</td><td>3.7</td><td>1.9</td><td>7.4</td><td>37.0</td><td>33.3</td><td>13.0</td><td>3.7</td><td></td><td></td><td>100</td></tr>
<tr><td rowspan="2">秀山</td><td>出现次数</td><td></td><td>1</td><td>6</td><td>15</td><td>8</td><td>4</td><td>3</td><td>1</td><td></td><td>38</td><td rowspan="2">1973—2010年</td></tr>
<tr><td>概率(%)</td><td></td><td>2.6</td><td>15.8</td><td>39.5</td><td>21.1</td><td>10.5</td><td>7.9</td><td>2.6</td><td></td><td>100</td></tr>
</table>

注：引自《沅江流域综合规划报告》。

3.1.2.4 澧水

澧水流域属亚热带湿润地区气候，经常受西太平洋副热带高压边缘影响，也受西风带天气系统控制，峰面活动显著，气旋经过频繁，通过地形辐合作用，易形成暴雨。根据实测暴雨资料分析，澧水雨区分布呈东西向带状，与澧水山脉走向大体一致。澧水有三个暴雨中心：一在干流上游一带；二在干流中游九溪一带；三在溇水、渫水中上游一带。澧水流域最大1日暴雨均值在97.4～133.7 mm，最大3日暴雨均值在127.0～158.0 mm，最大3日暴雨多发生在5—8月，各站年最大3日暴雨超过200 mm的主要发生在6—8月，也是澧水流域的主汛期。

澧水流域洪水由暴雨形成。澧水流域洪水多发生在4—9月，洪水涨落时间为2～4天，多数为单峰，少数呈复峰。澧水流域主要控制站三江口水文站历年实测最大洪峰流量为19 900 m^3/s(1998年7月23日)，最大72 h洪峰流量33.29亿m^3。溇水流域主要控制站长潭河站，历年实测最大洪峰流量7 050 m^3/s(1981年6月27日)，最大72 h洪峰流量9.04亿m^3，渫水主要控制站皂市站，历年实测最大洪峰流量7 130 m^3/s(1980年8月2日)，最大72 h洪峰流量8.21亿m^3。澧水干流中上游控制站大庸站(1997年更名为张家界站)，历年实测最大流量10 600 m^3/s(1998年7月22日)，最大72 h洪峰流量14.29亿m^3。澧水流域各站年最大流量多出现在5—9月，较大实测洪水则发生在6—8月。澧水流域主要站年最大流量及较大实测洪水发生月份统计表如表3-5所示。

表3-5 澧水流域主要站年最大流量及较大实测洪水发生月份统计表(建站—2010年)

站名	类别	月份								
		2月	3月	4月	5月	6月	7月	8月	9月	10月	合计
南岔	出现次数	1	1	8	23	13	6	1	1		54
	概率(%)	1.96	1.96	13.73	45.1	23.53	9.8	1.96	1.96		100
大庸	出现次数	1	1	6	22	17	10	2			59
	概率(%)	1.69	1.69	10.17	37.3	28.81	16.95	3.39			100
三江口(石门)	出现次数	1	1	7	23	17	8	3			60
	概率(%)	1.67	1.67	11.67	38.33	28.33	13.33	5			100
津市	出现次数		4	8	21	15	8	2	1	2	61
	概率(%)		6.56	13.11	34.43	24.59	13.11	3.28	1.64	3.28	100
皂市	出现次数		2	7	15	17	8	4	1	1	55
	概率(%)		3.64	12.73	27.27	30.9	14.55	7.27	1.82	1.82	100

续表

站名	类别	月份									
		2月	3月	4月	5月	6月	7月	8月	9月	10月	合计
长潭河	出现次数		2	8	15	19	9	4	1	1	59
	概率(%)		3.39	13.56	25.42	32.2	15.25	6.78	1.7	1.7	100

根据三江口1950—1998年共49年实测资料分析,洪峰流量大于14 000 m^3/s的有10年共12场次,大于12 000 m^3/s的有15年共23场次。澧水流域洪水发生频繁,三江口洪峰超过12 000 m^3/s的洪水,平均3年出现一次,其中1980年达5次之多,大洪水一般由澧水干流和支流溇水、渫水及区间洪水组成。由于暴雨成因、暴雨中心所在位置、暴雨走向和雨量时空分布不同,以及澧水地形地势、干支流分布情况、洪水传播等因素作用,三江口的洪水形成来源不同。

依据澧水各控制站实测资料分析,形成三江口洪水有下列三种具有代表性的组合情况:1980年8月及1991年6月暴雨中心分布在溇水、渫水中上游,以溇渫二水洪水为主要来源;1954年6月及1998年7月暴雨中心在干流中上游,三江口洪水主要由干流洪水组成;1964年6月流域普降大雨,干支流来水较均匀,形成三江口洪水。

3.1.3 区间洪水

3.1.3.1 新墙河

新墙河地处亚热带季风气候区,属湿润的大陆性气候,四季分明,3—6月为雨季,常有大暴雨发生,降水集中,雨量充沛。

本流域洪水均由暴雨形成,多发生在3—6月,由于河网密布,汇流速度快,极易形成峰高量大的洪水过程。1967年5月28日发生全流域大暴雨,桃林站最大24小时降水量达321.4 mm,最大3日降水量达413.9 mm;公田站最大24小时降水量达191.7 mm,最大3日降水量达351.3 mm;造成中下游洪水泛滥,新墙河泄量达3 520 m^3/s。

3.1.3.2 汨罗江

汨罗江处在亚热带季风气候区,属于湿润的大陆性气候,春温多变,雨季明显,降水集中,3月下旬至6月下旬为雨季,常有大暴雨和连续暴雨发生。年降水的地理分布由加义以南,平江、浏阳两县交界处向西北方面递减,流域内的东部山地亦是暴雨中心,水量丰沛。由于降水分配不均,季内、年际之间变化大,年最大降水量(发生在1954年)为年最小降水量(发生在1978年)的1.9倍。1 d

降雨量，大于 100 mm 的年份占 23.7%，暴雨多出现在 4—8 月，最大 1 d、3 d、7 d 暴雨，出现的概率均在 90%以上，尤以 6 月为最，出现的概率为 37.7%，其次为 5 月，占 15.8%。流域多年平均降水量在 1 500 mm 左右，多集中在 4—6 月，约占全年总量的 50%～60%。

汨罗江的洪水由暴雨产生。下游受洞庭湖回水影响，致使水流不畅，汛期从 4 月开始，个别年份发生在 3 月，一般持续到 8 月，个别年份持续到 9 月，如 1998 年。年最大流量多发生在 4—7 月，5 月出现的机会较多。中、上游系高山、深丘区，河系发达，洪水多暴涨暴落，历时一般为 2～3 天，下游因受洞庭湖顶托，洪水组合因素复杂，因此，洪水持续时间较长。

汨罗江流域下游，受洞庭湖顶托影响明显，当洞庭湖水位达到一定高程时，洪道内出现倒灌现象。经对洞庭湖内的鹿角水位站和汨罗江磊石水位站 20 多年资料统计发现，两站出现年最高水位的日期完全一致。此外，在汇合口上游 10 km 处有周家垅卡口，当洞庭湖与汨罗江洪水发生遭遇时，水位壅高更加明显。经对汨罗江上游的黄旗段水文站、洞庭湖鹿角水位站近 30 年资料分析发现，洪水遭遇的概率占 25%。洪水的遭遇明显降低了泄洪能力，加重了沿河的防洪负担，延长了洪水的持续时间。

3.2 入湖洪水组成

洞庭湖洪水的组成主要来自四口和四水，而区间洪水对洞庭湖水的影响不大。

20 世纪 50 年代以来，荆江河段先后经历了下荆江裁弯、上游河段兴建葛洲坝水利枢纽、三峡水利枢纽等重大水利事件，考虑上述事件对荆江三口分流分沙的变化产生了不同程度的影响，为便于分析研究入湖洪水变化规律，按人类重大水利活动顺序将 1956 年至今划分为以下五个阶段。

第一阶段：1956—1966 年（下荆江系列裁弯以前）；

第二阶段：1967—1972 年（下荆江中洲子、上车湾、沙滩子裁弯期）；

第三阶段：1973—1980 年（下荆江裁弯后至葛洲坝截流前）；

第四阶段：1981—2002 年（葛洲坝截流至三峡水库蓄水前）；

第五阶段：2003 年之后（三峡水库蓄水运行后）。

入湖洪水统计以五个阶段作为时间变化节点，分别对入湖径流地区组成、汛期入湖水量、入湖洪峰流量、入湖历时洪量进行分析。主要控制站包括湘潭、桃江、桃源、石门、新江口、沙道观、弥陀寺、管家铺、康家岗共 9 个水文测站，统计时长为 1959—2020 年。

3.2.1 入湖径流的地区组成

洞庭湖年径流的地区组成如表 3-6 所示。

表 3-6 洞庭湖年径流的地区组成 单位:亿 m^3

年份	名目	入湖水量	四水					三口				备注
			湘江	资江	沅江	澧水	合计	松滋河	虎渡河	藕池河	合计	
1959—1966	多年平均	2 873	594	208	590	145	1 537	490	215	630	1 335	下荆江系列裁弯以前
	占比(%)		21	7	21	5	54	17	7	22	46	
1967—1972	多年平均	2 750	631	237	706	154	1 728	445	186	390	1 021	下荆江中洲子、上车湾、沙滩子裁弯期
	占比(%)		23	9	26	6	64	16	7	14	37	
1973—1980	多年平均	2 533	668	225	662	145	1 700	427	160	247	834	下荆江裁弯后至葛洲坝截流前
	占比(%)		26	9	26	6	67	17	6	10	33	
1981—2002	多年平均	2 409	699	240	640	145	1 724	371	132	182	685	葛洲坝截流至三峡水库蓄水前
	占比(%)		29	10	27	6	72	15	5	8	28	
2003—2020	多年平均	2 143	645	216	646	144	1 651	306	81	104	491	三峡水库蓄水运行后
	占比(%)		30	10	30	7	77	14	4	5	23	

从统计结果来看,对比各时段结果,入湖水量有递减的趋势,其主要原因是三口分流入湖水量减少,荆江裁弯以前(1959—1966 年)多年平均入湖总量为 2 873 亿 m^3,四水多年平均入湖水量占比为 54%,三口多年平均入湖水量占比为 46%,入湖贡献率几乎相当,裁弯期(1967—1972 年)四水入湖水量比上一时段增加,而三口入湖水量减少,在比例变化上反映出四水占比增加到 63%,三口占比减少至 37%,裁弯后(1973—1980 年)三口水量进一步减少,四水水量浮动较小,因此四水入湖贡献率进一步加大,占比达到 67%;葛洲坝截流后,三口入湖水量减少至 685 亿 m^3 每年,四水入湖水量出现小范围增多,年平均入湖水量为 1 724 亿 m^3,是三口入湖水量的 2.5 倍;三峡水库运行后,上游水库调蓄作用导致三口分流入湖水量进一步减少,入湖贡献率只有 23%,而四水入湖水量多年平均有 1 652 亿 m^3,相比年平均入湖水量之和 2 143 亿 m^3,四水入湖成为洞庭湖水量主要来流水系。

就各月变化而言,相较于三峡水库运用前(1959—2002 年),三峡水库运用后(2003—2020 年),1—3 月、12 月各月多年平均径流量更大,其中 1 月增大幅度最大,为 41%;4—11 月各月多年平均径流量更小,其中 10 月减小幅度最大,为 44%(图 3-2)。

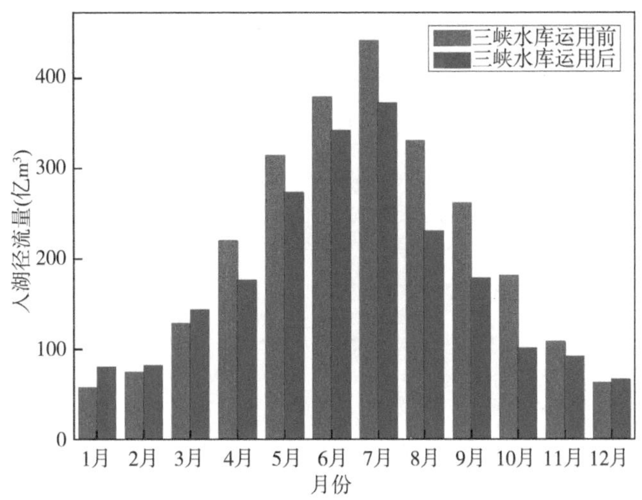

图 3-2　1959—2020 年洞庭湖入湖不同时段各月多年平均径流量变化表

3.2.2　汛期入湖水量

洞庭湖汛期(5—10 月)入湖水量的地区组成如表 3-7 所示。从总量变化趋势可以看出,总入湖数量逐时段呈递减趋势,裁弯以前多年汛期入湖水量为 2 152 亿 m^3,裁弯后为 1 963 亿 m^3,三峡水库运行以后减少至 1 497亿 m^3,四水汛期入湖水量呈现先升高后下降趋势,裁弯期(1967—1972 年)与裁弯后(1973—1980 年)四水入湖水量 1 146 亿 m^3、1 168 亿 m^3 大于裁弯前(1959—1966 年)、葛洲坝水库运用后(1981—2002 年)、三峡水库运行后(2003—2020 年)三个时段入湖水量,1980 年以后四水干支流水库相继投入使用,水量调蓄进而影响了汛期入湖水量,但其总体趋势变化不大,与四水流量历年变化基本一致。相比四水,荆江三口入湖水量受荆江裁弯及水利工程运用等影响明显减少,裁弯前(1959—1966 年)三口汛期总入湖水量为 1 229 亿 m^3,70 年代已经下降至 794 亿 m^3,三峡水库运行以后汛期入湖总水量仅为 465 亿 m^3。

从入湖贡献率可以看出,1959—1966 年汛期入湖水量主要来自荆江三口,三口汛期入湖占比为 57%,裁弯时期(1967—1972 年),三口汛期入湖占比 45%,裁弯后(1973—1980 年)三口入湖比例下降至 40%,之后葛洲坝水库、三峡水库相继投入使用,2003—2020 年洞庭湖汛期入湖水量主要来自四水,三口入湖水量比例已经下降至 31%。由此可以看出,荆江裁弯作用与长江上游梯级水库等运用对三口分流影响作用明显,减少了汛期荆江三口进入洞庭湖的水量。

表 3-7　洞庭湖汛期(5—10 月)入湖水量的地区组成　　单位:亿 m^3

年份	名目	总入湖	四水					三口				备注
			湘江	资江	沅江	澧水	合计	松滋河	虎渡河	藕池河	合计	
1959—1966	多年平均	2 152	343	115	367	99	924	443	193	593	1 229	下荆江系列裁弯以前
	占比(%)		16	5	17	5	43	21	9	28	58	
1967—1972	多年平均	2 092	392	143	497	114	1 146	404	166	376	946	下荆江中洲子、上车湾、沙滩子裁弯期
	占比(%)		19	7	24	5	55	19	8	18	45	
1973—1980	多年平均	1963	423	147	486	112	1 168	399	151	244	794	下荆江裁弯后至葛洲坝截流前
	占比(%)		22	7	25	6	60	20	8	12	40	
1981—2002	多年平均	1 753	400	142	445	103	1 090	353	129	181	663	葛洲坝截流至三峡水库蓄水前
	占比(%)		23	8	25	6	62	20	7	10	37	
2003—2020	多年平均	1 497	369	130	433	100	1 032	284	79	103	466	三峡水库蓄水运行后
	占比(%)		25	9	29	7	70	19	5	7	31	

3.2.3　入湖洪峰流量

根据表 3-8 统计结果,荆江裁弯以后,洞庭湖入湖洪峰随年份增长有减小趋势,尤其是三峡大坝投入运行以后,多年入湖洪峰流量减小程度更大,由三峡水库蓄水前(1981—2002 年)的 35 352 m^3/s 减少为 32 286 m^3/s(2003—2020 年)。从入湖比例统计结果来看,四水入湖洪峰处于相对稳定流量,虽然第四、五时段发生部分减少,但整体变化不大;另外,荆江三口入湖洪峰变化波动较大,荆江裁弯前与裁弯期,三口洪峰入湖比例为 23%,三峡水库运用之后三口入湖洪峰流量减少至 15%,洞庭湖入湖洪峰主要由四水入湖洪水组成。

表 3-8　洞庭湖最大入湖洪峰流量的地区组成　　单位: m^3/s

年份	名目	入湖洪峰	四水					三口				备注
			湘江	资江	沅江	澧水	合计	松滋河	虎渡河	藕池河	合计	
1959—1966	多年平均	37 231	8 617	3 538	13 329	3 137	28 621	3 147	1 373	4 090	8 610	下荆江系列裁弯以前
	占比(%)		23	10	36	8	77	8	4	11	23	
1967—1972	多年平均	38 035	7 403	4 389	15 203	2 125	29 120	3 552	1 464	3 899	8 915	下荆江中洲子、上车湾、沙滩子裁弯期
	占比(%)		19	12	40	6	77	9	4	10	23	
1973—1980	多年平均	35 772	8 057	3 359	13 940	3 741	29 097	3 266	1 146	2 264	6 676	下荆江裁弯后至葛洲坝截流前
	占比(%)		23	9	39	10	81	9	3	6	18	

续表

年份	名目	入湖洪峰	四水					三口				备注
			湘江	资江	沅江	澧水	合计	松滋河	虎渡河	藕池河	合计	
1981—2002	多年平均	35 352	7 813	4 082	13 560	2 863	28 318	3 563	1 212	2 260	7 035	葛洲坝截流至三峡水库蓄水前
	占比(%)		22	12	38	8	80	10	3	6	19	
2003—2020	多年平均	32 286	7 702	3 691	13 494	2 632	27 519	2 897	751	1 118	4 766	三峡水库蓄水运行后
	占比(%)		24	11	42	8	85	9	2	3	14	

3.2.4　入湖历时洪量

洞庭湖各时段年最大入湖洪量的地区组成如表 3-9 所示。从统计结果可以看出，统计历时愈长，三口所占比重愈大，四水所占比重愈小。1 天洪量中，三口仅占 24.4%，60 天洪量中，三口占比达到 45.9%。分析其原因，主要是长江洪水历时长，因而三口洪水过程线肥胖；四水洪水涨落快，洪水过程线相对尖瘦。四水中，随着统计历时的增长，资江、沅江、澧水所占比重衰减显著，相比之下，湘江洪量所占比重稳定少变，说明资沅澧三水的山溪性河流洪水特性更为显著。

表 3-9　洞庭湖各时段年最大入湖洪量的地区组成

洪量	总入湖	四水					三口
		湘江	资江	沅江	澧水	合计	
	(亿 m^3)	(%)	(%)	(%)	(%)	(%)	(%)
1 d	31.8	18.1	9.7	36.5	11.3	75.6	24.4
3 d	87.5	21	10	34	7.5	72.5	27.5
7 d	180.5	21	8.4	31.1	8.1	68.6	31.4
15 d	333.3	21	7.8	29	7.4	65.2	34.8
30 d	561.1	18.1	6.7	25.6	6.6	57	43
60 d	950.3	17.5	6.6	23.8	6.2	54.1	45.9

3.2.5　小结

综上所述，洞庭湖洪水主要来自三口、四水，由于区间面积较小，对洞庭湖洪水影响不大。全年组合入湖水量中，现阶段四水占比较大，属于洞庭湖入湖主要水量，三口入湖水量发生缩减，现阶段占入湖水量总量的 23%；汛期(5—10月)组合入湖洪量中，第一阶段汛期三口入流为洞庭湖区洪水主要组成部分，占比达到 57%，四水入湖水量为 43%，逐阶段递减以后，2003—2020 年三口洪水入湖水量仅占不到 1/3，相反，四水成为汛期洞庭湖主要入湖洪水来源；全年组合入湖水量主要来自四水，比重在77%以上，三口所占比重较小，在20%以内（现阶段），短历时(1、3、7天)洪量四水比重占绝对优势，当历时增长到30天以上，三口、四水比重就相当接近了。综合以上，湘资沅澧四水、荆江三口均可引起洞庭湖洪水，若三口、四水洪水遭遇，则将引起洞庭湖大规模洪水。洞庭湖区洪水传播时间概化如图3-3所示。

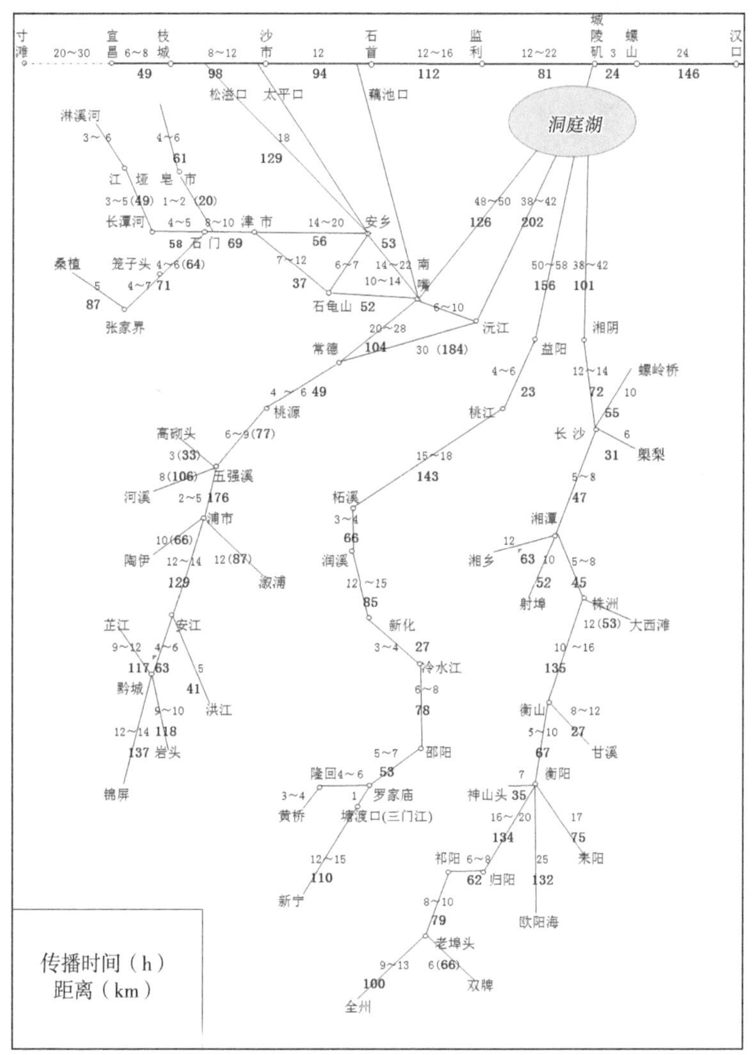

图3-3　洞庭湖区洪水传播时间概化

3.3　洪水传播时间

3.3.1　长江洪水传播

长江中下游宜昌至城陵矶段河长 434 km，洪水传播时间在 2～3 d，城陵矶至螺山段河长 24 km，洪水传播时间在 3～6 h。宜昌至枝城洪水传播时间在 1 d 以内，宜昌至沙市洪水传播时间为 1 d 左右，宜昌至石首洪水传播时间在 1～2 d，宜昌至安乡站洪水传播时间为 1～2 d。长江中下游洪水传播时间如表 3-10 所示。

表 3-10　长江中下游洪水传播时间　　单位：m^3/s

宜昌	宜昌				
沙市	14~20	沙市			
监利	32~54	18~24	监利		
城陵矶	52~72	38~52	20~28	城陵矶	
螺山	56~65	41~58	23~34	3~6	螺山
汉口	48~88	65~82	47~58	27~30	24

3.3.2　四水洪水传播

根据"四水湖区及荆江河段洪水传播时间统计表"（表 3-11 至表 3-14）所示，澧水干流石门至石龟山站洪水传播时间为 1/2～1 天，沅江干流桃源至南咀站洪水传播时间为 1 天，资江干流桃江至杨柳潭站洪水传播时间为 1/2～1 天，湘江干流湘潭站至湘阴站洪水传播时间为 1 天。考虑以上，基于四水平均洪水传播入湖时间为 1 天，宜昌至城陵矶为 2～3 天进行洪水分析。

表 3-11　湘江洪水传播时间　　单位：m^3/s

湘江	全州	全州								
	老埠头	12	老埠头							
	归阳	28	16	归阳						
	衡阳	45	33	17	衡阳					
	衡山	55	43	27	10	衡山				
	株洲	70	58	42	25	15	株洲			
	湘潭	76	64	48	31	21	6	湘潭		
	长沙	82	70	54	37	27	12	6	长沙	
	湘阴	95	83	67	50	40	25	19	13	湘阴
洞庭湖	城陵矶	135	123	107	90	80	65	59	53	40

注：引自《湖南省防汛抗旱工作实务》（2018年3月）

表 3-12　资江洪水传播时间　　单位：m^3/s

资江	新宁	新宁								
	三门江	13	三门江							
	罗家庙	14	1	罗家庙						
	邵阳	20	7	6	邵阳					
	冷水江	26	13	12	6	冷水江				
	新化	30	17	16	10	4	新化			
	柘溪	45	32	31	25	19	15	柘溪		
	桃江	61	48	47	41	35	31	16	桃江	
	益阳	66	53	52	46	40	36	21	5	益阳
洞庭湖	城陵矶	118	105	104	98	92	88	73	57	52

注：引自《湖南省防汛抗旱工作实务》(2018 年 3 月)

表 3-13　沅江洪水传播时间　　单位：m^3/s

沅江	锦屏	锦屏							
	黔城	14	黔城						
	安江	20	6	安江					
	浦市	32	18	12	浦市				
	五强溪	35	21	15	3	五强溪			
	桃源	43	29	23	11	8	桃源		
	常德	50	36	30	18	15	7	常德	
	南咀	72	58	52	40	37	29	22	南咀
	沅江	80	66	60	48	45	37	30	8
洞庭湖	城陵矶	120	106	100	88	85	77	71	48

注：引自《湖南省防汛抗旱工作实务》(2018 年 3 月)

表 3-14　澧水洪水传播时间　　单位：m^3/s

澧水	桑植	桑植		48	60	69	78	城陵矶
	张家界	5	张家界	南咀	12	21	30	南咀
	笼子头	11	6	笼子头	石龟山	9	18	石龟山
	石门	17	12	6	石门	津市	9	津市
	津市	25	20	14	8	津市	石门	石门
洞庭湖	安乡	41	36	30	24	16	安乡	
	南咀	61	56	50	44	36	20	南咀
	城陵矶	109	104	98	92	84	68	48

注：引自《湖南省防汛抗旱工作实务》(2018 年 3 月)

3.4　洪水遭遇分析

由于四口、四水的自然地理气候条件不同，洪水特性差异很大。四口洪水分自江流，其水文特征与长江上游洪水密切相关。长江上游洪水多发生在 7—8 月上中旬，呈现为连续性洪峰入湖，历时长，次洪历时 1 个月左右。四水中资、澧两水洪水属山区性质，一般陡涨陡落，峰型高瘦，次洪历时 3～5 天；沅水峰高量大，湘水过程高胖，次洪历时 10 天左右。四水洪水发生时间：湘水自 3 月入汛，以 5—6 月为多；资、沅两水洪水多在 5—7 月；澧水洪水多出现在 6—7 月。四水在 7—8 月与四口洪峰同时遭遇的机会，以沅、澧为多，资、湘水相对较少。而对于洞庭湖区来说，汛期洪水都在此汇集调蓄，导致湖区洪量极大，洪型高胖，水位逐渐抬高，洪水过程旷日持久，一旦发生洪水互相遭遇，洞庭湖区乃至长江中游地带防洪时间就特别漫长，形成巨大的防洪压力。四水及汨罗江、新墙河尾闾地区河道 7—9 月常受洞庭湖洪水顶托影响。洞庭湖盆水位越高，顶托影响就越大。

3.4.1 洪峰遭遇

表 3-15 整理了长江宜昌站、湘江湘潭站、资江桃江站、沅江桃源站、澧水石门站多年实测水文资料，统计洪峰在不同月份出现的次数。从统计结果来看，在 1951—2020 年间长江洪峰主要集中出现在 7—8 月的年份共有 56 年，占比达到 80%；湘江汛期早于长江，在 1951—2020 年间洪峰集中出现在 5—7 月的年份共有 53 年，占比达到 76%；资江汛期与湘江接近，洪峰主要出现在 5—7 月，共有 54 年，占比达到 77%；同样沅江与资江、湘江洪峰出现时间均集中在 5—7 月，桃江站 5—7 月洪峰次数共计 58 次，占统计洪水系列比例为 83%；澧水流域洪水与长江洪水洪峰时间较为接近，在 1951—2020 共计 70 年洪水统计结果中，石门站 6—7 月出现洪峰时间达到 51 次，占比为 73%。

表 3-15 洞庭湖地区组成洪水年最大洪峰出现次数统计

水系	3 月	4 月	5 月	6 月	7 月	8 月	9 月	10 月	11 月
长江	—	—	—	3—2	38/10	18/3	10/3	1	—
湘江	2	7	19	23	11	5	1	1	1
资江	2	5	14	20	20	4	3	1	1
沅江	—	4	11	22	25	3	3	1	1
澧水	1	—	7	28	23	5	6	—	—

注："长江"一行统计了 1951—2020 年/2003—2020 年洪峰出现次数。

统计历年各分区之间及各分区与设计断面之间同次洪水洪峰间隔时间，同洪峰间隔时间的洪次占总洪次的百分数，分析洪峰可能遭遇的程度。一次完整的洪水过程可能出现单个或多个洪峰，本次以年最大流量对应日期统计多测站洪峰遭遇概况。整理宜昌、湘潭、桃江、桃源、石门五个水文测站 1951—2020 年当年实测最大流量，考虑长江中上游宜昌站洪水传播至监利(包含荆江三口入湖时间)需 3～4 天，洪峰出现时间为 t，长江洪峰下泄入湖时间为 $t+3$，同样，四水入湖时间为湘潭、桃江、桃源、石门站出现洪峰时间 t 推移 1 天，即为 $t+1$。1951—2020 年共 70 年间长江与湘资沅澧四水出现了 8 次洪峰遭遇。

3.4.2 洪量遭遇

洞庭湖区洪水洪峰遭遇统计如表 3-16 所示。以长江宜昌站、洞庭湖城陵矶（七里山）站、湘江湘潭站、资江桃江站、沅江桃源站、澧水石门站（1980 年前为三江口站）断面实测流量过程，统计各测站 1951—2020 年逐年 1 d、3 d、7 d、15 d、30 d 洪量大小，洪量时段一半时间以上重合即为洪水遭遇，并且以三峡水库使用前后为节点，对长江洪水与四水遭遇、洞庭湖洪水与四水遭遇、四水洪水遭遇分别进行统计，讨论三峡水库对洞庭湖洪水遭遇的影响。从洪水过程遭遇来看，由于洞庭湖可调蓄洪水，各来水河流洪水过程也较长，洪水过程遭遇机会较多。

3.4.2.1 长江与湘资沅澧四水

根据长江与湘资沅澧四水全系列洪水过程遭遇统计结果，1959—2020 年的 61 年中，由于洞庭湖可调蓄洪水，各来水河流洪水过程也较长，洪水过程遭遇机会较多。长江与四水在不同时间洪量对应洪水遭遇频次的统计分析，如表 3-17 至表 3-19 所示。

最大 1 d 洪水过程共发生了 1 次，1986 年长江与资江洪水发生遭遇，遭遇时间发生在当年 7 月。

长江与四水洪水 3 d 洪量遭遇集中发生在 7 月，最大 3 d 洪水过程遭遇共发生了 3 次，长江与沅江、资江、澧水分别在 7 月、7 月、8 月各遭遇 1 次。两组合洪水中，长江与湘江＋资江、资江＋沅江、湘江＋澧水 7 月、7 月、9 月各遭遇 1 次，沅江＋澧水与长江遭遇 2 次，分别发生在 1986 年的 7 月和 2016 年的 9 月，1988 年 9 月，长江与湘江＋资江＋澧水、湘江＋沅江＋澧水组合洪水发生 3 d 洪量遭遇，长江与洞庭湖四水组合 3 d 洪量遭遇发生在 1986 年 7 月。

长江与四水 7 d 洪量遭遇集中发生在 7 月，7 d 洪水过程遭遇共发生了 9 次，长江与资江 7 d 洪水过程遭遇的次数为 3 次，分别在 7 月、7 月和 8 月，与沅江 7 d 洪水过程遭遇的次数为 2 次，均发生在 7 月，与澧水 7 d 洪水过程遭遇的次数为 4 次，均发生在 7 月。

长江与四水 15 d 洪量遭遇集中发生在 7 月，15 d 洪水过程遭遇共发生了 22 次，长江与湘江 15 d 洪水过程遭遇次数为 2 次，分别发生在 7 月、8 月，与资江洪水遭遇次数为 4 次，与沅江洪水遭遇次数为 3 次，分别发生在 6—7 月、7 月、7—8 月，与澧水洪水遭遇次数为 13 次（其中 9 次发生在 7 月，2 次发生在 6 月，1 次发生在 8 月，1 次发生在 9 月）。

表 3-16 洞庭湖区洪水洪峰遭遇统计

年份	$Q_{长江m}(t)$	$Q_{长江m}(t+3)$	$Q_{湘江m}(t)$	$Q_{湘江m}(t+1)$	$Q_{资江m}(t)$	$Q_{资江m}(t+1)$	$Q_{沅江m}(t)$	$Q_{沅江m}(t+1)$	$Q_{澧水m}(t)$	$Q_{澧水m}(t+1)$	洪峰遭遇
1951	7月14日	7月17日	4月22日	4月23日	4月28日	4月29日	4月29日	4月30日	7月13日	7月14日	1
1952	9月16日	9月19日	6月3日	6月4日	8月25日	8月26日	7月13日	7月14日	7月11日	7月12日	0
1953	8月7日	8月10日	5月28日	5月29日	5月26日	5月27日	6月27日	6月28日	6月27日	6月28日	0
1954	8月7日	8月10日	6月30日	7月1日	7月25日	7月26日	7月30日	7月31日	6月25日	6月26日	0
1955	7月18日	7月21日	5月30日	5月31日	8月27日	8月28日	5月30日	5月31日	6月24日	6月25日	0
1956	6月30日	7月3日	6月1日	6月2日	5月10日	5月11日	5月30日	5月31日	5月15日	5月16日	0
1957	7月22日	7月25日	4月24日	4月25日	4月27日	4月28日	8月9日	8月10日	7月30日	7月31日	0
1958	8月25日	8月28日	5月10日	5月11日	7月18日	7月19日	7月15日	7月16日	8月15日	8月16日	0
1959	8月16日	8月19日	6月22日	6月23日	6月3日	6月4日	6月4日	6月5日	6月9日	6月10日	0
1960	8月7日	8月10日	5月17日	5月18日	3月12日	3月13日	7月11日	7月12日	6月26日	6月27日	0
1961	7月3日	7月6日	4月23日	4月24日	6月15日	6月16日	4月20日	4月21日	3月3日	3月4日	0
1962	7月11日	7月14日	6月28日	6月29日	6月30日	7月1日	5月29日	5月30日	6月23日	6月24日	0
1963	7月14日	7月17日	5月15日	5月16日	5月9日	5月10日	7月12日	7月13日	7月12日	7月13日	1
1964	9月15日	9月18日	6月25日	6月26日	4月12日	4月13日	6月19日	6月20日	6月29日	6月30日	0
1965	7月17日	7月20日	5月1日	5月2日	6月3日	6月4日	7月7日	7月8日	9月12日	9月13日	0
1966	9月5日	9月8日	7月12日	7月13日	7月14日	7月15日	7月13日	7月14日	6月29日	6月30日	0
1967	7月5日	7月8日	5月8日	5月9日	5月19日	5月20日	5月5日	5月6日	6月19日	6月20日	0
1968	7月7日	7月10日	6月27日	6月28日	4月19日	4月20日	7月20日	7月21日	7月20日	7月21日	0
1969	9月6日	9月9日	8月12日	8月13日	8月10日	8月11日	7月17日	7月18日	7月12日	7月13日	0

续表

年份	$Q_{长江m}(t)$	$Q_{长江m}(t+3)$	$Q_{湘江m}(t)$	$Q_{湘江m}(t+1)$	$Q_{资江m}(t)$	$Q_{资江m}(t+1)$	$Q_{沅江m}(t)$	$Q_{沅江m}(t+1)$	$Q_{澧水m}(t)$	$Q_{澧水m}(t+1)$	洪峰遭遇
1970	8月1日	8月4日	5月10日	5月11日	7月13日	7月14日	7月15日	7月16日	5月29日	5月30日	0
1971	8月20日	8月23日	5月31日	6月1日	5月31日	6月1日	5月31日	6月1日	5月23日	5月24日	0
1972	7月15日	7月18日	5月9日	5月10日	5月7日	5月8日	5月8日	5月9日	6月26日	6月27日	0
1973	7月5日	7月8日	8月17日	8月18日	6月26日	6月27日	6月24日	6月25日	6月23日	6月24日	0
1974	8月13日	8月16日	7月21日	7月22日	7月13日	7月14日	7月1日	7月2日	9月30日	10月1日	0
1975	10月5日	10月8日	5月14日	5月15日	5月12日	5月13日	6月11日	6月12日	6月10日	6月11日	0
1976	7月22日	7月25日	7月12日	7月13日	7月13日	7月14日	5月2日	5月3日	7月15日	7月16日	0
1977	7月11日	7月14日	6月30日	7月1日	6月20日	6月21日	6月16日	6月17日	8月14日	8月15日	0
1978	7月8日	7月11日	5月20日	5月21日	6月9日	6月10日	6月1日	6月2日	5月31日	6月1日	0
1979	9月23日	9月26日	6月22日	6月23日	6月28日	6月29日	6月27日	6月28日	6月26日	6月27日	0
1980	8月28日	8月31日	4月27日	4月28日	6月13日	6月14日	8月12日	8月13日	8月2日	8月3日	0
1981	7月18日	7月21日	4月17日	4月18日	5月30日	5月31日	5月30日	5月31日	6月28日	6月29日	0
1982	7月31日	8月3日	6月19日	6月20日	9月17日	9月18日	6月18日	6月19日	7月28日	7月29日	0
1983	8月4日	8月7日	6月22日	6月23日	5月16日	5月17日	7月15日	7月16日	6月27日	6月28日	0
1984	7月10日	7月13日	6月3日	6月4日	6月15日	6月16日	6月2日	6月3日	6月15日	6月16日	0
1985	7月4日	7月7日	5月31日	6月1日	6月6日	6月7日	6月7日	6月8日	6月4日	6月5日	0
1986	7月7日	7月10日	6月24日	6月25日	7月7日	7月8日	7月5日	7月6日	7月17日	7月18日	1
1987	7月23日	7月26日	5月20日	5月21日	10月12日	10月13日	7月4日	7月5日	8月21日	8月22日	0
1988	9月6日	9月9日	4月13日	4月14日	9月10日	9月11日	9月4日	9月5日	9月9日	9月10日	1

续表

年份	$Q_{长江m}(t)$	$Q_{长江m}(t+3)$	$Q_{湘江m}(t)$	$Q_{湘江m}(t+1)$	$Q_{资江m}(t)$	$Q_{资江m}(t+1)$	$Q_{沅江m}(t)$	$Q_{沅江m}(t+1)$	$Q_{澧水m}(t)$	$Q_{澧水m}(t+1)$	洪峰遭遇
1989	7 月 14 日	7 月 17 日	7 月 4 日	7 月 5 日	7 月 4 日	7 月 5 日	4 月 13 日	4 月 14 日	9 月 2 日	9 月 3 日	0
1990	7 月 4 日	7 月 7 日	6 月 3 日	6 月 4 日	6 月 16 日	6 月 17 日	6 月 15 日	6 月 16 日	7 月 1 日	7 月 2 日	0
1991	8 月 14 日	8 月 17 日	3 月 31 日	4 月 1 日	3 月 31 日	4 月 1 日	7 月 13 日	7 月 14 日	7 月 6 日	7 月 7 日	0
1992	7 月 19 日	7 月 22 日	7 月 8 日	7 月 9 日	6 月 23 日	6 月 24 日	5 月 17 日	5 月 18 日	5 月 17 日	5 月 18 日	0
1993	8 月 31 日	9 月 3 日	7 月 5 日	7 月 6 日	7 月 7 日	7 月 8 日	8 月 1 日	8 月 2 日	7 月 23 日	7 月 24 日	0
1994	7 月 15 日	7 月 18 日	6 月 18 日	6 月 19 日	7 月 20 日	7 月 21 日	10 月 11 日	10 月 12 日	6 月 5 日	6 月 6 日	1
1995	8 月 16 日	8 月 19 日	7 月 1 日	7 月 2 日	7 月 2 日	7 月 3 日	7 月 2 日	7 月 3 日	7 月 8 日	7 月 9 日	0
1996	7 月 12 日	7 月 15 日	8 月 4 日	8 月 5 日	7 月 16 日	7 月 17 日	7 月 17 日	7 月 18 日	7 月 3 日	7 月 4 日	1
1997	7 月 20 日	7 月 23 日	9 月 4 日	9 月 5 日	6 月 8 日	6 月 9 日	6 月 11 日	6 月 12 日	7 月 14 日	7 月 15 日	0
1998	8 月 16 日	8 月 19 日	3 月 10 日	3 月 11 日	6 月 14 日	6 月 15 日	7 月 24 日	7 月 25 日	7 月 23 日	7 月 24 日	0
1999	7 月 20 日	7 月 23 日	5 月 28 日	5 月 29 日	7 月 17 日	7 月 18 日	6 月 30 日	7 月 1 日	6 月 27 日	6 月 28 日	0
2000	7 月 2 日	7 月 5 日	10 月 24 日	10 月 25 日	6 月 23 日	6 月 24 日	6 月 9 日	6 月 10 日	6 月 4 日	6 月 5 日	0
2001	9 月 8 日	9 月 11 日	6 月 15 日	6 月 16 日	6 月 13 日	6 月 14 日	6 月 21 日	6 月 22 日	7 月 31 日	8 月 1 日	0
2002	8 月 18 日	8 月 21 日	8 月 10 日	8 月 11 日	8 月 21 日	8 月 22 日	5 月 14 日	5 月 15 日	6 月 25 日	6 月 26 日	1
2003	9 月 4 日	9 月 7 日	5 月 18 日	5 月 19 日	5 月 19 日	5 月 20 日	7 月 10 日	7 月 11 日	7 月 9 日	7 月 10 日	0
2004	9 月 9 日	9 月 12 日	5 月 18 日	5 月 19 日	7 月 20 日	7 月 21 日	7 月 21 日	7 月 22 日	7 月 18 日	7 月 19 日	0
2005	7 月 11 日	7 月 14 日	6 月 2 日	6 月 3 日	6 月 6 日	6 月 7 日	6 月 3 日	6 月 4 日	5 月 4 日	5 月 5 日	0
2006	7 月 10 日	7 月 13 日	7 月 18 日	7 月 19 日	4 月 12 日	4 月 13 日	5 月 11 日	5 月 12 日	5 月 13 日	5 月 14 日	0
2007	7 月 31 日	8 月 3 日	8 月 23 日	8 月 24 日	5 月 13 日	5 月 14 日	7 月 26 日	7 月 27 日	7 月 25 日	7 月 26 日	0

续表

年份	$Q_{长江m}(t)$	$Q_{长江m}(t+3)$	$Q_{湘江m}(t)$	$Q_{湘江m}(t+1)$	$Q_{资江m}(t)$	$Q_{资江m}(t+1)$	$Q_{沅江m}(t)$	$Q_{沅江m}(t+1)$	$Q_{澧水m}(t)$	$Q_{澧水m}(t+1)$	洪峰遭遇
2008	8月18日	8月21日	6月16日	6月17日	11月7日	11月8日	11月7日	11月8日	8月30日	8月31日	0
2009	8月8日	8月11日	7月3日	7月4日	7月27日	7月28日	4月24日	4月25日	6月9日	6月10日	0
2010	7月26日	7月29日	6月25日	6月26日	5月21日	5月22日	7月12日	7月13日	7月11日	7月12日	0
2011	6月25日	6月28日	6月16日	6月17日	6月10日	6月11日	6月9日	6月10日	6月19日	6月20日	0
2012	7月30日	8月2日	6月13日	6月14日	5月13日	5月14日	7月19日	7月20日	9月13日	9月14日	0
2013	7月23日	7月26日	5月19日	5月20日	9月24日	9月25日	9月26日	9月27日	6月7日	6月8日	0
2014	9月20日	9月23日	5月26日	5月27日	7月16日	7月17日	7月17日	7月18日	7月17日	7月18日	0
2015	6月30日	7月3日	11月15日	11月16日	6月22日	6月23日	6月22日	6月23日	6月3日	6月4日	0
2016	7月2日	7月5日	6月16日	6月17日	7月7日	7月8日	6月29日	6月30日	6月28日	6月29日	1
2017	7月12日	7月15日	7月4日	7月5日	7月1日	7月2日	7月2日	7月3日	6月23日	6月24日	0
2018	7月15日	7月18日	6月9日	6月10日	5月18日	5月19日	6月6日	6月7日	9月26日	9月27日	0
2019	7月30日	8月2日	7月10日	7月11日	7月13日	7月14日	6月18日	6月19日	6月22日	6月23日	0
2020	8月21日	8月24日	4月4日	4月5日	7月27日	7月28日	9月17日	9月18日	7月7日	7月8日	0
合计											8

注：由于长江来水峰高量大，本次洪峰遭遇统计方法为：长江与湘资沅澧四水中任意某一河流发生遭遇且遭遇天数持续1～3天。

表 3-17 长江与四水洪水过程遭遇结果统计(1959—2020 年)

年份	长江+四水组合					长江+湘江					长江+资江					长江+沅江					长江+澧水				
	1 d	3 d	7 d	15 d	30 d	1 d	3 d	7 d	15 d	30 d	1 d	3 d	7 d	15 d	30 d	1 d	3 d	7 d	15 d	30 d	1 d	3 d	7 d	15 d	30 d
1959	0	0	0	0	0	0	0	0	0	0	0	0	0	0	0	0	0	0	0	0	0	0	0	0	0
1960	0	0	0	0	0	0	0	0	0	0	0	0	0	0	0	0	0	0	0	0	0	0	0	0	0
1961	0	0	0	0	0	0	0	0	0	0	0	0	0	0	0	0	0	0	0	0	0	0	0	0	0
1962	0	0	0	0	0	0	0	0	0	0	0	0	0	0	0	0	0	0	0	0	0	0	0	0	0
1963	0	0	0	0	0	0	0	0	0	0	0	0	0	0	0	0	0	1	0	0	0	0	1	1	1
1964	0	0	0	0	0	0	0	0	0	0	0	0	0	0	0	0	0	0	0	0	0	0	0	0	0
1965	0	0	0	0	0	0	0	0	0	0	0	0	0	0	0	0	0	0	0	0	0	0	0	0	0
1966	0	0	0	0	0	0	0	0	0	0	0	0	0	0	0	0	0	0	0	0	0	0	0	0	0
1967	0	0	0	0	0	0	0	0	0	0	0	0	0	0	0	0	0	0	1	0	0	0	0	1	1
1968	0	0	0	0	1	0	0	0	0	1	0	0	0	0	0	0	0	0	0	1	0	0	0	0	1
1969	0	0	0	0	1	0	0	0	0	0	0	0	0	0	1	0	0	0	1	1	0	0	0	1	1
1970	0	0	0	0	0	0	0	0	0	0	0	0	0	0	0	0	0	0	0	0	0	0	0	0	0
1971	0	0	0	0	0	0	0	0	0	0	0	0	0	0	0	0	0	0	0	0	0	0	0	0	0
1972	0	0	0	0	0	0	0	0	0	0	0	0	0	0	0	0	0	0	0	0	0	0	0	0	0
1973	0	0	0	0	0	0	0	0	0	0	0	0	0	0	0	0	0	0	0	0	0	0	0	0	0
1974	0	0	0	0	0	0	0	0	0	0	0	0	0	0	0	0	0	0	0	0	0	0	0	0	0
1975	0	0	0	0	0	0	0	0	0	0	0	0	0	0	0	0	0	0	0	0	0	0	0	0	0
1976	0	0	0	1	1	0	0	0	1	1	0	0	0	0	1	0	0	0	0	1	0	0	0	1	1

续表

年份	长江＋四水组合					长江＋湘江					长江＋资江					长江＋沅江					长江＋澧水				
	1 d	3 d	7 d	15 d	30 d	1 d	3 d	7 d	15 d	30 d	1 d	3 d	7 d	15 d	30 d	1 d	3 d	7 d	15 d	30 d	1 d	3 d	7 d	15 d	30 d
1977	0	0	0	0	0	0	0	0	0	0	0	0	0	0	0	0	0	0	0	0	0	0	0	0	0
1978	0	0	0	0	0	0	0	0	0	0	0	0	0	0	0	0	0	0	0	0	0	0	0	0	0
1979	0	0	0	0	0	0	0	0	0	0	0	0	0	0	0	0	0	0	0	0	0	0	0	0	0
1980	0	0	0	0	0	0	0	0	0	0	0	0	0	0	0	0	0	0	0	0	0	0	0	0	0
1981	0	0	0	0	0	0	0	0	0	0	0	0	0	0	0	0	0	0	0	0	0	0	0	0	0
1982	0	0	0	0	0	0	0	0	0	0	0	0	0	0	0	0	0	0	0	0	0	0	0	0	0
1983	0	0	0	0	0	0	0	0	0	0	0	0	0	0	0	0	0	0	0	0	0	0	0	0	0
1984	0	0	0	0	0	0	0	0	0	0	0	0	0	0	0	0	0	0	0	0	0	0	0	0	0
1985	0	0	0	0	0	0	0	0	0	0	0	0	0	0	0	0	0	0	0	0	0	0	0	0	0
1986	0	1	1	0	1	0	0	0	0	0	1	1	1	0	1	0	1	1	0	0	0	0	0	0	1
1987	0	0	0	0	0	0	0	0	0	0	0	0	0	0	0	0	0	0	0	1	0	0	0	0	1
1988	0	0	0	0	1	0	0	0	0	0	0	0	0	1	1	0	0	0	0	1	0	0	1	1	1
1989	0	0	0	0	0	0	0	0	0	0	0	0	0	0	0	0	0	0	0	0	0	0	0	0	0
1990	0	0	0	0	0	0	0	0	0	0	0	0	0	0	0	0	0	0	0	0	0	0	0	0	0
1991	0	0	0	0	0	0	0	0	0	0	0	0	0	0	0	0	0	0	0	0	0	0	0	0	0
1992	0	0	0	0	1	0	0	0	0	0	0	0	0	0	1	0	0	0	0	1	0	0	0	0	1
1993	0	0	0	0	0	0	0	0	0	0	0	0	0	0	0	0	0	0	0	0	0	0	0	0	0
1994	0	0	0	0	0	0	0	0	0	0	0	0	0	0	0	0	0	0	0	0	0	0	0	0	0

续表

年份	长江+四水组合					长江+湘江					长江+资江					长江+沅江					长江+澧水				
	1 d	3 d	7 d	15 d	30 d	1 d	3 d	7 d	15 d	30 d	1 d	3 d	7 d	15 d	30 d	1 d	3 d	7 d	15 d	30 d	1 d	3 d	7 d	15 d	30 d
1995	0	0	0	0	0	0	0	0	0	0	0	0	0	0	0	0	0	0	0	0	0	0	0	0	0
1996	0	0	0	0	1	0	0	0	0	0	0	0	0	0	1	0	0	0	0	1	0	0	0	0	1
1997	0	0	0	1	0	0	0	0	0	0	0	0	0	0	0	0	0	0	0	0	0	0	1	1	1
1998	0	0	0	0	0	0	0	0	0	0	0	0	0	0	0	0	0	0	0	0	0	0	0	0	1
1999	0	0	0	0	1	0	0	0	0	0	0	0	1	1	1	0	0	0	0	1	0	0	0	0	1
2000	0	0	0	0	0	0	0	0	0	0	0	0	0	0	0	0	0	0	0	0	0	0	0	1	0
2001	0	0	0	0	0	0	0	0	0	0	0	0	0	0	0	0	0	0	0	0	0	0	0	0	0
2002	0	0	0	0	0	0	0	0	1	1	0	0	1	1	1	0	0	0	0	0	0	0	0	0	0
2003	0	0	0	0	0	0	0	0	0	0	0	0	0	0	0	0	0	0	0	0	0	0	0	1	1
2004	0	0	0	0	0	0	0	0	0	0	0	0	0	0	0	0	0	0	0	0	0	0	0	0	0
2005	0	0	0	0	0	0	0	0	0	0	0	0	0	0	0	0	0	0	0	0	0	0	0	0	0
2006	0	0	0	0	0	0	0	0	0	0	0	0	0	1	0	0	0	0	0	0	0	0	0	0	0
2007	0	0	0	0	0	0	0	0	0	0	0	0	0	0	0	0	0	0	1	1	0	0	0	1	1
2008	0	0	0	0	0	0	0	0	0	0	0	0	0	0	0	0	0	0	0	0	0	1	0	1	1
2009	0	0	0	0	0	0	0	0	0	0	0	0	0	0	0	0	0	0	0	0	0	0	0	0	0
2010	0	0	0	0	0	0	0	0	0	0	0	0	0	0	0	0	0	0	0	0	0	0	0	1	1
2011	0	0	0	0	0	0	0	0	0	0	0	0	0	0	0	0	0	0	0	0	0	0	0	0	0
2012	0	0	0	0	0	0	0	0	0	0	0	0	0	0	0	0	0	0	0	0	0	0	0	1	1

续表

年份	长江+四水组合					长江+湘江					长江+资江					长江+沅江					长江+澧水				
	1 d	3 d	7 d	15 d	30 d	1 d	3 d	7 d	15 d	30 d	1 d	3 d	7 d	15 d	30 d	1 d	3 d	7 d	15 d	30 d	1 d	3 d	7 d	15 d	30 d
2013	0	0	0	0	0	0	0	0	0	0	0	0	0	0	0	0	0	0	0	0	0	0	0	0	0
2014	0	0	0	0	0	0	0	0	0	0	0	0	0	0	0	0	0	0	0	0	0	0	0	0	0
2015	0	0	0	0	0	0	0	0	0	0	0	0	0	0	1	0	0	0	0	1	0	0	0	0	1
2016	0	0	0	0	0	0	0	0	0	0	0	0	0	0	0	0	0	0	0	0	0	0	1	0	0
2017	0	0	0	0	0	0	0	0	0	0	0	0	0	0	0	0	0	0	0	0	0	0	0	0	0
2018	0	0	0	0	0	0	0	0	0	0	0	0	0	0	0	0	0	0	0	0	0	0	0	1	1
2019	0	0	0	0	0	0	0	0	0	0	0	0	0	0	0	0	0	0	0	0	0	0	0	0	0
2020	0	0	0	0	0	0	0	0	0	0	0	0	0	0	0	0	0	0	0	0	0	0	0	0	0
合计	0	1	1	2	8	0	0	0	2	3	1	1	3	4	9	0	1	2	3	10	0	1	4	13	20

表 3-18　长江及四水洪水过程遭遇(1959—2020 年)

年份	长江+湘江+资江					长江+湘江+沅江					长江+资江+沅江					长江+湘江+澧水					长江+资江+澧水					长江+沅江+澧水				
	1 d	3 d	7 d	15 d	30 d	1 d	3 d	7 d	15 d	30 d	1 d	3 d	7 d	15 d	30 d	1 d	3 d	7 d	15 d	30 d	1 d	3 d	7 d	15 d	30 d	1 d	3 d	7 d	15 d	30 d
1959	0	0	0	0	0	0	0	0	0	0	0	0	0	0	0	0	0	0	0	0	0	0	0	0	0	0	0	0	0	0
1960	0	0	0	0	0	0	0	0	0	0	0	0	0	0	0	0	0	0	0	0	0	0	0	0	0	0	0	0	0	0
1961	0	0	0	0	0	0	0	0	0	0	0	0	0	0	0	0	0	0	0	0	0	0	0	0	0	0	0	0	0	0
1962	0	0	0	0	0	0	0	0	0	0	0	0	0	0	0	0	0	0	0	0	0	0	0	0	0	0	0	0	0	0
1963	0	0	0	0	0	0	0	0	0	0	0	0	1	0	0	0	0	0	0	0	0	0	1	0	0	0	0	1	0	0
1964	0	0	0	0	0	0	0	0	0	0	0	0	0	0	0	0	0	0	0	0	0	0	0	0	0	0	0	0	0	0
1965	0	0	0	0	0	0	0	0	0	0	0	0	0	0	0	0	0	0	0	0	0	0	0	0	0	0	0	0	0	0
1966	0	0	0	0	0	0	0	0	0	0	0	0	0	0	0	0	0	0	0	0	0	0	0	0	0	0	0	0	0	0
1967	0	0	0	0	0	0	0	0	0	0	0	0	0	0	0	0	0	0	0	0	0	0	0	0	0	0	0	0	1	0
1968	0	0	0	0	1	0	0	0	0	1	0	0	0	0	1	0	0	0	0	1	0	0	0	1	1	0	0	0	0	1
1969	0	0	0	0	0	0	0	0	1	1	0	0	0	1	1	0	0	0	1	0	0	0	0	1	1	0	0	0	1	1
1970	0	0	0	0	0	0	0	0	0	0	0	0	0	0	0	0	0	0	0	0	0	0	0	0	0	0	0	0	0	0
1971	0	0	0	0	0	0	0	0	0	0	0	0	0	0	0	0	0	0	0	0	0	0	0	0	0	0	0	0	0	0
1972	0	0	0	0	0	0	0	0	0	0	0	0	0	0	0	0	0	0	0	0	0	0	0	0	0	0	0	0	0	0
1973	0	0	0	0	0	0	0	0	0	0	0	0	0	0	0	0	0	0	0	0	0	0	0	0	0	0	0	0	0	0
1974	0	0	0	0	0	0	0	0	0	0	0	0	0	0	0	0	0	0	0	0	0	0	0	0	0	0	0	0	0	0
1975	0	0	0	0	0	0	0	0	0	0	0	0	0	0	0	0	0	0	0	0	0	0	0	0	0	0	0	0	0	0
1976	0	0	0	1	1	0	0	0	1	1	0	0	0	0	1	0	0	0	1	1	0	0	0	1	1	0	0	0	0	1
1977	0	0	0	0	0	0	0	0	0	0	0	0	0	0	0	0	0	0	0	0	0	0	0	0	0	0	0	0	0	0
1978	0	0	0	0	0	0	0	0	0	0	0	0	0	0	0	0	0	0	0	0	0	0	0	0	0	0	0	0	0	0
1979	0	0	0	0	0	0	0	0	0	0	0	0	0	0	0	0	0	0	0	0	0	0	0	0	0	0	0	0	0	0

续表

年份	长江＋湘江＋资江					长江＋湘江＋沅江					长江＋资江＋沅江					长江＋湘江＋澧水					长江＋资江＋澧水					长江＋沅江＋澧水				
	1 d	3 d	7 d	15 d	30 d	1 d	3 d	7 d	15 d	30 d	1 d	3 d	7 d	15 d	30 d	1 d	3 d	7 d	15 d	30 d	1 d	3 d	7 d	15 d	30 d	1 d	3 d	7 d	15 d	30 d
1980	0	0	0	0	0	0	0	0	0	0	0	0	0	0	1	0	0	0	0	0	0	0	0	0	0	0	0	0	0	0
1981	0	0	0	0	0	0	0	0	0	0	0	0	0	0	0	0	0	0	0	0	0	0	0	0	0	0	0	0	0	0
1982	0	0	0	0	0	0	0	0	0	0	0	0	0	0	0	0	0	0	0	0	0	0	0	0	0	0	0	0	0	0
1983	0	0	0	0	0	0	0	0	0	0	0	0	0	0	0	0	0	0	0	0	0	0	0	0	0	0	0	0	0	0
1984	0	0	0	0	0	0	0	0	0	0	0	0	0	0	0	0	0	0	0	0	0	0	0	0	0	0	0	0	0	0
1985	0	0	0	0	0	0	0	0	0	0	0	0	0	0	0	0	0	0	0	0	0	0	0	0	0	0	0	0	0	0
1986	0	1	1	0	1	0	0	0	0	1	0	1	1	0	1	0	0	0	0	1	0	0	0	0	1	0	1	0	0	1
1987	0	0	0	0	0	0	0	0	0	0	0	0	0	0	0	0	0	0	0	0	0	0	0	0	1	0	0	0	0	1
1988	0	0	0	1	1	0	0	0	0	1	0	0	0	0	1	0	1	1	0	0	0	0	1	1	1	0	0	0	0	1
1989	0	0	0	0	0	0	0	0	0	0	0	0	0	0	0	0	0	0	0	0	0	0	0	0	0	0	0	0	0	0
1990	0	0	0	0	0	0	0	0	0	0	0	0	0	0	0	0	0	0	0	0	0	0	0	0	0	0	0	0	0	0
1991	0	0	0	0	0	0	0	0	0	0	0	0	0	0	0	0	0	0	0	0	0	0	0	0	0	0	0	0	0	0
1992	0	0	0	0	0	0	0	0	0	1	0	0	0	0	1	0	0	0	0	0	0	0	0	0	1	0	0	0	0	1
1993	0	0	0	0	0	0	0	0	0	0	0	0	0	0	0	0	0	0	0	0	0	0	0	0	0	0	0	0	0	0
1994	0	0	0	0	0	0	0	0	0	0	0	0	0	0	0	0	0	0	0	0	0	0	0	0	0	0	0	0	0	0
1995	0	0	0	0	0	0	0	0	0	0	0	0	0	0	0	0	0	0	0	0	0	0	0	0	0	0	0	0	0	0
1996	0	0	0	0	1	0	0	0	0	1	0	0	0	0	1	0	0	0	0	1	0	0	0	0	1	0	0	0	0	1
1997	0	0	0	0	0	0	0	0	0	0	0	0	0	0	0	0	0	0	1	0	0	0	0	1	1	0	0	0	1	0
1998	0	0	0	0	0	0	0	0	0	0	0	0	0	0	0	0	0	0	0	0	0	0	0	0	0	0	0	0	0	1
1999	0	0	0	1	1	0	0	0	0	1	0	0	0	0	1	0	0	0	1	1	0	0	0	0	1	0	0	0	0	1
2000	0	0	0	0	0	0	0	0	0	0	0	0	0	0	0	0	0	0	0	0	0	0	0	0	0	0	0	0	0	0

续表

年份	长江+湘江+资江					长江+湘江+沅江					长江+资江+沅江					长江+湘江+澧水					长江+资江+澧水					长江+沅江+澧水				
	1 d	3 d	7 d	15 d	30 d	1 d	3 d	7 d	15 d	30 d	1 d	3 d	7 d	15 d	30 d	1 d	3 d	7 d	15 d	30 d	1 d	3 d	7 d	15 d	30 d	1 d	3 d	7 d	15 d	30 d
2001	0	0	0	0	0	0	0	0	0	0	0	0	0	0	0	0	0	0	0	0	0	0	0	0	0	0	0	0	0	0
2002	0	0	1	1	1	0	0	0	0	0	0	0	0	0	0	0	0	0	1	1	0	0	1	0	0	0	0	0	0	0
2003	0	0	0	0	0	0	0	0	0	0	0	0	0	0	0	0	0	0	0	0	0	0	0	1	1	0	0	0	1	1
2004	0	0	0	0	0	0	0	0	0	0	0	0	0	0	0	0	0	0	0	0	0	0	0	0	0	0	0	0	0	0
2005	0	0	0	0	0	0	0	0	0	0	0	0	0	0	0	0	0	0	0	0	0	0	0	0	0	0	0	0	0	0
2006	0	0	0	0	0	0	0	0	0	0	0	0	0	0	0	0	0	0	0	0	0	0	0	0	0	0	0	0	0	0
2007	0	0	0	0	0	0	0	0	0	0	0	0	0	1	1	0	0	0	0	0	0	0	0	1	1	0	0	0	1	1
2008	0	0	0	0	0	0	0	0	0	0	0	0	0	0	0	0	0	0	0	0	0	0	0	0	0	0	0	0	0	0
2009	0	0	0	0	0	0	0	0	0	0	0	0	0	0	0	0	0	0	0	0	0	0	0	0	0	0	0	0	0	0
2010	0	0	0	0	0	0	0	0	0	0	0	0	0	0	0	0	0	0	0	0	0	0	0	0	0	0	0	0	1	0
2011	0	0	0	0	0	0	0	0	0	0	0	0	0	0	0	0	0	0	0	0	0	0	0	0	0	0	0	0	0	0
2012	0	0	0	0	0	0	0	0	0	0	0	0	0	1	0	0	0	0	0	0	0	0	0	1	0	0	0	0	1	0
2013	0	0	0	0	0	0	0	0	0	0	0	0	0	0	0	0	0	0	0	0	0	0	0	0	0	0	0	0	0	0
2014	0	0	0	0	0	0	0	0	0	0	0	0	0	0	0	0	0	0	0	0	0	0	0	0	0	0	0	0	0	0
2015	0	0	0	0	0	0	0	0	0	0	0	0	0	0	1	0	0	0	0	0	0	0	0	0	1	0	0	0	0	1
2016	0	0	0	0	0	0	0	0	0	0	0	0	0	0	0	0	0	0	0	0	0	0	0	0	0	0	1	1	0	0
2017	0	0	0	0	0	0	0	0	0	0	0	0	0	0	0	0	0	0	0	0	0	0	0	0	0	0	0	0	0	0
2018	0	0	0	0	0	0	0	0	0	0	0	0	0	0	0	0	0	0	0	0	0	0	0	0	0	0	0	0	0	0
2019	0	0	0	0	0	0	0	0	0	0	0	0	0	0	0	0	0	0	0	0	0	0	0	0	0	0	0	0	0	0
2020	0	0	0	0	0	0	0	0	0	0	0	0	0	0	0	0	0	0	0	0	0	0	0	0	0	0	0	0	0	0
合计	0	1	2	4	7	0	0	0	2	8	0	1	2	3	11	0	1	1	5	6	0	0	3	8	13	0	2	2	7	13

表 3-19　长江及四水洪水过程遭遇(1959—2020 年)

年份	长江+湘江+资江+澧水					长江+湘江+沅江+澧水					长江+资江+沅江+澧水					长江+湘江+沅江+资江				
	1 d	3 d	7 d	15 d	30 d	1 d	3 d	7 d	15 d	30 d	1 d	3 d	7 d	15 d	30 d	1 d	3 d	7 d	15 d	30 d
1959	0	0	0	0	0	0	0	0	0	0	0	0	0	0	0	0	0	0	0	0
1960	0	0	0	0	0	0	0	0	0	0	0	0	0	0	0	0	0	0	0	0
1961	0	0	0	0	0	0	0	0	0	0	0	0	0	0	0	0	0	0	0	0
1962	0	0	0	0	0	0	0	0	0	0	0	0	0	0	0	0	0	0	0	0
1963	0	0	0	0	0	0	0	0	0	0	0	0	1	0	0	0	0	0	0	0
1964	0	0	0	0	0	0	0	0	0	0	0	0	0	0	0	0	0	0	0	0
1965	0	0	0	0	0	0	0	0	0	0	0	0	0	0	0	0	0	0	0	0
1966	0	0	0	0	0	0	0	0	0	0	0	0	0	0	0	0	0	0	0	0
1967	0	0	0	0	0	0	0	0	0	0	0	0	0	0	0	0	0	0	0	0
1968	0	0	0	0	1	0	0	0	0	1	0	0	0	1	1	0	0	0	0	1
1969	0	0	0	1	0	0	0	0	1	0	0	0	0	1	1	0	0	0	0	0
1970	0	0	0	0	0	0	0	0	0	0	0	0	0	0	0	0	0	0	0	0
1971	0	0	0	0	0	0	0	0	0	0	0	0	0	0	0	0	0	0	0	0
1972	0	0	0	0	0	0	0	0	0	0	0	0	0	0	0	0	0	0	0	0
1973	0	0	0	0	0	0	0	0	0	0	0	0	0	0	0	0	0	0	0	0
1974	0	0	0	0	0	0	0	0	0	0	0	0	0	0	0	0	0	0	0	0
1975	0	0	0	0	0	0	0	0	0	0	0	0	0	0	0	0	0	0	0	0
1976	0	0	0	1	1	0	0	0	1	1	0	0	0	1	1	0	0	0	1	1

续表

年份	长江+湘江+资江+澧水					长江+湘江+沅江+澧水					长江+资江+沅江+澧水					长江+湘江+沅江+资江				
	1 d	3 d	7 d	15 d	30 d	1 d	3 d	7 d	15 d	30 d	1 d	3 d	7 d	15 d	30 d	1 d	3 d	7 d	15 d	30 d
1977	0	0	0	0	0	0	0	0	0	0	0	0	0	0	0	0	0	0	0	0
1978	0	0	0	0	0	0	0	0	0	0	0	0	0	0	0	0	0	0	0	0
1979	0	0	0	0	0	0	0	0	0	0	0	0	0	0	0	0	0	0	0	0
1980	0	0	0	0	0	0	0	0	0	0	0	0	0	0	0	0	0	0	0	0
1981	0	0	0	0	0	0	0	0	0	0	0	0	0	0	0	0	0	0	0	0
1982	0	0	0	0	0	0	0	0	0	0	0	0	0	0	0	0	0	0	0	0
1983	0	0	0	0	0	0	0	0	0	0	0	0	0	0	0	0	0	0	0	0
1984	0	0	0	0	0	0	0	0	0	0	0	0	0	0	0	0	0	0	0	0
1985	0	0	0	0	0	0	0	0	0	0	0	0	0	0	0	0	0	0	0	0
1986	0	0	0	0	1	0	0	0	0	1	0	0	0	0	1	0	1	1	0	1
1987	0	0	0	0	0	0	0	0	0	0	0	0	0	0	1	0	0	0	0	0
1988	0	1	1	0	0	0	1	1	0	0	0	0	1	1	1	0	0	0	1	1
1989	0	0	0	0	0	0	0	0	0	0	0	0	0	0	0	0	0	0	0	0
1990	0	0	0	0	0	0	0	0	0	0	0	0	0	0	0	0	0	0	0	0
1991	0	0	0	0	0	0	0	0	0	0	0	0	0	0	0	0	0	0	0	0
1992	0	0	0	0	0	0	0	0	0	0	0	0	0	0	1	0	0	0	0	0
1993	0	0	0	0	0	0	0	0	0	0	0	0	0	0	0	0	0	0	0	0
1994	0	0	0	0	0	0	0	0	0	0	0	0	0	0	0	0	0	0	0	0

续表

年份	长江＋湘江＋资江＋澧水					长江＋湘江＋沅江＋澧水					长江＋资江＋沅江＋澧水					长江＋湘江＋沅江＋资江				
	1 d	3 d	7 d	15 d	30 d	1 d	3 d	7 d	15 d	30 d	1 d	3 d	7 d	15 d	30 d	1 d	3 d	7 d	15 d	30 d
1995	0	0	0	0	0	0	0	0	0	0	0	0	0	0	0	0	0	0	0	0
1996	0	0	0	0	1	0	0	0	0	1	0	0	0	0	1	0	0	0	0	1
1997	0	0	0	1	0	0	0	0	1	0	0	0	0	1	1	0	0	0	0	0
1998	0	0	0	0	0	0	0	0	0	0	0	0	0	0	0	0	0	0	0	0
1999	0	0	0	1	1	0	0	0	1	1	0	0	0	0	1	0	0	0	1	1
2000	0	0	0	0	0	0	0	0	0	0	0	0	0	0	0	0	0	0	0	0
2001	0	0	0	0	0	0	0	0	0	0	0	0	0	0	0	0	0	0	0	0
2002	0	0	0	1	1	0	0	0	1	1	0	0	1	0	0	0	0	1	1	1
2003	0	0	0	0	0	0	0	0	0	0	0	0	0	1	1	0	0	0	0	0
2004	0	0	0	0	0	0	0	0	0	0	0	0	0	0	0	0	0	0	0	0
2005	0	0	0	0	0	0	0	0	0	0	0	0	0	0	0	0	0	0	0	0
2006	0	0	0	0	0	0	0	0	0	0	0	0	0	0	0	0	0	0	0	0
2007	0	0	0	0	0	0	0	0	0	0	0	0	0	1	1	0	0	0	0	0
2008	0	0	0	0	0	0	0	0	0	0	0	0	0	0	0	0	0	0	0	0
2009	0	0	0	0	0	0	0	0	0	0	0	0	0	0	0	0	0	0	0	0
2010	0	0	0	0	0	0	0	0	0	0	0	0	0	0	0	0	0	0	0	0
2011	0	0	0	0	0	0	0	0	0	0	0	0	0	0	0	0	0	0	0	0
2012	0	0	0	0	0	0	0	0	0	0	0	0	0	1	0	0	0	0	0	0

续表

年份	长江＋湘江＋资江＋澧水					长江＋湘江＋沅江＋澧水					长江＋资江＋沅江＋澧水					长江＋湘江＋沅江＋资江				
	1 d	3 d	7 d	15 d	30 d	1 d	3 d	7 d	15 d	30 d	1 d	3 d	7 d	15 d	30 d	1 d	3 d	7 d	15 d	30 d
2013	0	0	0	0	0	0	0	0	0	0	0	0	0	0	0	0	0	0	0	0
2014	0	0	0	0	0	0	0	0	0	0	0	0	0	0	0	0	0	0	0	0
2015	0	0	0	0	0	0	0	0	0	0	0	0	0	0	1	0	0	0	0	0
2016	0	0	0	0	0	0	0	0	0	0	0	0	0	0	0	0	0	0	0	0
2017	0	0	0	0	0	0	0	0	0	0	0	0	0	0	0	0	0	0	0	0
2018	0	0	0	0	0	0	0	0	0	0	0	0	0	0	0	0	0	0	0	0
2019	0	0	0	0	0	0	0	0	0	0	0	0	0	0	0	0	0	0	0	0
2020	0	0	0	0	0	0	0	0	0	0	0	0	0	0	0	0	0	0	0	0
合计	0	1	1	5	6	0	1	1	5	6	0	0	3	8	13	0	1	2	4	7

长江与四水 30 d 洪量遭遇集中发生在 7 月，30 d 洪水过程遭遇共发生了 42 次，其中，长江与湘江 30 d 洪水遭遇次数为 3 次，2 次发生在 6—7 月，1 次发生在 8 月；长江与资江 30 d 洪水遭遇次数为 9 次，4 次发生在 6—7 月，5 次发生在 7—8 月；长江与沅江 30 d 洪水遭遇次数为 10 次，6 次发生在 6—7 月，3 次发生在 7—8 月，1 次发生在 8—9 月；长江与澧水 30 d 洪水遭遇次数最多，共发生了 20 次，其中 8 次发生在 6—7 月，9 次发生在 7—8 月，3 次发生在 8—9 月。

3.4.2.2 湘资沅澧四水

根据湘资沅澧主要控制站全系列洪水过程遭遇统计结果，1959—2020 年的 61 年中，洞庭湖与四水在不同时间洪量对应洪水遭遇频次的统计分析，如表 3-20、表 3-21 所示。

最大 1 d 洪水过程相遇共发生 16 次。其中资江与沅江两水相遇次数最多，共发生 8 次，湘江与资江次之，共发生了 4 次，沅江与澧水共发生了 3 次，湘江与沅江遭遇过 1 次。

最大 3 d 洪水过程相遇共发生 54 次，其中 3 d 两水遭遇主要发生在资江、沅江，累计 21 次，湘江、资江与沅江、澧水均遭遇 11 次，湘江与沅江 61 年内共遭遇了 5 次，资江、澧水遭遇了 2 次，湘江、澧水遭遇了 1 次。三水遭遇发生在湘江、资江、沅江，遭遇了 2 次，资江、沅江、澧水遭遇了 1 次。

最大 7 d 洪水过程遭遇共发生 88 次，两水遭遇共发生了 79 次，其中，资沅遭遇 27 次，沅澧、湘资各遭遇 18 次，湘沅遭遇 12 次，资江与澧水遭遇 3 次，湘江与澧水遭遇 1 次。三水遭遇共发生 9 次，湘江、资江、沅江遭遇了 6 次，资江、沅江、澧水遭遇了 3 次。

最大 15 d 洪水过程遭遇共发生了 145 次，两水遭遇共发生了 119 次，其中，湘资共遭遇了 32 次，资沅共遭遇了 28 次，沅澧遭遇了 26 次，湘沅遭遇了 21 次，湘澧、资澧各遭遇了 6 次。三水遭遇发生了 26 次，其中，湘资沅共发生了 15 次，资沅澧发生了 6 次，湘沅澧发生了 3 次，湘资澧发生了 1 次，四水在 15 d 遭遇统计中也发生了 1 次洪水过程遭遇。

最大 30 d 洪水过程遭遇共发生了 264 次，两水遭遇共发生了 182 次，其中，资江与沅江遭遇最多，共发生 41 次，沅江与澧水次之，共 36 次，湘江与资江共发生了 35 次，湘江与沅江发生了 25 次，资江与澧水发生了 24 次，湘江与澧水发生了 21 次；三水遭遇共发生了 74 次，湘江、资江与沅江共发生了 23 次，资江、沅江、澧水共发生了 22 次，湘江、资江、澧水与湘江、沅江、澧水均发生了 13 次洪水遭遇；四水在 30 d 洪水过程中遭遇了 11 次。

表 3-20　湘资沅澧两水过程遭遇统计

年份	湘江+资江					湘江+沅江					湘江+澧水					资江+沅江					资江+澧水					沅江+澧水				
	1 d	3 d	7 d	15 d	30 d	1 d	3 d	7 d	15 d	30 d	1 d	3 d	7 d	15 d	30 d	1 d	3 d	7 d	15 d	30 d	1 d	3 d	7 d	15 d	30 d	1 d	3 d	7 d	15 d	30 d
1959	0	0	0	0	0	0	0	0	0	0	0	0	0	0	1	1	1	1	1	1	0	0	0	0	0	0	0	0	0	0
1960	0	0	0	1	1	0	0	0	0	0	0	0	0	0	0	0	0	0	0	0	0	0	0	0	0	0	0	0	0	1
1961	0	0	1	1	1	0	0	1	1	1	0	0	0	0	0	0	0	1	1	1	0	0	0	0	0	0	0	0	0	0
1962	0	1	1	1	1	0	0	0	1	0	0	0	0	0	1	0	0	0	1	0	0	0	0	0	0	0	0	0	0	0
1963	0	0	0	1	1	0	0	0	1	1	0	0	0	0	0	0	0	0	1	1	0	0	0	0	0	0	1	1	0	0
1964	0	0	0	0	0	0	1	0	1	0	0	0	0	0	1	0	0	0	0	1	0	0	0	0	0	0	0	1	1	0
1965	0	0	1	1	1	0	0	1	1	1	0	0	0	0	1	0	0	1	1	1	0	0	0	0	0	0	0	0	0	0
1966	0	0	0	1	0	0	1	1	1	0	0	0	0	1	0	0	1	1	1	1	0	0	0	1	1	0	0	0	1	1
1967	0	0	0	1	1	0	0	0	0	1	0	1	0	0	0	0	1	0	0	1	0	1	0	0	0	0	1	0	1	0
1968	0	0	0	0	0	0	0	0	0	1	0	0	0	0	1	0	1	1	0	0	0	0	0	0	0	0	0	0	1	1
1969	0	1	1	0	0	0	0	0	0	0	0	0	0	0	0	0	0	0	0	1	0	0	0	0	1	0	0	1	1	1
1970	0	0	0	1	1	0	0	0	0	0	0	0	0	0	1	0	1	1	0	0	0	0	0	0	0	0	0	0	0	0
1971	1	1	1	1	1	0	0	0	1	1	0	0	0	1	1	0	0	0	1	1	0	0	0	0	1	0	0	0	0	1
1972	0	0	0	1	1	0	0	1	1	1	0	0	0	0	1	0	0	0	1	1	0	0	0	0	1	0	0	0	0	1
1973	0	0	0	1	1	0	0	0	0	0	0	0	0	0	0	0	0	1	0	0	0	0	1	0	0	1	1	1	1	0
1974	0	0	0	0	1	0	0	1	1	1	0	0	0	0	0	0	0	0	0	1	0	0	0	0	0	0	0	0	0	0
1975	0	0	0	1	1	0	0	0	0	1	0	0	0	0	0	0	1	1	1	1	0	0	0	0	0	0	0	0	0	0
1976	0	1	1	1	1	0	0	0	0	1	0	0	0	0	1	0	0	0	0	1	0	0	0	0	1	0	0	0	0	1
1977	0	0	0	0	1	0	0	0	1	1	0	0	0	0	0	0	0	1	1	1	0	0	0	0	0	0	1	0	0	0
1978	0	0	0	0	1	0	0	0	1	1	0	0	0	0	1	0	0	0	0	1	0	0	0	0	1	0	0	0	0	1
1979	0	0	0	0	1	0	0	0	0	1	0	0	0	0	1	1	1	0	1	1	0	0	0	1	1	0	0	1	1	1

续表

年份	湘江+资江					湘江+沅江					湘江+澧水					资江+沅江					资江+澧水					沅江+澧水				
	1 d	3 d	7 d	15 d	30 d	1 d	3 d	7 d	15 d	30 d	1 d	3 d	7 d	15 d	30 d	1 d	3 d	7 d	15 d	30 d	1 d	3 d	7 d	15 d	30 d	1 d	3 d	7 d	15 d	30 d
1980	0	0	1	1	1	0	0	0	0	0	0	0	0	0	0	0	0	0	0	0	0	0	0	0	0	0	0	0	1	1
1981	0	0	1	1	1	0	0	0	0	0	0	0	0	0	1	1	0	0	0	0	0	0	0	0	1	0	0	0	0	0
1982	0	0	0	0	0	0	1	1	1	1	0	0	0	1	1	0	0	0	0	0	0	0	0	0	0	0	0	1	1	1
1983	0	0	0	0	0	0	0	0	0	0	0	0	0	0	0	0	0	0	0	0	0	0	0	0	0	0	0	0	1	1
1984	0	1	1	0	1	0	1	1	0	1	0	0	0	0	0	1	1	1	1	1	0	0	0	1	0	0	0	0	1	0
1985	0	0	0	1	1	0	0	0	0	0	0	0	0	0	0	0	0	0	0	0	0	0	0	0	0	0	0	1	1	1
1986	0	0	0	1	1	0	0	0	0	1	0	0	0	0	1	0	1	1	0	1	0	0	0	0	1	0	0	0	0	0
1987	0	0	0	0	0	0	0	0	0	0	0	0	0	0	0	0	0	0	0	0	0	0	0	0	0	0	0	1	1	1
1988	0	0	0	0	0	0	0	0	0	0	0	0	0	0	0	0	0	1	1	1	0	0	0	1	1	0	0	0	1	1
1989	1	1	1	0	0	0	0	0	0	0	0	0	0	0	0	0	0	0	0	1	0	0	0	0	0	0	0	0	0	0
1990	0	0	0	0	0	0	0	0	0	0	0	0	0	0	0	1	1	1	0	1	0	0	0	0	1	0	0	0	0	1
1991	1	1	1	1	1	0	0	0	0	0	0	0	0	0	0	0	0	0	0	0	0	0	0	0	0	0	0	0	1	1
1992	0	0	1	0	0	0	0	0	0	0	0	0	0	0	0	0	0	0	1	1	0	0	0	0	1	1	1	1	0	1
1993	0	0	1	1	0	0	0	1	0	0	0	0	0	0	0	0	0	1	0	1	0	0	0	0	0	0	0	0	1	1
1994	0	0	0	0	1	0	0	0	0	0	0	0	0	0	0	0	0	0	0	0	0	0	0	0	0	0	0	0	0	1
1995	0	1	0	1	1	0	0	1	1	1	0	0	0	1	1	1	1	1	1	1	0	0	0	0	1	0	0	0	0	1
1996	0	0	0	0	0	0	0	0	0	0	0	0	0	0	0	0	1	1	1	0	0	0	0	0	1	0	0	0	0	1
1997	0	0	0	0	0	0	0	0	0	0	0	0	0	0	0	0	0	0	1	0	0	0	0	0	0	0	0	0	0	0
1998	0	0	0	1	1	0	0	0	0	1	0	0	0	0	0	0	0	0	0	1	0	0	0	0	0	0	1	1	1	0
1999	0	0	0	0	0	0	0	0	0	0	0	0	0	0	0	0	0	0	0	1	0	0	0	0	1	0	1	1	1	1
2000	0	0	0	1	1	0	0	0	0	1	0	0	0	0	1	0	0	1	0	1	0	0	0	0	1	0	0	1	0	1

续表

年份	湘江+资江					湘江+沅江					湘江+澧水					资江+沅江					资江+澧水					沅江+澧水				
	1 d	3 d	7 d	15 d	30 d	1 d	3 d	7 d	15 d	30 d	1 d	3 d	7 d	15 d	30 d	1 d	3 d	7 d	15 d	30 d	1 d	3 d	7 d	15 d	30 d	1 d	3 d	7 d	15 d	30 d
2001	0	0	0	1	1	0	0	0	1	0	0	0	0	0	0	0	1	0	1	0	0	0	0	0	0	0	0	1	0	0
2002	0	0	0	1	1	0	0	0	0	0	0	0	0	0	0	0	0	0	0	0	0	0	0	0	0	0	0	0	0	1
2003	0	1	1	1	0	0	0	0	1	0	0	0	0	0	0	0	0	0	1	1	0	0	0	0	0	1	1	1	0	0
2004	0	0	0	0	0	0	0	0	0	0	0	0	0	0	0	0	1	1	1	0	0	1	0	1	0	0	0	0	1	1
2005	0	1	0	1	1	1	1	1	1	1	0	0	0	1	1	0	1	1	1	1	0	0	0	0	1	0	0	0	1	1
2006	0	0	0	0	0	0	0	0	0	0	0	0	0	0	0	0	0	1	0	1	0	0	1	0	1	0	1	1	1	1
2007	1	1	1	1	1	0	0	0	0	0	0	0	0	0	0	0	0	0	0	0	0	0	0	0	0	0	0	1	1	1
2008	0	0	0	0	0	0	0	0	0	0	0	0	0	0	0	1	1	1	1	1	0	0	0	0	0	0	0	0	0	0
2009	0	0	0	0	0	0	0	0	0	0	0	0	0	0	1	0	0	0	0	1	0	0	0	0	0	0	0	0	0	0
2010	0	0	1	1	1	0	0	1	1	1	0	0	0	0	0	0	0	1	1	1	0	0	0	0	0	0	1	0	0	0
2011	0	0	0	1	1	0	0	0	1	1	0	0	1	1	1	0	0	1	1	1	0	0	0	0	1	0	0	0	0	1
2012	0	0	0	0	0	0	0	0	1	0	0	0	0	0	0	0	1	0	0	1	0	0	0	0	0	0	0	0	0	0
2013	0	0	0	1	1	0	0	0	1	1	0	0	0	0	0	0	1	0	1	1	0	0	0	0	0	0	0	0	0	0
2014	0	0	0	0	0	0	0	0	0	0	0	0	0	0	0	0	1	1	1	1	0	0	0	0	1	0	0	0	0	1
2015	0	0	0	0	0	0	0	0	0	0	0	0	0	0	0	1	0	1	1	1	0	0	1	1	1	0	1	1	1	1
2016	0	0	0	0	0	0	0	0	0	0	0	0	0	0	0	0	1	1	0	1	0	0	0	0	1	0	0	0	1	1
2017	0	0	1	1	1	0	0	1	1	1	0	0	0	0	1	0	1	1	1	1	0	0	0	0	1	0	0	0	0	1
2018	0	0	0	0	0	0	0	0	0	0	0	0	0	0	0	0	0	0	0	0	0	0	0	0	0	0	0	0	0	0
2019	0	0	1	1	1	0	0	0	0	1	0	0	0	0	1	0	0	0	0	1	0	0	0	0	1	0	0	1	1	1
2020	0	0	0	0	0	0	0	0	0	0	0	0	0	0	0	0	0	0	0	0	0	0	0	0	0	0	0	0	1	1
合计	4	11	18	32	35	1	5	12	21	25	0	1	1	6	21	8	21	27	28	41	0	2	3	6	24	3	11	18	26	36

表 3-21　湘资沅澧三水、四水洪水过程遭遇统计表

年份	三水相遇																				四水相遇				
	湘江＋资江＋沅江					湘江＋资江＋澧水					湘江＋沅江＋澧水					资江＋沅江＋澧水					湘江＋资江＋沅江＋澧水				
	1 d	3 d	7 d	15 d	30 d	1 d	3 d	7 d	15 d	30 d	1 d	3 d	7 d	15 d	30 d	1 d	3 d	7 d	15 d	30 d	1 d	3 d	7 d	15 d	30 d
1959	0	0	0	0	0	0	0	0	0	0	0	0	0	0	0	0	0	0	0	0	0	0	0	0	0
1960	0	0	0	0	0	0	0	0	0	0	0	0	0	0	0	0	0	0	0	0	0	0	0	0	0
1961	0	0	1	1	1	0	0	0	0	0	0	0	0	0	0	0	0	0	0	0	0	0	0	0	0
1962	0	0	0	1	0	0	0	0	0	0	0	0	0	0	0	0	0	0	0	0	0	0	0	0	0
1963	0	0	0	1	1	0	0	0	0	0	0	0	0	0	0	0	0	0	0	0	0	0	0	0	0
1964	0	0	0	0	0	0	0	0	0	0	0	0	0	0	0	0	0	0	0	0	0	0	0	0	0
1965	0	0	1	1	1	0	0	0	0	0	0	0	0	0	0	0	0	0	0	0	0	0	0	0	0
1966	0	0	0	1	0	0	0	0	1	0	0	0	0	1	0	0	0	0	1	1	0	0	0	1	0
1967	0	0	0	0	1	0	0	0	0	0	0	0	0	0	0	0	1	0	0	0	0	0	0	0	0
1968	0	0	0	0	0	0	0	0	0	0	0	0	0	0	1	0	0	0	0	0	0	0	0	0	0
1969	0	0	0	0	0	0	0	0	0	0	0	0	0	0	0	0	0	0	0	1	0	0	0	0	0
1970	0	0	0	0	0	0	0	0	0	0	0	0	0	0	0	0	0	0	0	0	0	0	0	0	0
1971	0	0	0	1	1	0	0	0	0	1	0	0	0	0	1	0	0	0	0	1	0	0	0	0	1
1972	0	0	0	1	1	0	0	0	0	1	0	0	0	0	1	0	0	0	0	1	0	0	0	0	1
1973	0	0	0	0	0	0	0	0	0	0	0	0	0	0	0	0	0	1	0	0	0	0	0	0	0
1974	0	0	0	0	1	0	0	0	0	0	0	0	0	0	0	0	0	0	0	0	0	0	0	0	0
1975	0	0	0	0	1	0	0	0	0	0	0	0	0	0	0	0	0	0	0	0	0	0	0	0	0

续表

年份	三水相遇																				四水相遇				
	湘江+资江+沅江					湘江+资江+澧水					湘江+沅江+澧水					资江+沅江+澧水					湘江+资江+沅江+澧水				
	1 d	3 d	7 d	15 d	30 d	1 d	3 d	7 d	15 d	30 d	1 d	3 d	7 d	15 d	30 d	1 d	3 d	7 d	15 d	30 d	1 d	3 d	7 d	15 d	30 d
1976	0	0	0	0	1	0	0	0	0	1	0	0	0	0	1	0	0	0	0	1	0	0	0	0	1
1977	0	0	0	0	1	0	0	0	0	0	0	0	0	0	0	0	0	0	0	0	0	0	0	0	0
1978	0	0	0	0	1	0	0	0	0	1	0	0	0	0	1	0	0	0	0	1	0	0	0	0	1
1979	0	0	0	0	1	0	0	0	0	1	0	0	0	0	1	0	0	0	1	1	0	0	0	0	1
1980	0	0	0	0	0	0	0	0	0	0	0	0	0	0	0	0	0	0	0	0	0	0	0	0	0
1981	0	0	0	0	0	0	0	0	0	1	0	0	0	0	0	0	0	0	0	0	0	0	0	0	0
1982	0	0	0	0	0	0	0	0	0	0	0	0	0	1	1	0	0	0	0	0	0	0	0	0	0
1983	0	0	0	0	0	0	0	0	0	0	0	0	0	0	0	0	0	0	0	0	0	0	0	0	0
1984	0	1	1	0	1	0	0	0	0	0	0	0	0	0	0	0	0	0	1	0	0	0	0	0	0
1985	0	0	0	0	0	0	0	0	0	0	0	0	0	0	0	0	0	0	0	0	0	0	0	0	0
1986	0	0	0	0	1	0	0	0	0	1	0	0	0	0	0	0	0	0	0	0	0	0	0	0	0
1987	0	0	0	0	0	0	0	0	0	0	0	0	0	0	0	0	0	0	0	0	0	0	0	0	0
1988	0	0	0	0	0	0	0	0	0	0	0	0	0	0	0	0	0	0	1	1	0	0	0	0	0
1989	0	0	0	0	0	0	0	0	0	0	0	0	0	0	0	0	0	0	0	0	0	0	0	0	0
1990	0	0	0	0	0	0	0	0	0	0	0	0	0	0	0	0	0	0	0	1	0	0	0	0	0
1991	0	0	0	0	0	0	0	0	0	0	0	0	0	0	0	0	0	0	0	0	0	0	0	0	0
1992	0	0	0	0	0	0	0	0	0	0	0	0	0	0	0	0	0	0	0	1	0	0	0	0	0

续表

年份	三水相遇																				四水相遇				
	湘江＋资江＋沅江					湘江＋资江＋澧水					湘江＋沅江＋澧水					资江＋沅江＋澧水					湘江＋资江＋沅江＋澧水				
	1 d	3 d	7 d	15 d	30 d	1 d	3 d	7 d	15 d	30 d	1 d	3 d	7 d	15 d	30 d	1 d	3 d	7 d	15 d	30 d	1 d	3 d	7 d	15 d	30 d
1993	0	0	1	0	0	0	0	0	0	0	0	0	0	0	0	0	0	0	0	1	0	0	0	0	0
1994	0	0	0	0	0	0	0	0	0	0	0	0	0	0	0	0	0	0	0	0	0	0	0	0	0
1995	0	0	0	1	1	0	0	0	0	1	0	0	0	0	1	0	0	0	0	1	0	0	0	0	1
1996	0	0	0	0	0	0	0	0	0	0	0	0	0	0	0	0	0	0	0	0	0	0	0	0	0
1997	0	0	0	0	0	0	0	0	0	0	0	0	0	0	0	0	0	0	0	0	0	0	0	0	0
1998	0	0	0	0	1	0	0	0	0	0	0	0	0	0	0	0	0	0	0	0	0	0	0	0	0
1999	0	0	0	0	0	0	0	0	0	0	0	0	0	0	0	0	0	0	0	1	0	0	0	0	0
2000	0	0	0	0	1	0	0	0	0	1	0	0	0	0	1	0	0	0	0	1	0	0	0	0	1
2001	0	0	0	1	0	0	0	0	0	0	0	0	0	0	0	0	0	0	0	0	0	0	0	0	0
2002	0	0	0	0	0	0	0	0	0	0	0	0	0	0	0	0	0	0	0	0	0	0	0	0	0
2003	0	0	0	1	0	0	0	0	0	0	0	0	0	0	0	0	0	0	0	0	0	0	0	0	0
2004	0	0	0	0	0	0	0	0	0	0	0	0	0	0	0	0	0	0	1	0	0	0	0	0	0
2005	0	1	0	1	1	0	0	0	0	1	0	0	0	1	1	0	0	0	0	1	0	0	0	0	1
2006	0	0	0	0	0	0	0	0	0	0	0	0	0	0	0	0	0	1	0	1	0	0	0	0	0
2007	0	0	0	0	0	0	0	0	0	0	0	0	0	0	0	0	0	0	0	0	0	0	0	0	0
2008	0	0	0	0	0	0	0	0	0	0	0	0	0	0	0	0	0	0	0	0	0	0	0	0	0
2009	0	0	0	0	0	0	0	0	0	0	0	0	0	0	0	0	0	0	0	0	0	0	0	0	0

续表

年份	三水相遇																				四水相遇				
	湘江＋资江＋沅江					湘江＋资江＋澧水					湘江＋沅江＋澧水					资江＋沅江＋澧水					湘江＋资江＋沅江＋澧水				
	1 d	3 d	7 d	15 d	30 d	1 d	3 d	7 d	15 d	30 d	1 d	3 d	7 d	15 d	30 d	1 d	3 d	7 d	15 d	30 d	1 d	3 d	7 d	15 d	30 d
2010	0	0	1	1	1	0	0	0	0	0	0	0	0	0	0	0	0	0	0	0	0	0	0	0	0
2011	0	0	0	1	1	0	0	0	0	1	0	0	0	0	1	0	0	0	0	1	0	0	0	0	1
2012	0	0	0	0	0	0	0	0	0	0	0	0	0	0	0	0	0	0	0	0	0	0	0	0	0
2013	0	0	0	1	1	0	0	0	0	0	0	0	0	0	0	0	0	0	0	0	0	0	0	0	0
2014	0	0	0	0	0	0	0	0	0	0	0	0	0	0	0	0	0	0	0	1	0	0	0	0	0
2015	0	0	0	0	0	0	0	0	0	0	0	0	0	0	0	0	0	1	1	1	0	0	0	0	0
2016	0	0	0	0	0	0	0	0	0	0	0	0	0	0	0	0	0	0	0	1	0	0	0	0	0
2017	0	0	1	1	1	0	0	0	0	1	0	0	0	0	1	0	0	0	0	1	0	0	0	0	1
2018	0	0	0	0	0	0	0	0	0	0	0	0	0	0	0	0	0	0	0	0	0	0	0	0	0
2019	0	0	0	0	1	0	0	0	0	1	0	0	0	0	1	0	0	0	0	1	0	0	0	0	1
2020	0	0	0	0	0	0	0	0	0	0	0	0	0	0	0	0	0	0	0	0	0	0	0	0	0
合计	0	2	6	15	23	0	0	0	1	13	0	0	0	3	13	0	1	3	6	22	0	0	0	1	11

第 4 章
实际洪水统计与分析

洞庭湖区洪水主要受长江来水与湘资沅澧四水来水两方面影响，与洪峰峰值 Q_m、洪峰持续时间 T、洪水遭遇叠加等因素息息相关，本章节为探讨长江与四水来水对洞庭湖区洪水的形成与影响，结合水位可反映洪水变化这一因子，考虑以洞庭湖区内主要控制站其中 6 站超过该站警戒水位或单站超过保证水位的当年洪水条件作为判别指标，选取当年长江与四水控制站入湖流量过程，讨论长江与四水不同遭遇境况下的洞庭湖典型洪水特点，本课题以洞庭湖区洪水为研究对象，因此长江与四水来水均作为来流条件进行考虑。

4.1　洪水量级划定

本研究主要以洞庭湖区设计洪水为研究目标，洞庭湖作为长江主要调蓄湖泊，其防洪标准主要是与防洪对象保护要求有关的防洪安全标准，如某一城市的防洪安全标准，此外，设计洪水一般需要结合历史实际洪水进行推演，若要计算设计洪水首先要对典型历史洪水过程进行分析，前面提到湘资沅澧四水汛期基本集中在 4—6 月，考虑长江来水集中出现在 6—9 月，因此若四水在 4—5 月发生较大洪峰时暂时以本流域水库群调度为主，不考虑其对湖区影响，因为长江来水为城陵矶洪水主要组成部分，因此本研究只以 6—9 月长江与四水共同入湖时间为统计时段。

本研究统计了 1952—2020 年长江、洞庭湖区(包括洞庭湖及四水尾闾)主要控制站点极值水位，从 20 世纪 50 年代到 2020 年，洞庭湖区共发生 21 场次洪水，导致湖区内部 6 个以上水文控制站水位超出警戒水位或若干站点超出保证水位。由于洪水的偶然性与不确定性，在讨论洪水特征的过程中为了更好地对洪水进行定性，本节综合考虑湖区各个控制站极值水位出现时间、长江宜昌站洪水量级持续时间，对于若干年份出现最大洪峰规模持续时间在 1～2 天且湖区水位未发生超出警戒水位的洪峰进行剔除，选取 30 000 m^3/s、40 000 m^3/s、50 000 m^3/s 不同规模洪峰进行洪水定性。以 1980 年为例，宜昌站当年最大洪峰流量为 54 600 m^3/s，但其发生时间在 8 月 29 日，与四水洪水未发生遭遇，湖区水位并未发生超出警戒水位，因此统计洪水特征时将当年 30 000 m^3/s 以上持续时间作为洪水定性特征之一。以此类推，以长江上游来水 30 000 m^3/s、40 000 m^3/s、50 000 m^3/s 作为洪水量级对洞庭湖洪水进行讨论。洞庭湖区主要控制站点水位统计如表 4-1 所示。洞庭湖区主要水文控制节点如图 4-1 所示。

表 4-1　洞庭湖区主要控制站点水位统计

年份	澧水洪道—石龟山		松虎合流—安乡		藕池河—南县		南洞庭湖—南咀		沅江—小河咀		湘江—湘阴		东洞庭湖出口—七里山		江湖汇合—莲花塘	
	警戒(38.5 m)	保证(40.82 m)	警戒(37 m)	保证(39.38 m)	警戒(35.5 m)	保证(36.5 m)	警戒(34 m)	保证(36.05 m)	警戒(34 m)	保证(35.72 m)	警戒(34 m)	保证(35.4 m)	警戒(33 m)	保证(34.55 m)	警戒(32.5 m)	保证(34.4 m)
	Z_m	月-日	Z_m	月-日	Z_m	月-日	Z_m	月-日	Z_m	月-日	Z_m	月-日	Z_m	月-日	Z_m	月-日
1952	36.65	7-13	36.38	8-27	35.22	9-20	34.27	8-28	33.94	8-28	33.57	9-3				
1953	35.85	6-27	35.26	8-8	33.97	8-8	32.17	8-10	31.74	8-10	31.58	5-28	29.85	8-11		
1954	38.14	7-28	38.1	7-31	36.03	8-8	36.05	7-31	35.72	8-1	35.41	8-3	34.55	8-3	33.95	
1955	38.39	6-25	37.83	6-28	35.52	7-19	33.81	6-29	33.29	6-29	32.51	7-2	32.06	7-2		
1956	37.59	7-2	37.31	7-1	35.42	7-1	33.05	7-3	32.49	7-4			31.15	7-6		
1957	37.98	7-31	37.05	7-31	34.89	7-23	33.65	8-10	33.44	8-10	32.06	8-13	31.52	8-13		
1958	37.41	7-20	37.08	8-26	35.46	8-26	33.46	8-26	33.13	7-20	31.97	5-11	31.44	8-29		
1959	36.51	7-2	36.13	7-2	35.02	8-17	32.74	7-6	32.35	7-6	31.5	6-24	30.14	7-8		
1960	36.94	7-11	36.58	6-30	34.97	8-8	33.29	7-12	33.11	7-12	30.94	8-16	29.66	8-11		
1961	35.72	7-4	36.36	7-4	34.89	7-4	32.39	7-21	31.74	7-21	31.9	6-16	29.7	7-22		
1962	37.5	7-10	37.67	7-10	36.3	7-12	34.48	7-12	34.12	7-13	33.7	7-13	33.18	7-13		
1963	38.02	7-12	37.5	7-12	34.46	7-15	33.83	7-13	33.61	7-13	30.86	7-17	29.97	7-17		
1964	38.63	6-30	38.21	6-30	36.35	7-3	35.16	7-3	34.8	7-3	34.17	7-4	33.5	7-4		
1965	36.44	9-13	36.42	7-19	35.08	7-19	32.87	9-14	32.49	9-14	31.56	7-22	31.12	7-22		
1966	37.53	6-30	36.91	9-8	35.24	9-7	33.35	7-15	33.17	7-14	32.26	7-14	30.57	7-16		
1967	36.88	6-29	36.86	6-29	34.93	7-6	33.86	6-30	33.51	6-30	32.68	7-4	31.99	7-6		
1968	38.25	7-21	38.13	7-21	36.23	7-22	35.25	7-22	34.98	7-22	34.39	7-22	33.79	7-23		
1969	38.47	7-13	38.04	7-13	35.55	7-20	35.52	7-18	35.39	7-18	34.41	7-19	33.56	7-20		

续表

年份	澧水洪道—石龟山		松虎合流—安乡		藕池河—南县		南洞庭湖—南咀		沅江—小河咀		湘江—湘阴		东洞庭湖出口—七里山		江湖汇合—莲花塘	
	警戒(38.5 m)	保证(40.82 m)	警戒(37 m)	保证(39.38 m)	警戒(35.5 m)	保证(36.5 m)	警戒(34 m)	保证(36.05 m)	警戒(34 m)	保证(35.72 m)	警戒(34 m)	保证(35.4 m)	警戒(33 m)	保证(34.55 m)	警戒(32.5 m)	保证(34.4 m)
	Z_m	月-日	Z_m	月-日	Z_m	月-日	Z_m	月-日	Z_m	月-日	Z_m	月-日	Z_m	月-日	Z_m	月-日
1970	36.93	7-22	36.91	7-22	35.04	7-22	34.49	7-17	34.3	7-16	33.64	7-17	32.6	7-22	32.24	
1971	36.18	6-13	35.68	6-16	33.31	6-16	32.88	6-8	32.71	6-8	31.95	5-31	29.89	6-17	29.62	
1972	35.82	6-27	35.5	6-29	32.56	6-29	32.03	6-29	31.58	6-29	30.76	5-11	28.26	7-2		
1973	38.56	6-24	37.94	6-25	34.96	7-6	34.75	6-28	34.58	6-28	33.94	6-28	33.05	6-29	32.69	
1974	36.62	7-14	37.33	8-14	35.11	8-14	34.24	7-16	34.01	7-16	33.34	7-16	32.51	7-17	32.17	
1975	37.16	6-11	36.15	6-29	33.23	10-6	33	6-12	32.89	6-12	32.75	5-20	30.68	5-23	30.38	
1976	37.59	7-15	37.25	7-23	35.12	7-23	34.09	7-16	33.9	7-16	33.65	7-15	32.86	7-24	32.55	
1977	37.2	7-13	36.64	7-14	33.99	6-23	34.42	6-21	34.28	6-21	33.74	6-21	32.14	6-24	31.86	
1978	36.58	6-1	36.28	6-28	33.21	6-28	32.74	6-28	32.36	6-29	31.43	5-21	30.13	6-30	29.96	
1979	38.2	6-26	37.34	6-27	34.68	9-17	35.54	6-28	35.58	6-28	32.68	6-30	31.35	9-26	31.3	
1980	40.14	8-3	38.79	8-3	36.33	8-30	35.29	8-6	35.04	8-6	33.97	9-1	33.71	9-2	33.54	
1981	38.13	6-28	37.85	7-20	35.6	7-20	33.46	7-21	32.67	7-23	32.23	7-28	31.71	7-22	31.61	
1982	38.24	6-22	37.83	8-2	35.52	8-1	34.66	6-23	34.5	6-23	33.78	6-19	32.37	8-4	32.29	
1983	40.43	7-8	39.38	7-8	36.32	7-18	35.79	7-9	35.53	7-9	34.81	7-10	34.21	7-18	33.96	
1984	37.53	7-28	37.28	7-28	34.95	7-12	33.45	7-28	33.26	6-3	33.08	6-4	31.68	7-31	31.63	
1985	36.05	7-8	36.24	7-8	33.64	7-8	32.91	7-9	32.68	6-8	30.91	7-12	30.5	7-12	30.44	
1986	37.94	7-18	36.8	7-18	33.72	7-8	33.63	7-8	33.33	7-8	32.56	7-10	30.98	7-10	30.79	
1987	37.54	7-23	37.9	7-25	35.41	7-25	34.05	7-25	33.5	7-5	32.52	7-29	32.03	7-27	31.84	

续表

年份	澧水洪道—石龟山		松虎合流—安乡		藕池河—南县		南洞庭湖—南咀		沅江—小河咀		湘江—湘阴		东洞庭湖出口—七里山		江湖汇合—莲花塘	
	警戒(38.5 m)	保证(40.82 m)	警戒(37 m)	保证(39.38 m)	警戒(35.5 m)	保证(36.5 m)	警戒(34 m)	保证(36.05 m)	警戒(34 m)	保证(35.72 m)	警戒(34 m)	保证(35.4 m)	警戒(33 m)	保证(34.55 m)	警戒(32.5 m)	保证(34.4 m)
	Z_m	月-日	Z_m	月-日	Z_m	月-日	Z_m	月-日	Z_m	月-日	Z_m	月-日	Z_m	月-日	Z_m	月-日
1988	39	9-9	38.6	9-10	35.65	9-11	35.78	9-10	35.6	9-10	34.7	9-11	33.8	9-16	33.6	
1989	39.25	9-3	37.92	7-15	35.88	7-15	33.96	7-16	33.31	7-17	33.06	7-5	32.54	7-17	32.51	
1990	37.3	7-2	36.9	7-3	34.72	7-5	34.28	7-3	34.03	7-3	33.46	7-5	32.65	7-6		
1991	40.82	7-7	39.34	7-7	35.35	7-15	35.82	7-14	35.67	7-14	34.4	7-15	33.52	7-16	33.33	
1992	36.86	7-21	36.9	7-21	34.57	7-21	34.2	7-9	34.12	7-9	34.23	7-9	32.15	7-10		
1993	40.12	7-24	38.53	7-25	35.64	9-2	35.02	8-3	34.92	8-2	33.62	7-8	33.04	9-4	32.97	
1994	34.83	6-7	34.66	10-14	32.48	6-30	33.12	10-13	33.23	10-13	33.8	6-19	30.24	6-22	30.07	
1995	39.31	7-9	38.28	7-9	35.38	7-6	36.05	7-4	36.22	7-4	35.37	7-3	33.68	7-6		
1996	40.03	7-21	39.72	7-21	36.71	7-21	37.62	7-21	37.57	7-21	36.66	7-22	35.31	7-22	35.01	
1997	37.24	7-21	37.48	7-21	35.02	7-21	34.26	7-25	33.93	7-26	33.25	7-26	32.56	7-25	32.47	
1998	41.89	7-24	40.44	7-24	37.57	8-19	37.21	7-25	37.04	7-25	36.35	7-31	35.94	8-20	35.8	
1999	39.96	6-30	39.16	7-18	37.48	7-21	36.83	7-22	36.6	7-18	36.25	7-22	35.68	7-22	35.54	
2000	36.5	7-5	36.73	7-5	35.32	7-19	33.46	7-5	32.84	6-28	32.28	7-9	31.84	7-9	31.8	
2001	34.72	7-9	34.78	9-9	33.45	9-9	32.59	6-23	32.61	6-23	31.83	6-16	29.86	6-25	29.78	
2002	37.53	8-22	38	8-24	36.53	8-24	36.38	8-24	36.25	8-24	35.97	8-23	34.91	8-24	34.75	
2003	41.85	7-11	40.19	7-11	35.66	7-14	36.5	7-11	36.21	7-11	34.2	7-13	33.61	7-14	33.53	
2004	37.24	7-21	37.03	7-21	35.32	9-10	35.46	7-23	35.51	7-23	33.63	7-24	32.06	7-25	31.91	
2005	35.88	8-23	36	8-24	34.5	9-1	33.4	6-4	33.45	6-4	32.62	6-4	31.62	9-5	31.54	

续表

年份	澧水洪道—石龟山		松虎合流—安乡		藕池河—南县		南洞庭湖—南咀		沅江—小河咀		湘江—湘阴		东洞庭湖出口—七里山		江湖汇合—莲花塘	
	警戒 (38.5 m)	保证 (40.82 m)	警戒 (37 m)	保证 (39.38 m)	警戒 (35.5 m)	保证 (36.5 m)	警戒 (34 m)	保证 (36.05 m)	警戒 (34 m)	保证 (35.72 m)	警戒 (34 m)	保证 (35.4 m)	警戒 (33 m)	保证 (34.55 m)	警戒 (32.5 m)	保证 (34.4 m)
	Z_m	月-日	Z_m	月-日	Z_m	月-日	Z_m	月-日	Z_m	月-日	Z_m	月-日	Z_m	月-日	Z_m	月-日
2006	34.52	5-13	34.03	7-12	31.96	7-12	31.49	7-20	31.36	7-20	32.6	7-19	29.7	7-21	29.57	
2007	39.47	7-26	38	7-26	35.17	8-1	35.14	7-27	34.84	7-27	32.93	8-6	32.58	8-4	32.48	
2008	38.41	8-17	37.06	8-18	33.78	8-18	33.93	11-10	33.94	11-9	31.99	11-10	31.24	9-6	31.17	
2009	35.58	6-9	35.21	8-8	33.75	8-10	32.36	8-10	31.96	5-10	31.28	8-10	30.87	8-11	30.82	
2010	38.69	7-12	37.34	7-13	35.26	7-29	34.88	7-13	34.86	7-13	33.94	6-25	33.28	7-30	33.19	
2011	36.04	6-19	34.26	6-28	32.13	6-28	31.89	6-20	31.38	6-21	29.99	6-30	29.41	6-29	29.34	
2012	37.5	7-20	37.41	7-21	35.58	7-31	35.17	7-20	34.97	7-20	33.74	7-26	33.38	7-29	33.35	
2013	36.47	6-8	34.97	7-22	33.04	7-22	33.03	9-27	32.99	9-27	30.44	5-19	29.82	7-25	29.82	
2014	37.35	7-18	37.22	7-19	34.57	7-20	35.53	7-18	35.62	7-18	33.58	7-20	32.6	7-21	32.42	
2015	35.34	6-4	35.17	7-4	33.57	7-4	33.66	6-24	33.73	6-23	32.4	6-22	31.38	6-24	31.22	
2016	38.75	6-29	37.61	7-3	35.86	7-7	35.96	7-8	35.78	7-7	35.06	7-8	34.47	7-8	34.29	
2017	36.85	7-3	37.08	7-3	35.22	7-3	36.51	7-3	36.64	7-3	36.25	7-3	34.63	7-4	34.13	
2018	36.06	7-15	36.28	7-15	34.07	7-19	33	7-15	32.16	7-17	31.56	7-19	31.4	7-19	31.38	
2019	35.66	6-25	35.09	6-25	33.94	7-25	33.88	7-14	33.97	7-14	33.75	7-16	32.65	7-17	32.45	
2020	40.22	7-8	38.92	7-9	36.48	7-25	36.39	7-10	36.15	7-10	35.2	7-11	34.74	7-28	34.59	

图 4-1　洞庭湖区主要水文控制节点

4.2　长江下泄 30 000 m³/s 量级洪水

统计 1949—2020 年宜昌站多年洪峰流量，洪峰量级在 30 000 m³/s 左右的年份共有 11 年，其中，与四水遭遇形成洪水的共有 9 年，分别为 1969 年、1973 年、1991 年、1995 年、1996 年、2003 年、2010 年、2016 年、2017 年。

4.2.1　1969 年洪水

1969 年发生了以沅江为主的洞庭湖洪水，湖区多控制站点超出警戒水位。当年，长江来水出现两次洪峰，7 月 12 日至 21 日持续 10 天宜昌站下泄流量维持在 30 000 m³/s 以上，最大洪峰流量 36 500 m³/s 出现在 7 月 20 日。其间，沅江发生接近 10 年一遇的频率洪水（28 400 m³/s，10%），最大洪峰流量 26 300 m³/s（7 月 17 日），7 月初，澧水开始涨水，12 日出现最大洪峰流量 10 200 m³/s，与长江来水 30 000 m³/s 在洞庭湖北部遭遇，13 日安乡站水位超警。17 日，资江出现最大流量 5 750 m³/s，当日，四水叠加入湖流量超过长江来流，达到 36 400 m³/s，同时遭遇长江30 000 m³/s 来水，导致水位增高，湖区内部南县站、南咀站、小河咀站、湘阴站、七里山站于 7 月 18—20 日水位超警。1969 年江湖洪水过程如图 4-2 所示，1969 年江湖洪水过程如表 4-2 所示。

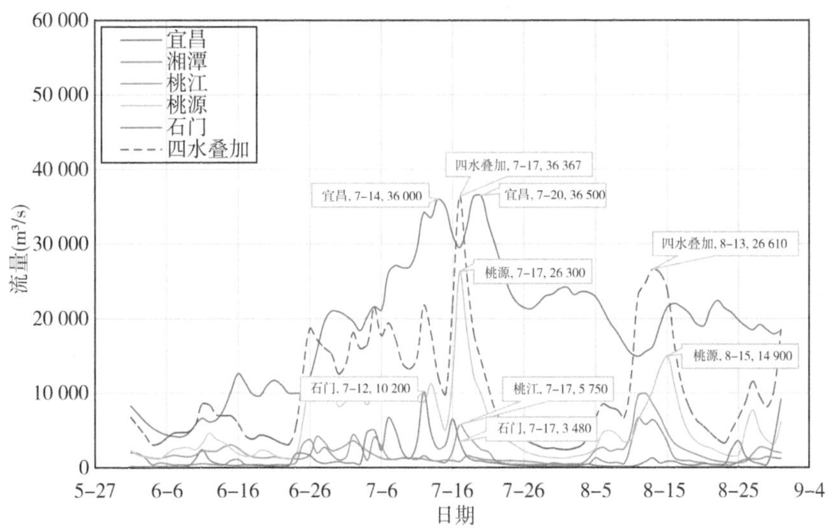

图 4-2　1969 年江湖洪水过程

表 4-2　1969 年江湖洪水过程

<table>
<tr><th rowspan="2">超警站点</th><th rowspan="2">极值水位出现时间（月-日）</th><th rowspan="2">洪水遭遇</th><th colspan="2">长江洪峰</th><th colspan="3">四水洪峰</th><th colspan="2">30 d 洪量（亿 m^3）</th><th>四水频率</th><th>$Z_{莲花塘}$（m）</th></tr>
<tr><th>流量 Q（m^3/s）</th><th>持续或出现时间 T（月-日）</th><th>河流</th><th>Q_m（m^3/s）</th><th>出现时间（月-日）</th><th>长江来水</th><th>四水来水</th><th></th><th></th></tr>
<tr><td>安乡</td><td>7-13</td><td rowspan="7">长江、沅江遭遇</td><td rowspan="4">30 000～40 000</td><td rowspan="4">7-11—22</td><td rowspan="2">湘江</td><td rowspan="2">9 930</td><td rowspan="2">8-12</td><td rowspan="7">716</td><td rowspan="7">413</td><td rowspan="7">沅江<20%</td><td rowspan="7"></td></tr>
<tr><td>南县</td><td>7-20</td></tr>
<tr><td>南咀</td><td>7-18</td><td rowspan="2">资江</td><td rowspan="2">6 690</td><td rowspan="2">8-11</td></tr>
<tr><td>小河咀</td><td>7-18</td></tr>
<tr><td>湘阴</td><td>7-19</td><td rowspan="3">36 500</td><td rowspan="3">7-20</td><td rowspan="2">沅江</td><td rowspan="2">26 300</td><td rowspan="2">7-17</td></tr>
<tr><td>七里山</td><td>7-20</td></tr>
<tr><td>莲花塘</td><td>7-20</td><td>澧水</td><td>10 200</td><td>7-12</td></tr>
</table>

4.2.2　1973 年洪水

1973 年江湖洪水过程如图 4-3 所示。1973 年洪水特征如表 4-3 所示。

1973 年 7 月 5 日长江出现了超过 50 000 m^3/s 的来水，但该过程仅持续了 1 天，且该时段四水叠加入湖流量在 10 000 m^3/s 以内，未对洞庭湖形成威胁，洞庭湖区多站点水位超警主要是由于沅江出现较大洪峰，叠加遭遇长江 30 000 m^3/s 以上来水水量，从而导致洞庭湖多个站点超过警戒水位。长江 6 月 18 日开始出现 30 000 m^3/s 以上流量，该过程持续至 6 月 29 日，在此期间，沅江与澧水于 6 月 24 日同一天出现最大洪峰流量 16 500 m³/s、6 590 m³/s，湖区石龟山站、安乡站水位相继超警。之后，湖区继续接纳长江与沅江、澧水来水，湖区水位持续上涨，6 月 28 日南咀站、小河咀站出现超警水位，6 月 29 日七里山站、莲花塘站水位超警。

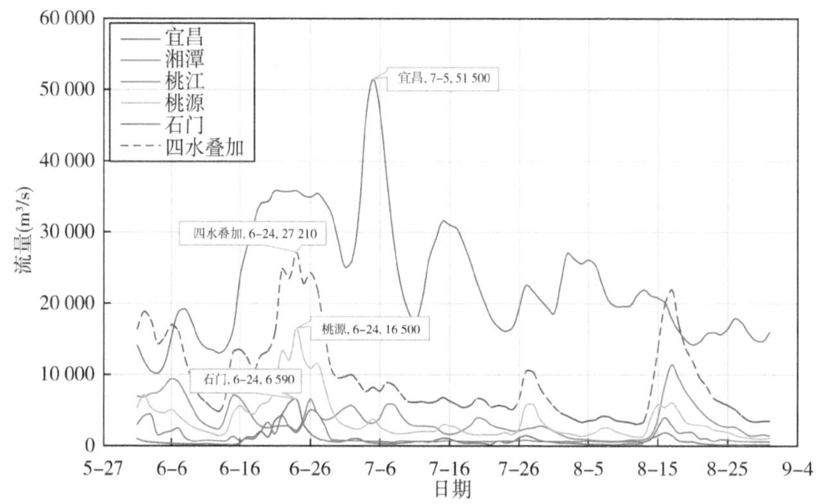

图 4-3　1973 年江湖洪水过程

表 4-3　1973 年洪水特征

<table>
<tr><th rowspan="2">超警站点</th><th rowspan="2">极值水位出现时间（月-日）</th><th rowspan="2">洪水遭遇</th><th colspan="2">长江洪峰</th><th colspan="3">四水洪峰</th><th colspan="2">30 d 洪量（亿 m³）</th><th rowspan="2">四水频率</th><th rowspan="2">$Z_{莲花塘}$（m）</th></tr>
<tr><th>流量 Q（m³/s）</th><th>持续或出现时间 T（月-日）</th><th>河流</th><th>Q_m（m³/s）</th><th>出现时间（月-日）</th><th>长江来水</th><th>四水来水</th></tr>
<tr><td>石龟山</td><td>6-24</td><td rowspan="6">四水遭遇</td><td rowspan="3">30 000～40 000</td><td rowspan="3">6-18—29</td><td rowspan="2">湘江</td><td rowspan="2">11 400</td><td rowspan="2">8-17</td><td rowspan="6">835</td><td rowspan="6">372</td><td rowspan="6">>10%</td><td rowspan="6">32.69</td></tr>
<tr><td>安乡</td><td>6-25</td></tr>
<tr><td>南咀</td><td>6-28</td><td>资江</td><td>5 070</td><td>6-25</td></tr>
<tr><td>小河咀</td><td>6-28</td><td rowspan="3">51 500</td><td rowspan="3">7-5</td><td>沅江</td><td>16 500</td><td>6-24</td></tr>
<tr><td>七里山</td><td>6-29</td><td rowspan="2">澧水</td><td rowspan="2">6 590</td><td rowspan="2">6-24</td></tr>
<tr><td>莲花塘</td><td>6-29</td></tr>
</table>

4.2.3　1991 年洪水

1991 年长江洪水是区域型大洪水，长江下游滁河及太湖流域发生特大洪水，中游北岸支流、洞庭湖水系澧水及长江上游乌江水系也发生大洪水。

1991 年 6—7 月间，由于副热带高压的南北摆动，在长江中下游出现了 6 月 2—20 日和 6 月 30 日—7 月 12 日两段梅雨。第一段梅雨期中，以 6 月 8—14 日的暴雨最大，暴雨区主要在滁河及太湖流域。滁河晓桥水文站水位上涨至 12.43 m，接近历史最高记录，巢湖和太湖水位也急剧上涨，普遍超出警戒水位。第二段梅雨期的暴雨是当年最严重的暴雨，在乌江、澧水和长江中下游干流沿岸维持稳定的强降雨带，雨带中出现鄂东北、皖、苏三个暴雨中心区，江淮流域和太湖几乎天天有暴雨或大暴雨。6 月 30 日—7 月 12 日 13 d 总雨量，乌江渡为 442 mm，澧水红花岭站为 567 mm，武汉市为 721 mm(是 1880 年以来 13 d 总雨量的最大值)，滁河襄河口站为 714 mm，致使乌江、澧水发生大洪水，鄂东北长江支流、滁河及太湖发生特大洪水。乌江水系三岔河和猫跳河发生 20 世纪以来最大和次大洪水，贵阳市区和遵义市区沿江街道进水。澧水石门站 7 月上旬最大洪峰达 15 600 m^3/s(历年最大为 19 900 m^3/s，出现在 1998 年 7 月 24 日)。鄂东北的长江支流举水柳子港站最大洪峰流量达 11 600 m^3/s，造成湖北省武汉市新洲区堤防溃口。长江下游巢湖最高水位达 12.72 m，超过 1954 年的 12.40 m。滁河继 6 月大洪水后再次发生特大洪水，滁河干流沿线水位均超过历史最高水位，晓桥站最高水位达 12.63 m(晓桥站此前历年最高水位为 1975 年的 12.17 m)，是滁河有记录以来的最大一次洪水。太湖水位 7 月 1 日再次快速上涨，7 月 14 日太湖平均最高水位达 4.79 m，突破历史最高记录 4.65 m(1954 年 7 月 7 日)，太湖地区的无锡、常州、宜兴、溧阳等地水位均超出历史最高水位 0.2～0.8 m，造成太湖平原水网区 40 年来的最严重涝灾。

在太湖地区出现严重洪涝灾害时，长江干流宜昌站的流量仅为 30 000 m^3/s 左右，但与洞庭湖水系洪水遭遇后，使中游干流出现较大洪水，1991 年 7 月监利、螺山、汉口、九江等站一度超出警戒水位，监利、螺山洪峰水位分别为 36.00 m 和 32.52 m，只略低于 1954 年最高水位，1991 年汉口 30 d 洪量中澧水来量所占比重较大，除了 60 d 洪量中宜昌以上所占比重较正常偏大外，其他基本正常，反映出 1991 年洪水主要发生在个别支流和下游太湖流域。1991 年江湖洪水过程如图 4-4 所示。

1991 年洞庭湖洪水主要由长江与沅江、澧水遭遇形成，长江来水洪峰流量大于 30 000 m^3/s，从 7 月 3 日至 7 月 23 日共持续了 21 天，这期间入湖水量达到了 615 亿 m^3/s，沅江与澧水 6 月 30 日洪水开始起涨，至 7 月 17 日四水叠加流量出现 3 次洪峰，入湖流量均在 20 000 m^3/s 以上，7 月 6 日澧水干流来水出现洪峰 13 700 m^3/s，遭遇荆江分流松滋河来水，7 月 7 日石龟山站、安乡站水位超警戒，后期长江 30 000 m^3/s 持续入湖，且 7 月 13 日，沅江出现最大洪峰流量 19 200 m^3/s，14 日，南咀、小河咀站受下游来水顶托出现超警戒水位现象，随着长江来水水量持续增加，湖区内其他控制站点在 15—16 日均超过警戒水位。1991 年洪水特征如表 4-4 所示。

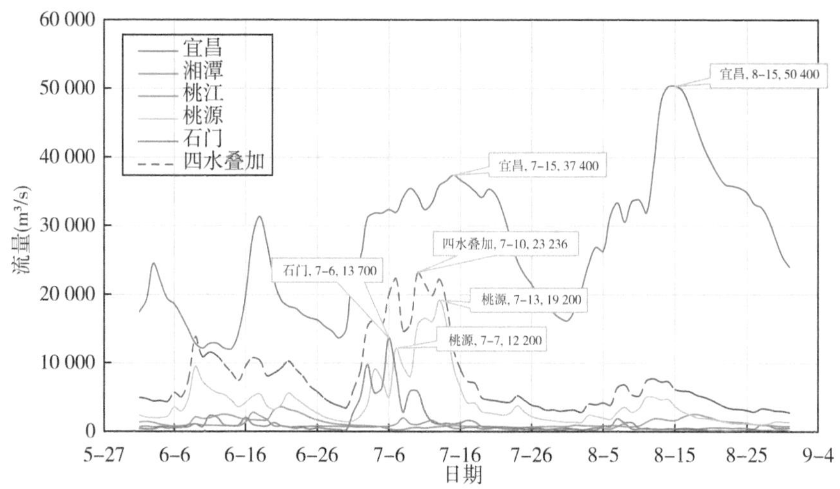

图 4-4　1991 年江湖洪水过程

表 4-4　1991 年洪水特征

<table>
<tr><th rowspan="2">超警站点</th><th rowspan="2">极值水位出现时间（月-日）</th><th rowspan="2">洪水遭遇</th><th colspan="2">长江洪峰</th><th colspan="3">四水洪峰</th><th colspan="2">30 d 洪量（亿 m³）</th><th rowspan="2">四水频率</th><th rowspan="2">$Z_{莲花塘}$（m）</th></tr>
<tr><th>流量 Q（m³/s）</th><th>持续或出现时间 T（月-日）</th><th>河流</th><th>Q_m（m³/s）</th><th>出现时间（月-日）</th><th>长江来水</th><th>四水来水</th></tr>
<tr><td>安乡</td><td>7-7</td><td rowspan="7">长江与沅江、澧水遭遇</td><td rowspan="4">30 000～40 000</td><td rowspan="4">7-13—22</td><td rowspan="2">湘江</td><td rowspan="2">3 650</td><td rowspan="2">6-21</td><td rowspan="7">913</td><td rowspan="7">308</td><td rowspan="7"><10%</td><td rowspan="7">33.33</td></tr>
<tr><td>南县</td><td>7-7</td></tr>
<tr><td>南咀</td><td>7-14</td><td rowspan="2">资江</td><td rowspan="2">2 810</td><td rowspan="2">6-18</td></tr>
<tr><td>小河咀</td><td>7-14</td></tr>
<tr><td>湘阴</td><td>7-15</td><td rowspan="3">50 400</td><td rowspan="3">8-15</td><td rowspan="2">沅江</td><td rowspan="2">19 200</td><td rowspan="2">7-13</td></tr>
<tr><td>七里山</td><td>7-16</td></tr>
<tr><td>莲花塘</td><td>7-16</td><td>澧水</td><td>13 700</td><td>7-6</td></tr>
</table>

4.2.4　1995 年洪水

1995 年洪水属于四水流域型洪水，资江发生接近 10 年一遇洪水(12 200 m³/s,10%)，沅江洪峰流量 24 600 m³/s 超过 5 年一遇洪峰(24 100 m³/s,20%)，四水叠加入湖流量最大达到 46 800 m³/s，当年 30 d 最大洪量为 469亿 m³，6 月初，沅江、资江洪水开始起涨，经过多个洪水过程，7 月 1—2 日，湘江、资江、沅江相继达到洪峰流量，四水叠加入湖，洞庭湖多个水位站水位相继超警，7 月 4 日，受沅江、资江顶托，南咀站、小河咀站均超过保证水位，伴随长江持续下泄流量在 30 000 m³/s 以上，东洞庭湖水位上升，6 日七里山站、莲花塘站水位超警，9 日受澧水洪峰到达湖区影响，石龟山、安乡站水位均超警。1995 年江湖洪水过程如图 4-5 所示，1995 年洪水特征如表 4-5 所示。

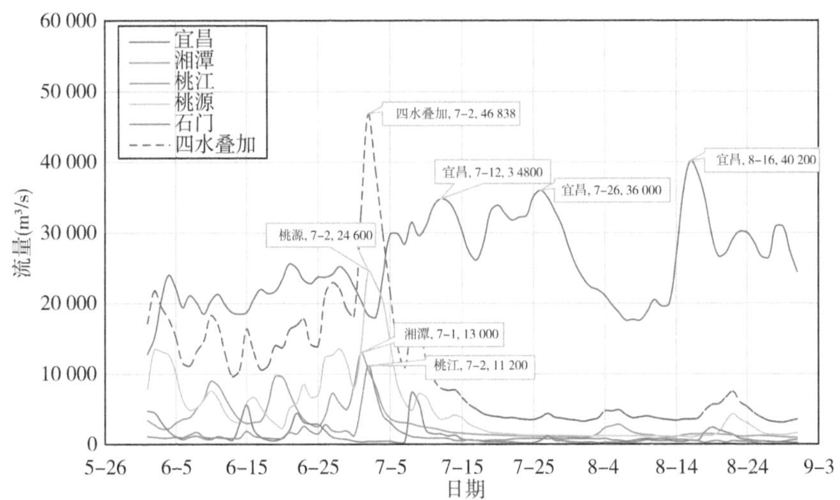

图 4-5　1995 年江湖洪水过程

表 4-5　1995 年洪水特征

超保站点	超警站点	极值水位出现时间(月-日)	洪水遭遇	长江洪峰		四水洪峰			30 d 洪量(亿 m^3)		四水频率	$Z_{莲花塘}$(m)
				流量 Q (m^3/s)	持续或出现时间 T(月-日)	河流	Q_m (m^3/s)	出现时间(月-日)	长江来水	四水来水		
	石龟山	7-9	湘资沅洪水遭遇	30 000～40 000	7-10—29	湘江	13 000	7-1	793	469	资江≥10%，沅江<20%	
	安乡	7-9										
南咀		7-4				资江	11 200	7-2				
小河咀		7-4				沅江	24 600	7-2				
	湘阴	7-3		40 200	8-16							
	七里山	7-6				澧水	7 360	7-8				
	莲花塘	7-6										

4.2.5　1996 年洪水

1996 年长江洪水是区域型洪水，主要发生在长江中游干流和洞庭湖水系，由梅雨期暴雨形成。

1996 年 6 月 19 日—7 月 22 日梅雨期间，在长江中下游发生了 7 次暴雨过程，其中 4 次暴雨过程的雨区呈东北西南向带状，持续笼罩了沅水、资江、洞庭湖至鄂东北地区长达 20 d 之久，7 月 13—18 日暴雨是这 4 次暴雨中强度最大、持续时间最长、降雨落区最为集中的一次特大暴雨，6 d 总雨量 100 mm 以上雨区面积达 27.8 万 km^2，200 mm 以上雨区达 11 万 km^2，洞庭湖区 7 月雨量与同期多年平均值相比多 1 倍，资江、沅水出现罕见洪水。沅水桃源站 14 日至 17 日水位涨幅达 10.24 m，洪峰水位达 46.90 m，超历史最高水位。资江桃江站水位也相应涨了 8 m，达 44.44 m，创下新的最高记录。这期间，鄂东北的倒水、举水、巴水等支流也出现大洪水。

7 月中下旬，长江上游宜昌为一般洪水，13 日出现洪峰 41 500 m^3/s，较均值小 10%。这次洪水向下游传播时，与清江和洞庭湖水系洪水遭遇，致使长江中游干流出现大洪水，螺山站洪峰流量为 68 500 m^3/s，监利、莲花塘、螺山等站最高水位分别为 37.06 m、35.01 m 和 34.17 m，仅次于历史最高记录。汉口站在受洞庭湖来水影响的同时，还受到鄂东北支流来水顶托，19 日洪峰水位达到 28.66 m，居 1865 年以来有实测记录的第 4 位。由于暴雨区位置少动，持续时间长达 1 月之久，中游干流的大洪水持续时间较长。

1996 年汉口站 30 d、60 d 洪量中，宜昌站相应来量所占比重均小于多年平均值，洞庭四水所占比重比正常偏大 9.8%和 7.3%，尤以资江、沅水更为突出，螺山站至汉口站区间所占比重小于平均值，因此，1996 年汉口洪水除来自宜昌站的正常洪水外，沅水、资江的大洪水起重要作用。大通站 30 d、60 d 洪量中，汉口站以上来量所占比重略大于多年平均值，汉口站至大通站区间所占比重大于平均值，鄱阳湖水系来水较小。由此说明了 1996 年洪水属于长江中游大洪水。1996 年江湖洪水过程如图 4-6 所示。1996 年洪水特征如表 4-6 所示。

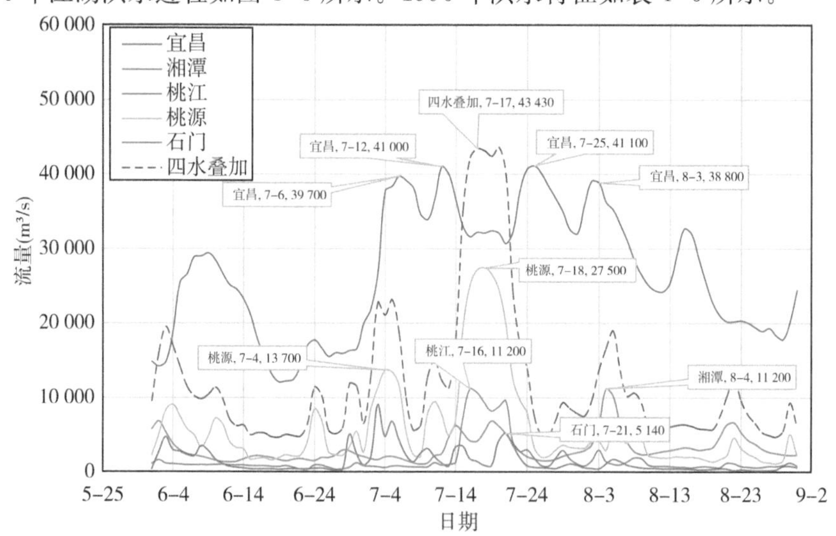

图 4-6　1996 年江湖洪水过程

表 4-6 1996 年洪水特征

<table>
<tr><th rowspan="2">超保站点</th><th rowspan="2">超警站点</th><th rowspan="2">极值水位出现时间(月-日)</th><th rowspan="2"></th><th colspan="2">长江洪峰</th><th colspan="3">四水洪峰</th><th colspan="2">30 d 洪量(亿 m³)</th><th rowspan="2">四水频率</th><th rowspan="2">Z_{莲花塘}(m)</th></tr>
<tr><th>流量 Q (m³/s)</th><th>持续或出现时间 T (月-日)</th><th>河流</th><th>Q_m (m³/s)</th><th>出现时间(月-日)</th><th>长江来水</th><th>四水来水</th></tr>
<tr><td></td><td>石龟山</td><td>7-21</td><td rowspan="8">湘资沅洪水遭遇</td><td rowspan="4">30 000～40 000</td><td rowspan="4">7-4—8-7</td><td rowspan="2">湘江</td><td rowspan="2">11 200</td><td rowspan="2">8-4</td><td rowspan="8">935</td><td rowspan="8">504</td><td rowspan="8">资江≥10%，沅江＜10%</td><td rowspan="8">35.01</td></tr>
<tr><td></td><td>安乡</td><td>7-21</td></tr>
<tr><td>南县</td><td></td><td>7-21</td><td rowspan="2">资江</td><td rowspan="2">11 200</td><td rowspan="2">7-16</td></tr>
<tr><td>南咀</td><td></td><td>7-21</td></tr>
<tr><td>小河咀</td><td></td><td>7-21</td><td rowspan="4">41 100</td><td rowspan="4">7-25</td><td rowspan="2">沅江</td><td rowspan="2">27 500</td><td rowspan="2">7-18</td></tr>
<tr><td>湘阴</td><td></td><td>7-22</td></tr>
<tr><td>七里山</td><td></td><td>7-22</td><td rowspan="2">澧水</td><td rowspan="2">9 050</td><td rowspan="2">7-3</td></tr>
<tr><td>莲花塘</td><td></td><td>7-22</td></tr>
</table>

1996 年洪水属于四水流域型洪水，资江、沅江均出现重现期接近 10 年一遇的洪峰 11 200 m^3/s(12 200，10%)、27 500 m^3/s(28 400，10%)，且时间相近，叠加入湖流量 7 月 17 日达到 43 400 m^3/s，30 d 最大洪量达到 504 亿 m^3。当年，长江最大 30 d 洪量集中在 7 月 6 日至 8 月 7 日，共出现 4 个洪峰，分别为 7 月 6 日 39 700 m^3/s、7 月 12 日 41 000 m^3/s、7 月 25 日 41 100 m^3/s、8 月 2 日 39 100 m^3/s。7 月 18 日沅江洪水到达洪峰，且此次洪水峰形肥胖，持续时间长，洪量集中，同一时段内，资江在 7 月 16 日、21 日分别出现 11 200 m^3/s、9 650 m^3/s 两次较大流量洪水过程，湘江、澧水也在该时段内达到最大流量 6 860 m^3/s、5 140 m^3/s，加上与长江来水三口分流集中入湖，湖区下泄不畅，多站点超过控制水位，7 月 21 日，石龟山站(40.03 m)、安乡站(39.72 m)均出现超警戒水位，其他各站均出现超控制水位，南县站水位 36.71 m(超过控制水位 0.21 m)，南咀站 37.62 m(超过控制水位 1.12 m)，小河咀站 37.57 m(超过控制水位 1.85 m)，湘阴站 36.66 m(超过控制水位 1.26 m)，七里山站 35.31 m(超过控制水位 0.76 m)，莲花塘站 35.01 m(超过控制水位 0.61 m)。

4.2.6 2003 年洪水

2003 年主要为长江与沅江、澧水发生遭遇而引起的洪水。6 月 27 日开始，长江持续下泄流量维持在 30 000 m^3/s 以上，该过程一直持续至 7 月 24 日，持续时间为 28 天，这期间出现了 2 次 40 000 m^3/s 洪峰，7 月 7 日，沅江与澧水洪水同时起涨，7 月 10 日，澧水石门站洪峰流量为 16 300 m^3/s，该场洪水频率接近 10 年一遇(16 400 m^3/s，10%)，沅江桃源站洪峰流量为 19 900 m^3/s，四水叠加入湖流量达到 38 400 m³/s，湖区水位持续上涨，石龟山站、安乡站、南咀站、小河咀站 11 日均出现超保证水位，随着湖区水位壅高，且长江来水一直维持在 30 000 m³/s 以上流量下泄，7 月 14 日，七里山、莲花塘站水位超警。2003 年江湖洪水过程如图 4-7 所示。2003 年洪水特征如表 4-7 所示。

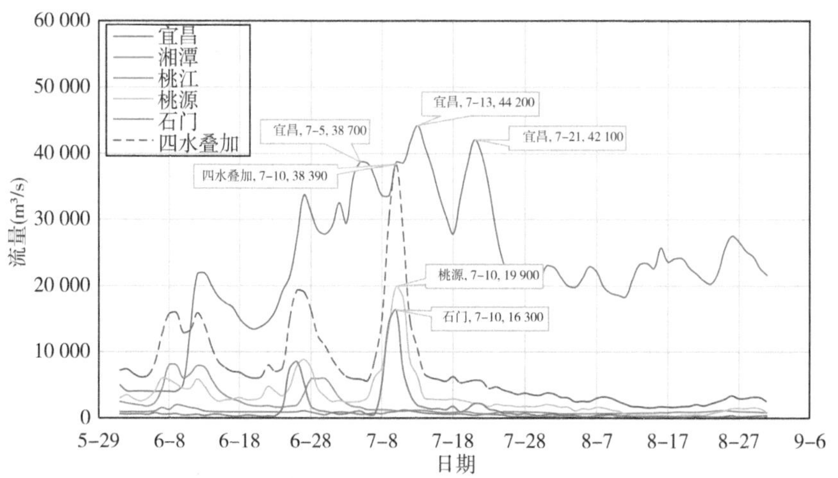

图 4-7　2003 年江湖洪水过程

表 4-7　2003 年洪水特征

<table>
<tr><th rowspan="2">超保站点</th><th rowspan="2">超警站点</th><th rowspan="2">极值水位出现时间(月-日)</th><th rowspan="2"></th><th colspan="2">长江洪峰</th><th colspan="3">四水洪峰</th><th colspan="2">30 d 洪量(亿 m³)</th><th rowspan="2">四水频率</th><th rowspan="2">$Z_{莲花塘}$(m)</th></tr>
<tr><th>流量 Q (m³/s)</th><th>持续或出现时间 T (月-日)</th><th>河流</th><th>Q_m (m³/s)</th><th>出现时间(月-日)</th><th>长江来水</th><th>四水来水</th></tr>
<tr><td>石龟山</td><td></td><td>7-11</td><td rowspan="8">长澧遭遇;沅资遭遇</td><td rowspan="4">30 000～50 000</td><td rowspan="4">7-4—23</td><td rowspan="2">湘江</td><td rowspan="2">8 040</td><td rowspan="2">6-8</td><td rowspan="8">890</td><td rowspan="8">302</td><td rowspan="8">澧水=10%</td><td rowspan="8">33.53</td></tr>
<tr><td>安乡</td><td></td><td>7-11</td></tr>
<tr><td></td><td>南县</td><td>7-14</td><td rowspan="2">资江</td><td rowspan="2">2 040</td><td rowspan="2">6-9</td></tr>
<tr><td>南咀</td><td></td><td>7-11</td></tr>
<tr><td>小河咀</td><td></td><td>7-11</td><td rowspan="4">41 100</td><td rowspan="4">7-13</td><td rowspan="2">沅江</td><td rowspan="2">19 900</td><td rowspan="2">7-10</td></tr>
<tr><td></td><td>湘阴</td><td>7-13</td></tr>
<tr><td></td><td>七里山</td><td>7-14</td><td rowspan="2">澧水</td><td rowspan="2">16 300</td><td rowspan="2">7-10</td></tr>
<tr><td></td><td>莲花塘</td><td>7-14</td></tr>
</table>

4.2.7　2010 年洪水

2010 年，湘江流域出现重现期为 10 年一遇洪水，洪峰流量为 18 400 m³/s(18 300 m³/s，10%)且与沅江、澧水发生洪水遭遇。此次洪水长江来水与四水洪水形成错峰入湖，未形成严重的洪水威胁。6 月下旬，湘江干流、沅江干流出现第一波洪峰入湖，四水叠加入湖流量为 30 000 m³/s，此时，长江下泄流量在 20 000 m³/s 以内，7 月 11 日、12 日，沅江、澧水相继出现洪峰，同时期长江下泄来水达到 30 000 m³/s 左右，受长江与澧水来流遭遇影响，7 月 13 日，石龟山站、安乡站、南咀站、小河咀站均出现水位超警现象。前期水量持续入湖，洞庭湖可调蓄容积减少，再加上 7 月 21 日与 27 日，长江干流宜昌站出现两次超 40 000 m³/s 洪峰，且该时段长江来水维持在 30 000～40 000 m³/s，导致东洞庭湖受长江顶托，七里山站、莲花塘站 7 月 30 日均出现水位超警现象。2010 年江湖洪水过程如图 4-8 所示。2010 年洪水特征如表 4-8 所示。

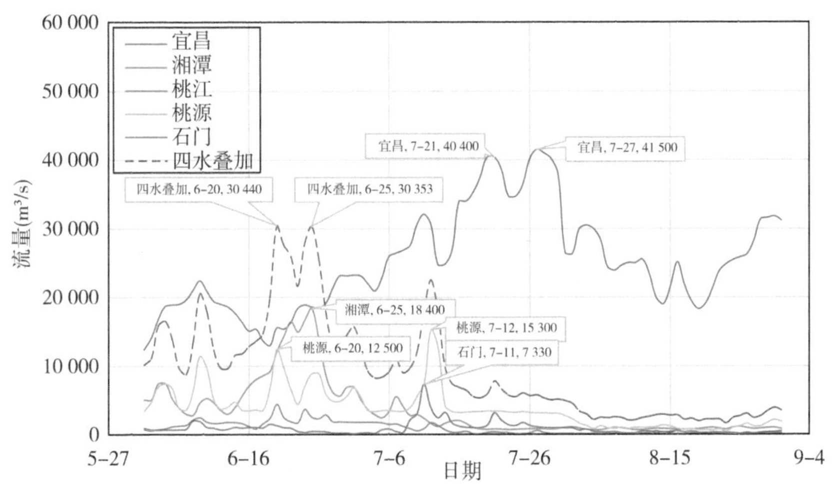

图 4-8　2010 年江湖洪水过程

表 4-8　2010 年洪水特征

<table>
<tr><th rowspan="2">超警站点</th><th rowspan="2">极值水位出现时间（月-日）</th><th rowspan="2">洪水遭遇</th><th colspan="2">长江洪峰</th><th colspan="3">四水洪峰</th><th colspan="2">30 d 洪量（亿 m³）</th><th rowspan="2">四水频率</th><th rowspan="2">$Z_{莲花塘}$（m）</th></tr>
<tr><th>流量 Q（m³/s）</th><th>持续或出现时间 T（月-日）</th><th>河流</th><th>Q_m（m³/s）</th><th>出现时间（月-日）</th><th>长江来水</th><th>四水来水</th></tr>
<tr><td>石龟山</td><td>7-21</td><td rowspan="6">长江、湘江、沅江、澧水洪水过程遭遇</td><td rowspan="4">30 000～40 000</td><td rowspan="4">7-16—30</td><td rowspan="2">湘江</td><td rowspan="2">18 400</td><td rowspan="2">6-25</td><td rowspan="6">854</td><td rowspan="6">430</td><td rowspan="6">湘江<10%</td><td rowspan="6">33.19</td></tr>
<tr><td>安乡</td><td>7-22</td></tr>
<tr><td>南咀</td><td>7-22</td><td rowspan="2">资江</td><td rowspan="2">4 430</td><td rowspan="2">6-20</td></tr>
<tr><td>小河咀</td><td>7-22</td></tr>
<tr><td>七里山</td><td>7-23</td><td rowspan="2">41 500</td><td rowspan="2">7-27</td><td>沅江</td><td>15 300</td><td>7-12</td></tr>
<tr><td>莲花塘</td><td>7-23</td><td>澧水</td><td>7 330</td><td>7-11</td></tr>
</table>

4.2.8 2016 年洪水

2016 年 7 月 1 日长江 1 号洪水形成，1 日 14 时，长江上游三峡水库出现入库洪峰流量 50 000 m^3/s。7 月 3 日，长江 3 号洪水形成。3 日至 16 日，长江中下游包括洞庭湖水系的沅江、资江发生集中强降雨过程，6 日莲花塘水位上涨至 34.20 m，7 日 23 时莲花塘站出现洪峰水位 34.29 m，汉口站、大通站洪峰水位分别为 28.37 m(7 月 7 日)、15.66 m(7 月 8 日)，分别超警戒水位 1.07 m、1.26 m；16 日因前期拦洪，三峡水库水位已接近 154 m。6 月 25 日至 7 月 3 日，长江中游干流各站水位快速上涨，7 月 1 日三峡水库出现入库洪峰流量(50 000 m^3/s)，为了抑制下游水位过快上涨，三峡水库开始拦洪，最大出库流量 33 100 m^3/s，削峰率 38%。7 月 3 日至 16 日，为避免莲花塘水位超保证水位，且缩短长江中下游超警时间，减轻防洪压力，6 日、7 日三峡水库出库流量减小至 25 000 m^3/s、20 000 m^3/s，至 15 日三峡水库持续控制出库流量在 20 000 m^3/s 以下。

2016 年汛期洞庭湖水系湘江最早出现最大洪水过程，洪峰出现在 6 月 16 日。澧水石门站和沅江桃源站最大洪峰分别出现在 6 月 28 日和 29 日，而资江峰现时间较晚，资江桃江站最大洪峰出现在 7 月 4 日，洪峰水位 43.29 m(相应流量 9 250 m^3/s)，超过警戒水位 4.09 m。同期沅江、湘江均发生第二大场次洪水过程，洞庭“四水”7 月 5 日 20 时出现最大合成流量 27 000 m^3/s。沅江五强溪水库 7 月 5 日 9 时出现最大入库流量 22 300 m^3/s，经水库调蓄后，最大出库流量为 10 700 m^3/s(7 月 5 日 8 时)，削峰 11 600 m^3/s，削峰率 52%。5 日、6 日，资江、沅江、湘江相继出现洪峰，南洞庭湖水位升高，尤其小河咀站 7 日出现超保证水位，湖区南县站、南咀站、湘阴站、七里山站、莲花塘站于 8 日出现超警水位。2016 年江湖洪水过程如图 4-9 所示，2016 年洪水特征如表 4-9 所示。

4.2.9 2017 年洪水

2017 年 6 月下旬至 7 月初，受持续强降雨影响，长江发生中游区域性大洪水，本次洪水主要来自湖南省境内的山溪性河流，历时相对较短，且未受到长江的严重顶托，短历时洪量在历年大洪水中居前，长历时洪量略有偏后。相比历史洪水的来水组成，2017 年四水及洞庭湖区间的洪水明显偏大，而三口来水大幅度减小。湘江、资江、沅江最大 15 d 洪量均出现在 6 月 23 日—7 月 7 日，洪量分别为 165 亿 m^3、69 亿 m^3、157 亿 m^3，三水合计洪量分别占洞庭湖同时来水量(扣除松滋、藕池、太平三口来水)448 亿 m^3 的近 9 成。此外，湘、资、沅、澧四水及湖区支流 7 月 1 日实测日均入湖流量达 63 400 m^3/s，洪水汇入洞庭湖后相互叠加顶托，导致城陵矶站水位迅速上涨。2017 年洪水特征如表 4-10 所示。2017 年江湖洪水过程如图 4-10 所示。

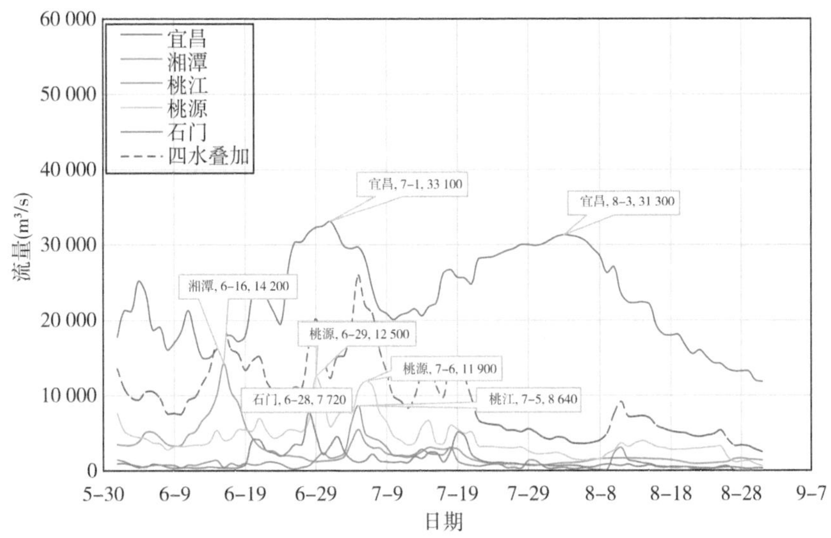

图 4-9　2016 年江湖洪水过程

表 4-9　2016 年洪水特征

超保站点	超警站点	极值水位出现时间（月-日）		长江洪峰 流量 Q（m^3/s）	长江洪峰 持续或出现时间 T（月-日）	四水洪峰 河流	四水洪峰 Q_m（m^3/s）	四水洪峰 出现时间（月-日）	30 d 洪量（亿 m^3） 长江来水	30 d 洪量（亿 m^3） 四水来水	四水频率	$Z_{莲花塘}$（m）
	石龟山	6-29	沅资遭遇	30 000～40 000	6-26—7-5	湘江	14 200	6-16	718	374	>10%	34.29
	安乡	7-3										
	南县	7-7				资江	8 640	7-5				
	南咀	7-8										
小河咀		7-7		33 100	7-1	沅江	12 500	6-29				
	湘阴	7-8										
	七里山	7-8				澧水	7 720	6-28				
	莲花塘	7-8										

表 4-10　2017 年洪水特征

超保站点	超警站点	极值水位出现时间(月-日)	洪水遭遇	长江洪峰 流量 Q (m^3/s)	长江洪峰 持续或出现时间 T (月-日)	四水洪峰 河流	四水洪峰 Q_m (m^3/s)	四水洪峰 出现时间(月-日)	30 d 洪量(亿 m^3) 长江来水	30 d 洪量(亿 m^3) 四水来水	四水频率	$Z_{莲花塘}$ (m)
	安乡	7-3	湘资沅澧四水遭遇	30 000以上	0	湘江	19 600	7-4	610	538	5%<$P_{湘江}$<10%，10%<$P_{资江}$<20%，$P_{沅江}$<20%	34.13
南咀		7-3				资江	10 700	7-1				
小河咀		7-3		29 900	7-11	沅江	21 800	7-2				
湘阴		7-3										
七里山		7-4				澧水	2 760	6-13				
	莲花塘	7-4										

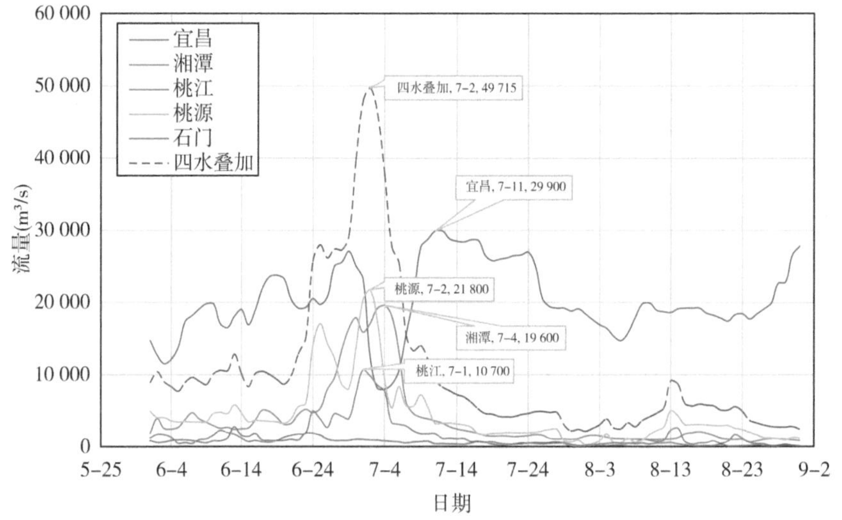

图 4-10　2017 年江湖洪水过程

本次洪水过程中，洞庭湖水系湘、资、沅、澧四水及湖区支流 7 月 2 日 3 时实测合成入湖洪峰流量高达 67 300 m^3/s，洞庭湖 7 月 1 日实测日均入湖流量高达 63 400 m^3/s，反推入湖洪峰流量高达 81 500 m^3/s，造成洞庭湖城陵矶站 7 月 1 日水位日涨幅高达 0.86 m、四水及湖区支流最大 15 d(6 月 23 日—7 月 7 日)入湖洪量高达 448 亿 m^3，导致洞庭湖城陵矶站水位居高不下，超警幅度明显高于长江中下游干流及鄱阳湖各站。

湘江下游控制站湘潭水文站 7 月 3 日 4 时洪峰水位 41.23 m，超出保证水位 1.73 m，4 日 6 时洪峰流量 19 900 m^3/s，水位、流量均居 1953 年有实测资料以来第 3 位，洪水重现期接近 20 年；长沙水位站 7 月 3 日 0 时 12 分洪峰水位

39.51 m，超出保证水位 1.14 m，居 1953 年有实测资料以来第 1 位，洪水重现期超过 50 年；资江下游控制站桃江水文站 7 月 1 日 10 时 30 分洪峰水位 44.13 m，超出保证水位 1.83 m，相应流量 11 100 m^3/s，水位、流量分别居 1951 年有实测资料以来第 2 位和第 5 位，洪水重现期 30 年；沅江下游控制站桃源水文站 7 月 2 日 19 时 44 分洪峰水位 45.43 m，超出保证水位 0.03 m，相应流量 22 500 m^3/s，水位、流量分别居 1952 年有实测资料以来第 7 位和第 13 位，洪水重现期 20 年；城陵矶 7 月 1 日水位超警，4 日 14 时 20 分洪峰水位 34.63 m，超出保证水位 0.08 m，超出保证水位历时 2 d，相应流量 49 400 m^3/s，13 日退至警戒水位以下，超警历时 13 d；长江中游干流莲花塘水位站 7 月 1 日水位超警，4 日 15 时 30 分洪峰水位 34.13 m，超警 1.63 m，12 日退至警戒水位以下，超警历时 12 d。

考虑洞庭湖水系及长江中下游仍有大暴雨，长江中下游防汛仍然形势严峻，7 月 1 日 12 时起三峡水库减小出库流量，由 27 300 m^3/s 逐步减小至 8 000 m^3/s。金沙江中游、雅砻江梯级水库同步拦蓄，溪洛渡与向家坝联合运用，7 月 2 日 0 时起向家坝水库出库流量减小至 5 000 m^3/s 并维持，减小三峡水库入库水量（金沙江梯级水库共拦蓄水量约 48 亿 m^3），同时洞庭湖水系五强溪、凤滩、柘溪水库进行同步拦蓄。7 月 5 日，洞庭湖洪水明显转退，三峡水库下泄流量增加至 25 000 m^3/s，7 日 20 时出现了入汛以来最大入库流量 32 000 m^3/s，7 月 10 日水库出现阶段性最高库水位 157.10 m，此后库区水位回落，至此三峡水库联合上游水库群、洞庭湖水系水库，对城陵矶补偿调度结束。

7 月中下旬，三峡水库逐步下泄前期拦蓄洪量，10 日 9 时三峡水库出库流量加大至 28 000 m^3/s，并按日均 28 000 m^3/s 控泄。之后由于上游来水量下降，逐步减小三峡水库出库流量。8 月上中旬长江上游出现中到大雨、局地暴雨，岷江、沱江出现暴雨，三峡水库出库流量 9 日起按日均 19 000 m^3/s 控制。8 月 22—25 日，长江上游流域普遍为中到大雨，溪洛渡—向家坝区间及横江流域出现暴雨，三峡水库日均出库流量自 28 日起从 19 000 m^3/s 增加至 22 000 m^3/s，30 日起增加至 26 000 m^3/s，9 月上旬，三峡入库流量波动消退，日均出库流量减至 17 000 m^3/s，过渡至水库正式蓄水期。

4.2.10　小结

分析 1959—2020 年间 9 场洪水形成过程与形成条件，结合控制水位超警或超保数量，可分别根据洪峰持续时间、四水是否达到频率洪水、水系是否遭遇对洪水形成过程进行定性统计。

表 4-11 列出了长江多年 30 000 m^3/s 规模以上洪水基本情况。从洪峰持续时间上可以看出，长江 30 000 m^3/s 下泄流量持续时间在 10～15 天（入湖水量在

300 亿～400 亿 m³），会引起湖区 6 个及以上水文控制站水位超警，30 000 m³/s 下泄流量持续在 20 天以上（500 亿～600 亿 m³）并遭遇四水频率洪水，则会引起若干水文控制站超出保证水位。另外，若四水发生洪水遭遇，洪峰叠加入湖流量在 50 000 m³/s 以上，长江来水控制在 30 000 m³/s 规模的条件下，湖区主要控制站会发生若干站点水位超出保证水位。

表 4-11　长江来水 30 000 m³/s 流量条件下洪水形成特征

年份	长江来水			四水频率				叠加入湖流量（m³/s）	洪峰遭遇	湖区水位（个）		备注
	流量（m³/s）	持续时间（d）	水量（亿 m³）	湘江	资江	沅江	澧水			超保	超警	
1969	>30 000	12	342			<20%		35 000	长+沅		7	
1973	>30 000	12	358					35 000	长+湘+资+沅+澧		6	
1991	>30 000	10	306					26 000	长+沅		7	
1995	>30 000	20	558		≥10%	<20%		49 000	湘+资+沅	2	5	
1996	>30 000	35	1 085		≥10%	≥10%		51 000	长+湘+澧+沅	6	2	
2003	>30 000	20	639				=10%	26 000	长+沅+澧	4	4	
2010	>30 000	15	490	<10%				6 800	长+沅+澧		6	
2016	>30 000	10	287					26 000	长+资+沅	1	7	沅江复峰
2017	<30 000	0	0	<10%	≥10%	<20%		52 000	湘+资+沅	4	2	

4.3　长江下泄 40 000 m³/s 量级洪水

统计 1949—2020 年宜昌站多年洪峰流量，洪峰量级在 40 000 m³/s 及以上的年份共有 28 年，其中，与四水遭遇形成洪水的共有 7 年，分别为 1964 年、1968 年、1988 年、1999 年、2002 年、2012 年、2020 年。

4.3.1　1964 年洪水

1964 年洪水属于典型四水洪水遭遇，四水洪峰入湖时间较为接近，导致 6 月 25 日四水叠加入湖流量达到 42 500 m³/s，1964 年洞庭湖区控制站全线超过警戒水位，从 6 月 30 日持续至 7 月 4 日，长江洪峰流量在 40 000 m³/s 以上，共 5 天，其中 7 月 2 日达到最大洪峰值 47 100 m³/s，湘江 6 月 25 日达到洪峰流量16 100 m³/s，且 7 d 最大洪量为 76 亿 m³，沅江在 6 月 19 日、6 月 26 日出现两次洪峰，分别为 16 100 m³/s、14 800 m³/s，澧水 6 月 29 日出现最大洪峰流量 12 000 m³/s。受长江 30 000 m³/s 以上流量与澧水来水遭遇影响，石龟山站、安乡站 6 月 30 日出现控制站超警戒水位；随着长江洪峰值增大(6 月 30 日—7 月 4 日期间)与四水在湖区内洪水过程遭遇，南县站、南咀站以及小河咀站在 7 月 3 日均发生超警戒水位现象；湖区内部可蓄洪容积逐渐减小，且长江洪峰在 7 月 4—5 日到达城陵矶，导致东洞庭湖水位升高，湘阴站、七里山站 7 月 4 日均超过警戒水位。1964 年江湖洪水过程如图 4－11 所示。1964 年洪水特征如表 4-12 所示。

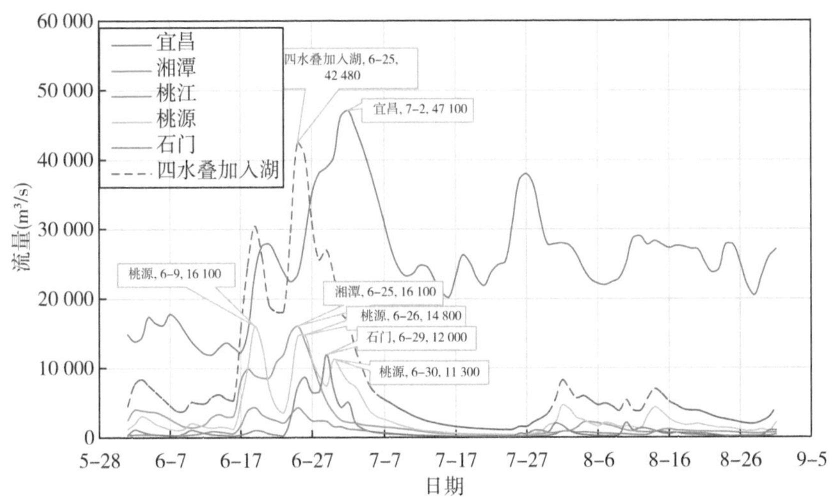

图 4-11　1964 年江湖洪水过程

表 4-12　1964 年洪水特征

<table>
<tr><th rowspan="2">超警站点</th><th rowspan="2">极值水位出现时间(月-日)</th><th rowspan="2">洪水遭遇</th><th colspan="2">长江洪峰</th><th colspan="3">四水洪峰</th><th colspan="2">30 d 洪量(亿 m^3)</th><th>四水频率</th><th>$Z_{莲花塘}$(m)</th></tr>
<tr><th>流量 Q (m^3/s)</th><th>持续或出现时间 T (月-日)</th><th>河流</th><th>Q_m (m^3/s)</th><th>出现时间(月-日)</th><th>长江来水</th><th>四水来水</th><td rowspan="9">>10%</td><td rowspan="9"></td></tr>
<tr><td>石龟山</td><td>6-30</td><td rowspan="8">湘资沅澧四水遭遇</td><td rowspan="4">40 000～50 000</td><td rowspan="4">6-30—7-4</td><td rowspan="2">湘江</td><td rowspan="2">16 100</td><td rowspan="2">6-25</td><td rowspan="8">789</td><td rowspan="8">429</td></tr>
<tr><td>安乡</td><td>6-30</td></tr>
<tr><td>南县</td><td>7-3</td><td rowspan="2">资江</td><td rowspan="2">4 380</td><td rowspan="2">6-19</td></tr>
<tr><td>南咀</td><td>7-3</td></tr>
<tr><td>小河咀</td><td>7-3</td><td rowspan="4">47 100</td><td rowspan="4">7-2</td><td rowspan="2">沅江</td><td rowspan="2">16 100</td><td rowspan="2">6-19</td></tr>
<tr><td>湘阴</td><td>7-4</td></tr>
<tr><td>七里山</td><td>7-4</td><td rowspan="2">澧水</td><td rowspan="2">12 000</td><td rowspan="2">6-29</td></tr>
<tr><td>莲花塘</td><td>7-4</td></tr>
</table>

4.3.2 1968 年洪水

1968 年洪水主要由长江遭遇湘江大洪水导致。从洪水特征可以看出，长江上游来水最大 30 d 洪量集中在 6 月 27 日至 7 月 26 日，出现两次超过 50 000 m^3/s 的洪峰，最大洪峰流量达到 56 700 m^3/s(7 月 7 日)，同时湘江当年出现了重现期小于 10 年一遇的洪峰，湘江洪水过程从 6 月 17 日持续到 7 月 16 日，最大洪峰流量达到 19 800 m^3/s，洪水频率接近 20 年一遇，分别在 6 月和 7 月出现两次洪峰，与宜昌来水有超过 15 d 洪水过程遭遇，沅江 30 d 洪水过程从 6 月 25 日持续到 7 月 24 日，最大洪峰流量 9 750 m^3/s，澧水 30 d 洪水过程从 7 月 1 日持续到 7 月 30 日，最大洪峰流量 6 800 m^3/s。四水叠加入湖最大流量达到29 000 m^3/s(6 月 27 日)。当年，湘阴站(34.39 m)、安乡站(38.13 m)、南县站(36.23 m)、南咀站(35.25 m)、小河咀站(34.98 m)均超过警戒水位，七里山站水位达到 33.79 m，超过警戒水位 0.79 m。1968 年江湖洪水过程如图 4-12 所示。1968 年洪水特征如表 4-13 所示。

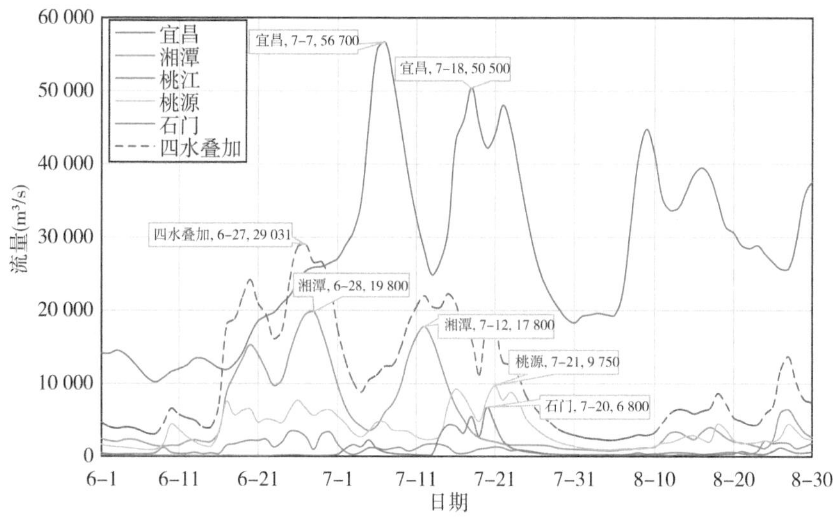

图 4-12 1968 年江湖洪水过程

4.3.3 1988 年洪水

1988 年汛期出现时间推迟，洪峰主要集中在 9 月，6 月 20 日四水叠加出现第一次洪水起涨，但规模较小，未形成水位升高。8 月 27 日受流域性降雨影响，四水同时出现洪水起涨，9 月 4 日资江与沅江在同一天出现最大流量并在湖区

表 4-13 1968 年洪水特征

<table>
<tr><th rowspan="2">超警站点</th><th rowspan="2">极值水位出现时间（月-日）</th><th rowspan="2">长江与湘江遭遇</th><th colspan="2">长江洪峰</th><th colspan="3">四水洪峰</th><th colspan="2">30 d 洪量（亿 m^3）</th><th rowspan="2">四水频率</th><th rowspan="2">$Z_{莲花塘}$（m）</th></tr>
<tr><th>流量 Q（m^3/s）</th><th>持续或出现时间 T（月-日）</th><th>河流</th><th>Q_m（m^3/s）</th><th>出现时间（月-日）</th><th>长江来水</th><th>四水来水</th></tr>
<tr><td>安乡</td><td>7-21</td><td rowspan="7">长江、沅江遭遇</td><td rowspan="4">50 000～60 000/40 000～50 000</td><td rowspan="4">7-5—8，7-16—24</td><td rowspan="2">湘江</td><td rowspan="2">19 800</td><td rowspan="2">6-28</td><td rowspan="7">974</td><td rowspan="7">479</td><td rowspan="7">湘江<10%</td><td rowspan="7"></td></tr>
<tr><td>南县</td><td>7-22</td></tr>
<tr><td>南咀</td><td>7-22</td><td rowspan="2">资江</td><td rowspan="2">3 440</td><td rowspan="2">6-25</td></tr>
<tr><td>小河咀</td><td>7-22</td></tr>
<tr><td>湘阴</td><td>7-22</td><td rowspan="3">56 700</td><td rowspan="3">7-7</td><td rowspan="2">沅江</td><td rowspan="2">9 750</td><td rowspan="2">7-21</td></tr>
<tr><td>七里山</td><td>7-23</td></tr>
<tr><td>莲花塘</td><td>7-23</td><td>澧水</td><td>6 800</td><td>7-20</td></tr>
</table>

内叠加，澧水同时期也发生洪水起涨，三水入湖时间接近，叠加入湖流量达到 31 500 m^3/s。9 月 5 日，宜昌站来水超过 40 000 m^3/s，且该过程持续了 13 天，直至 17 日，入湖水量不断加大，湖区多个站点超出警戒水位，石龟山站、安乡站、南县站、南咀站、小河咀站在 10 日左右均出现超警戒水位现象，七里山站与莲花塘站在 16 日最高水位超过警戒水位。1988 年江湖洪水过程如图 4-13 所示，1988 年洪水特征如表 4-14 所示。

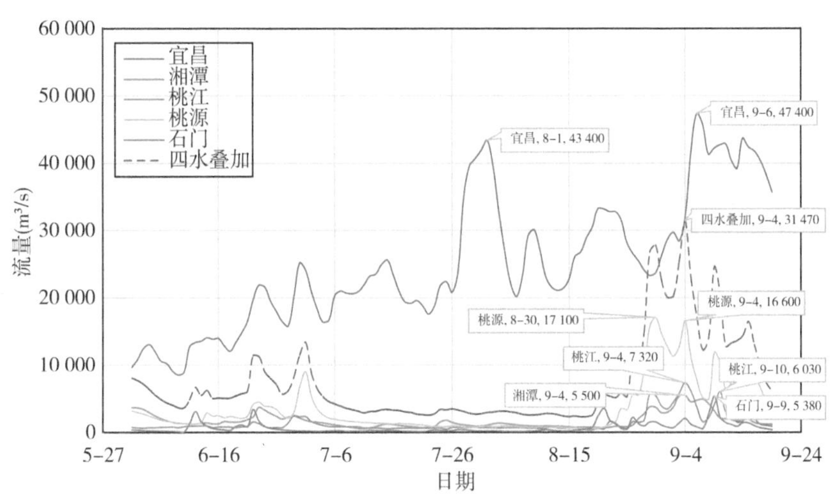

图 4-13 1988 年江湖洪水过程

表 4-14　1988 年洪水特征

<table>
<tr><th rowspan="2">超警站点</th><th rowspan="2">极值水位出现时间（月-日）</th><th rowspan="2">洪水遭遇</th><th colspan="2">长江洪峰</th><th colspan="3">四水洪峰</th><th colspan="2">30 d 洪量（亿 m^3）</th><th rowspan="2">四水频率</th><th rowspan="2">$Z_{莲花塘}$（m）</th></tr>
<tr><th>流量 Q（m^3/s）</th><th>持续或出现时间 T（月-日）</th><th>河流</th><th>Q_m（m^3/s）</th><th>出现时间（月-日）</th><th>长江来水</th><th>四水来水</th></tr>
<tr><td>石龟山</td><td>9-9</td><td rowspan="8">长江与湘资沅澧遭遇</td><td rowspan="4">40 000～50 000</td><td rowspan="4">9-5—17</td><td rowspan="2">湘江</td><td rowspan="2">5 500</td><td rowspan="2">9-4</td><td rowspan="8">909</td><td rowspan="8">389</td><td rowspan="8">>10%</td><td rowspan="8">33.6</td></tr>
<tr><td>安乡</td><td>9-10</td></tr>
<tr><td>南县</td><td>9-11</td><td rowspan="2">资江</td><td rowspan="2">7 320</td><td rowspan="2">9-4</td></tr>
<tr><td>南咀</td><td>9-10</td></tr>
<tr><td>小河咀</td><td>9-10</td><td rowspan="4">47 400</td><td rowspan="4">9-6</td><td rowspan="2">沅江</td><td rowspan="2">17 100</td><td rowspan="2">8-30</td></tr>
<tr><td>湘阴</td><td>9-11</td></tr>
<tr><td>七里山</td><td>9-16</td><td rowspan="2">澧水</td><td rowspan="2">5 380</td><td rowspan="2">9-9</td></tr>
<tr><td>莲花塘</td><td>9-16</td></tr>
</table>

4.3.4　1999 年洪水

1999 年，长江与沅江均发生较大型洪水，导致洞庭湖区多个站点超出保证水位。6 月 29 日，长江与沅江、澧水洪水开始起涨，6 月 30 日桃源站出现第一个洪峰 25 600 m^3/s，重现期大于 5 年一遇（24 100，20%），同期，长江下泄流量已超过 40 000 m^3/s，四水叠加入湖流量为 38 700 m^3/s，西南洞庭湖水位升高，长江来水持续保持在 40 000 m^3/s 以上，直至 7 月 17 日。沅江 7 月 17 日流量 18 300 m^3/s，湘江 7 月 18 日流量 8 180 m^3/s，资江 7 月 17 日流量 6 150 m^3/s，澧水 7 月 17 日流量 5 780 m^3/s，四水叠加流量到达第二个洪峰 38 700 m^3/s。7 月 20 日，宜昌站当年最大洪峰流量 56 700 m^3/s，多源洪水集中，壅泄不下，湖区内部水位骤涨，互相顶托严重，石龟山站、安乡站均出现超警水位，南县站水位 37.48 m，南咀站水位 36.83 m，小河咀站水位 36.6 m，湘阴站水位 36.25 m，七里山站水位 35.68 m，莲花塘站水位 35.54 m，均超过各站防洪控制水位，其中莲花塘站水位超过控制水位 1.1 m，极大威胁了长江中下游防洪安全。1999 年江湖洪水过程如图 4-14 所示，1999 年洪水特征如表 4-15 所示。

4.3.5　2002 年洪水

2002 年洪水四水流域出现多个洪峰过程，湘江最大洪峰 16 500 m^3/s，流量重现期接近 10 年一遇（18 300 m^3/s，10%），结合长江、四水流量过程以及湖区多个控制站水位超警（超保）时间，洪水形成主要归因于长江出现 40 000 m^3/s 以上流量且持续时间超过 10 天。6 月 20 日，湘江、沅江干流出现首个洪峰，四水叠加

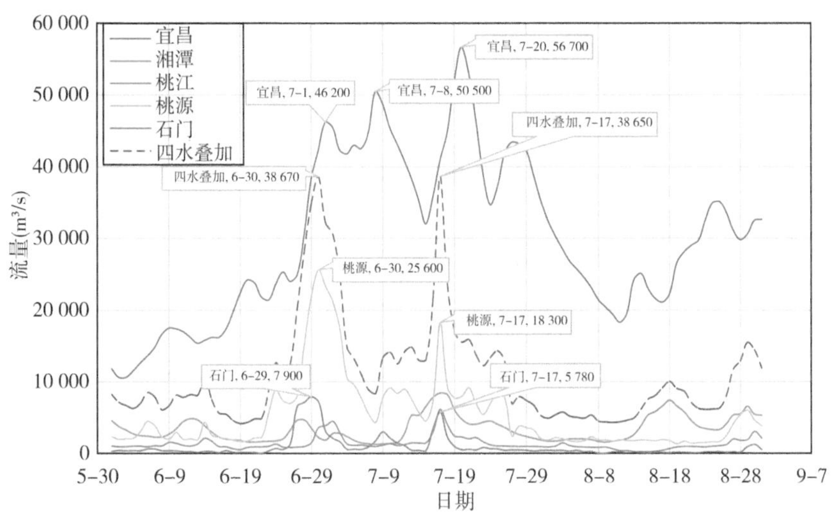

图 4-14　1999 年江湖洪水过程

表 4-15　1999 年洪水特征

<table>
<tr><th rowspan="2">超保站点</th><th rowspan="2">超警站点</th><th rowspan="2">极值水位出现时间(月-日)</th><th rowspan="2">洪水遭遇</th><th colspan="2">长江洪峰</th><th colspan="3">四水洪峰</th><th colspan="2">30 d 洪量(亿 m³)</th><th rowspan="2">四水频率</th><th rowspan="2">$Z_{莲花塘}$(m)</th></tr>
<tr><th>流量 Q (m³/s)</th><th>持续或出现时间 T(月-日)</th><th>河流</th><th>Q_m (m³/s)</th><th>出现时间(月-日)</th><th>长江来水</th><th>四水来水</th></tr>
<tr><td></td><td>石龟山</td><td>6-30</td><td rowspan="8">长江、资沅澧洪水遭遇</td><td rowspan="4">40 000～60 000</td><td rowspan="4">7-17—29</td><td rowspan="2">湘江</td><td rowspan="2">8 420</td><td rowspan="2">7-17</td><td rowspan="8">1 118</td><td rowspan="8">472</td><td rowspan="8">沅江>20%</td><td rowspan="8">35.54</td></tr>
<tr><td></td><td>安乡</td><td>7-18</td></tr>
<tr><td>南县</td><td></td><td>7-21</td><td rowspan="2">资江</td><td rowspan="2">6 150</td><td rowspan="2">7-17</td></tr>
<tr><td>南咀</td><td></td><td>7-22</td></tr>
<tr><td>小河咀</td><td></td><td>7-18</td><td rowspan="4">56 700</td><td rowspan="4">7-20</td><td rowspan="2">沅江</td><td rowspan="2">25 600</td><td rowspan="2">6-30</td></tr>
<tr><td>湘阴</td><td></td><td>7-22</td></tr>
<tr><td>七里山</td><td></td><td>7-22</td><td rowspan="2">澧水</td><td rowspan="2">7 900</td><td rowspan="2">6-29</td></tr>
<tr><td>莲花塘</td><td></td><td>7-22</td></tr>
</table>

入湖流量达到第一个洪峰 31 600 m³/s,此时,长江下泄流量尚未超过 30 000 m³/s,洞庭湖区控制站未出现水位超警现象。8 月中旬,长江上游洪水起涨,40 000 m³/s 持续 10 天左右,18 日出现最大流量 48 600 m³/s,最大 30 d 洪量达到 861 亿 m³/s。10 日,湘江干流出现最大洪峰 16 500 m³/s,16 日,沅江干流出现 12 300 m³/s 洪峰,21 日,湘江与资江同时出现洪峰,与 18 日宜昌站 48 600 m³/s 洪水于 22 日至 23 日在湖区内遭遇,23 日湘阴站出现超保证水位,长江及四水洪水在湖区内集中,湖区水位抬升,24 日安乡站、南县站水位超警,

湖水内部互相顶托，南咀站、小河咀站、七里山站、莲花塘站均出现超保证水位。2002 年江湖洪水过程如图 4-15 所示，2002 年洪水特征如表 4-16 所示。

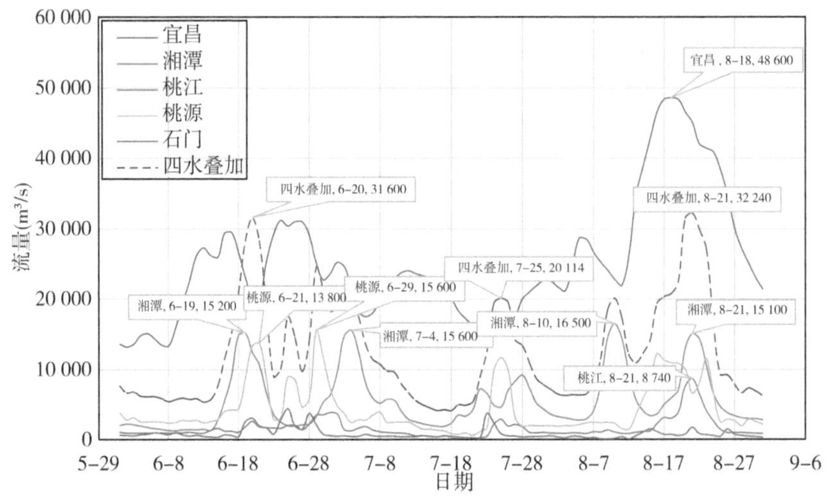

图 4-15　2002 年江湖洪水过程

表 4-16　2002 年洪水特征

<table>
<tr><th rowspan="2">超保站点</th><th rowspan="2">超警站点</th><th rowspan="2">极值水位出现时间（月-日）</th><th rowspan="2">洪水遭遇</th><th colspan="2">长江洪峰</th><th colspan="3">四水洪峰</th><th colspan="2">30 d 洪量（亿 m³）</th><th rowspan="2">四水频率</th><th rowspan="2">$Z_{莲花塘}$（m）</th></tr>
<tr><th>流量 Q（m³/s）</th><th>持续或出现时间 T（月-日）</th><th>河流</th><th>Q_m（m³/s）</th><th>出现时间（月-日）</th><th>长江来水</th><th>四水来水</th></tr>
<tr><td></td><td>安乡</td><td>8-24</td><td rowspan="7">长江、湘江、资江遭遇；沅江、澧水遭遇</td><td rowspan="4">40 000～50 000</td><td rowspan="4">8-15—24</td><td>湘江</td><td>16 500</td><td>8-10</td><td rowspan="7">861</td><td rowspan="7">392</td><td rowspan="7">>10%</td><td rowspan="7"></td></tr>
<tr><td></td><td>南县</td><td>8-24</td><td rowspan="2">资江</td><td rowspan="2">8 740</td><td rowspan="2">8-21</td></tr>
<tr><td>南咀</td><td></td><td>8-24</td></tr>
<tr><td>小河咀</td><td></td><td>8-24</td><td rowspan="2">沅江</td><td rowspan="2">15 600</td><td rowspan="2">6-29</td></tr>
<tr><td></td><td>湘阴</td><td>8-23</td><td rowspan="3">48 600</td><td rowspan="3">8-18</td></tr>
<tr><td></td><td>七里山</td><td>8-24</td><td rowspan="2">澧水</td><td rowspan="2">4 390</td><td rowspan="2">6-25</td></tr>
<tr><td></td><td>莲花塘</td><td>8-24</td></tr>
</table>

4.3.6　2012 年洪水

2012 年发生长江流域洪水，此次下泄洪水峰形宽大肥胖，40 000 m³/s 以上流量过程维持了长达 16 天，30 d 下泄水量达到 1 044 亿 m³。6 月 30 日，长江洪水起涨，7 月 3 日，宜昌站流量达到 34 900 m³/s，7 月 6 日受持续降雨影响流量上涨至 40 400 m³/s，该过程一直持续至 7 月 13 日（共 8 天），之后虽然有下降趋势，但随后立即上涨，7 月 19 日重新上涨至 39 200 m³/s。同时，沅江桃源站流量出现 18 900 m³/s，加之其他三条水系同期流量，当天四水叠加入湖流量达到 27 200 m³/s，南咀站、小河咀站 20 日水位超警。由于长江来水水量持续增大，湖区蓄泄能力有限，七里山站水位升高，29 日，七里山站、莲花塘站水位超警。2012 年江湖洪水过程如图 4-16 所示，2012 年洪水特征如表 4-17 所示。

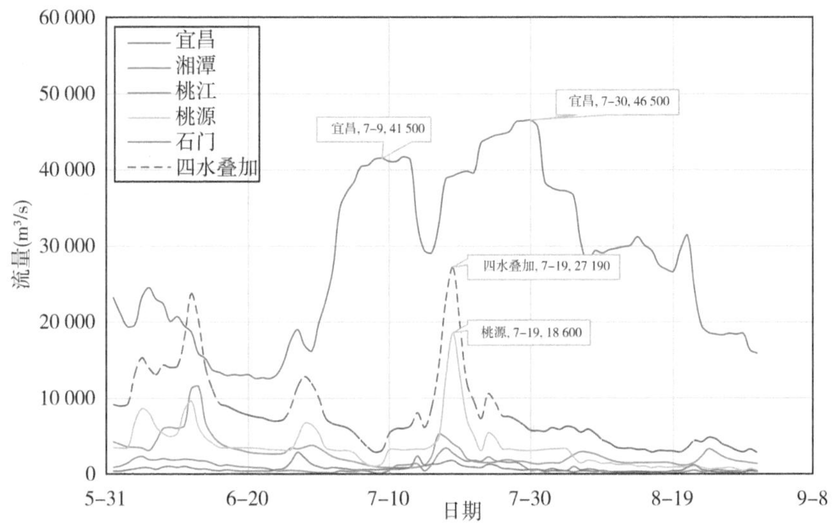

图 4-16　2012 年江湖洪水过程

表 4-17　2012 年洪水特征

<table>
<tr><th rowspan="2">超警站点</th><th rowspan="2">极值水位出现时间（月-日）</th><th rowspan="2">洪水遭遇</th><th colspan="2">长江洪峰</th><th colspan="3">四水洪峰</th><th colspan="2">30 d 洪量（亿 m³）</th><th rowspan="2">四水频率</th><th rowspan="2">$Z_{莲花塘}$（m）</th></tr>
<tr><th>流量 Q（m³/s）</th><th>持续或出现时间 T（月-日）</th><th>河流</th><th>Q_m（m³/s）</th><th>出现时间（月-日）</th><th>长江来水</th><th>四水来水</th></tr>
<tr><td>安乡</td><td>7-21</td><td rowspan="6">长江、澧水遭遇；沅江、资江遭遇</td><td rowspan="3">40 000～50 000</td><td rowspan="3">7-6—13、7-23—31</td><td rowspan="2">湘江</td><td rowspan="2">11 600</td><td rowspan="2">6-13</td><td rowspan="6">1 044</td><td rowspan="6">292</td><td rowspan="6">>10%</td><td rowspan="6">32.69</td></tr>
<tr><td>南县</td><td>7-31</td></tr>
<tr><td>南咀</td><td>7-20</td><td>资江</td><td>3 470</td><td>7-18</td></tr>
<tr><td>小河咀</td><td>7-20</td><td rowspan="3">46 500</td><td rowspan="3">7-30</td><td>沅江</td><td>18 600</td><td>7-19</td></tr>
<tr><td>七里山</td><td>7-29</td><td rowspan="2">澧水</td><td rowspan="2">2 860</td><td rowspan="2">6-27</td></tr>
<tr><td>莲花塘</td><td>7-29</td></tr>
</table>

4.3.7　2020 年洪水

2020 年 7—8 月，受持续强降雨影响，长江流域发生超警及以上洪水站点 247 个。7 月长江形成 3 次编号洪水，长江中游干流城陵矶至汉口江段及洞庭湖七里山站出现 3 次不同程度的涨水过程。8 月，长江干流发生 2 次编号洪水，三峡水库发生 2003 年建库以来最大入库洪水。2020 年江湖洪水过程如图4-17 所示，2020 年洪水特征如表 4-18 所示。

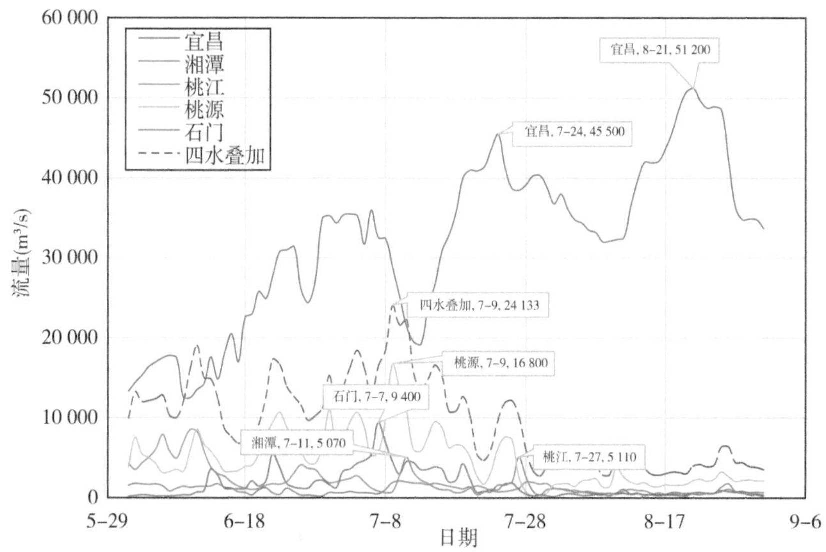

图 4-17　2020 年江湖洪水过程

表 4-18　2020 年洪水特征

超保站点	超警站点	极值水位出现时间(月-日)	洪水遭遇	长江洪峰		四水洪峰			30 d 洪量(亿 m³)		四水频率	$Z_{莲花塘}$(m)
				流量 Q (m³/s)	持续或出现时间 T (月-日)	河流	Q_m (m³/s)	出现时间(月-日)	长江来水	四水来水		
	石龟山	7-8	沅江、澧水遭遇	40 000～60 000	7-19—30、8-13—23	湘江	8 530	6-10	1 050	375	>10%	34.59
	安乡	7-9										
	南县	7-25				资江	5 110	7-27				
南咀		7-10										
小河咀		7-10		51 200	8-21	沅江	16 800	7-9				
湘阴		7-11										
七里山		7-28				澧水	9 400	7-7				
莲花塘		7-28										

2020 年洪水四水来水相对较小，主要以澧水、资江一般洪水为主，且澧水水情相较于往年异常复杂。7 月，澧水石门站发生 6 次 5 000 m³/s 以上的涨水过程，7 月 7 日 8 时出现 58.93 m 超警戒洪峰水位，最大流量 10 700 m³/s；沅江桃源站发生 4 次 9 000 m³/s 以上的涨水过程，最大流量 17 700 m³/s(9 日 17 时

8分)；资江桃江站发生1次较大涨水过程，7月27日8时50分到达警戒水位39.2 m，16时45分出现最大流量7 630 m^3/s，17时出现洪峰水位41.35 m，超警戒水位2.15 m。受上述支流及区间来水影响，洞庭"四水"合成出现3次20 000 m^3/s以上的涨水过程，最大合成流量25 600 m^3/s(9日8时)。洞庭湖七里山站上中旬水位持续上涨，12日5时30分出现洪峰水位34.58 m(超保0.03 m)，水位小幅消退后出现2次不同程度的回涨过程，最高洪峰水位为34.74 m(超保0.19 m，28日13时，位居历史最高水位第5位)。

8月，洞庭"四水"来水平稳，最大合成流量6 910 m^3/s(26日0时)，月均流量3 330 m^3/s。1日8时，七里山站水位34.25 m(超警1.75 m)，超警时间达29天。上中旬水位持续消退，下旬出现1次小幅回涨后继续消退，最高水位为33.53 m(超警1.03 m，26日18时)。9月1日18时，洞庭湖七里山站水位32.47 m，已退至警戒水位以下，自7月4日18时至9月1日17时，七里山站水位共超警60天(其中超保7天)。

2020年沅江、澧水与长江来水遭遇叠加形成洪水。7月7日，澧水石门站出现当年最大洪峰流量9 400 m^3/s，同一时段，长江下泄流量维持在30 000 m^3/s以上，澧水与三口来水相碰，8日石龟山站超过警戒水位，9日安乡站超过警戒水位，同时，沅江桃源站出现洪峰流量16 800 m^3/s，长江与澧水、沅江相遇，南洞庭湖水位升高，10日，南咀站、小河咀站水位超保。24日，长江干流宜昌站洪峰45 500 m^3/s下泄，在前期洪水未能有效下泄的条件下东洞庭湖水位持续抬升，28日，七里山站、莲花塘站均超过保证水位，城陵矶莲花塘水位最高达到34.59 m。

4.3.8 小结

分析1959—2020年间7场洪水形成过程与形成条件，包括1964年、1968年、1988年、1999年、2002年、2012年、2020年。分别根据洪峰持续时间、四水是否达到频率洪水、水系是否遭遇对洪水形成过程进行定性统计。

长江洪水特点多为复峰，且峰形宽胖，场次洪水不能由单一洪峰持续时间来框定，表4-19统计持续时间主要结合湖区极值水位出现时间进行确定，对比30 000 m^3/s洪峰持续时间，40 000 m^3/s持续时间相对较短，对应该时段10～15天内入湖洪量在350亿～500亿m^3。7场洪水中只有1968年湘江发生频率洪水，但对比当年湖区控制站极值水位出现时间，处于长江持续40 000 m^3/s下泄期间，因此，根据表4-19，若长江发生40 000 m^3/s持续下泄超过5天以上且入湖流量叠加超过20 000 m^3/s，会导致湖区6个主要控制站水位超警；另一方面，若宜昌下泄40 000 m^3/s在10天以上以及湘资沅澧四水超过两水洪峰遭遇即入湖叠加流量在 30 000 m^3/s 以上，一般会导致若干控制站水位超保。

表 4-19　长江来水 40 000 m^3/s 流量条件下洪水形成特征

年份	长江来水			四水频率				叠加入湖流量(m^3/s)	洪峰遭遇特征	湖区水位(个)		备注
	流量(m^3/s)	持续时间(d)	水量(亿 m^3)	湘江	资江	沅江	澧水			超保	超警	
1964	>40 000	5	190					23 000	长+湘+澧+沅		8	沅江复峰
1968	>40 000	9	349	<10%				19 000	长+澧+沅		7	湘江复峰
1988	>40 000	13	477					29 000	湘+资+沅		8	沅江复峰
1999	>40 000	13	497					33 000	长+湘+资+沅+澧	6	2	沅江复峰
2002	>40 000	10	389					30 000	长+湘+资	2	5	资江、沅江复峰
2012	>40 000	9	351					20 000	长+湘+资+沅		6	
2020	>40 000	12	424					10 000	长+沅+澧	5	3	沅江复峰

4.4　长江下泄 50 000～60 000 m^3/s 量级洪水

4.4.1　1954 年洪水

1954 年长江中下游雨季超长，上游北岸和汉江流域雨季提前。长江流域出现了近百年罕见的全流域型特大洪水，水位高，洪水量大，持续时间长，造成极为严重的洪涝灾害。

1954 年大气环流反常，长江中下游梅雨期较常年约长了 1 个月。梅雨雨区呈东西向带状，覆盖范围广，暴雨次数多，在长江南北两岸徘徊长达 2 个月之久。6 月至 7 月中旬，大暴雨主要在长江中下游南水两岸；7 月下旬，长江上游出现较大暴雨；8 月上半月，暴雨主要出现在岷江、嘉陵江和汉江中上游。6、7 月共出现 12 次暴雨过程，长江中下游各站 6、7 月雨量占全年雨量的 60%～80%，为常年同期降水量的 2～4 倍，两月总雨量 300 mm 以上雨区极广，覆盖了长江中下游全部及上游大部分地区；800 mm 以上雨区主要在长江中下游，面积达 30.6 万 km^2。其中以 6 月 22—28 日、7 月 24—30 日两次暴雨覆盖面积最广，雨量最大，6 月 24—25 日暴雨面积超过 20 万 km^2。1954 年江湖洪水过程如图4-18 所示。

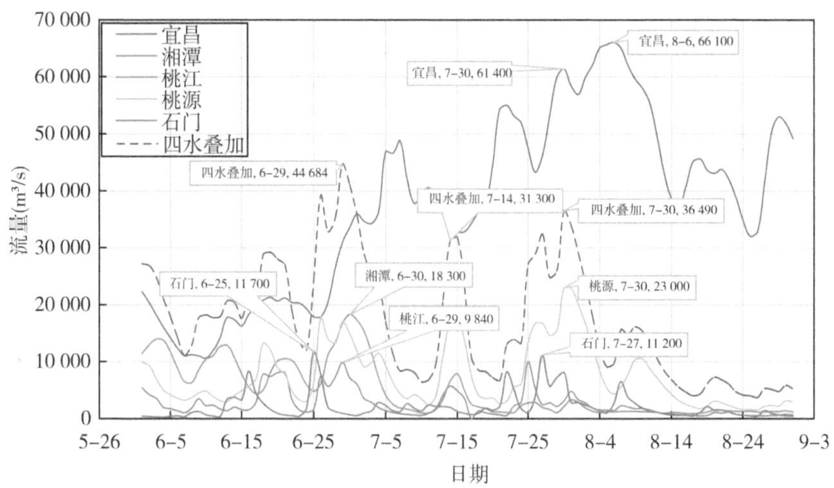

图 4-18　1954 年江湖洪水过程

由于长江中下游主雨季延长，与上游雨季遭遇，且雨区多从西北向东南方向移动，致使长江上、中、下游先后发生大洪水，长江上游洪水先后与清江、洞庭湖及汉江洪水相互遭遇，形成长江近百年未有的特大洪水。8 月 7 日宜昌站最大洪峰流量达 66 300 m^3/s，居有记录以来第 4 位，枝城站洪峰流量达 71 900 m^3/s。为保证荆江大堤安全，曾 3 次启用荆江分洪区分洪和多处扒口分洪，分洪溃口总水量高达 1 023 亿 m^3。长江中下游枝江至镇江河段，除沙市—螺山、武穴—湖口河段略低于 1998 年洪水外，沙市水位 44.67 m，城陵矶最高水位 33.95 m，汉口水位创历史记录达 29.73 m，其余均超过历史记录。1954 年洪水特征如表 4-20 所示。

表 4-20　1954 年洪水特征

<table>
<tr><th rowspan="2">超保站点</th><th rowspan="2">超警站点</th><th rowspan="2">极值水位出现时间(月-日)</th><th rowspan="2">洪水遭遇</th><th colspan="2">长江洪峰</th><th colspan="3">四水洪峰</th><th colspan="2">30 d 洪量(亿 m^3)</th><th rowspan="2">四水频率</th><th rowspan="2">$Z_{莲花塘}$(m)</th></tr>
<tr><th>流量 Q (m^3/s)</th><th>持续或出现时间 T (月-日)</th><th>河流</th><th>Q_m (m^3/s)</th><th>出现时间(月-日)</th><th>长江来水</th><th>四水来水</th></tr>
<tr><td></td><td>安乡</td><td>7-31</td><td rowspan="7">长江与湘资沅澧四水洪水遭遇</td><td rowspan="3">60 000 以上</td><td rowspan="3">7-29—8-9</td><td>湘江</td><td>18 300</td><td>6-30</td><td rowspan="7">1 387</td><td rowspan="7">605</td><td rowspan="7">湘江=10%；资江=20%；沅江=20%</td><td rowspan="7">33.95</td></tr>
<tr><td></td><td>南县</td><td>8-8</td><td rowspan="2">资江</td><td rowspan="2">9 930</td><td rowspan="2">7-25</td></tr>
<tr><td></td><td>南咀</td><td>7-31</td></tr>
<tr><td></td><td>小河咀</td><td>8-1</td><td rowspan="4">66 100</td><td rowspan="4">8-6</td><td rowspan="2">沅江</td><td rowspan="2">23 000</td><td rowspan="2">7-30</td></tr>
<tr><td>湘阴</td><td></td><td>8-3</td></tr>
<tr><td>七里山</td><td></td><td>8-3</td><td rowspan="2">澧水</td><td rowspan="2">11 700</td><td rowspan="2">6-25</td></tr>
<tr><td>莲花塘</td><td></td><td>8-3</td></tr>
</table>

分析1954年洪水过程，长江上游来水超过60 000 m^3/s流量持续了12天，洪峰出现在8月6日，洞庭湖区主要控制站均在当年7月底或8月初出现了极值水位，从四水叠加入湖流量过程可以看出，6月29日四水叠加入湖流量达到当年最大44 700 m^3/s，之后出现三次洪峰过程，其中湘江洪峰频率达到十年一遇重现期，资江与沅江重现期分别为五年一遇，另外，从洪水发生时间也可以看出各水系出现洪峰时间较为集中，导致洞庭湖蓄洪压力骤升，一方面长江来水持续上升，另一方面湖区洪水宣泄不畅，导致当年城陵矶地区遭受特大洪灾，损失严重。

4.4.2 1980年洪水

1980年江湖洪水过程如图4-19所示。1980年洪水特征如表4-21所示。1980年洪水，长江、四水叠加入湖出现多个洪峰过程，且沅江与澧水发生30 d洪水过程遭遇。6月26日，澧水干流出现第一次洪峰，石门站最大流量13 100 m^3/s，7月20—21日，澧水干流与沅江干流几乎同步出现洪峰流量，8月2—6日，澧水与沅江接连出现第三次洪峰，同时期，长江干流来水在8月3日达到38 000 m^3/s，由于澧水持续来水与长江前期流量30 000 m^3/s在湖区遭遇，石龟山站、安乡站3日水位超警，沅江8月6日出现14 100 m^3/s来流，同时遭遇宜昌站8月3日洪峰流量38 200 m^3/s，两水在湖区遭遇南咀站，小河咀站6日出现最高水位超警，8月29日，宜昌站来水出现当年最大流量54 600 m^3/s，与四水洪水错峰，但由于洪水量级大，且持续4天超过50 000 m^3/s，七里山站、莲花塘站于9月2日均超过警戒水位。

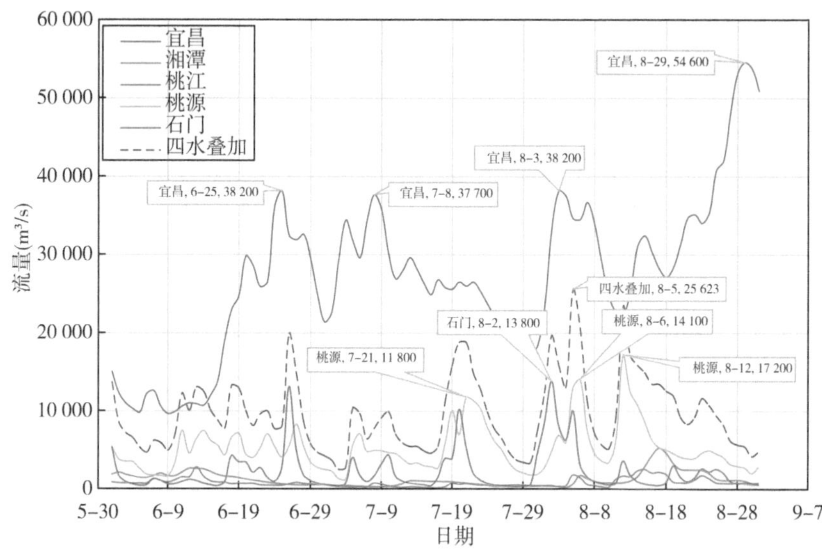

图4-19　1980年江湖洪水过程

表 4-21　1980 年洪水特征

超保站点	超警站点	极值水位出现时间（月-日）	洪水遭遇	长江洪峰		四水洪峰			30 d 洪量（亿 m^3）		四水频率	$Z_{莲花塘}$（m）
				流量 Q（m^3/s）	持续或出现时间 T（月-日）	河流	Q_m（m^3/s）	出现时间（月-日）	长江来水	四水来水		
石龟山		8-3	沅江、澧水遭遇	30 000～40 000/50 000～60 000	8-2—8、8-25—9-3	湘江	5 320	8-17	789	429	>10%	33.54
安乡		8-3										
南县		8-30				资江	2 880	6-13				
南咀		8-6										
小河咀		8-6		54 600	8-29	沅江	17 200	8-12				
七里山		9-2				澧水	13 800	8-2				
莲花塘		9-2										

4.4.3　1983 年洪水

1983 年江湖洪水过程如图 4-20 所示，1983 年洪水特征如表 4-22 所示。

1983 年洪水主要由湘江、沅江、澧水洪水叠加遭遇长江来水导致，湘江、沅江、澧水在 6 月 15 日至 7 月 15 日出现多个洪峰，6 月 27 日，四水叠加最大入湖流量达到 24 000 m^3/s，同时期，长江来水达到 30 000 m^3/s 以上并持续至 7 月 8 日，7 月 6 日宜昌来水出现第二个洪峰 34 400 m^3/s，5—8 日澧水、沅江接连出现洪峰，8 日，石龟山站水位超警。同时，由于 7 日之前长江来水流量超过一周

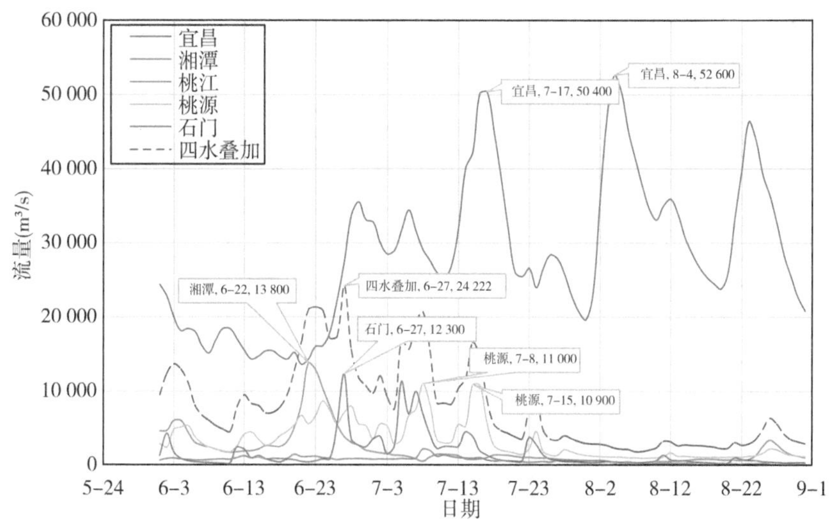

图 4-20　1983 年江湖洪水过程

表 4-22　1983 年洪水特征

超保站点	超警站点	极值水位出现时间（月-日）	洪水遭遇	长江洪峰		四水洪峰			30 d 洪量（亿 m^3）		四水频率	$Z_{莲花塘}$（m）
				流量 Q（m^3/s）	持续或出现时间 T（月-日）	河流	Q_m（m^3/s）	出现时间（月-日）	长江来水	四水来水		
	石龟山	7-8	沅江、澧水遭遇	50 000～60 000	7-16—17	湘江	13 800	6-22	902	358	>10%	33.96
安乡		7-8										
	南县	7-18				资江	2 180	7-8				
	南咀	7-9										
	小河咀	7-9		50 400	7-17	沅江	11 000	7-8				
	湘阴	7-10										
	七里山	7-18				澧水	12 300	6-27				
	莲花塘	7-18										

持续在 30 000 m^3/s 以上，安乡站水位达到 39.38 m，超过保证水位。受沅江来流顶托，南咀站、小河咀站 9 日均出现水位超警，同时，湘阴站受湖区高水位影响，9 日出现超警戒水位。7 月 16 日，长江来水出现超 50 000 m^3/s 的洪峰（50 200 m^3/s），同时沅江入湖流量达到 10 900 m^3/s，两水遭遇叠加入湖，湖区水位壅高，18 日，七里山站、莲花塘站均出现超警水位。

4.4.4　1993 年洪水

1993 年江湖洪水过程如图 4-21 所示，1993 年洪水特征如表 4-23 所示。

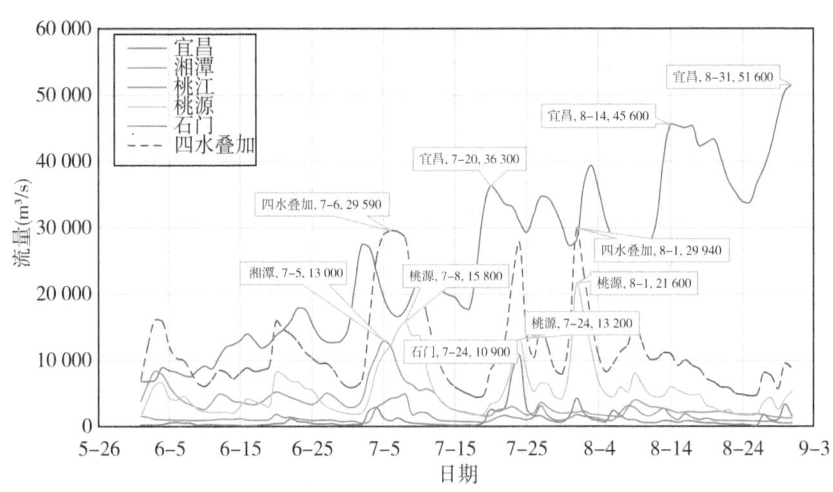

图 4-21　1993 年江湖洪水过程

表 4-23　1993 年洪水特征

<table>
<tr><th rowspan="2">超警站点</th><th rowspan="2">极值水位出现时间（月-日）</th><th rowspan="2">洪水遭遇</th><th colspan="2">长江洪峰</th><th colspan="3">四水洪峰</th><th colspan="2">30 d 洪量（亿 m^3）</th><th rowspan="2">四水频率</th><th rowspan="2">$Z_{莲花塘}$（m）</th></tr>
<tr><th>流量 Q（m^3/s）</th><th>持续或出现时间 T（月-日）</th><th>河流</th><th>Q_m（m^3/s）</th><th>出现时间（月-日）</th><th>长江来水</th><th>四水来水</th></tr>
<tr><td>石龟山</td><td>7-24</td><td rowspan="7">资江、沅江、澧水遭遇</td><td rowspan="4">30 000～40 000/50 000～60 000</td><td rowspan="4">7-19—8-5、8-30—9-1</td><td rowspan="2">湘江</td><td rowspan="2">13 000</td><td rowspan="2">7-5</td><td rowspan="7">980</td><td rowspan="7">391</td><td rowspan="7">>10%</td><td rowspan="7">32.97</td></tr>
<tr><td>安乡</td><td>7-25</td></tr>
<tr><td>南县</td><td>9-2</td><td rowspan="2">资江</td><td rowspan="2">5 000</td><td rowspan="2">7-8</td></tr>
<tr><td>南咀</td><td>8-3</td></tr>
<tr><td>小河咀</td><td>8-2</td><td rowspan="3">51 600</td><td rowspan="3">8-31</td><td>沅江</td><td>21 600</td><td>8-1</td></tr>
<tr><td>七里山</td><td>9-4</td><td rowspan="2">澧水</td><td rowspan="2">10 900</td><td rowspan="2">7-24</td></tr>
<tr><td>莲花塘</td><td>9-4</td></tr>
</table>

1993 年长江洪水出现阶梯式增长流量，7 月 19 日至 8 月 5 日为 30 000 m^3/s 流量持续过程，8 月 13 日至 8 月 21 日增长至 40 000 m^3/s 流量过程，8 月 30 日至 9 月 1 日为 50 000 m^3/s 流量过程，最大 30 d 洪量达到 980 亿 m^3。当年，四水来水过程中，湘江、沅江、澧水也出现较大洪峰，四水叠加入湖流量出现了 3 次洪峰，第一次洪峰 29 600 m^3/s 出现在 7 月 6 日，此时长江下泄流量在 30 000 m^3/s 以内，未对湖区形成较大威胁，随着长江洪水持续增加下泄，流量达到 30 000 m^3/s 以上，遭遇 7 月 24 日四水叠加入湖洪峰 27 800 m^3/s，石龟山、安乡控制站水位相继超警，8 月 1 日，沅江出现当年最大洪峰 21 600 m^3/s，导致四水叠加入湖流量为 30 000 m^3/s，同时长江持续下泄流量维持在 30 000 m^3/s 以上。因此，小河咀站、南咀站水位超警，后期虽然四水流量过程减弱，来水减少，但长江来水下泄流量上涨至 50 000 m^3/s，且持续天数大于 3 天，前期湖区调蓄容积已被占用，洞庭湖湖水集中下泄，七里山站、莲花塘站水位相继超警。

4.4.5　1998 年洪水

1998 年长江洪水是 20 世纪第二位全流域型大洪水，仅次于 1954 年。

雨情：1998 年气候异常，长江流域汛期出现了大范围、长历时的降雨。6—8 月流域面平均降水量达 670 mm，比常年同期多 37.5%。汛期随着副热带高压的南北摆动，长江流域先后发生 4 次范围广、强度大、持续时间长的降雨。由于雨带的南北拉锯及上下游摆动，长江干支流自 6 月中旬至 8 月底先后发生了大洪水，长江上游干流出现 8 次洪峰，并与中下游洪水遭遇，形成全流域型大洪水。

6—8 月长江流域共出现了 11 次暴雨过程，其中以 7 月 19—25 日的暴雨范围最大，6 月 11—18 日的暴雨次之。7 月 19—25 日 100 mm 以上雨区面积约为

32.5 万 km^2，300 mm 以上雨区有 4 个，分别位于洞庭湖的沅江澧水、鄱阳湖的修水、乐安江及长江中游武汉附近。暴雨过程中，以 7 月 22 日的暴雨笼罩面积最大。从 6 月 12—18 日 7 d 暴雨图上可知，100 mm 以上雨区面积为 23.1 万 km^2，300 mm 以上雨区有 2 个，位于鄱阳湖和洞庭湖水系。这两次暴雨过程均发生在稳定的双阻型梅雨形势下，由梅雨锋系统形成。

水情：自 6 月 11 日长江中下游入梅以后，两湖水位迅速上涨，资江桃江站于 14 日率先达到本年最高水位；鄱阳湖水系五河各控制站均超警戒水位，其中抚河李家渡、信江梅港、昌江渡峰坑三站先后超过历史最高水位。两湖洪水汇入长江，长江中下游干流各站从 13 日起水位急剧上涨，6 月 24 日九江率先突破警戒水位。

6 月 27 日至 7 月 15 日，长江上游出现 2 次暴雨过程，宜昌站分别于 7 月 2 日和 7 月 18 日出现第一次和第二次洪峰，洪峰流量分别为 54 500 m^3/s 和 55 900 m^3/s，7 月 4 日干流监利、武穴、九江 3 站水位均超过历史最高水位，汉口站 5 日洪峰水位达 28.17 m。

7 月 16—31 日，长江中下游再次入梅，中下游地区再度出现大范围暴雨，洞庭湖水系的沅江和澧水、鄱阳湖水系的信江和乐安河、鄂东北同时再次发生大洪水，其中澧水石门水文站洪峰流量为 19 900 m^3/s，突破实测最大记录。7 月 24 日上游宜昌站出现第三次洪峰，流量为 51 700 m^3/s。上游洪峰向下游传播中与清江洞庭湖洪水遭遇，长江中下游各站水位迅速回涨，石首、监利、莲花塘、螺山、城陵矶、湖口等站水位于 26—27 日超历史实测最高水位，汉口、黄石、安庆、大通四站水位跃居历史第 2 位。

8 月，长江上游至汉江暴雨频繁，宜昌站出现了 5 次洪峰，其中 8 月 7—17 日的 10 天内，连续出现 3 次洪峰，且流量均超过 60 000 m^3/s，致使中游水位不断升高。8 月 16 日宜昌出现第 6 次洪峰，流量为 63 300 m^3/s，为 1998 年的最大洪峰。中游各水文站于 8 月中旬相继达到最高水位。干流沙市、监利、莲花塘、螺山水文站洪峰水位分别为 45.22 m、38.31 m、35.80 m 和 34.95 m，均超过历史及实测最高水位。汉口站 20 日出现了 1998 年最高水位 29.43 m，为历史实测记录的第 2 位。随后宜昌出现的第 7 次和第 8 次洪峰均小于第 6 次洪峰。

1998 年宜昌汛期(5—10 月)洪水主要来自金沙江和干流区间，金沙江和干流区间洪量占宜昌的比重均比多年平均值偏大。汉口 30 d、60 d 洪量中，宜昌以上来水所占比重正常，略大于多年平均值，洞庭四水所占比重较平均值小，宜昌—螺山干流区间(含清江)及螺山—汉口(含汉江)区间所占比重接近均值。可见，汉口洪水主要来自宜昌以上，其他各区也有相应来水。大通 30 d 洪量中，汉口以上来水所占比重大于平均值，鄱阳湖水系和汉口—大通干流区间所占比重小于平均值，60 d 洪量中，汉口以上来水、鄱阳湖水系接近平均值，汉口—大通干流区间所占比重小于平均值，汉口和大通洪水组成并无明显异常现象。总体上1998年各区来水量都大，因而形成了全流域型大洪水。

1998年是以长江洪水为主导的全流域型洪水，长江洞庭湖控制站全线超过防洪控制水位，7月2日长江来水出现第一次洪峰49 600 m³/s，17日出现第二次洪峰55 600 m³/s，24日出现第三次洪峰51 600 m³/s，8月7日出现第四次洪峰61 200 m³/s，12日出现第五次洪峰61 700 m³/s，16日出现第六次洪峰55 000 m³/s，31日第七次洪峰达到55 800 m³/s。四水也发生了两次洪峰遭遇过程，首次在6月25—27日，湘江、资江、沅江出现第一个洪峰，导致入湖洪水集中，多个控制站超警，7月23—24日，澧水与沅江分别发生超10年一遇洪水与5年一遇洪水，再加上长江来水流量持续在50 000～60 000 m³/s，洞庭湖区站点水位全线超保。1998年江湖洪水过程如图4-22所示，1998年洪水特征如表4-24所示。

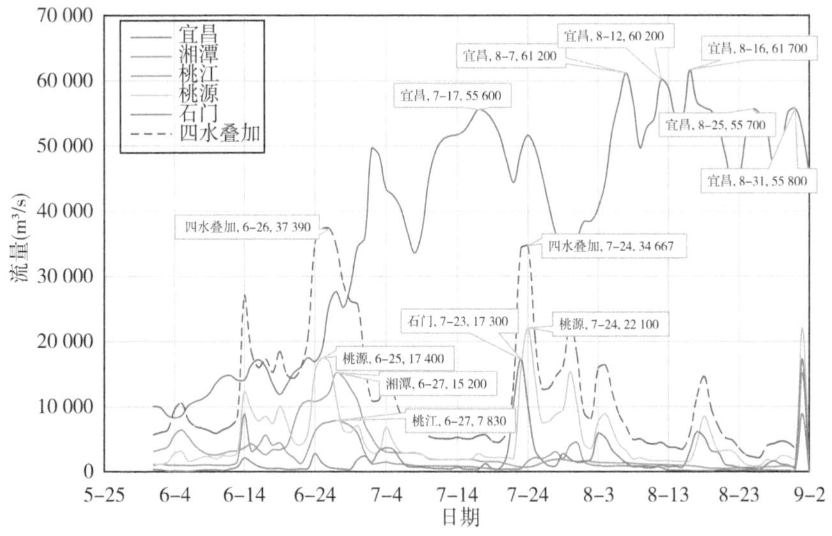

图4-22　1998年江湖洪水过程

4.4.6 小结

长江50 000 m³/s以上规模下泄来水对长江中下游造成较大洪水威胁，相对洞庭湖蓄泄规模(注：若长江下泄流量50 000 m³/s不超过3天，合并计入40 000 m³/s统计分类)。分别根据洪峰持续时间、四水是否达到频率洪水、水系是否遭遇对洪水形成过程进行定性统计。长江来水50 000 m³/s流量条件下洪水形成特征如表4-25所示。

表 4-24　1998 年洪水特征

<table>
<tr><th rowspan="2">超警站点</th><th rowspan="2">极值水位出现时间（月-日）</th><th rowspan="2">洪水遭遇</th><th colspan="2">长江洪峰</th><th colspan="3">四水洪峰</th><th colspan="2">30 d 洪量（亿 m³）</th><th>四水频率</th><th>$Z_{莲花塘}$ (m)</th></tr>
<tr><th>流量 Q (m³/s)</th><th>持续或出现时间 T（月-日）</th><th>河流</th><th>Q_m (m³/s)</th><th>出现时间（月-日）</th><th>长江来水</th><th>四水来水</th><th></th><th></th></tr>
<tr><td>石龟山</td><td>7-24</td><td rowspan="8">长江、澧湘资沅洪水遭遇</td><td rowspan="4">50 000～60 000</td><td rowspan="4">7-12—24、8-5—20、8-24—9-1</td><td rowspan="2">湘江</td><td rowspan="2">15 200</td><td rowspan="2">6-27</td><td rowspan="8">1 380</td><td rowspan="8">452</td><td rowspan="8">湘江>20%；资江>50%；沅江≥20%；澧水<10%</td><td rowspan="8">35.8</td></tr>
<tr><td>安乡</td><td>7-24</td></tr>
<tr><td>南县</td><td>8-19</td><td rowspan="2">资江</td><td rowspan="2">8 880</td><td rowspan="2">6-14</td></tr>
<tr><td>南咀</td><td>7-25</td></tr>
<tr><td>小河咀</td><td>7-25</td><td rowspan="4">61 700</td><td rowspan="4">8-16</td><td rowspan="2">沅江</td><td rowspan="2">22 100</td><td rowspan="2">7-24</td></tr>
<tr><td>湘阴</td><td>7-31</td></tr>
<tr><td>七里山</td><td>8-20</td><td rowspan="2">澧水</td><td rowspan="2">17 300</td><td rowspan="2">7-23</td></tr>
<tr><td>莲花塘</td><td>8-20</td></tr>
</table>

表 4-25　长江来水 50 000 m³/s 流量条件下洪水形成特征

年份	长江来水			四水频率				叠加入湖流量 (m³/s)	洪峰遭遇	湖区水位(个)		备注
	流量 (m³/s)	持续时间 (d)	水量 (亿 m³)	湘江	资江	沅江	澧水			超保	超警	
1954	>60 000	12	590	10%	20%	20%	>10%	37 000	长+湘+资+沅	3	4	多水系复峰
1980	>50 000	4	184					25 000	沅+澧		7	多水系复峰
1993	>50 000	3	132					29 000	沅+澧		7	沅江复峰
1998	>50 000	37	2 260	>20%		≥20%	<10%	35 000	长+湘+资、沅+澧	8		多水系复峰
1999	>50 000	3	140					33 000	长+湘+资+沅+澧	6	2	沅江复峰

长江宜昌站下泄流量在 50 000 m³/s，持续时间在 3 天以上，四水入湖叠加流量在 20 000 m³/s 以上会导致湖区主要控制站 6 个以上出现超警现象；若四水遭遇叠加入湖流量在 30 000 m³/s 以上且四水中若干水系洪水出现复峰或四水出现频率洪水，则会导致湖区主要控制站若干水位超保。

4.5　小结

洞庭湖洪水的形成一方面受长江来水量级的影响，另一方面受长江四水遭遇叠加影响，多个年份洪水与两者均相关。其中，2017 年为特例，长江来水流量在 30 000 m³/s 以下，但四水洪峰流量较大且相互叠加，导致洞庭湖区多个水位超保。

从洪水量级规模来看，长江来水小于30 000 m^3/s且形成洪水的仅有1年，长江下泄流量30 000 $m^3/s<Q_m<$40 000 m^3/s且形成洪水的年份共有8年，宜昌站达到40 000 $m^3/s<Q_m<$50 000 m^3/s的洪水共有7年，长江下泄流量50 000 $m^3/s<Q_m<$60 000 m^3/s的洪水共有4年，长江来水超过60 000 m^3/s且形成洪水的有1年。其中，超过50 000 m^3/s的洪峰流量主要集中在2003年以前，三峡水库投入使用以后，长江宜昌来水洪峰流量主要集中在30 000～40 000 m^3/s。从洪水持续时间来看，洪峰流量超过30天以上的年份有3年，超过15天小于30天的年份有6年，15天以内的年份有12年。以四水频率洪水为主导致的洪水年主要有1968年、1995年、1996年、1998年、2003年、2010年、2017年。

从空间分布来看，石龟山站出现极值水位时间主要与澧水洪峰流量出现时间相关，时间差在1天左右，个别年份如1999年，长江三口分流及沅江发生频率洪水，导致七里湖受到顶托，水位升高，石龟山站水位超警。安乡站水位受长江三口入流、澧水、沅江来水综合影响，分析多年洪水过程，安乡站极值水位出现时间与澧水洪峰到达时间较为接近；南县站为藕池河进入东洞庭湖的主要控制站，受长江三口分流洪峰流量影响，一般来说，南县极值水位出现时间接近于长江来水洪峰流量达到时间。南咀站、小河咀站为西、南洞庭湖主要水文控制站，主要受三口入流、澧水、沅江、资江来水影响，一般来水水文站水位上涨时间以资沅澧三水洪峰到达时间为准，但三口来水较大时，水文站极值水位出现时间也会发生变化。以2010年洪水为例，沅江最大洪峰流量7月12日达到15 300 m^3/s，南咀站、小河咀站出现极值水位时间为7月22日，主要受长江三口来水影响。湘阴水文站为湘江尾闾主要控制站，主要反映湘江来水及东洞庭湖水位上涨情况。七里山站、莲花塘站为江湖汇合口城陵矶段主要控制站，极值水位出现时间一般比长江宜昌站洪峰到达时间推迟2～3天。

第 5 章
洞庭湖防洪体系

洞庭湖防洪能力主要由湖区水利工程体系蓄洪能力和滞洪能力体现，近年来，随着经济建设投入加大，湖区已形成较为完善的防洪工程体系，如蓄滞洪区建设、上游水库投入开发、堤防加固等，在遭遇特大洪水时，水利工程可以较大程度上进行蓄洪或泄洪以减少湖区洪灾损失。

5.1　蓄滞洪区

防洪调蓄是洞庭湖的主体功能，洞庭湖区分蓄洪工程是长江中下游近期防洪系统中的重要组成部分，是确保重点地区、堤垸与城镇的防洪安全，减少洪灾损失的有效措施，在以往抗御长江中下游洪水中发挥了显著的作用。洞庭湖区蓄洪垸现状示意图如图 5-1 所示。

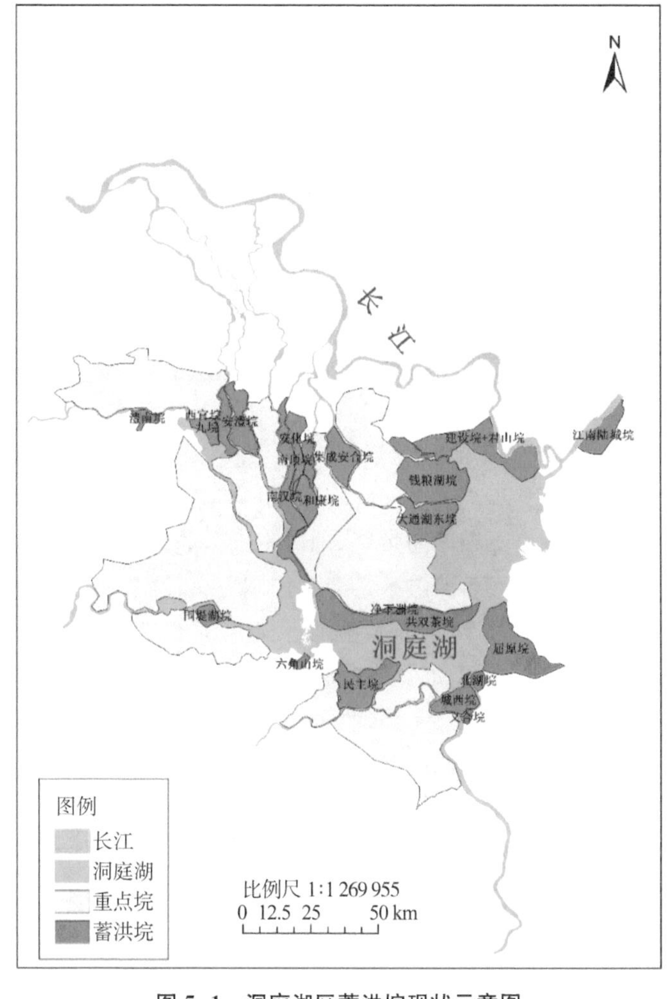

图 5-1　洞庭湖区蓄洪垸现状示意图

1969年,水利电力部明确当1954年洪水重现时,洞庭湖区应承担蓄洪160亿 m^3 的任务。1970年湖南规划了蓄洪堤垸37个(其中7个国有农场),蓄洪量181亿 m^3。之后,经过多次修改与调整,最后1984年确定蓄洪堤垸为30个,总面积448.29万亩(其中耕地239.5万亩),蓄洪量171.8亿 m^3。考虑到所拟定的蓄洪垸在分布上对控制城陵矶安全水位的实际效果不理想,主要是在城陵矶附近洞庭湖有80亿 m^3 容量可控制长江洪水,而南洞庭湖区钱粮湖、共双茶、民主、城西、江南垸比大通湖垸更适用,在四水和四口地区安排蓄洪,既对长江有削峰作用,又可为湘资沅澧及西洞庭湖区减少洪水威胁,因此又进行了调整。1987年8月,湖南省水利水电厅以"湘水电洞工字〔1987〕第91号文",向水利电力部报送了"初设报告"的"补充报告"。水利电力部于1988年1月以"(87)水电水规字第103号文"批复,同意将钱粮湖、君山等24处堤垸作为蓄滞洪堤垸,并进行堤防除险加固和蓄洪安全建设。按照国务院2008年批复的《长江流域防洪规划(2008年)》,为防御1954年型洪水,考虑三峡工程按初步设计阶段拟定的对城陵矶补偿调度方式,按照蓄滞洪区(蓄洪垸)的启用概率和重要性,将长江中下游蓄滞洪区分为重要、一般和规划保留三类。

(1) 重要蓄滞洪区为使用概率较大的蓄滞洪区,2020年前属于这类的蓄滞洪区有12处,分别为:城陵矶附近规划分蓄100亿 m^3 超额洪量的蓄滞洪区(即洞庭湖区的钱粮湖垸、共双茶垸、大通湖东垸3个蓄滞洪区和洪湖东分块)和洞庭湖区的围堤湖垸、民主垸、城西垸、澧南垸、西官垸、建设垸6个蓄滞洪区,武汉附近区的杜家台蓄滞洪区,湖口附近区的康山蓄滞洪区。

(2) 一般蓄滞洪区为用于防御1954年洪水的重要蓄滞洪区,还需启用的蓄滞洪区,2020年前属于这类的蓄滞洪区有13处,分别为:城陵矶附近区的洪湖中分块和洞庭湖区的屈原垸、九垸、江南陆城垸、建新垸蓄滞洪区,武汉附近区的西凉湖、武湖、张渡湖、白潭湖蓄滞洪区,湖口附近区的珠湖、黄湖、方州斜塘和华阳河蓄滞洪区,其中华阳河蓄滞洪区按建闸控制方案重新确定了蓄滞洪区范围,蓄滞洪区面积调整为1 307 km^2,有效蓄洪容积由62亿 m^3 调整为25亿 m^3。

(3) 蓄滞洪保留区为用于防御超标准洪水或特大洪水的蓄滞洪区,2020年前属于这类的蓄滞洪区有16处,分别为荆江地区的涴市扩大分洪区、人民大垸分洪区、虎西备蓄区,城陵矶附近的君山垸、集成安合垸、南汉垸、安澧垸、安昌垸、北湖垸、义合垸、安化垸、和康垸、南顶垸、六角山垸14个蓄滞洪区及洪湖西分块,武汉附近区的东西湖蓄滞洪区。城陵矶附近区蓄滞洪区基本情况表如表5-1所示。洞庭湖区国家级蓄滞洪区基本情况表如表5-2所示。

表 5-1　城陵矶附近区蓄滞洪区基本情况表

区域	地区	蓄洪水位(m)	蓄洪面积(km^2)	耕地面积(万亩)	人口(万人)	有效容积(亿 m^3)
洞庭湖地区	西洞庭湖地区	36.5	780.5	59.97	45.3	48.38
	南洞庭湖地区	36.5～37	907.4	80.51	55.2	53.09
	东洞庭湖地区	34.4	1 074.2	84.39	57.37	51.93
	江南陆城	34.0	211	14.73	7.92	10.41
	小计		2 973.1	239.6	165.79	163.81
洪湖分洪区		32.5	2 797.4	124.37	129.52	181
合计			5 770.5	363.97	295.31	344.81

5.2　长江上中游梯级水库群

三峡水库建成后，初步形成了以三峡水库为骨干的长江中下游防洪体系。长江上游干支流建库除满足所在河流(河段)的防洪要求外，同时配合三峡水库对长江中下游发挥防洪作用。

(1) 金沙江洪水是形成长江中下游洪量基流的主要来源，金沙江梯级水库开发的主要防洪对象为川江河段和长江中下游。金沙江石鼓—宜宾河段全长 1 326 km，具备建设大型水利水电工程的优良地形、地质条件及自然环境。《长江流域综合规划》中规划本河段分 9 级开发，按推荐的正常蓄水位方案，正常蓄水位以下总库容达 811.4 亿 m^3，兴利库容 336.4 亿 m^3，按一库两用、防洪和兴利库容相结合的综合利用原则，在充分利用兴利库容(兼作防洪库容)的前提下，本河段具备设置 250 亿～300 亿 m^3 防洪库容的条件。在《长江流域综合规划》中，拟定了金沙江梯级水库单独运行预留防洪库容合计为 270.4 亿 m^3，联合运行全汛期(7—9 月)预留总防洪库容 126 亿 m^3，从 9 月开始蓄水，能保证金沙江梯级水库的正常蓄水要求。1998 年大水后，为满足洪水频繁的 7—8 月川江河段及长江中下游防洪需要，相关人员研究了金沙江梯级水库联合运行时防洪库容进一步扩大的方案。经方案比较，金沙江干流石鼓至宜宾段梯级水库采取分期预留、逐步蓄水的方式预留防洪库容，以协调发电与防洪的关系，初定预留的最大防洪库容为 220 亿～249 亿 m^3。由于金沙江奔子栏至阿海河段的开发方式尚在研究中，该河段预留防洪库容的大小与预留方式，宜在下阶段确定河段开发方式时进一步调整。

表 5-2　洞庭湖区国家级蓄滞洪区基本情况表

序号	垸名	蓄滞洪区分类	所属县（市、区）	堤长（km）	蓄洪面积（km^2）	蓄洪容积（亿 m^3）	蓄洪水位（m）	分洪口位置			门口宽度（m）	备注
								分洪口地点	大堤起桩号	大堤止桩号		
合计				1 168.319	3 100.07	163.81						
1	钱粮湖	重要蓄滞洪区	华容县、君山区	146.387	454.1	22.2	34.82	二闸口	3+900	4+900	1 000	在建分洪闸
								莲花窖	0+000	0+220	220	临时分洪口
2	共双茶		沅江市	121.74	293	18.51	35.37	章鱼口	0+000	1+000	1 000	在建分洪闸
								八形汊	44+100	44+450	350	临时分洪口
3	大通湖东		南县、华容县	43.36	230.1	11.2	35.39	新沟闸	197+160	180+160	1 000	在建分洪闸
								德胜	4+800	5+000	200	临时分洪口
4	民主		资阳市、沅江市	81.23	213.5	11.21	35.25	陈婆洲	21+245	21+705	460	
								大潭口	65+754	66+205	460	
5	围堤湖		汉寿县	15.13	36.7	2.37	38	白鸽洲分洪闸	2+100	2+275	175	已建分洪闸
6	西官		澧县	59	69.6	4.44	40.5	濠口分洪闸	41+000	41+210	210	已建分洪闸
7	澧南		澧县	24.2	34.33	2	44.61	黄沙湾分洪闸	5+600	5+727	127	已建分洪闸
8	城西		湘阴县	51.757	106	7.61	35.41	濠河口沙湾	2+500	2+650	150	
								斗米嘴	21+300	21+450	150	
9	建设		君山区	18.288	104.61	4.94	34.61	广兴洲	8+000	8+300	300	新建垸侧
10	屈原	一般蓄滞洪区	汨罗市、湘阴县	44.84	226.7	11.96	34.83	凤凰嘴	3+100	3+350	250	
11	江南陆城		临湘市、云溪区	53.073	327.53	10.41	33.5	周家墩	18+500	18+750	250	
								鸭栏闸下	24+800	25+070	270	
								北堤拐	52+082	52+192	110	
12	九垸		澧县	24.5	53.64	3.79	41.38	张市窑	12+510	12+710	200	
13	建新		君山区	18.834	50.29	1.96	34.61	黄安湖	7+500	7+850	350	

续表

序号	垸名	蓄滞洪区分类	所属县（市、区）	堤长（km）	蓄洪面积（km^2）	蓄洪容积（亿 m^3）	蓄洪水位（m）	分洪口位置			门口宽度（m）	备注
								分洪口地点	大堤起桩号	大堤止桩号		
14	义合金鸡	蓄滞洪保留区	湘阴县	8.925	19.86	1.21	35.41	湾河上堵坝	0+500	0+620	120	
								丰城垸枫树嘴	9+950	10+070	120	
15	北湖		湘阴县	12.093	48.33	2.59	35.41	省园艺场与下夹口之间	9+300	9+430	130	
16	集成安合		华容县、君山区	54.275	123.34	6.83	36.69	田螺洲	27+900	28+200	300	
17	君山		君山区	35.442	122	4.8	35	楼西湾至穆湖铺电排之间	33+000	33+260	260	
18	南顶		南县、华容县	40.238	46.56	2.57	37.3	天心洲	23+700	23+850	150	
19	和康		南县、华容县	46.403	96.82	6.2	37.4	金家铺九队	19+100	19+380	280	
20	南汉		南县、华容县	67.36	97.16	5.66	37.4	同西村	57+010	57+270	260	
21	六角山		汉寿县	4.855	29.6	0.55	36	鲜鱼冲	2+090	2+210	120	
22	安澧		安乡县	69.655	122.73	9.2	39.9	保凝湖	37+450	37+800	350	
23	安昌		安乡县	84.247	115.1	7.1	38.85	安昌乡白粉嘴油厂南侧	17+510	17+700	190	
								安宏乡同春	31+020	31+180	160	
24	安化		安乡县	42.487	78.47	4.5	38.12	天保油厂北侧	17+100	17+290	190	
								小河北侧	6+640	6+830	190	

注：引自《重要或一般蓄滞洪区启用方案（2022 年）》。

(2) 雅砻江水量丰沛,是金沙江洪水的主要来源。雅砻江水库的主要防洪对象是川江河段和长江中下游。规划分 21 级开发,其中温波寺、仁青岭、两河口、锦屏一级、二滩 5 个水库,调节库容达 182.4 亿 m^3,具备防洪和兴利的开发条件。考虑到金沙江干流和雅砻江梯级防洪和兴利蓄水关系,规划在兴利库容中预留防洪库容 50 亿～60 亿 m^3,其中锦屏一级及其以下五级的已建和近期工程中预留防洪库容 20 亿～30 亿 m^3,预留时间为 6 月下旬至 7 月,8 月开始可采用分期蓄水方式协调防洪与发电的关系。

(3) 岷江干流梯级水库主要防护对象为本河流的中下游;支流大渡河梯级水库主要防护对象是川江河段和长江中下游。在《长江流域综合规划》中大渡河规划按 16 级开发,总调节库容达 86 亿 m^3,在双江口和瀑布沟两梯级水库中分别预留防洪库容 5.1 亿 m^3 和 6.6 亿 m^3。大渡河水量丰沛,流量稳定,洪峰流量小,但洪量大,30 天洪量约占宜昌站的 8%～10%,河流本身又具备设置较大防洪库容的条件,宜进一步扩大防洪库容。经防洪和兴利蓄水关系分析,岷江初步拟定在 7—8 月预留防洪库容 30 亿～40 亿 m^3,9 月可开始兴利蓄水,协调防洪和发电的关系。

(4) 嘉陵江洪水是形成长江上游洪水洪峰流量的主要来源之一。水库防洪的主要任务是河流的中下游,并兼顾配合三峡水库,对长江中下游防洪起一定作用。考虑到本河流及长江中下游防洪的需要,拟定在亭子口水库安排防洪库容 14.6 亿 m^3,在下游草街水库安排防洪库容 6.48 亿 m^3,在支流白龙江安排防洪库容 3.0 亿 m^3。考虑兴利蓄水要求,亭子口水库防洪库容采用分期蓄水和正常蓄水位以上预留专门防洪库容方式,协调防洪和兴利的关系。

(5) 三峡水库工程于 1994 年开工建设,2006 年 5 月 20 日水库大坝全线浇筑至坝顶高程 185 m,2009 年全面具备正常拦洪运用条件。三峡水库防洪库容大致分为三个部分:第一部分库容(库水位 145～155 m,56.5 亿 m^3 防洪库容)用于城陵矶防洪;第二部分库容(库水位 155～171 m,125.8 亿 m^3 防洪库容)用于荆江防洪;第三部分库容(库水位 171～175 m,39.2 亿 m^3 防洪库容)用于荆江特大洪水调度。在不需要为荆江和城陵矶河段补偿调度时,可根据实时水情和未来预测,相机拦蓄部分洪水进行滞洪调度。每年汛前,国家防汛抗旱总指挥部依据调度方案和实际的工情、水情,批复当年三峡水库汛期调度运用方案。

(6) 乌江梯级水库开发的主要防洪任务是本河流中下游城市及配合三峡水库对长江中下游防洪起一定作用。在《长江流域综合规划》中乌江干流(含六冲河)分 11 级开发,调节库容 112 亿 m^3,预留防洪库容 11.66 亿 m^3。乌江汛期起始和结束时间早于长江中下游,预留防洪库容对长江中下游防洪效果小于上游其他诸大支流，并存在后期兴利蓄水与预留防洪库容的矛盾。规划乌江渡、构皮滩、思林、沙沱、彭水 5 座梯级水库总防洪库容为 10.89 亿 m^3。

(7) 清江入长江洪水直接影响荆江河段，规划姚家坪、大龙潭、水布垭、隔河岩 4 座水库共预留防洪库容 11.1 亿 m^3。

(8) 洞庭湖水系水库主要承担各河流的防洪任务，并在与长江中下游洪水遭遇时，削减入湖洪水，降低湖水位，减少入长江流量。规划已建沅水五强溪水库预留防洪库容 13.6 亿 m^3，资水柘溪水库预留防洪库容 7 亿 m^3，澧水江垭水库预留防洪库容 7.4 亿 m^3，规划研究扩大五强溪、柘溪水库防洪库容；规划兴建资水金塘冲水库，扩建涔天河水库，防洪库容扩大至 1.62 亿 m^3；新建澧水上的皂市水库、宜冲桥水库，防洪库容分别为 7.8 亿 m^3、2.5 亿 m^3，提高各河流中下游及尾闾湖区的防洪能力。

综合考虑工程规模、控制作用、运行情况的因素，2012 年首次纳入长江上游水库群联合调度的水库为 10 座，2013 年增加至 17 座水库，2014—2016 年基本维持长江上游 21 座控制性水库。2017 年将水库群联合调度范围扩展到城陵矶断面以上，增加中游清江和洞庭湖水系等 7 座水库，共计 28 座水库。2018 年进一步扩展水库群联合调度范围，增加汉江和鄱阳湖水系等 12 座水库，纳入联合调度的水库数量达到 40 座。2019 年将大型排涝泵站、引调水工程、蓄滞洪区纳入联合调度，联合调度的控制性水工程达 100 座，包含 40 座控制性水库、46 处蓄滞洪区、10 座排涝泵站、4 项引调水工程，联合调度范围基本涵盖长江全流域，总调节库容 854 亿 m^3，总防洪库容 574 亿 m^3。2020 年将乌东德水库纳入联合调度，联合调度水工程达到 101 座，控制性水库 41 座，总调节库容达 884 亿 m^3，总防洪库容达 598 亿 m^3；蓄滞洪区 46 处，总蓄洪容积 591 亿 m^3；排涝泵站 10 座，总排涝能力 1 562 m^3/s；引调水工程 4 项，年设计总引调水规模 241 亿 m^3。2021 年，将两河口、白鹤滩、猴子岩、长河坝、大岗山、江坪河水库纳入联合调度，控制性水库增加至 47 座。2022 年，在原有基础上，增加洞庭湖水系东江、涔天河、三板溪和托口水库，纳入联合调度的控制性水库进一步增加至 51 座，总调节库容达到 1 160 亿 m^3，防洪库容 705 亿 m^3。

基本形成了以三峡水库为核心，金沙江下游梯级水库为骨干，金沙江中游群、雅砻江群、岷江群、嘉陵江群、乌江群、清江群、洞庭湖“四水”群和鄱阳湖“五河”群 8 个水库群组相配合的涵盖长江湖口以上的上中游水库群联合调度体系。城陵矶以上水库群概况参数表如表 5-3 所示。

表 5-3　城陵矶以上水库群概况参数表

水系名称	水库名称	所在河流	正常蓄水位(m)	调节库容(亿 m^3)	防洪库容(亿 m^3)	装机容量(MW)
长江	三峡	干流	175	165	221.5	22 500
金沙江	梨园	上游	1 618	1.73	1.73	2 400
	阿海		1 504	2.38	2.15	2 000
	金安桥		1 418	3.46	1.58	2 400
	龙开口		1 298	1.13	1.26	1 800
	鲁地拉		1 223	3.76	5.64	2 160
	观音岩		1 134	5.55	5.42/2.53	3 000
	乌东德	下游	975	30.2	24.4	10 200
	白鹤滩		825	104.36	75	16 000
	溪洛渡		600	64.62	46.51	13 800
	向家坝		380	9.03	9.03	6 400
雅砻江	两河口	干流	2 865	65.6	20	3 000
	锦屏一级		1 880	49.11	16	3 600
	二滩		1 200	33.7	9	3 300
岷江	紫坪铺	干流	877	7.74	1.67	760
	猴子岩	大渡河	1 842	0.62	—	1 700
	长河坝		1 690	1.2	—	2 600
	大岗山		1 130	1.17	—	2 600
	瀑布沟		850	38.94	11/7.3	3 600
乌江	构皮滩	干流	630	29.02	4.0	3 000
	思林		440	3.17	1.84	1 050
	沙沱		365	2.87	2.09	1 120
	彭水		293	5.18	2.32	1 750
嘉陵江	碧口	白龙江	704	1.46	0.83/1.03	300
	宝珠寺		588	13.4	2.8	700
	亭子口	干流	458	17.32	14.4	1 100
	草街		203	0.65	1.99	500
清江	水布垭	干流	400	23.83	5	1 840
	隔河岩		200	19.75	5	1 200

续表

水系名称	水库名称	所在河流	正常蓄水位(m)	调节库容(亿 m^3)	防洪库容(亿 m^3)	装机容量(MW)
洞庭湖	涔天河	湘江	313	9.92	2.5	200
	东江		285	52.5	4.28	560
	柘溪	资江	169	21.8	10.6	1 050
	三板溪	沅江	475	26.16	—	1 020
	托口		250	6.15	1.98	830
	凤滩		205	10.6	2.77	815
	五强溪		108	20.2	13.6	1 200
	江坪河	澧水	470	6.78	2	450
	江垭		236	11.65	7.4	300
	皂市		140	8.38	7.83	120
合计(不包含洞庭洞)				705.95	474.91	

考虑三峡等控制性水库群建成后对洞庭湖区防洪的作用和影响，完善湖区综合防洪体系。遇防御标准及标准以内洪水，充分发挥河湖的蓄泄洪水能力，能按计划分蓄洪水，保证保护区的防洪安全；湘、资、沅、澧四水尾闾、湖区地级城市及县级城市达到规定的防洪标准。随着长江上游干支流控制性枢纽工程的建成，进一步减少湖区的分洪量和分洪运用概率，提高湖区防洪减灾能力。在遭遇大洪水或特大洪水时，灾害损失明显降低，对湖区经济社会发展的保障程度显著提高。

5.3 洞庭湖中游水库工程

依据《湖南省水库名录》，截至 2020 年 10 月 31 日，全省已建成并运行的水库共 13 737 座，总库容 545.45 亿 m^3。其中，大(1)型水库 8 座，大(2)型水库 42 座；中型水库 366 座；小(1)型水库 2 022 座，小(2)型水库 11 299 座。其中，四水主要水库 71 座(包含规划及在建水库)，其中已建成主要防洪控制性水库 23 座，含湘江流域 11 座(双牌、欧阳海、东江、水府庙、涔天河、洮水、酒埠江、青山垅、黄材、株树桥、官庄)，资江流域 2 座(柘溪、六都寨)，沅江流域 7 座(五强溪、凤滩、黄石、竹园、白云、三板溪、碗米坡)，澧水流域 3 座(江垭、王家厂、皂市)。此外，湘江航电枢纽作为湘江重要控制工程，也是湘江主要调蓄水库。四水流域已建主要控制性水库群参数表如表 5-4 所示，湘江水库群、资江水库群、沅江水库群、澧水水库群如图 5-2 至图 5-5 所示。

表 5-4　四水流域已建主要控制性水库群参数表

水库名称	所在县(市)	所属流域水系	集雨面积(km^2)	防洪高水位(m)	正常蓄水位(m)	相应库容(亿 m^3)	设计洪水位(m)[重现期(年)]	汛期控制水位			
								前汛期		后汛期	
								日期(月-日)	水位(m)	日期(月-日)	水位(m)
涔天河	江华	湘江沱江	2 466.0	316.60	313.0	12.100	317.76 (500)	4-1—6-30	306.50	7-1—8-10 8-11—9-30	305.50～310.50 313.00
双牌	双牌	湘江潇水	10 594.0	170.00	170.0	3.740	173.40(100)	4-1—6-20	168.00～169.00	6-21—9-30	170.00
欧阳海	桂阳	湘江舂陵水	5 409.0	130.00	130.0	2.960	130.00(100)	4-1—6-30	128.00～128.50	7-1—9-30	130.00
东江	资兴	湘江耒水	4 719.0	285.00	285.0	81.200	289.52(1 000)	4-1—8-31	284.00	9-1—9-30	285.00
青山垅	永兴	湘江永乐江	450.0	243.80	243.8	0.850	248.84(100)	4-1—6-30	240.80	7-1—9-30	240.80
酒埠江	攸县	湘江攸水	625.0	164.00	164.0	2.160	166.74(200)	4-1—6-30	163.00	7-1—9-30	164.00
水府庙	双峰	湘江涟水	3 160.0	94.00	94.0	3.700	95.72(100)	4-1—6-30	93.00	7-1—9-30	94.00
株树桥	浏阳	湘江浏阳河	564.0	165.00	165.0	2.290	165.11(100)	4-1—7-31	163.00	8-1—9-30	165.00
官庄	醴陵	浏阳河涧江	201.0	123.60	123.6	1.070	124.60(100)	4-1—6-20	121.00	6-21—9-30	122.00
黄材	宁乡	湘江沩水	240.8	166.00	166.0	1.260	167.08(100)	4-1—7-31	164.00	8-1—9-30	166.00
柘溪	安化	资水干流	22 640.0	170.00	169.0	29.400	171.19(200)	4-1—5-20 5-21—7-15	165 162.00～165.00	7-16—7-31 8-1—9-30	165.00～167.50 167.50～169.00
六都寨	隆回	资水辰水	338.0	355.64	355.0	1.098	355.20(100)	4-1—6-30	353.00	7-1—9-30	355.00
莽山	宜章	长乐水	230.0	398.50	395.0	1.150	398.50	4-1—4-30	391.50	5-1—9-30	391.50
凤滩	沅陵	沅江西水	17 500.0	205.00	205.0	13.900	209.65(1 000)	5-1—5-31 6-1—7-31	200.00 198.50	8-1—9-30	205.00

续表

水库名称	所在县(市)	所属流域水系	集雨面积(km^2)	防洪高水位(m)	正常蓄水位(m)	相应库容(亿 m^3)	设计洪水位(m)[重现期(年)]	汛期控制水位			
								前汛期		后汛期	
								日期(月-日)	水位(m)	日期(月-日)	水位(m)
五强溪	沅陵	沅江干流	83 800.0	108.00	108.0	30.480	111.13(1 000)	5-1—5-31 6-1—7-31	102 98.00～102.00	8-1—8-31 9-1—9-30	102.00～108.00 108.00
竹园	桃源	沅江夷望溪	701.5	102.50	102.5	1.010	106.45(500)	4-1—7-31	101.00	8-1—9-30	102.50
黄石	桃源	沅江白羊河	552.0	90.00	90.0	4.580	91.90(500)	4-1—7-30	89.00	8-1—9-30	90.00
王家厂	澧县	澧水涔水	484.0	82.60	82.6	2.000	84.88(100)	4-1—7-31	78.23	8-1—9-30	78.23
铁山	岳阳	新墙河	493.0	92.75	92.2	5.460	94.15(100)	4-1—6-30	91.20	7-1—9-30	92.20
江垭	慈利	澧水溇水	3 711.0	236.00	236.0	15.72	236.37(500)	5-1—6-20 6-21—7-31	210.6～224.0 210.6～215.0	8-1—8-31 9-1—9-30	230.0～236.0 236.0
白云	城步	沅江巫水	556.0	541.80	540.0	2.98	541.80(1 000)	4-1—6-30	537.00	7-1—9-30	538.00
皂市	石门	澧水渫水	3 000.0	143.50	140.0	12.00	143.50(500)	5-1—6-20 6-21—7-20 7-21—7-31	125.0～129.0 125.0～127.0 125.0～132.0	8-1—8-10 8-11—9-30	132.0～140.0 140.0
洮水	茶陵	湘江洣水	769.0	207.20	205.0	4.76	206.70(100)	4-1—6-30	202.00	7-1—9-30	205.00
托口	洪江	沅江	24 450.0	250.00	250.0	12.490	250.75(500)	5-1—5-31 6-1—7-31	246.0～250.0 242.0～246.0	8-1—8-31 9-1—9-30	246.0～250.0 250.0
晒北滩	金洞管理区	白水流域	324.0	300.00	300.0	1.058	300.02	4-1—6-30	296.00	7-1—9-30	296.00

注：本表依据《2022年湖南省大型水库汛期控制运用方案》。

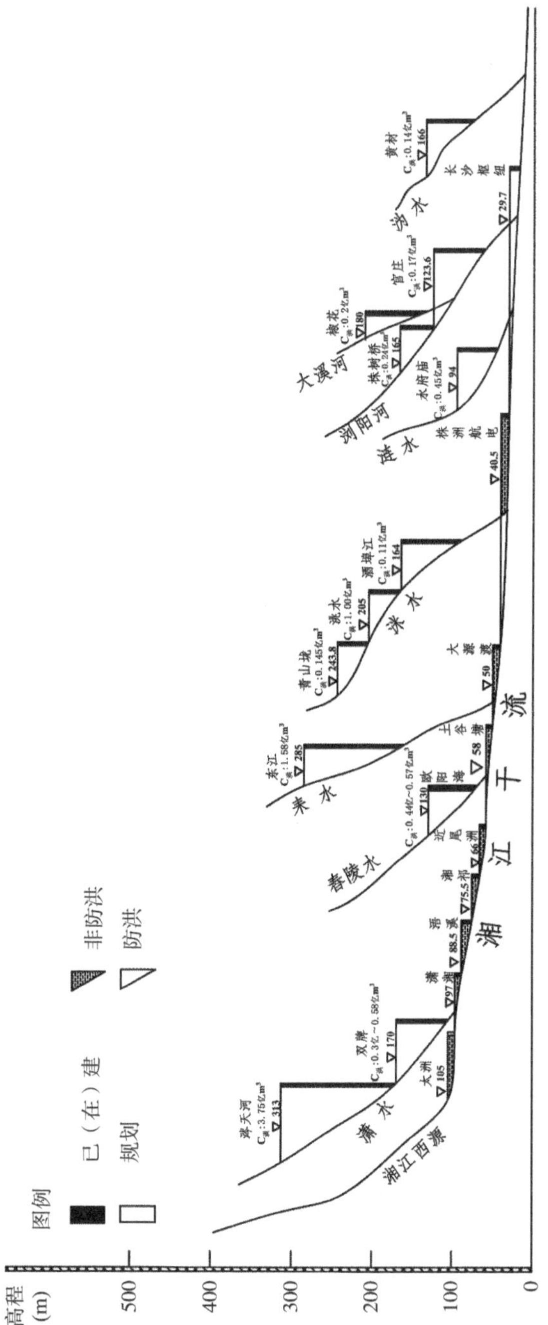

图 5-2 湘江水库群示意图(21 座,其中主要水库防洪库容 8.33 亿~8.74 亿 m^3)

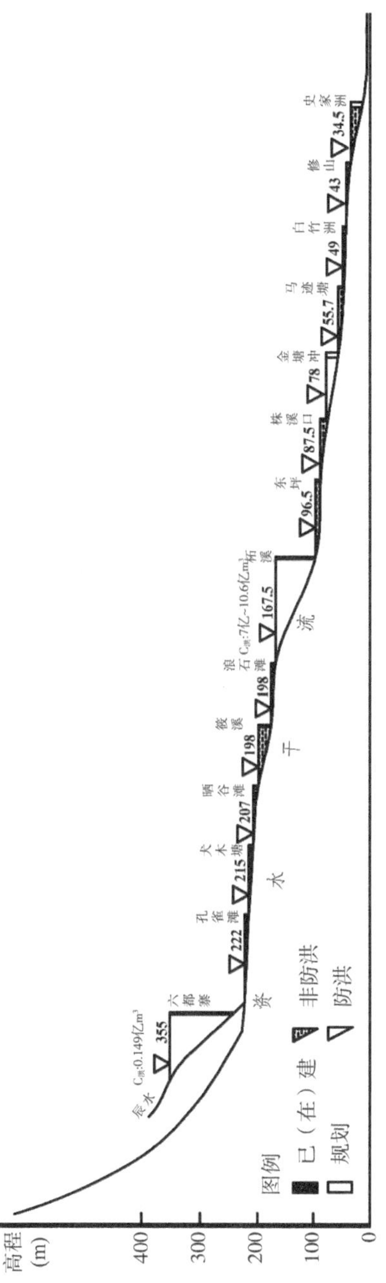

图 5-3　资江水库群示意图（14 座，其中主要水库防洪库容 7.15 亿～10.75 亿 m³）

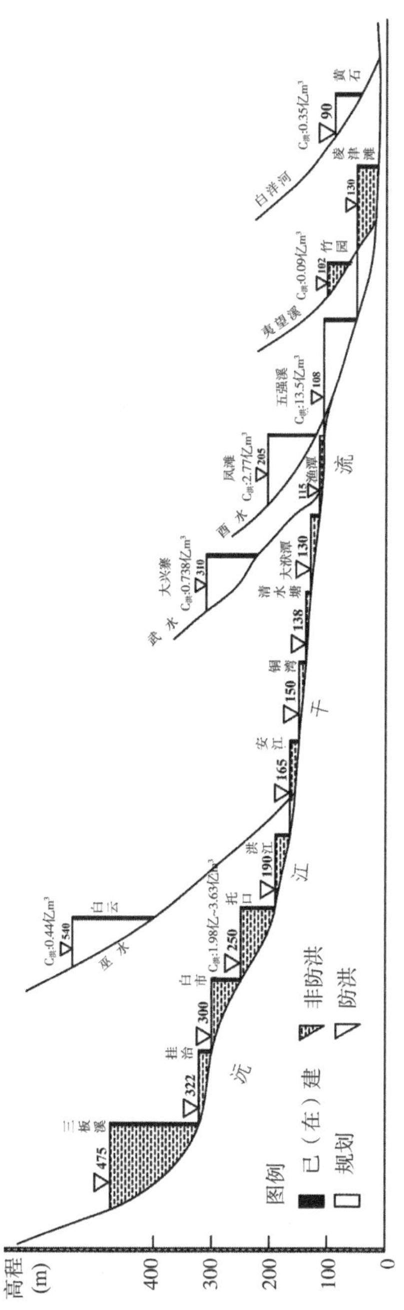

图 5-4　沅江水库群示意图(17 座,其中主要水库防洪库容 19.13 亿~20.78 亿 m³)

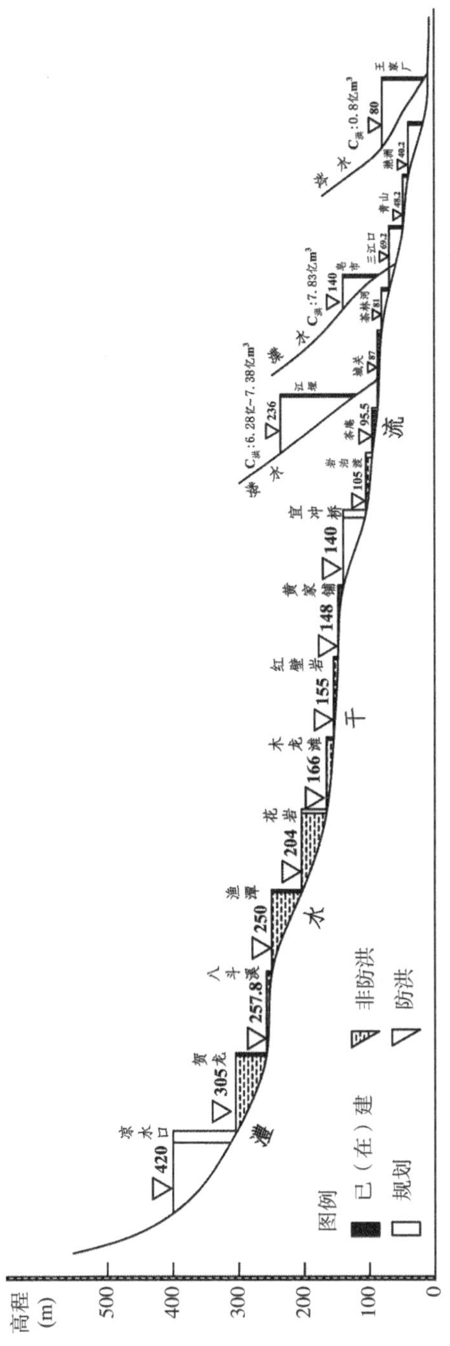

图 5-5　澧水水库群示意图(19 座,其中主要水库防洪库容 14.91 亿~16.01 亿 m³)

四水主要已建成水库中，湘江流域 11 座水库年均径流总量 257 亿 m^3，总库容 119.04 亿 m^3，水库径流占湘江年均径流总量（660 亿 m^3）的 39%；资江流域 2 座水库年均径流总量 199 亿 m^3，总库容 37 亿 m^3，水库径流占资江年均径流总量（372 亿 m^3）的 53.5%；沅江流域 7 座水库年均径流总量 916 亿 m^3，总库容 116.69 亿 m^3，水库径流占沅江年均径流总量（1 030 亿 m^3）的 89%；澧水流域 3 座水库年均径流总量 74 亿 m^3，总库容 35.79 亿 m^3，水库径流占澧水年均径流总量（147 亿 m^3）的 50%。

考虑江湖关系变化主要受长江上游梯级水库群等影响，本章节主要选取四水大(1)型水库作为主要调洪工程进行分析。湖南省湘资沅澧大(1)型水库包括东江、柘溪、五强溪、皂市、凤滩、江垭 6 座水库，其库容均在 10 亿 m^3 以上规模，大洪水或特大洪水形成时起主要调洪作用。湖南省大(1)型水库库容曲线表如表 5-5 所示，湖南省大型水库分期运用方案表如表 5-6 所示。

5.3.1 湘江-东江水库

东江水库位于湘江支流耒水上游，湖南省东南部资兴市境内。电站坝址控制流域面积 4 719 km^2，正常蓄水位 285 m，相应库容 81.2 亿 m^3，总库容 92.7 亿 m^3，防洪库容 1.58 亿 m^3。洪水调节不考虑预报，汛期防洪限制水位 282 m。为使下游耒水两岸农田防洪标准达到 5 年一遇，控制泄量不超过 1 500 m^3/s。为保证京广铁路耒阳段防洪标准达到 100 年一遇，控制泄量不超过 3 500 m^3/s，需防洪库容 3.5 亿 m^3。1 000 年一遇洪水控制泄量不超过 5 500 m^3/s。

据实测资料，统计 1951—2020 年湘潭站的年径流量，多年平均径流量为 660 亿 m^3。以 1986 年东江水库运用作为时间节点，湘潭站多年平均径流量在东江水库运用前（1959—1986 年）为 641 亿 m^3，相较于运用后（1987—2020 年）减少 38 亿 m^3，变化幅度为 5.9%。就各月变化而言，相较于东江水库运用前（1959—1986 年），运行后（1987—2020 年）1—3 月、7—12 月各月平均径流量更大，其中 1 月增大幅度最大，为 54.3%；4—5 月各月平均径流量减少，其中 5 月减小幅度最大，为 16.1%。1959—2020 年湘潭站不同时段各月多年平均径流量变化如图 5-6 所示。

表 5-5　湖南省大(1)型水库库容曲线表

水位:m;库容:亿 m^3

东江		柘溪				五强溪				皂市		凤滩		江垭	
水位	库容	水位	库容	水位	库容	水位	库容	水位	库容	水位	库容	水位	库容	水位	库容
170	0.1	100	0.1	161	19.3	60	0.24	101	19.675	110	2.338	130	0.05	140	0.07
190	2.05	110	0.55	162	20.4	65	0.8	102	20.925	113	2.9	150	0.96	150	0.31
200	4.41	120	1.5	163	21.6	70	1.57	103	22.243	115	3.44	170	3.3	160	0.88
210	7.9	130	3.3	164	22.8	75	2.8	104	23.631	120	4.549	185	6.7	170	1.77
222	14	140	6.1	165	24	80	4.52	105	25.083	125	5.98	190	3.22	180	2.94
230	19.17	144	7.62	166	25.2	85	6.6	106	26.61	130	7.705	193	9.19	190	4.38
237	24.5	145	8.02	167	26.6	86	7.343	107	28.203	133		195	9.86	200	6.1
240	26.8	146	8.42	167.5	27.2	87	7.878	108	29.843	135		197	10.57	210	8.2
250	36	147	8.855	168	28	88	8.434	109	31.545	137		200	11.7	220	10.71
260	47	148	9.35	169	29.4	89	9.035	110	33.348	139		202	12.52	230	13.72
266	54.12	149	9.85	170	31	90	9.692	111	35.27	140	12.001	205	13.9	240	17.26
280	73.5	150	10.42	171	32.6	91	10.368	112	37.22	141		207	14.86	250	21.31
284	79.62	151	11.02	171.2	32.9	92	11.068	113	39.2	143.5	13.81	209	15.93		
285	81.2	152	11.64	172	34.3	93	11.815	114	41.37			210	16.5		
286	82.82	153	12.34	172.7	35.7	94	12.586	115	43.724						
288	86.14	154	13.04	173	36.4	95	13.377	116	46.125						
290	89.5	155	13.74	174	38.3	96	14.255	117	48.676						
		156	14.56	175	40.6	97	15.207	118	51.42						

续表

东江		柘溪				五强溪				皂市		凤滩		江垭	
水位	库容	水位	库容	水位	库容	水位	库容	水位	库容	水位	库容	水位	库容	水位	库容
		157	15.46	176	43.3	98	16.238	119	54.271						
		158	16.36			99	17.345	120	57.35						
		159	17.26			100	18.49								
		160	18.2												

注：成果引自“湖南省水利云”“湖南山洪灾害监测预警系统”，其中“株洲航电枢纽水库”无防洪功能，故暂未列入。

表 5-6　湖南省大型水库分期运用方案表

河名	支流名		水库名称	历史最高		主汛期				后汛期			
	一级	二级		洪水位（m）	年月日	起讫月日	水位（m）	蓄水量（亿 m^3）	防洪库容（亿 m^3）	起讫月日	水位（m）	蓄水量（亿 m^3）	防洪库容（亿 m^3）
湘江	潇水	沱江	涔天河	256.62	1979-9-6	4-1—6-30	253	0.69	0.17	7-1—9-30	256	0.87	0
	潇水		双牌	170.6	1994-7-24	4-1—6-20	168	3.16	0.58	6-21—9-30	170	3.74	0
	舂陵水		欧阳海	131.13	1965-6-31	4-1—6-30	128	2.35	0.57	7-1—9-30	130	2.92	0
	耒水		东江	285.27	2002-10-31	4-1—6-15	282	76.52	4.68				
						6-16—8-31	284	79.62	1.58	9-1—9-30	285	81.2	0
	洣水	攸水	酒埠江	164.73	1963-6-21	4-1—6-30	163	2.05	0.11	7-1—9-30	164	2.16	0
	洣水	永乐江	青山垅	245.37	2000-9-2	4-1—6-30	242.8	0.8	0.04	7-1—9-30	243.8	0.84	0
	涟水		水府庙	94.4	1991-1-26	4-1—6-30	92	2.85	0.85	7-1—9-30	94	3.7	0
	浏阳河	小溪河	株树桥	166.2	1993-7-25	4-1—7-31	163	2.05	0.24	8-1—9-30	165	2.29	0
	浏阳河	涧江	官庄	123.42	1993-7-4	4-1—6-20	122	0.96	0.08	6-21—9-30	123～123.6	1.025～1.07	0～0.045
	沩水		黄材	355	2002-8-22	4-1—9-30	166	1.26	0				
			洮水	172.73	1996-7-20	4-1—5-10	165	24	7				
资江			柘溪			5-11—7-15	162	20.4	10.6				
						7-16—7-31	162～165			8-1—9-30	167.5～169	27.3～29.4	1.6～3.7
	辰水		六都寨	353.1	1905-6-30	4-1—6-30	353	0.99	0.11	7-1—9-30	355	1.1	0

续表

河名	支流名		水库名称	历史最高		主汛期				后汛期			
	一级	二级		洪水位(m)	年月日	起讫月日	水位(m)	蓄水量(亿 m^3)	防洪库容(亿 m^3)	起讫月日	水位(m)	蓄水量(亿 m^3)	防洪库容(亿 m^3)
沅江			五强溪	113.26	1996-7-19	5-1—5-31	102	21.6	8.3	8-1—8-31	102~108	21.6~29.9	0~8.3
						6-1—7-31	98	16.3	13.6	9-1—9-30	108	29.9	0
	巫水		白云			4-1—6-30	537	2.715	0.265	7-1—9-30	539	2.89	0.09
	酉水		凤滩	206.11	1996-7-20	5-1—5-31	200	11.7	2.2				
						6-1—7-31	198.5	11.13	2.77	8-1—9-30	205	13.9	0
	夷望溪		竹园	103.92	1998-6-1	4-1—7-31	101	0.92	0.03	8-1—9-30	102.5	1.1	0
	白洋河		黄石	91.49	1998-7-23	4-1—9-30	90	4.58	0				
	酉水		碗米坡										
	清水江		三板溪										
澧水	溇水		江垭	235.89	2001-11-2	5-1—6-20	210.6~224	8.34~12.8	2.92~7.38	8-1—8-31	230~236	13.72~15.72	0~2
						6-21—7-31	210.6~215	8.34~9.44	6.28~7.38	9-1—9-30	236	15.72	0
	涔水		王家厂	84	2003-7-21	4-1—7-31	80	1.49	0.51	8-1—9-30	82.6	2	0
	渫水		皂市										
新墙	沙港河		铁山	93.15	1995-6-3	4-1—6-30	91.2	5.08	0.38	7-1—9-30	92.2	5.46	0

注:成果引自“湖南省水利云”“湖南山洪灾害监测预警系统”。

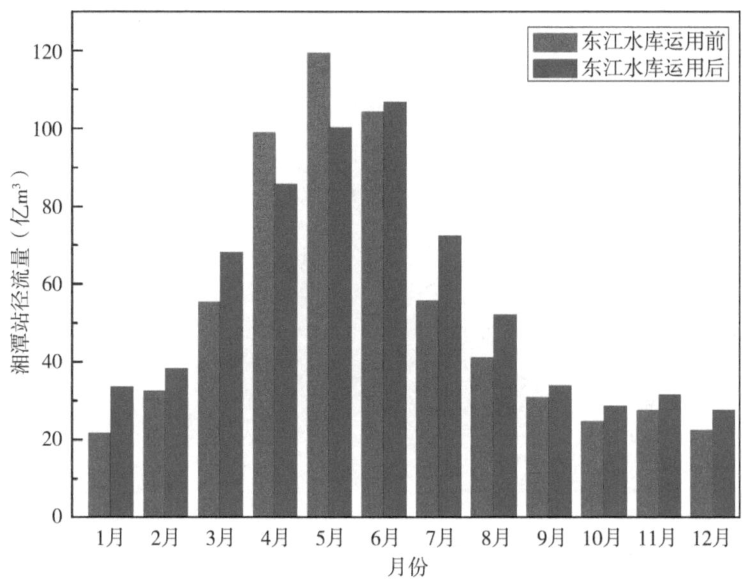

图 5-6　1959—2020 年湘潭站不同时段各月多年平均径流量变化

5.3.2　资江-柘溪水库

柘溪水库位于资江干流，湖南省益阳市安化县境内。电站坝址控制流域面积 22 640 km^2，正常蓄水位 169 m，相应库容 29.4 亿 m^3，总库容 38.81 亿 m^3，防洪库容 7 亿～10.6 亿 m^3。根据大坝设计标准，柘溪坝体稳定按 200 年一遇洪水设计，1 000 年一遇洪水校核。在下游防洪方面，技术设计中采用对桃江进行洪水补偿调节的调度方式，当区间流量小于 8 200 m^3/s 时，按桃江站安全泄量 9 000 m^3/s 补偿，当柘溪—桃江区间流量在 8 200～11 200 m^3/s 时，按下游民主垸分洪后的安全泄量 12 000 m^3/s 补偿，当区间来水很小时，水库以 8 500 m^3/s 下泄。

据实测资料，统计 1959—2020 年桃江站的年径流量，多年平均径流量为 230 亿 m^3。以 1961 年柘溪水库运用作为时间节点，桃江站多年平均径流量在柘溪水库运用前（1959—1961 年）为 236 亿 m^3，相较于运用后（1962—2020 年）增加 7 亿 m^3，变化幅度为 3.0%。就各月变化而言，相较于柘溪水库运用前（1959—1961 年），运用后（1962—2020 年）1—2 月、7—10 月、12 月各月平均径流量更大，其中 7 月增大幅度最大，为 161%；3—6 月、11 月各月平均径流量减少，其中 3 月减小幅度最大，为 28.8%。1959—2020 年桃江站不同时段各月多年平均径流量变化如图 5-7 所示。

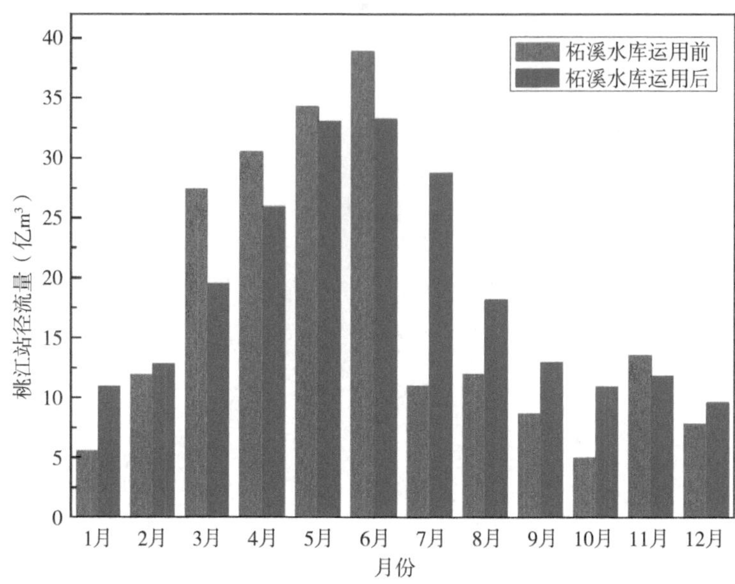

图 5-7　1959—2020 年桃江站不同时段各月多年平均径流量变化

5.3.3　沅江-五强溪水库、凤滩水库

1. 五强溪水库

沅水下游的桃源、常德、汉寿等平源河网地区，统称沅水尾间，该地区地势低洼，汛期河道洪水可高出地面数米至数十米，经常遭受洪水威胁，全靠堤防保护。五强溪水库的防洪任务主要是提高本流域尾间堤垸的防洪标准，其次是代替洞庭湖区部分蓄洪垦殖区的蓄洪任务。按设计要求，沅水尾间堤垸保护农田 179 万亩，人口 122 万人，建库前防洪标准为 5 年一遇，五强溪水库建成后，防洪标准提高到 20 年一遇。

2. 凤滩水库

凤滩水库位于沅陵县境内沅水支流酉水下游，下距沅陵县城 45 km。凤滩水库控制面积 17 500 km^2，占酉水流域面积的 94.4%，流域多年平均降雨量 1 415 mm，坝址多年平均流量 504 m^3/s，多年平均径流量为 158.9 亿 m^3，水库总库容 17.33 亿 m^3，正常水位 205 m，相应库容 13.9 亿 m^3，死水位 170 m，相应库容 3.3 亿 m^3，有效库容 14.03 亿 m^3，库容系数 0.067，属季调节水库。五强溪水库的洪水调度必须与上游支流酉水凤滩水库的洪水调度一并考虑，统一计算，进行梯级联合调度，因为沅水尾间的防洪标准是通过两库预留防洪库容实现的。五强溪水库的正常蓄水位是 108 m，主汛期(5 月 1 日至 7 月 31 日)防洪限制水位 98 m，预留防洪库容 13.6 亿 m^3，7 月 31 日后，允许蓄至正常高水位 108 m。

凤滩水库正常蓄水位 205 m，主汛期（5 月 1 日至 7 月 31 日）防洪限制水位 198.5 m，预留防洪库容 2.77 亿 m^3，7 月 31 日后，允许蓄至正常蓄水位 205 m。五强溪水库洪水调度，库水位在 108 m 以下，应尽量满足沅水尾闾和洞庭湖区防洪要求，并且坚决服从湖南省防洪抗旱指挥部统一调度。

据实测资料，统计 1959—2020 年桃源站的年径流量，多年平均径流量为 648 亿 m^3。以 1994 年五强溪水库运用作为时间节点，桃源站多年平均径流量在五强溪水库运用前（1959—1994 年）为 639 亿 m^3，相较于运用后（1995—2020 年）减少 24 亿 m^3，变化幅度为 3.8%。就各月变化而言，相较于五强溪水库运用前（1959—1994 年），运用后（1995—2020 年）1—3 月、6—7 月、9 月、12 月各月平均径流量更大，其中 1 月增大幅度最大，为 59.8%；4—5 月、8 月、10—11 月各月平均径流量更小，其中 4 月减小幅度最大，为 17.5%。1959—2020 年桃源站不同时段各月多年平均径流量变化如图 5-8 所示。

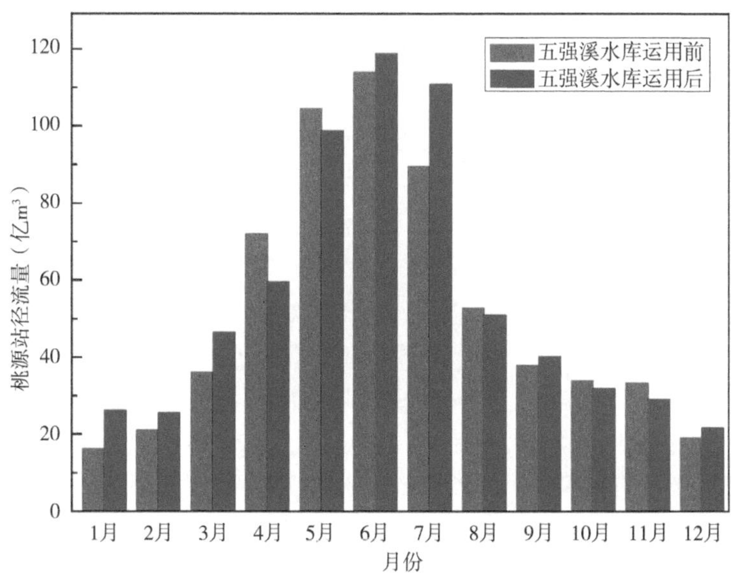

图 5-8　1959—2020 年桃源站不同时段各月多年平均径流量变化

5.3.4　澧水-皂市、江垭水库

1. 皂市水库

皂市水库位于澧水流域的一级支流渫水，湖南省常德市石门县境内，电站坝址控制流域面积 3 000 km^2，正常蓄水位 140 m，相应库容 12 亿 m^3，总库容 14.39 亿 m^3，防洪库容 7.83 亿 m^3。皂市、江垭、宜冲桥水库同为澧水流域近期防洪总体规划中的主体工程，其防洪调度应统一考虑。

2. 江垭水库

江垭水库位于澧水一级支流溇水中游，湖南省张家界市慈利县境内，电站坝址控制流域面积 3 711 km^2，正常蓄水位 236 m，相应库容 15.72 亿 m^3，总库容 17.41 亿 m^3，防洪库容 6.28 亿～7.38 亿 m^3。

当三江口以上组合洪水没有超过 12 000 m^3 时，皂市水库不拦洪，水库按入库流量下泄。当组合洪水超过 12 000 m^3/s 时，皂市水库开始拦洪，控制下泄流量进行补偿调节，尽量使组合洪水不大于 12 000 m^3/s，同时皂市最小下泄流量不小于机组发电流量。水库防洪库容蓄满，水库水位达到防洪高水位 143.5 m 以后，水库按入库流量下泄。江垭水库正常蓄水位 236 m；5 月 1 日—7 月 31 日防洪限制水位 210.6 m；8 月 1 日—9 月 30 日防洪限制水位 224 m；10 月 1 日后可蓄至正常蓄水位 236 m。当遇 50 年一遇洪水标准时，控制三江口流量不超过 12 000 m^3/s，当洪水标准不超过 50 年一遇时，应控制下泄流量不超过 1 700 m^3/s。

据实测资料，统计 1959—2020 年石门站的年径流量，多年平均径流量为 147 亿 m^3。以 1998 年江垭水库下闸、2007 年皂市水库下闸作为时间节点，石门站多年平均径流量在江垭水库运用前（1959—1998 年）为 150 亿 m^3，在江垭、皂市水库运用前（1959—2007 年）为 147 亿 m^3，在江垭、皂市水库运用后（2008—2020 年）为 148 亿 m^3。就各月变化而言，相较于江垭水库运用前（1959—1998 年），运用后（1999—2007 年）1—3 月、12 月各月平均径流量更大，其中 2 月增大幅度最大，为 47.9%；4—11 月各月平均径流量更小，其中 9 月减小幅度最大，为 43.2%。相较于江垭、皂市水库运用前（1959—1998 年），运用后（2008—2020 年）1—2 月、9—12 月各月平均径流量更大，其中 12 月增大幅度最大，为 100%；3—8 月各月平均径流量更小，其中 8 月减小幅度最大，为 22.0%。1959—2020 年石门站不同时段各月多年平均径流量变化如图 5-9 所示。

5.4 小结

当前，长江流域已形成以堤防为基础、三峡水库为核心，其他干支流水库群、蓄滞洪区群和非防洪工程措施等配合使用的综合防洪体系与结构布局。

根据国家规定，目前城陵矶附近规划和已经启动的蓄滞洪区工程包括三大垸、三小垸和洪湖东分块。1998 年大水后，国务院以国发〔1999〕12 号文要求在城陵矶附近尽快启动蓄滞洪区建设，按照湖南、湖北对等的原则，湖南省建设钱粮湖垸、共双茶垸、大通湖东垸 3 处蓄滞洪区，湖北省建设洪湖东分块蓄滞洪区，共可分蓄 100 亿 m^3 的超额洪量。另外，随着蓄滞洪区围堤部分进行了加高加

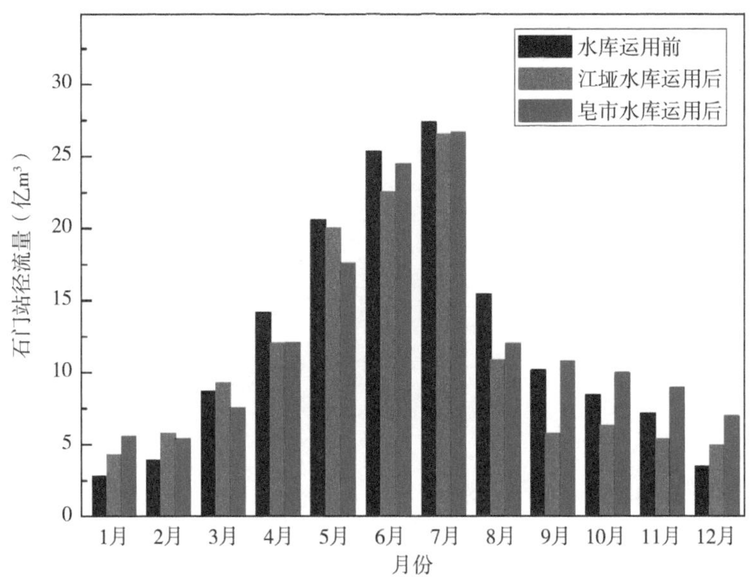

图 5-9　1959—2020 年石门站不同时段各月多年平均径流量变化

固达标建设，洞庭湖区的围堤湖垸、澧南垸、西官垸进行了移民建镇和分洪闸建设，可解决沅江尾闾、澧水尾闾和松滋河共 8.8 亿 m^3 超额洪量分泄入湖的问题。

除了蓄洪工程，目前，长江流域基本形成了以三峡水库为核心，以金沙江下游梯级水库为骨干，金沙江中游群、雅砻江群、岷江群、嘉陵江群、乌江群、清江群、洞庭湖“四水”群和鄱阳湖“五河”群 8 个水库群组相配合的涵盖长江湖口以上的上中游水库群联合调度体系，总调节库容达到 1 160 亿 m^3，防洪库容 705 亿 m^3。在该防洪布局条件下，可以极大程度上减轻城陵矶附近防洪压力，但是遭遇特大洪水时，依然需要启用蓄滞洪区进行蓄洪。

第 6 章

梯级水库群影响下的江湖水文条件变化

三峡水库等梯级水库群建成投入使用后，长江中游地区防洪能力明显提高，特别是荆江地区防洪形势发生了根本性变化，但是另一方面，上游水沙条件的变化导致中下游水文情势发现明显改变，边界条件发生调整。本章节通过分析梳理荆江三口分流、洪水遭遇变化、湖区高水位特征变化、湖区主要控制节点水文变化、江湖槽蓄能力变化、洪水下泄卡口——螺山站水位流量关系等讨论梯级水库群影响下的洞庭湖区水文条件变化，确定洞庭湖区设计洪水计算边界条件。

6.1　洪水特征变化

6.1.1　序列洪水水文过程变化

由于长江上游水库群只针对 1870 年、1954 年、1999 年进行了联合演练调度，其他年份均属于历史数据，本研究首先以水库调度下边界枝城流量 56 700 m³/s 作为计算条件，根据现状年上游水库实际运行过程，逐年统计梯级运用下的各时段可用水量；其次，借助梯级水库相邻时段的可用水量差值以反映水库的本时段蓄泄量，分别计算两梯级逐旬可用水量差值以得出水库的蓄泄过程，统计出的上游两梯级蓄泄规律作为溪洛渡—向家坝梯级的径流还现依据，以该径流蓄泄方式对天然径流进行调节计算，进而采用马斯京根方法向下游演进，并与天然状态下的区间径流进行错时段叠加，最后演进至宜昌站。选取了 1981—2002 年共 21 年历史洪水进行调洪演算，三峡水库调蓄作用下宜昌流量过程线如图 6-1 所示。

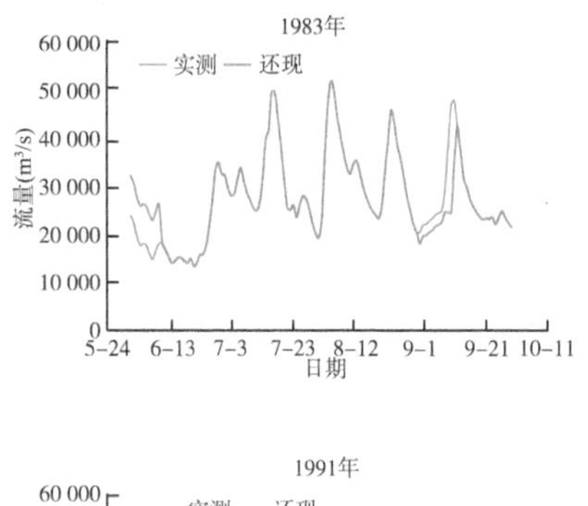

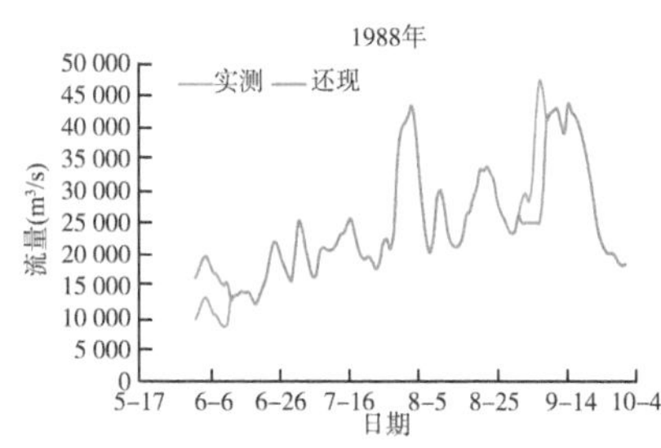

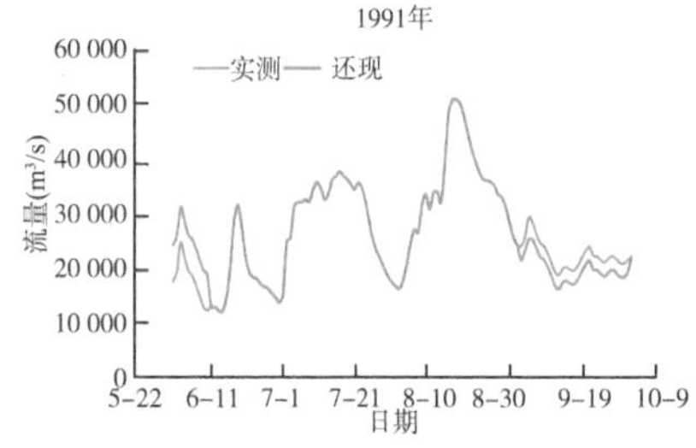

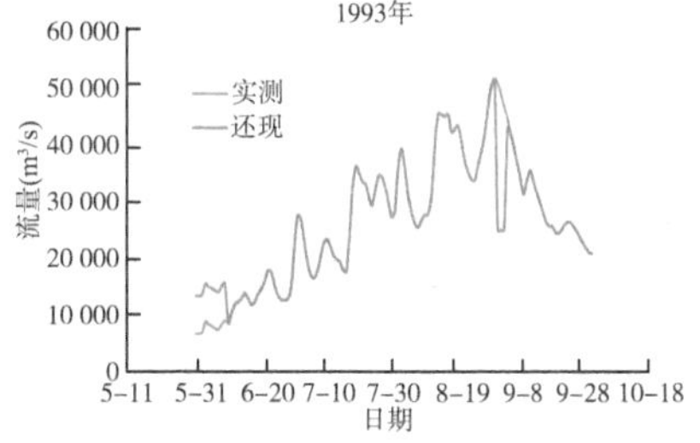

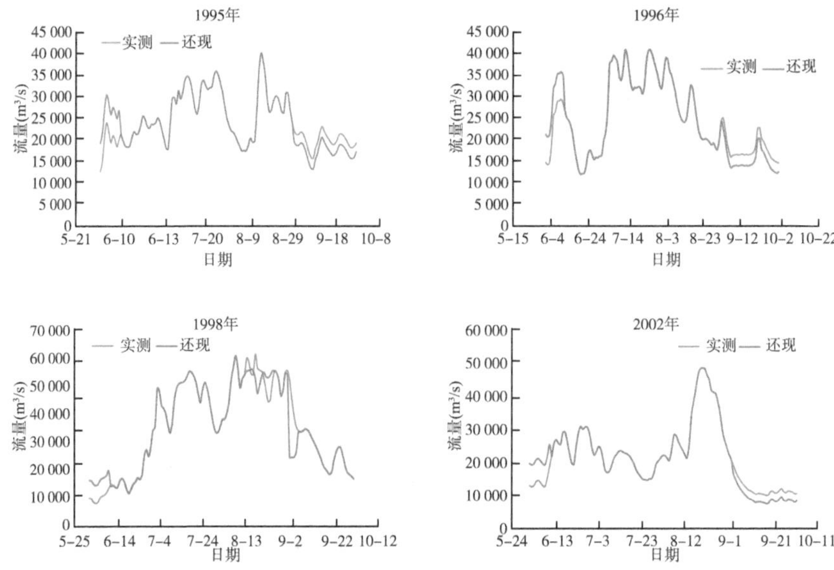

图 6-1 三峡水库调蓄作用下宜昌流量过程线

结合三峡水库调度作用，对 1981—2002 年长江干流典型洪水过程增加调度作用与实测过程进行对比，从计算结果可以看出，1981 年、1982 年、1987 年、1988 年、1989 年、1998 年、2001 年洪峰均发生了一定规模的削减，但是针对非特大型洪水当年最大 30 天洪量水库调洪作用并不明显。宜昌站 1981—2002 年流量还现分析如表 6-1 所示。

表 6-1 宜昌站 1981—2002 年流量还现分析

年份	Q_m(m^3/s)		削峰比例(%)	$W_{30\,d}$(亿 m^3)		调洪作用(亿 m^3)
	计算	实测		计算	实测	
1981	56 700	71 585	21	1 024	1 024	0
1982	56 700	60 770	7	1 019	1 019	0
1983	54 178	54 178	0	930	930	0
1984	56 700	57 165	1	1 069	1 069	0
1985	46 247	46 247	0	922	922	0
1986	45 114	45 114	0	743	743	0
1987	56 700	61 388	8	1 011	1 011	0
1988	45 011	48 822	8	874	937	63

续表

年份	Q_m(m³/s)		削峰比例(%)	$W_{30\,d}$(亿 m³)		调洪作用(亿 m³)
	计算	实测		计算	实测	
1989	56 700	62 006	9	898	898	0
1990	43 054	43 054	0	803	803	0
1991	51 912	51 912	0	941	947	7
1992	48 600	48 600	0	830	830	0
1993	55 700	55 700	0	1 076	1 139	63
1994	30 900	30 900	0	600	600	0
1995	40 000	40 000	0	795	795	0
1996	47 600	47 600	0	976	976	0
1997	54 200	54 200	0	885	885	0
1998	56 700	65 800	14	1 399	1 420	21
1999	56 700	57 900	2	1 123	1 123	0
2000	56 100	56 100	0	1 051	1 051	0
2001	36 700	41 000	10	736	799	63
2002	49 500	49 500	0	865	865	0

6.1.2　荆江三口分流能力

三口洪道水沙主要源自长江干流，一方面受长江上游天然径流形成影响，另一方面受上游控制性水库调度影响。

6.1.2.1　荆江来水

根据荆江入口控制站——枝城站(1960—1990 年枝城站为水位站，水沙计算采用宜昌站和长阳站数据)资料统计，1956—2020 年，荆江来水年际丰枯波动频繁，枝城多年平均径流量为 4 397 亿 m³，其间最大、最小年径流量分别为 5 614 亿 m³(2020 年)、2 928 亿 m³(2006 年)。枝城站 1956 年以来年径流量变化过程如图 6-2 所示。

6.1.2.2　年内分配

三峡水库调度运行后，荆江来水量年内分配发生较为明显的变化，汛期 7—

9月枝城月均径流占比较蓄水前明显减小，而枯水期的1—4月枝城月均径流占比较蓄水前明显增大。高水期荆江来水的减小，将减小荆江三口的分流量，而枯水期荆江三口由于通流条件限制，1—4月三峡水库调蓄下泄的径流大部分不参与三口分流。总体上看，同等来水条件下，三峡水库的调度运行会减小荆江三口的分流量。枝城站1956年以来年径流量变化过程如图6-3所示。

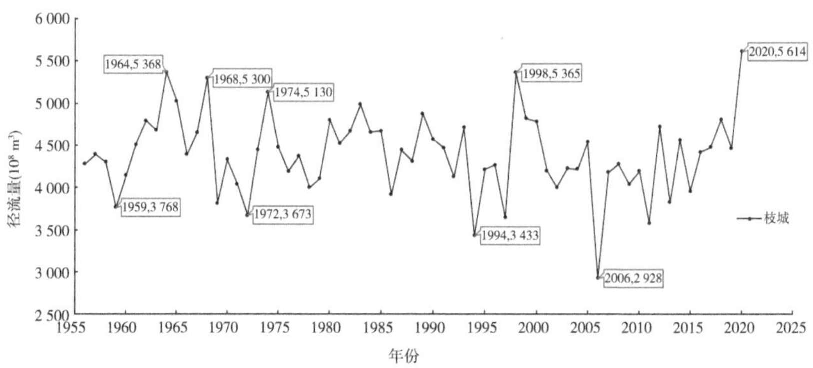

图6-2 枝城站1956年以来年径流量变化过程示意图

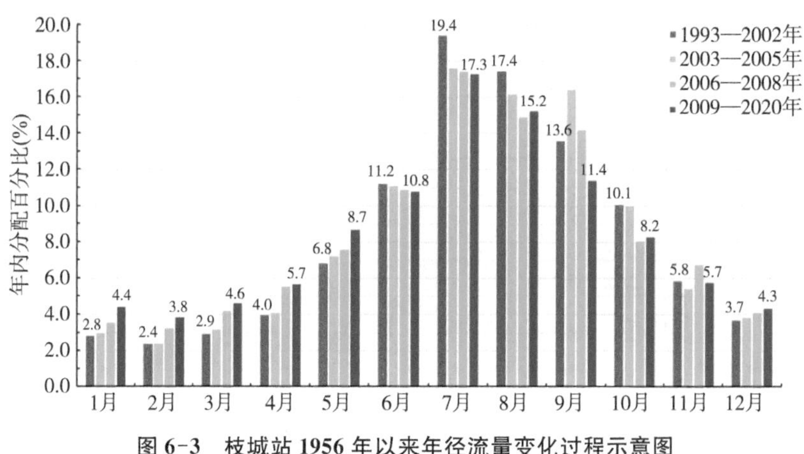

图6-3 枝城站1956年以来年径流量变化过程示意图

6.1.2.3 不同流量级来水条件下三口分流变化

根据历年枝城站、新江口站、沙道观站、弥陀寺站、藕池(管)站、藕池(康)站同日流量进行统计，枝城来水各流量级条件下松滋口、太平口、藕池口分流量、分流比变化情况如表6-2所示。

表 6-2　枝城各流量级来水条件下分流变化统计表

枝城流量级(m^3/s)	时段	各站相应流量(m^3/s)					三口分流量合计(m^3/s)	分流比(%)
		新江口	沙道观	弥陀寺	藕池(管)	藕池(康)		
10 000	1956—1966	496	176	350	546	0	1 569	15.3
	1967—1972	530	72.5	318	204	0	1 124	11.1
	1973—1980	457	42.3	195	26.2	0	721	7.1
	1981—2002	365	4.49	79.1	26.6	0	475	4.7
	2003—2015	275	0.540	49.9	0.99	0	326	3.3
	2016—2020	315	1.10	7.0	0.00	0	323	3.2
30 000	1956—1966	2 431	1 335	1 677	4 799	472	10 700	35.5
	1967—1972	2 779	1 296	1 630	4 322	331	10 400	34.5
	1973—1980	2 569	998	1 376	2 418	126	7 490	25.3
	1981—2002	2 469	782	1 232	1 507	83.8	6 070	20.2
	2003—2015	2 644	837	1 028	1 364	60.9	5 933	19.8
	2016—2020	2 686	886	892	1 503	53.6	5 954	19.8
40 000	1956—1966	3 406	2000	2 133	7 429	1 059	16 028	40.1
	1967—1972	3 573	1 841	2 075	6 399	704	14 592	36.5
	1973—1980	3 495	1 516	1 784	3 908	271	10 974	27.4
	1981—2002	3 462	1 282	1 672	2 859	207.5	9 482	23.7
	2003—2015	3 626	1 254	1 507	2 220	133.5	8 740	21.8
	2016—2020	3 752	1 267	1 167	1991	82.4	8 259	20.6
50 000	1956—1966						21 900	43.8
	1967—1972						18 600	37.2
	1973—1980						15 400	30.8
	1981—2002	4 420	1 694	2 052	4 046	340	12 552	25.1
	2003—2015	4 543	1 596	1 778	2 884	174	10 975	22.0
	2016—2020	5 364	2 007	1 629	3 268	171	10 975	22.0

注:该成果引自《荆江四口分流分沙、洪道冲淤及相关因素研究报告(2020 年)》。

表 6-2 统计结果表明:1956 年以来荆江三口分流量及分流比沿时段逐渐减小,其中下荆江裁弯后,上游同流量来水条件下荆江三口分流量(比)快速减小,至三峡水库 2003 年蓄水运行时,荆江三口分流量(比)减小速度趋于平缓。2003 年三峡水库蓄水运行后,高水期分流量减小是荆江三口分流量减小的主要因素,但小流量级分流比降幅较大,如枝城来水 30 000 m^3/s 流量级时,荆江三口分流比相比前一时段略有减小,由前期的 20.2%略减到 19.6%;枝城来水

10 000 m^3/s 流量级时，荆江三口分流比相比前一时段还在进一步衰减，由前期的4.7%衰减到3.1%，减幅约34.0%。

2016—2020年期间，枝城来水30 000 m^3/s 流量级条件时，荆江三口年均分流比为20.1%，与三峡水库2003年蓄水运行以来多年平均分流比基本持平；枝城来水10 000 m^3/s 流量级时，荆江三口年均分流比为3.3%，对比三峡水库2003年蓄水运行以来多年平均分流比3.1%，尚无明显变化。

三峡水库蓄水运行后，同流量条件下，洪水期分流量减小，同时洪水期受到三峡水库调度影响荆江来流量变小，引起荆江三口的分流量减小。小流量级分流比降幅较大，主要是由于干支流冲刷不对等，造成口门进流条件变差。

6.1.2.4 枝城与三口控制站洪峰峰值相关关系变化

统计各时段典型高洪期间三口控制站与枝城站的洪峰峰值相关关系的变化，结果显示，多年来三口控制站与枝城站洪峰峰值相关关系基本稳定。不同时段高洪期间三口站与枝城站洪峰峰值相关统计如表6-3所示。三口站与枝城站洪峰峰值相关关系如图6-4所示。

表6-3 不同时段高洪期间三口站与枝城站洪峰峰值相关统计表 单位：m^3/s

洪次	枝城 Q_m	松滋口		太平口	藕池口		三口合计	
		新江口 Q_m	沙道观 Q_m	弥陀寺 Q_m	藕池(管) Q_m	藕池(康) Q_m	洪峰 Q_m	分流比(%)
19580825	56 500	5 440	3 310	2 800	11 400	2 240	25 190	44.6
19680707	57 700	6 330	3 150	2 900	9 660	1 490	23 530	40.8
19740813	62 100	6 040	3 050	2 730	7 730	874	20 424	32.9
19810817	71 600	7 910	3 120	2 880	7 760	757	22 427	31.3
19980817	68 800	6 540	2 670	3 040	6 170	590	19 010	27.6
20020819	49 800	4 120	1 480	1 810	3 500	254	11 164	22.4
20040909	58 700	5 230	1 870	2 060	3 890	297	13 347	22.7
20070731	50 200	4 560	1 520	1 920	3 260	211	11 471	22.9
20120730	47 500	4 960	1 710	1970	3 050	208	11 898	25.0
20140919	47 800	4 850	1 780	1 610	2 390	125	10 755	22.5
20180716	44 000	4 180	1 420	1 150	2 100	91.7	8 941.7	20.3
20200821	52 200	5 640	2 120	1 750	3 280	174	12 964	24.8

图6-4为1992年以来三峡水库蓄水前后三口分流洪峰与枝城洪峰峰值相关关系的变化，其中，松滋口分流洪峰与枝城洪峰相关关系良好，三峡水库蓄水运行后，不同量级洪峰条件下，松滋口分流洪峰(新江口+沙道观)较三峡水库蓄

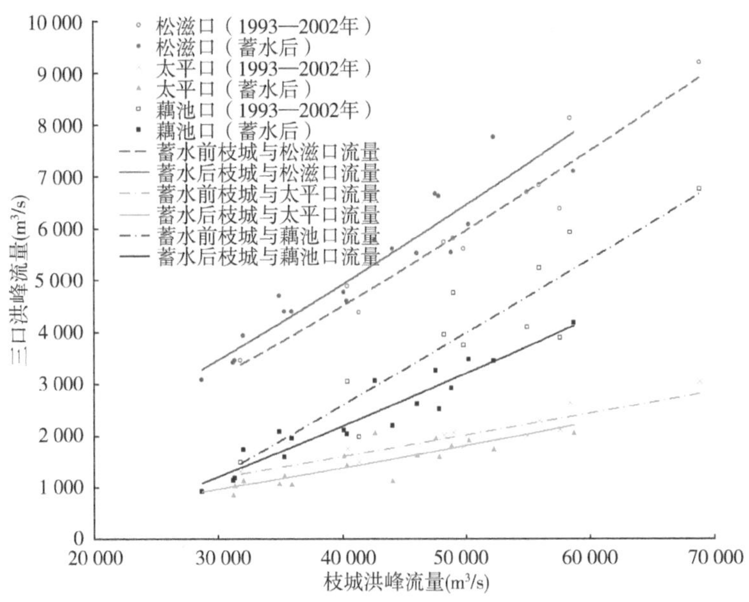

图 6-4　三口与枝城洪峰峰值相关关系图

水运行前同比增大。太平口分流洪峰与枝城洪峰相关关系良好，三峡水库蓄水运行后，中小洪峰时，太平口分流洪峰较三峡水库蓄水运行前有所减小，高洪洪峰时，太平口分流洪峰基本接近三峡水库蓄水运行前。藕池口分流洪峰与枝城洪峰之间相关关系变化亦保持良好，但相较三峡水库蓄水运行前，三峡水库蓄水运行后，高洪期间藕池口分流洪峰峰值有较大幅度衰减，枝城中小洪峰藕池口分流洪峰衰减幅度较小。

2016—2020 年期间，荆江河段仅 2018 年、2020 年出现超 40 000 m^3/s 流量的洪峰，表 6-3 统计结果表明，同等来水条件下（枝城洪峰流量 50 000 m^3/s 流量级）松滋口分流洪峰较三峡水库蓄水运行初期有所增大，而太平口、藕池口分流洪峰较三峡水库蓄水运行初期有所减小。

6.1.3　洪水遭遇变化

以三峡水库投入使用前后为节点，本研究对比了 62 年来长江与湘资沅澧四水洪水遭遇情况，统计结果如下。

长江与四水 1 d 洪水过程遭遇统计变化如图 6-5 所示，长江与四水 3 d 洪水过程遭遇统计变化如图 6-6 所示。从洪量遭遇时间来看，1959—2002 年间，长江与资江发生了 1 d 遭遇，2003 年以后未出现长江与四水 1 d 洪水遭遇过程，遭遇概率变化幅度为 2.27%。

1959—2002 年长江分别与资江、沅江发生 1 次遭遇，2003 年之后未出现长江与资江、沅江 3 d 洪量遭遇，洪水遭遇概率减少了 2.27%。三峡水库蓄洪调洪洪峰坦化，洪水持续时间有所变化，2003—2020 年间发生了 1 次长江与澧水洪量遭遇，对比 2003 年之前，长江与澧水遭遇概率增大了 5.56%。

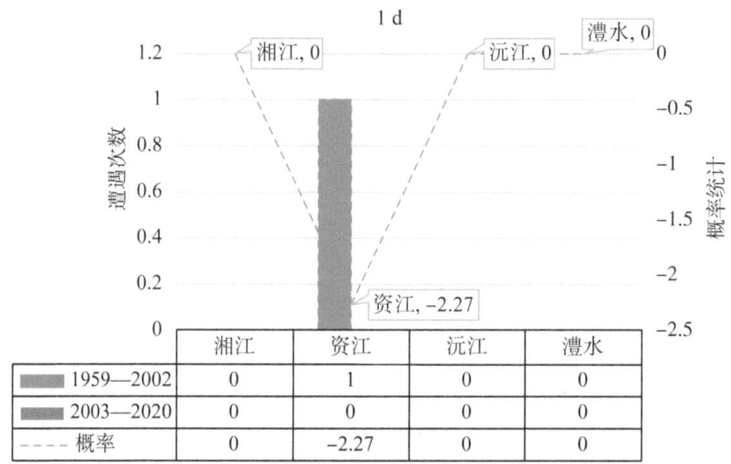

	湘江	资江	沅江	澧水
1959—2002	0	1	0	0
2003—2020	0	0	0	0
概率	0	-2.27	0	0

图 6-5　长江与四水 1 d 洪水过程遭遇统计变化

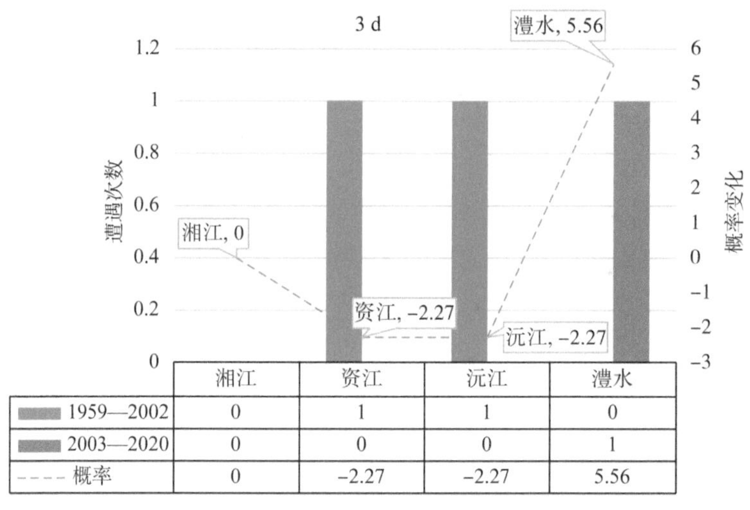

	湘江	资江	沅江	澧水
1959—2002	0	1	1	0
2003—2020	0	0	0	1
概率	0	-2.27	-2.27	5.56

图 6-6　长江与四水 3 d 洪水过程遭遇统计变化

长江与四水 7 d 洪水过程遭遇统计变化如图 6-7 所示。在 7 d 洪水过程遭遇的统计结果中，三峡水库未投入使用以前，长江分别与四水遭遇的次数远大于三峡水库投入使用之后，从概率变化统计可以看出，2003 年以前，长江与资江、沅江、澧水分别发生了 3 次、2 次、3 次洪量遭遇；2003—2020 年间长江与澧水发生过 1 次 7 d 洪量过程遭遇，概率变化分别为减小 6.82%、4.55%、1.26%。

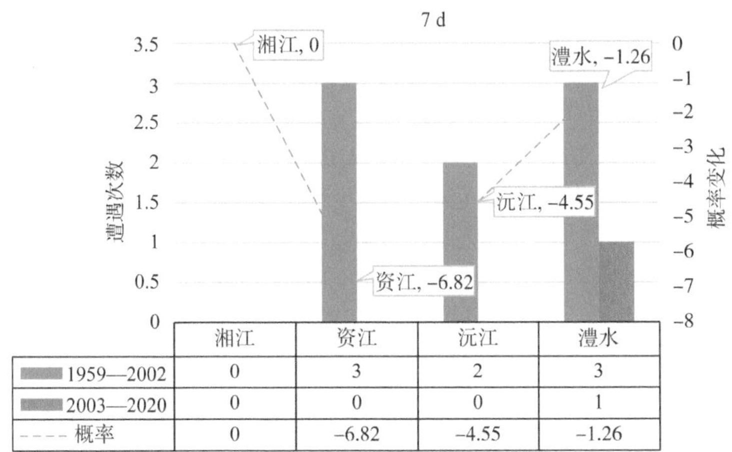

	湘江	资江	沅江	澧水
1959—2002	0	3	2	3
2003—2020	0	0	0	1
概率	0	-6.82	-4.55	-1.26

图 6-7　长江与四水 7 d 洪水过程遭遇统计变化

长江与四水 15 d 洪水过程遭遇统计变化如图 6-8 所示。15 d 洪水过程遭遇的统计结果中，1959—2002 年间，长江与湘江发生过 2 次洪量遭遇，2003 年之后遭遇次数为 0，概率变化减少了 4.55%；长江与资江发生过 3 次洪量遭遇，2003 年之后遭遇次数为 1，概率变化减少了 1.26%；长江与沅江发生过 2 次洪量遭遇，2003 年之后遭遇次数为 1，概率变化增加了 1.01%；1959—2020 年间长江与澧水共发生过 13 次洪量遭遇，2003 年前长江与澧水发生了 7 次洪量遭遇，2003 年之后遭遇次数为 6，基于统计年份，长江与澧水 15 d 洪量遭遇概率增加了 17.42%。

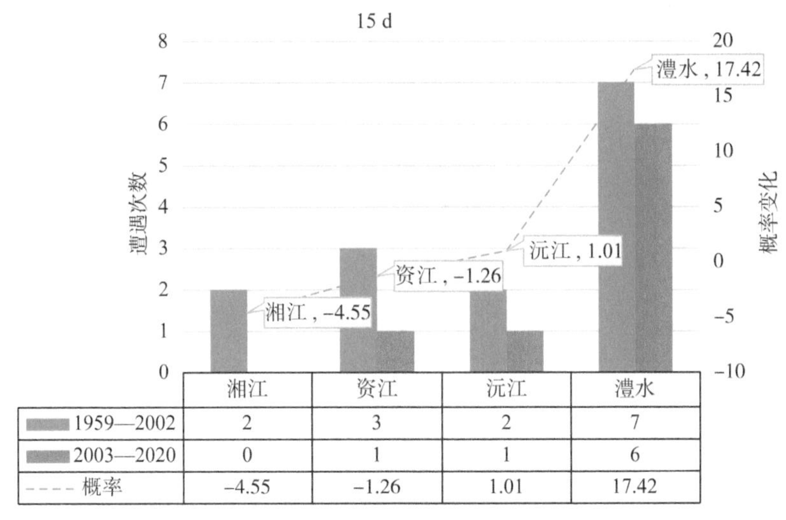

	湘江	资江	沅江	澧水
1959—2002	2	3	2	7
2003—2020	0	1	1	6
概率	-4.55	-1.26	1.01	17.42

图 6-8　长江与四水 15 d 洪水过程遭遇统计变化

长江与四水 30 d 洪水过程遭遇统计变化如图 6-9 所示。30 d 洪水过程遭遇的统计结果中，1959—2002 年间，长江与湘江发生了 3 次洪量遭遇，2003 年之后遭遇次数为 0，概率变化减少了 6.82%；长江与资江发生了 8 次洪量遭遇，2003 年之后遭遇次数为 1，概率变化减少了 12.63%；长江与沅江发生了 8 次洪量遭遇，2003 年之后遭遇次数为 2，概率变化减少了 7.07%；长江与澧水发生了 13 次洪量遭遇，2003 年之后遭遇次数为 7，概率变化减少了 9.34%。

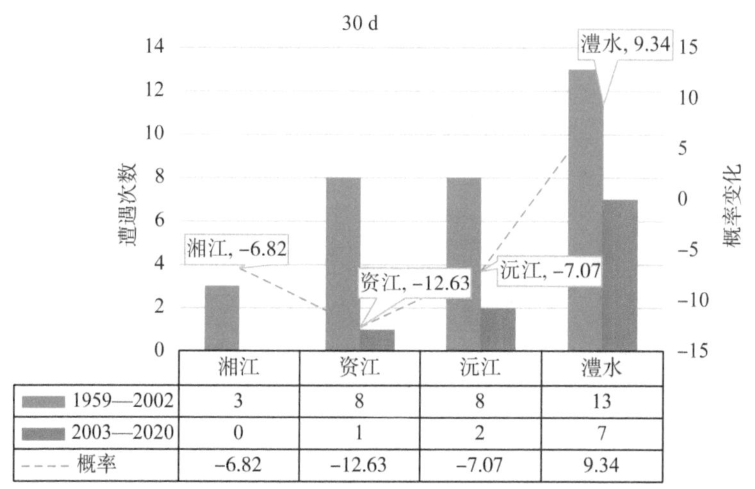

图 6-9　长江与四水 30 d 洪水过程遭遇统计变化

从洪水遭遇类型来看，长江与湘资沅澧四水发生洪水过程遭遇的次数各不相同。

(1) 长江与湘江。1959—2002 年间，长江与湘江发生过 2 次 15 d 洪水过程遭遇、3 次 30 d 洪水过程遭遇，2003 年以后长江与湘江未发生过洪水过程遭遇。

(2) 长江与资江。1959—2002 年间，长江遭遇资江洪水天数 1 d、3 d、7 d、15 d、30 d 分别发生了 1 次、1 次、3 次、3 次、8 次，2003—2020 年间对应洪水遭遇天数发生次数明显减少，15 d 和 30 d 均发生了 1 次，其余天数未发生洪水过程遭遇。

(3) 长江与沅江。1959—2002 年间，长江与沅江发生过 1 次 3 d、2 次 7 d、2 次 15 d、8 次 30 d 洪水过程遭遇，2003—2020 年间，15 d 和 30 d 均发生了 1 次，其余天数长江与沅江未发生洪水过程遭遇。

(4) 长江与澧水。1959—2002 年间，长江与澧水 7 d 洪水过程遭遇了 3 次，15 d 洪水过程遭遇了 7 次，30 d 洪水过程遭遇了 13 次，2003—2020 年间，发生了 1 次 3 d 过程遭遇、1 次 7 d 过程遭遇、6 次 15 d 过程遭遇、7 次 30 d 洪水过程遭遇。从遭遇次数统计来看，长江与澧水遭遇概率高于其他三条水系。

三峡水库运行前后洪水过程遭遇变化统计如表 6-4 所示。总体来看，三峡水库的投入使用降低了长江与四水在短时间序列上遭遇的可能性，但是从 15 d

表6-4　三峡水库运行前后洪水过程遭遇变化统计

遭遇状况	洪水过程遭遇(天)																			
	1 d				3 d				7 d				15 d				30 d			
	1959—2002	2003—2020	小计	概率变化(%)	1959—2002	2003—2020	小计	概率变化(%)	1959—2002	2003—2020	小计	概率变化(%)	1959—2002	2003—2020	小计	概率变化(%)	1959—2002	2003—2020	小计	概率变化(%)
长江+湘江	0	0	0	0	0	0	0	0	0	0	0	0	2	0	2	−4.55	3	0	3	−6.82
长江+资江	1	0	1	−2.27	1	0	1	−2.27	3	0	3	−6.82	3	1	4	−1.26	8	1	9	−12.63
长江+沅江	0	0	0	0	1	0	1	−2.27	2	0	2	−4.55	2	1	3	1.01	8	2	10	−7.07
长江+澧水	0	0	0	0	0	1	1	5.56	3	1	4	−1.26	7	6	13	17.42	13	7	20	9.34
长江+湘江+资江	0	0	0	0	1	0	1	−2.27	2	0	2	−4.55	4	0	4	−9.09	7	0	7	−15.91
长江+湘江+沅江	0	0	0	0	0	0	0	0	0	0	0	0	2	0	2	−4.55	8	0	8	−18.18
长江+资江+沅江	0	0	0	0	1	0	1	−2.27	2	0	2	−4.55	1	2	3	8.84	9	2	11	−9.34
长江+湘江+澧水	0	0	0	0	1	0	1	−2.27	1	0	1	−2.27	5	0	5	−11.36	6	0	6	−13.64
长江+资江+澧水	0	0	0	0	0	0	0	0	3	0	3	−6.82	5	3	8	5.30	10	3	13	−6.06
长江+沅江+澧水	0	0	0	0	1	1	2	3.28	1	1	2	3.28	3	4	7	15.40	10	3	13	−6.06
长江+湘江+资江+澧水	0	0	0	0	1	0	1	−2.27	1	0	1	−2.27	5	0	5	−11.36	6	0	6	−13.64
长江+湘江+沅江+澧水	0	0	0	0	1	0	1	−2.27	1	0	1	−2.27	5	0	5	−11.36	6	0	6	−13.64
长江+资江+沅江+澧水	0	0	0	0	0	0	0	0	3	0	3	−6.82	5	3	8	5.30	10	3	13	−6.06
长江+湘江+沅江+资江	0	0	0	0	1	0	1	−2.27	2	0	2	−4.55	4	0	4	−9.09	7	0	7	−15.91
长江+湘江+资江+沅江+澧水	0	0	0	0	1	0	1	−2.27	1	0	1	−2.27	2	0	2	−4.55	8	0	8	−18.18

和 30 d 洪量遭遇的变化结果来看，长江与澧水的洪量遭遇概率是增加的，分析其原因，是由于三峡水库削峰调洪过程中延长了洪水下泄时间，但总量变化不大，澧水与长江汛期接近，从而导致 15 d、30 d 洪水遭遇可能性的增加。

6.1.4 湖区高洪水位特征变化

6.1.4.1 长江干流

选取长江干流宜昌、枝城、沙市、监利、莲花塘、螺山水文站，点绘典型洪水年对应的长江干流典型洪水水面线，并开展相关分析。整体来看，宜昌—螺山河段洪水水面坡降逐步下降，宜昌—枝城平均坡降为 0.70‰左右，枝城—沙市降为 0.55‰，沙市—监利洪水水面线均值约为 0.381‰，监利—莲花塘为 0.28‰左右，莲花塘—螺山洪水水面线坡降最小，约为 0.11‰。长江干流控制站典型洪水水面线如图 6-10 所示。

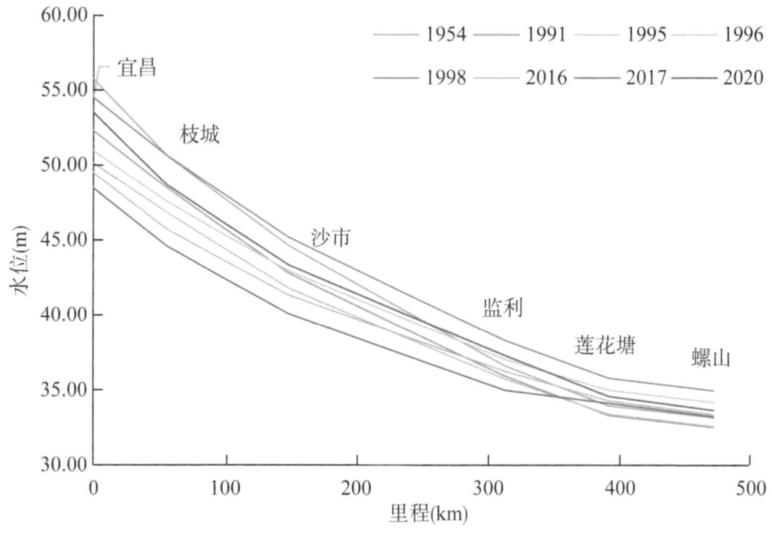

图 6-10 长江干流控制站典型洪水水面线

从表 6-5 可以看出，与 1954 年相比，宜昌—枝城、枝城—沙市、沙市—监利河段典型洪水年水面线坡降基本均有所减小，1954 年之后则呈现减小—增大—减小—增大的起伏波动趋势，且洪水水面坡降最高值均出现在 1998 年洪水年。监利—莲花塘河段 2020 年洪水年水面坡降最大，为 0.35‰；其次为 1954 年，约为 0.34‰。除 2020 年外，整体上洪水水面线是逐步坦化的。莲花塘—螺山河段洪水水面坡降虽无显著变化，均在 0.10‰～0.12‰浮动，但洪水水面线整体抬高，对比1954年，2020年莲花塘—螺山坡降升高0.02‰，两个站点洪水水位却分别抬高0.64 m、0.48 m。

三峡水库建成后对洪水过程的调度使得洪水坦化，长期清水冲刷导致洪水水面坡降减小，但主要集中在莲花塘上游河段，莲花塘下游水面坡降变化不显著。这主要是因为长江中游河段在大流量情况下床沙会发生运移，但不同河段的床沙进入运动的临界值不同，莲花塘以下由于有洞庭湖调蓄缓冲，在大流量情况下，大量水流进入洞庭湖，削弱水流的能量，使莲花塘以下河段对床沙产生动力作用所需的流量临界值更大，因此床沙运移能力较弱。莲花塘以下洪水位的抬高则是因为螺山卡口，泄流能力下降。

表6-5 长江干流控制站典型洪水水面线分析

站点		宜昌		枝城		沙市		监利		莲花塘		螺山	
距离(km)		0	57.00		149.00		314.00		392.39		472.39		—
项目		水位	月-日	水位	月-日	水位	月-日	水位	月-日	水位	月-日	水位	月-日
洪水特征（水位：m）	1954	55.73	8-7	50.61	8-7	44.67	8-7	36.62	8-8	33.95	8-7	33.17	8-8
	1991	52.30	8-16	48.47	8-16	42.85	8-14	35.94	7-16	33.33	7-16	32.52	7-16
	1995	50.15	8-16	46.83	8-16	41.84	7-13	35.74	7-7	33.41	—	32.58	7-7
	1996	50.96	7-5	47.56	7-5	42.99	7-25	37.06	7-25	35.01	7-22	34.18	7-22
	1998	54.50	8-17	50.62	8-17	45.22	8-17	38.31	8-17	35.80	8-20	34.95	8-20
	2016	49.49	7-2	45.71	7-2	41.37	7-21	36.26	7-6	34.29	7-8	33.37	7-8
	2017	48.47	10-8	44.59	7-13	40.13	7-14	35.00	7-12	34.13	7-4	33.23	7-4
	2020	53.51	8-21	48.66	8-21	43.38	7-24	37.31	7-24	34.59	7-28	33.65	7-28
水面比降（‰）	1954	—	0.90		0.65		0.49		0.34		0.10		—
	1991	—	0.67		0.61		0.42		0.33		0.10		—
	1995	—	0.58		0.54		0.37		0.30		0.10		—
	1996	—	0.60		0.50		0.36		0.26		0.10		—
	1998	—	0.68		0.59		0.42		0.32		0.11		—
	2016	—	0.66		0.47		0.31		0.25		0.12		—
	2017	—	0.68		0.48		0.31		0.11		0.11		—
	2020	—	0.85		0.57		0.37		0.35		0.12		—

6.1.4.2 松滋河

1. 松滋河西支

选取松滋河西支新江口、瓦窑河、官垸、石龟山、南咀水文站，点绘以长江洪水为主的典型洪水年对应的典型洪水水面线，并开展相关分析。沿程水位在官垸处略有升高，这可能是澧水来水顶托导致。整体来看，除瓦窑河—官垸河段，松滋河西支洪水水面坡降沿程基本呈现升高的趋势。新江口—瓦窑河平均坡降为 0.45‱左右，官垸—石龟山段洪水水面平均坡降升至 0.48‱左右，石龟山—南咀段最高，约为 0.87‱左右。松滋河（西支）控制站典型洪水水面线如图 6-11 所示。

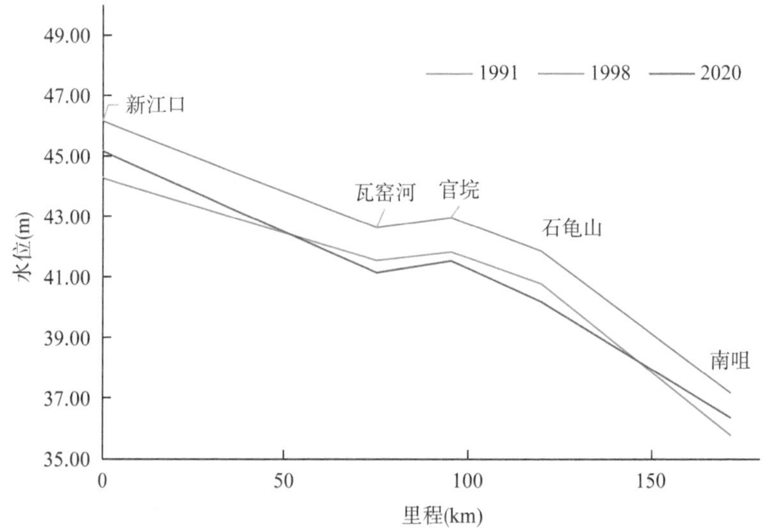

图 6-11　松滋河(西支)控制站典型洪水水面线

从表 6-6 可以看出，由于官垸水位高于瓦窑河站点，瓦窑河—官垸段水面线实际为上升。除此之外，新江口—石龟山河段典型洪水年水面线坡降升高。对比 1991 年，1998 年新江口—瓦窑河升高 0.11‱，官垸—石龟山段变化不太显著，仅升高 0.02‱；至 2020 年，两河段分别升高 0.06‱、0.10‱，这也导致 1991 年新江口水位低于 2020 年 1.24 m，但瓦窑河水位却高出 2020 年 0.41 m。但石龟山—南咀河段相反，洪水水面坡降反而呈现下降，对比 1991 年，该河段 2020 年洪水面坡降下降了 0.02‱，对比 1991 年，2020 年在石龟山水位更低的情况下，南咀站水位反而比 1991 年高出 0.57 m。

2. 松滋河中支

选取松滋河中支新江口、瓦窑河、自治局、安乡、肖家湾、南咀水文站，点绘以长江洪水为主的典型洪水年对应的典型洪水水面线，并开展相关分析。新江口—南咀段沿程坡降呈现波动变化。1991 年、2008 年升降趋势一致，沿程洪水面坡降上升—下降反复交替出现。但 2020 年却相反，呈现下降—上升交替出现趋势。松滋河(中支)控制站典型洪水水面线如图 6-12 所示。

表 6-6　松滋河(西支)控制站典型洪水水面线分析

站点		新江口		瓦窑河		官垸		石龟山		南咀	
距离(km)		0.00	75.36		95.50		119.97		171.82		—
项目		水位	月-日	水位	月-日	水位	月-日	水位	月-日	水位	月-日
洪水特征(水位：m)	1954	44.31	8-7	—	—	—	—	38.14	7-28	36.05	7-31
	1991	43.07	8-16	41.59	7-7	41.87	7-7	40.82	7-7	35.82	7-14
	1998	42.95	8-17	42.67	7-24	43.00	7-24	41.89	7-24	37.21	7-25
	2020	44.31	8-21	41.18	7-8	41.57	7-8	40.22	7-8	36.39	7-10
水面比降(‱)	1954	—	—		—		—		—		—
	1991	—	0.36		−0.14		0.43		0.96		—
	1998	—	0.47		−0.16		0.45		0.90		—
	2020	—	0.53		−0.19		0.55		0.74		—

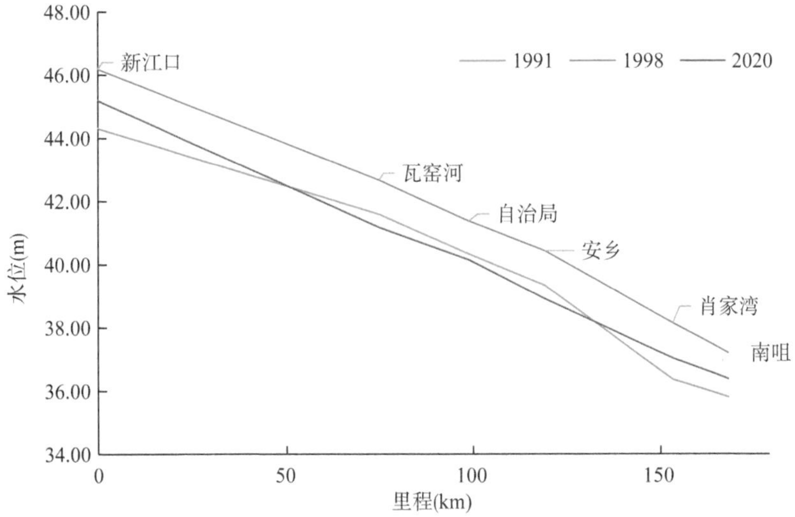

图 6-12　松滋河(中支)控制站典型洪水水面线

就时间尺度而言，松滋河中支洪水面坡降变化同样是波动的。瓦窑河—安乡河段 1991 年与 1998 年洪水面坡降差别不大，仅为 0.02‱，但松滋河中支其他河段却显著变化，尤其安乡—肖家湾河段 1998 年降低 0.20‱，肖家湾—南咀升高约 0.26‱。至 2020 年，新江口—安乡河段坡降显著增加，其他河段则下降。松滋河(中支)控制站典型洪水水面线分析如表 6-7 所示。

表 6-7　松滋河(中支)控制站典型洪水水面线分析

站点		新江口		瓦窑河		自治局		安乡		肖家湾		南咀	
距离(km)		0	75.36		99.41		119.79		153.92		168.85		—
项目		水位	月-日	水位	月-日	水位	月-日	水位	月-日	水位	月-日	水位	月-日
洪水特征(水位:m)	1954	45.77	8-7	—	—	—	—	38.1	7-31	—	—	36.05	7-31
	1991	44.31	8-16	41.59	7-7	40.34	7-7	39.34	7-7	36.37	7-11	35.82	7-14
	1998	46.18	8-17	42.67	7-24	41.38	7-24	40.44	7-24	38.15	7-25	37.21	7-25
	2020	45.19	8-21	41.18	7-8	40.16	7-8	38.92	7-9	37.04	7-10	36.39	7-10
水面比降(‱)	1954	—	—		—		—		—		—		—
	1991	—	0.36		0.52		0.49		0.87		0.37		—
	1998	—	0.47		0.54		0.46		0.67		0.63		—
	2020	—	0.53		0.42		0.61		0.55		0.44		—

3. 松滋河东支

选取松滋河东支沙道观、大湖口、安乡、肖家湾、南咀水文站，点绘以长江洪水为主的典型洪水年对应的典型洪水水面线，并开展相关分析。新江口—南咀段沿程坡降呈现波动变化。沙道观—安乡沿程坡降变化幅度不大，安乡—肖家湾段坡降显著增大，这种趋势尤其体现在1991年、1998年。松滋河(东支)控制站典型洪水水面线如图6-13所示。

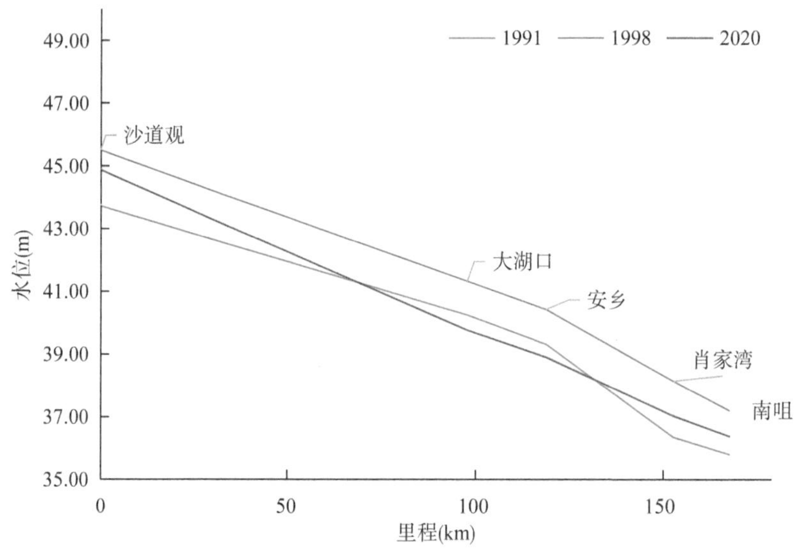

图 6-13　松滋河(东支)控制站典型洪水水面线

就时间尺度而言，松滋河东支中大湖口—肖家湾段典型洪水年水面线坡降降低趋势明显。其中大湖口—安乡段下降幅度不大，均在 0.01‰左右；安乡—肖家湾段则下降较多，河势趋于平缓，与 1991 年相比，1998 年该河段洪水面坡降下降 0.2‰，至 2020 年该河段洪水面坡降下降 0.32‰，因此 2020 年安乡水位低于 1991 年 0.42 m，但下游肖家湾水位却高出 1991 年 0.67 m。松滋河（东支）控制站典型洪水水面线分析如表 6-8 所示。

表 6-8　松滋河（东支）控制站典型洪水水面线分析

站点		沙道观		大湖口		安乡		肖家湾		南咀	
距离(km)		0.00	98.38		119.56		153.69		168.62		—
项目		水位	月-日	水位	月-日	水位	月-日	水位	月-日	水位	月-日
洪水特征（水位：m）	1954	45.21	8-7	—	—	38.1	7-31	—	—	36.05	7-31
	1991	43.75	8-16	40.27	7-7	39.34	7-7	36.37	7-11	35.82	7-14
	1998	45.52	8-17	41.34	7-24	40.44	7-24	38.15	7-25	37.21	7-25
	2020	44.89	8-21	39.78	7-8	38.92	7-9	37.04	7-10	36.39	7-10
水面比降（‰）	1954	—	—		—		—		—		—
	1991	—	0.35		0.44		0.87		0.37		—
	1998	—	0.42		0.42		0.67		0.63		—
	2020	—	0.52		0.41		0.55		0.44		—

6.1.4.3　虎渡河

选取虎渡河弥陀寺、黄山头（闸上）、黄山头（闸下）、董家垱、南咀水文站，点绘以长江洪水为主的典型洪水年对应的典型洪水水面线，并开展相关分析。整体来看，虎渡河洪水水面坡降沿程呈现升高—降低的趋势。弥陀寺—黄山头（闸上）河段洪水面坡降在 0.40‰左右波动，至黄山头（闸下）—董家垱河段，水面坡降升至 0.60‰左右，上升了 0.20‰；但董家垱以下至南咀，坡降则下降至 0.30‰左右，对比上游下降 50％。

就时间尺度而言，虎渡河洪水面坡降变化同样是波动的。1991 年与 1998 年水面坡降变化不大，主要是弥陀寺—黄山头河段坡降增大 0.08‰，其他河段基本一致。但至 2020 年却相反，弥陀寺—黄山头坡降略有下降，降至 0.42‰，但仍然高于 1991 年；黄山头—董家垱坡降显著升高，为 0.69‰；董家垱—南咀段反而降低至 0.28‰，比 1991 年下降了 0.1‰。虎渡河控制站典型洪水水面线如图 6-14 所示，虎渡河控制站典型洪水水面线分析如表 6-9 所示。

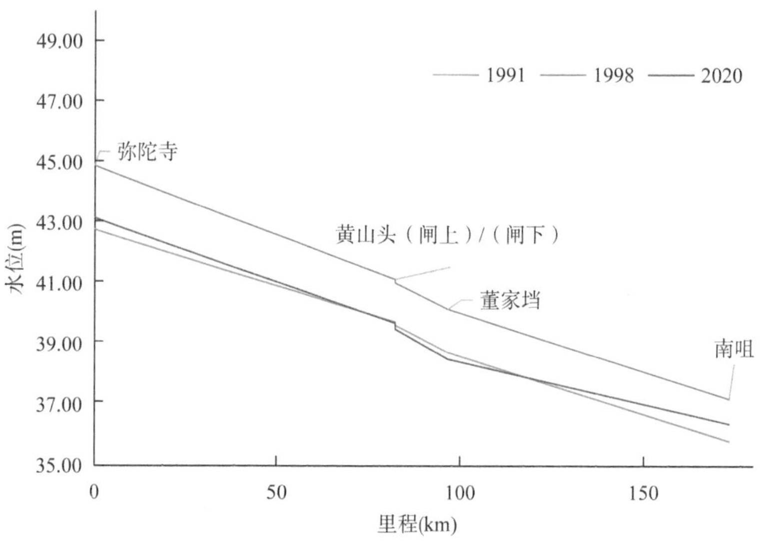

图 6-14　虎渡河控制站典型洪水水面线

表 6-9　虎渡河控制站典型洪水水面线分析

站点		弥陀寺		黄山头(闸上)		黄山头(闸下)		董家垱		南咀	
距离(km)		0	82.2		82.2		96.6		173.21		—
项目		水位	月-日	水位	月-日	水位	月-日	水位	月-日	水位	月-日
洪水特征(水位：m)	1954	44.15	8-7	—	—	—	—	—	—	36.05	7-31
	1991	42.79	8-15	39.76	7-7	39.65	7-7	38.75	7-7	35.82	7-14
	1998	44.9	8-17	41.16	7-25	41.04	7-25	40.18	7-25	37.21	7-25
	2020	43.17	7-24	39.72	7-21	39.52	7-20	38.53	7-9	36.39	7-10
水面比降(‰)	1954	—	—		—		—		—		—
	1991	—	0.37		—		0.62		0.38		—
	1998	—	0.45		—		0.60		0.39		—
	2020	—	0.42		—		0.69		0.28		—

6.1.4.4　藕池河

选取藕池河西支康家岗，藕池河中支管家铺，藕池河东支南县、注滋口以及三岔河、南咀水文站，点绘以长江洪水为主的典型洪水年对应的典型洪水水面线，并开展相关分析。藕池河上游洪水面坡降基本都高于下游，除 1954 年南咀—三岔河河段坡降较高之外，南咀站 1991 年、2020 年水位高于三岔河，这可能是由于澧水洪道、松虎洪道汇流导致。藕池河控制站典型洪水水面线如图 6-15 所示。

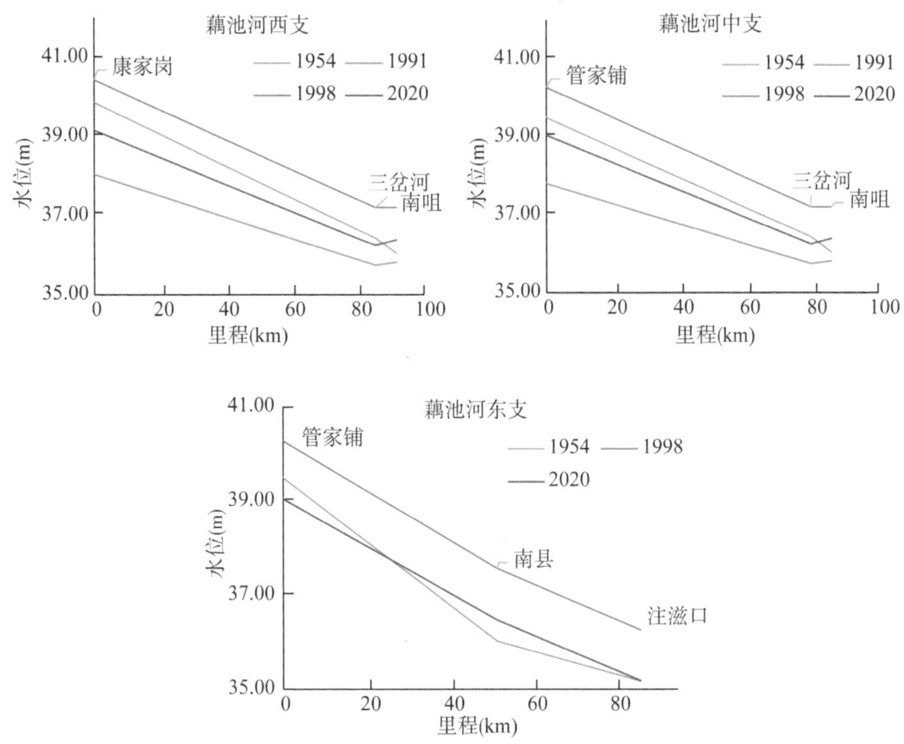

图 6-15　藕池河控制站典型洪水水面线

就时间尺度而言，藕池河西、中两支洪水水面坡降基本一致，藕池河东支坡降较高，平均高出约 0.2‱左右。与 1954 年相比，藕池河其他年份洪水面坡降略有下降，其中 1991 年坡降最小，至 1998 年略有抬升，升高约 0.1‱左右；到 2020 年坡降虽有所下降，但下降幅度不大，仅 0.03‱左右。藕池河控制站典型洪水水面线坡降如表 6-10 所示。

表 6-10　藕池河控制站典型洪水水面线坡降

河段		康家岗—三岔河	管家铺—三岔河	三岔河—南咀	管家铺—南县	南县—注滋口
水面比降(‱)	1954	0.40	0.39	0.62	0.68	0.25
	1991	0.27	0.26	−0.11	0.48	—
	1998	0.38	0.39	0.00	0.53	0.38
	2020	0.34	0.35	−0.22	0.50	0.37

6.1.4.5　湘江尾闾

选取湘江尾闾长沙、湘阴、营田、鹿角、七里山水文站点，点绘四水典型洪水年对应的湘江尾闾典型洪水水面线，并开展相关分析。整体来看，湘江尾闾河段洪水水面坡降沿程呈现下降—上升—下降趋势。长沙—湘阴段坡降较高，水面较陡。湘阴—七里山段由于已进入南、东洞庭湖区，洪水位坡降变化稍趋平缓；对比长沙湘阴段，湘阴—营田段洪水面坡降降低幅度最高达到 64%，为 2017 年；营田—鹿角段坡降略有上升，但总体上还是低于长沙—湘阴段；鹿角—七里山段继续下降，洪水面坡降与营田—鹿角段相差不大。湘江尾闾水文站典型洪水水面线如图 6-16 所示。

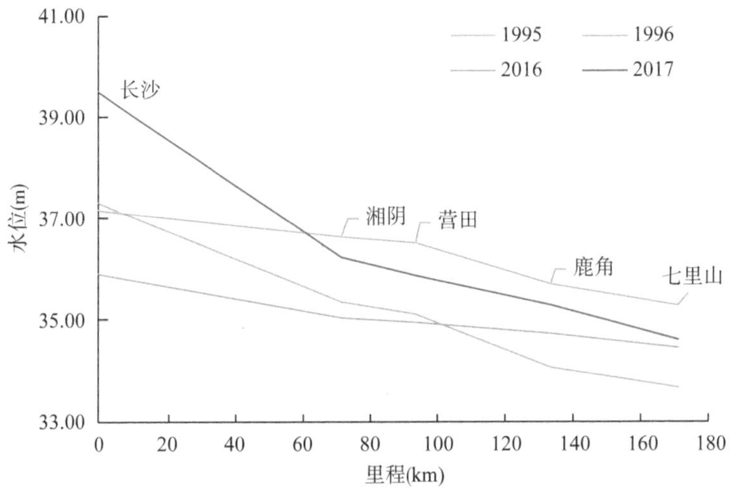

图 6-16　湘江尾闾水文站典型洪水水面线

湘阴—七里山段因已入湖，其变化规律与长沙—湘阴段略有不同。长沙—湘阴段洪水坡降沿时间尺度呈现下降—上升的趋势，1996 年洪水位坡降最低，仅为 0.07‰，至 2017 年最高，为 0.45‰，相比 1996 年升高 0.38‰，这是由于长沙站 2017 年洪水位较高，与其他几年相比上升 2～3 m，而湘潭站这几个洪水年份洪水位相差不大。湘阴—七里山段则相反，洪水坡降沿时间尺度呈现下降—上升的趋势，2016 年洪水位坡降最低，仅为 0.05‰左右。湘江尾闾控制站典型洪水水面线分析如表 6-11 所示。

6.1.4.6　资江尾闾

选取资江尾闾益阳、沙头、杨柳潭、杨堤、营田水文站点，点绘四水典型洪水年对应的资江尾闾典型洪水水面线，并开展相关分析。整体来看，资江尾闾河段一支洪水水面坡降沿程呈现下降趋势，另一支沿程呈现上升—下降趋势。其中，益阳—沙头平均坡降为 0.95‰左右，沙头—杨柳潭降为 0.68‰，杨柳潭—营田段洪水水面线均值约为 0.06‰。另一支则不同，对比益阳—沙头河段，沙头—

杨堤段洪水面坡降反而上升，洪水水面线均值约为1.29‰，至营田则略有下降，平均为0.12‰。资江尾闾控制站典型洪水水面线如图6-17所示。

表6-11　湘江尾间控制站典型洪水水面线分析

站点		长沙		湘阴		营田		鹿角		七里山	
距离(km)		0	72		21.97		39.75		37.38		—
项目		水位	月-日	水位	月-日	水位	月-日	水位	月-日	水位	月-日
洪水特征（水位：m）	1995	37.32	7-2	35.37	7-3	35.13	7-4	34.08	7-4	33.68	7-6
	1996	37.18	7-19	36.66	7-22	36.54	7-22	35.73	7-21	35.31	7-22
	2016	35.92	7-5	35.06	7-8	34.97	7-8	34.75	7-8	34.47	7-8
	2017	39.51	7-3	36.25	7-3	35.89	7-4	35.31	7-4	34.63	7-4
水面比降（‰）	1995	—	0.27		0.11		0.26		0.11		—
	1996	—	0.07		0.05		0.20		0.11		—
	2016	—	0.12		0.04		0.06		0.07		—
	2017	—	0.45		0.16		0.15		0.18		—

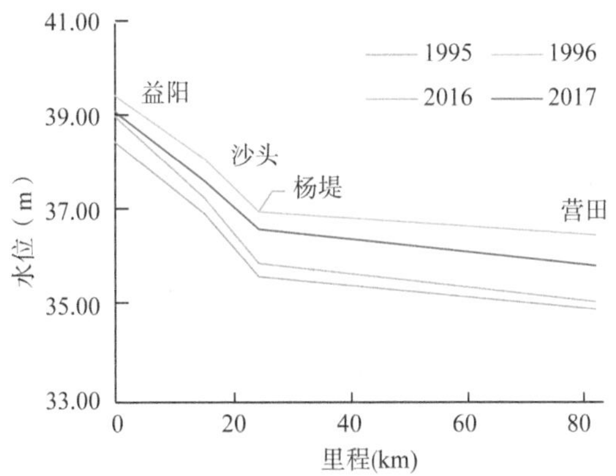

图6-17　资江尾闾控制站典型洪水水面线

与1995年对比，各年份各站点洪水面坡降均有下降，但1996年下降幅度较大，2016年、2017年略有回升。1996年益阳—杨柳潭、沙头—杨堤段洪水坡降相比1995年平均下降幅度较大，约为0.23‰左右。除沙头—杨堤段外，2016年与2017年洪水位坡降基本上变化不大，波动均在0.01‰～0.02‰，但沙头—杨堤段2017年对比2016年下降0.33‰，下降23%。资江尾闾控制站典型洪水水面线分析如表6-12所示。

表 6-12　资江尾闾控制站典型洪水水面线分析

河段		益阳—沙头	沙头—杨柳潭	杨柳潭—营田	沙头—杨堤	杨堤—营田
水面比降(‰)	1995	1.10	0.78	0.07	1.47	0.14
	1996	0.85	0.56	0.06	1.19	0.08
	2016	0.97	0.75	0.04	1.41	0.12
	2017	0.94	0.65	0.05	1.08	0.13

6.1.4.7　沅江尾闾

选取沅江尾闾常德、牛鼻滩、周文庙、小河咀水文站点，点绘四水典型洪水年对应的沅江尾闾典型洪水水面线，并开展相关分析。整体来看，常德—小河咀河段洪水水面坡降呈现先上升后下降的趋势。对比常德—牛鼻滩河段，牛鼻滩—周文庙洪水水面坡降平均升高 0.1‰左右；周文庙—小河咀河段则比牛鼻滩—周文庙河段洪水水面坡降平均降低 0.23‰左右。1954 年常德—牛鼻滩段水面坡降高达 1.15‰，但其他两段仅为 0.40‰、0.19‰。沅江尾闾控制站典型洪水水面线如图 6-18 所示。

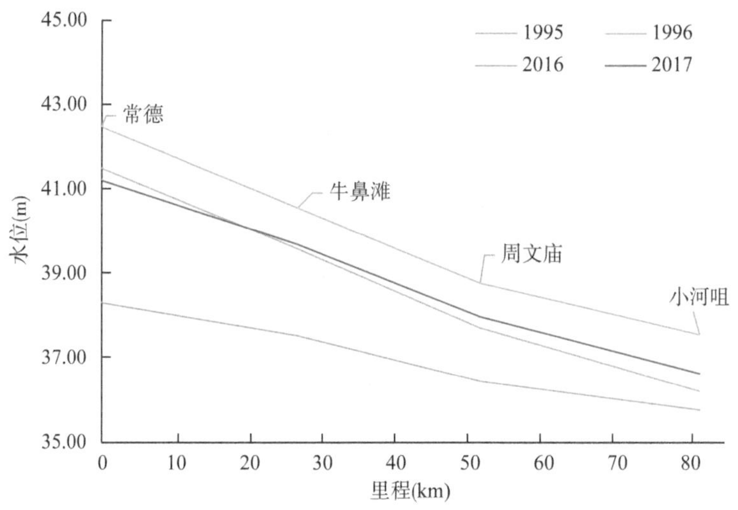

图 6-18　沅江尾闾控制站典型洪水水面线

2016 年沅江尾闾沿程洪水坡降最低，这可能是由于 2016 年沅江洪水期来流量不大、洪水位较低。与 1995 年对比，2017 年各站点高洪水位相差不大(0.3 m 左右波动)，但洪水水面坡降却均显著降低，常德—牛鼻滩河段洪水水面坡降下降 0.14‰，这也导致常德站 2017 年水位低于 1995 年 0.28 m，但牛鼻滩却高于 1995 年 0.11 m；牛鼻滩—周文庙下降 0.07‰，周文庙—小河咀下降

0.05‰。沅江尾闾控制站典型洪水水面线分析如表 6-13 所示。

表 6-13　沅江尾闾控制站典型洪水水面线分析

站点		常德		牛鼻滩		周文庙		小河咀	
距离(km)		0	26.9		51.65		81.5		—
项目		水位	月-日	水位	月-日	水位	月-日	水位	月-日
洪水特征(水位:m)	1995	41.50	7-2	39.59	7-2	37.72	7-4	36.22	7-4
	1996	42.49	5-20	40.57	7-19	38.79	7-20	37.57	7-21
	2016	38.32	7-7	37.54	7-7	36.46	7-7	35.78	7-7
	2017	41.22	7-2	39.70	7-3	37.99	7-3	36.64	7-3
水面比降(‰)	1995	—	0.71		0.76		0.50		—
	1996	—	0.71		0.72		0.41		—
	2016	—	0.29		0.44		0.23		—
	2017	—	0.57		0.69		0.45		—

6.1.4.8　澧水尾闾

选取澧水尾闾石门、津市、石龟山水文站点，点绘四水典型洪水年对应的澧水尾闾典型洪水水面线，并开展相关分析。整体来看，沿程洪水位坡降下降幅度较大。石门—津市段洪水位坡降在 2.70‰左右浮动，但津市—石龟山段洪水坡降下降至 1.00‰以下，2017 年仅为 0.13‰，对比同一时期石门—津市段低 2.74‰，降低幅度高达 95%。澧水尾闾控制站典型洪水水面线分析如图 6-19 所示。

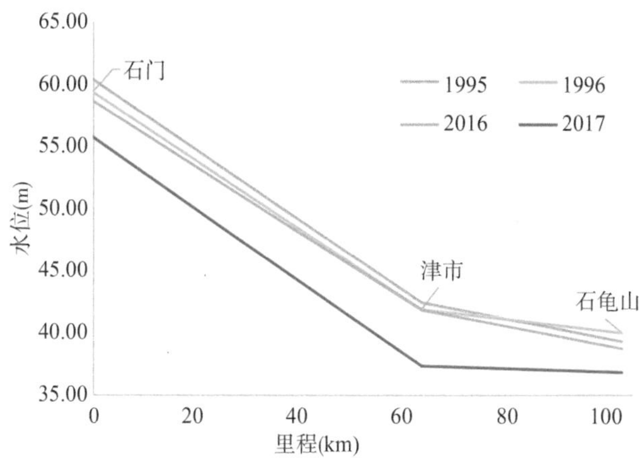

图 6-19　澧水尾闾控制站典型洪水水面线

石门—津市段洪水位坡降基本保持平稳，在 2.60‰～2.90‰区间浮动，与 1995 年对比，2017 年石门洪水位相差 5 m 左右，下游津市站同样也相差 5 m。然而津市—石龟山段情况却相反，在津市站洪水位相差 5 m 左右，石龟山站 2017 年洪水位仅比 1995 年低 2.5 m，这导致 2017 年津市—石龟山段洪水位坡降仅为 0.13‰，对比 1995 年降低 0.68‰，下降幅度达 84%。澧水尾闾控制站典型洪水水面线分析如表 6-14 所示。

表 6-14 澧水尾闾控制站典型洪水水面线分析

站点		石门		津市		石龟山	
距离(km)		0	64		38.84		—
项目		水位	月-日	水位	月-日	水位	月-日
洪水特征（水位：m）	1995	60.33	7-8	42.41	7-9	39.31	7-9
	1996	59.35	7-3	41.88	7-3	40.03	7-21
	2016	58.61	6-28	41.81	6-29	38.75	6-29
	2017	55.69	6-23	37.34	6-13	36.85	7-3
水面比降（‰）	1995	—	2.80		0.81		—
	1996	—	2.73		0.48		—
	2016	—	2.63		0.80		—
	2017	—	2.87		0.13		—

6.2 江湖主要控制站点特征分析

6.2.1 长江干流主要站点特征分析

1. 宜昌站

宜昌水文站是长江中游干流第一个大河控制站，是三峡工程、葛洲坝工程的设计代表站，同时也是长江三峡水利枢纽工程的总出库控制站。统计三峡出库水文控制站—宜昌站(1949—2020 年)洪峰流量、30 d 洪量等洪水特征，洪峰统计结果显示 1956—2020 年上游来水年际丰枯波动频繁(历年变化过程如图 6-20 所示)。

宜昌多年平均洪峰流量为 48 900 m^3/s，其间最大、最小年洪峰流量分别为 70 800 m^3/s(1981 年)、28 800 m^3/s(2011 年)。以 2003 年三峡投入使用为节点，三峡投入使用以前，1949—2002 年多年平均洪峰流量为 51 300 m^3/s，2003—2020 年多年平均洪峰流量为 41 700 m^3/s，减少幅度为 18.7%。2003 年以后，三峡削峰效果明显，宜昌站出现最大洪峰流量 61 100 m^3/s(2004 年)，对比前期，大于 60 000 m^3/s 的洪峰流量出现次数明显减少。

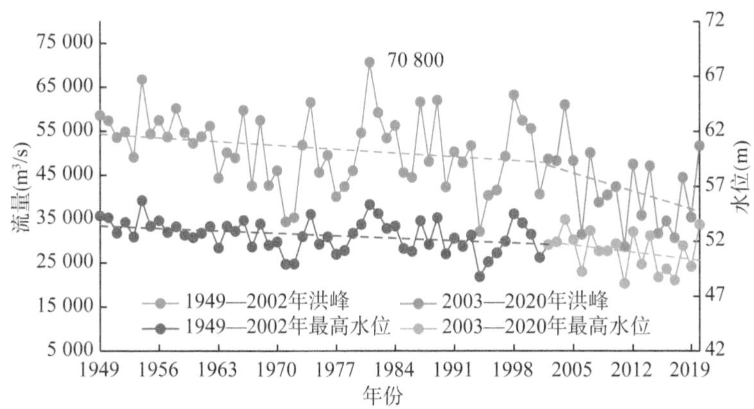

图 6-20　1949—2020 年宜昌站最大流量、最高水位变化趋势统计

长江洪水峰高量大，一次洪水过程往往持续 30～60 天，图 6-21 洪量统计的结果显示，1954—2020 年，最大 30 d 洪量为 1954 年的 1 387 亿 m^3，其次为 1998 年 1 319 亿 m^3。三峡投入运行以前，长江来水 30 d 洪量多年均值是 872 亿 m^3，2003 年以后，多年均值为 776 亿 m^3，三峡调蓄作用一定程度上降低了长江上游来水 30 d 洪量。

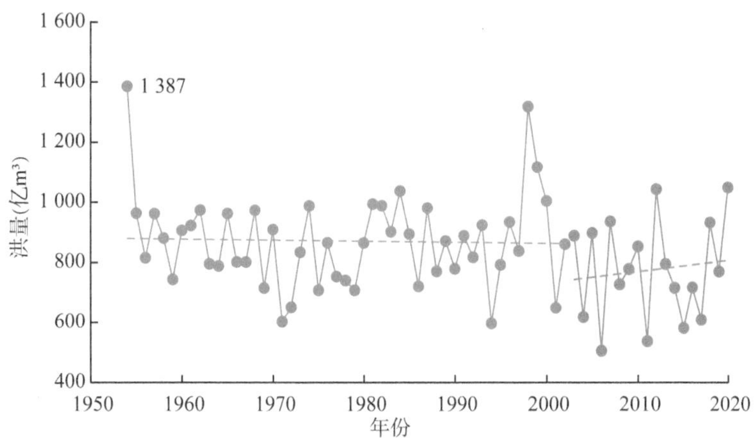

图 6-21　1954—2020 年宜昌站 30 d 洪量变化趋势统计

表 6-15 列出了三峡水库投入建设前后宜昌站流量、水位极值变化情况，2003 年以前排名前四的最高水位均在 55 m 以上，有资料统计以来最大下泄流量为 71 100 m^3/s，1954 年为 66 800 m^3/s，三峡水库的削峰调洪作用导致宜昌站极值水位、流量数值发生较大程度降低，宜昌来水在 2003—2020 年间的最高水位出现在 2004 年，达到 53. 98 m，低于保证水位(55. 73 m)1. 75 m，最大洪峰流

量为 61 100 m^3/s，低于 10 年一遇频率洪水（66 600 m^3/s）。

表 6-15 宜昌站 2003 年前后流量、水位历年极值变化统计表（保证水位 55.73 m）

排名	最高水位(m)	日期	最大流量(m^3/s)	日期	统计时间
1	55.92	1896-9-4	71 100	1896-9-4	2003 年前
2	55.73	1954-8-7	70 800	1981-7-18	
3	55.71	1945-9-1	67 500	1945-9-6	
4	55.38	1981-7-19	66 800	1954-8-7	
1	53.98	2004-9-9	61 100	2004-9-9	2003—2020 年
2	53.51	2020-8-21	51 800	2020-8-21	
3	52.97	2007-7-31	50 200	2007-7-31	

2. 莲花塘站

莲花塘水位站始建于 1936 年，站址位于湖南省岳阳市城陵矶莲花塘，是长江荆江与洞庭湖出流汇合口的代表站，是国家基本水位站，是为城陵矶附近地区分（蓄）洪运用标准提供资料的专用站。水尺断面位于洞庭湖出口与长江汇合处，上游约 5.5 km 处建有洞庭湖大桥，下游 300 m 处建有岳阳造纸厂取水泵房，下游约 8 km 处为白螺矶（长江左岸），约 9 km 处建有荆岳长江大桥，水尺断面地处城陵矶港务码头内，沿岸建有码头和驳岸。测验项目有水位、降水量。

统计城陵矶（莲花塘）1970—2020 年最高水位（图 6-22），多年水位围绕某一均值附近波动，从整体变化趋势来看，莲花塘水位变化不明显，2003 年之前最高水位多年平均值为 32.29 m，2003 年以后莲花塘最高水位多年平均值为 32.07 m，从最高水位多年平均值计算结果来看，三峡水库调蓄作用对莲花塘最

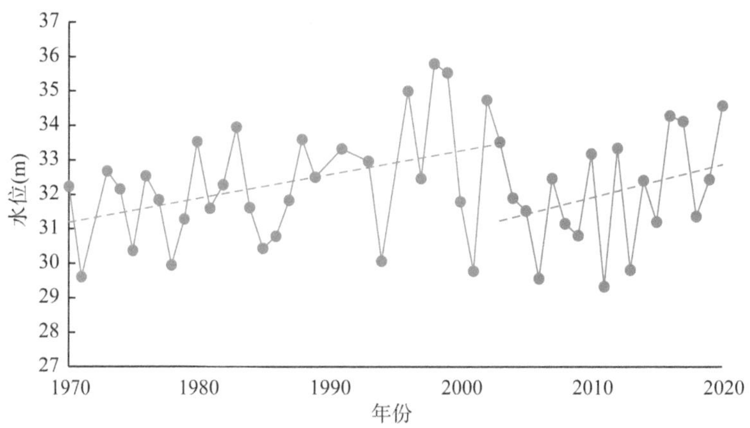

图 6-22 1970—2020 年莲花塘站最高水位变化趋势统计

高水位影响较小。从最高水位出现频次来看，超过设计水位 34.4 m 的洪水年份有 1996 年(35.01 m)、1998 年(35.8 m)、1999 年(35.54 m)、2002 年(34.75 m)，占 1970—2003 年统计频次的比例为 12%，超过设计水位 34.4 m 的洪水年份还有 2020 年(34.59 m)，占 2003—2020 年统计频次的比例为 6%，因此，三峡水库的削峰作用降低了莲花塘超保证水位出现的频次。

3. 螺山站

螺山水文站始建于 1952 年，站址位于湖北省洪湖市螺山镇，是监测长江荆江与洞庭湖出流汇合后的水沙资料的基本水文站，属于一类精度水文站。螺山水文测验断面上游约 30 km 处为长江与洞庭湖的江湖汇合口，下游 209 km 处为汉江注入长江的入口。本站测验项目有：水位、流量、悬移质输沙率、悬移质颗粒分析、床沙、推移质泥沙、降水量。1954—2020 年螺山站最大流量、最高水位变化趋势统计如图 6-23 所示。

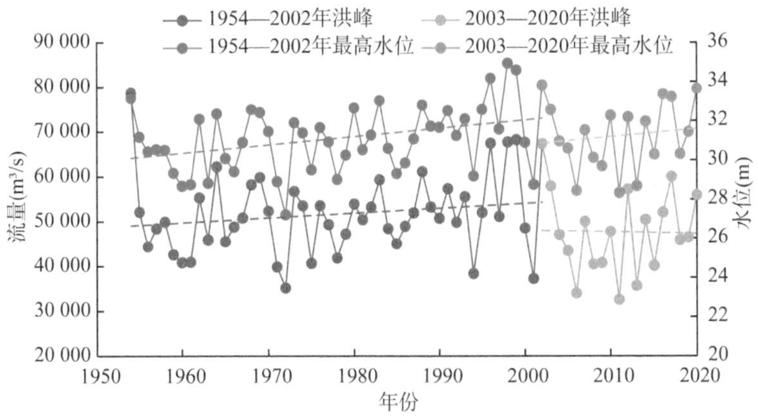

图 6-23　1954—2020 年螺山站最大流量、最高水位变化趋势统计

螺山站是长江中下游关键水文控制节点，历年最大洪峰流量为 78 800 m^3/s(1954 年)，1954—2002 年，螺山站洪峰多年平均值为 51 700 m^3/s，最高水位平均值为 31.11 m，2003—2020 年，螺山站洪峰多年平均值为 46 600 m^3/s，最高水位平均值为 31.10 m。三峡水库投入使用前后，螺山站多年平均洪峰流量减小、多年平均最高水位无较大变化，分析其原因，主要是螺山站来水受长江、洞庭湖共同影响，虽然宜昌下泄减少，但洞庭湖区接纳四水来水通过七里山汇入螺山，长江与洞庭湖洪峰叠加，螺山站受下游顶托作用，其最高水位围绕在某一均值上下波动。螺山站 2003 年前后流量、水位历年极值变化统计表如表 6-16 所示。

表 6-16　螺山站 2003 年前后流量、水位历年极值变化统计表(保证水位 34.01 m)

排名	最高水位(m)	日期	最大流量(m^3/s)	日期	统计时间
1	34.59	1998-8-20	78 800	1954-8-8	2003 年前
2	34.18	1996-7-22	68 300	1999-7-22	
3	33.83	2002-8-24	67 800	1998-7-26	
1	33.65	2020-7-28	60 100	2017-7-4	2003—2020 年
2	33.37	2015-7-8	58 000	2003-7-14	
3	33.23	2016-7-4	57 300	2012-7-30	

对螺山站三峡水库投入建设前后多年极值水位、流量进行统计可知，2003 年以前历年最高水位 34.59 m(1998 年)超过保证水位 0.58 m，2003 年以后出现的最高水位(2020 年)为 33.65 m，未超过保证水位，最大流量 60 100 m^3/s(2017 年)，对比多年平均计算结果发现，螺山站洪峰、最高水位整体趋势变化不大，但该测站极值数据发生较大程度降低，说明螺山站多年水文条件变化不大。

6.2.2　荆江三口

1. 松滋河的新江口站

松滋河进口控制站有沙道观及新江口水文站，新江口水文站为松滋河西支控制站，距离口门约 36 km。

根据 1955—2020 年新江口站最大流量、最高水位变化趋势统计结果(图 6-24)，该测站历年最大洪峰出现在 1981 年(7 910 m^3/s)，最高水位出现在

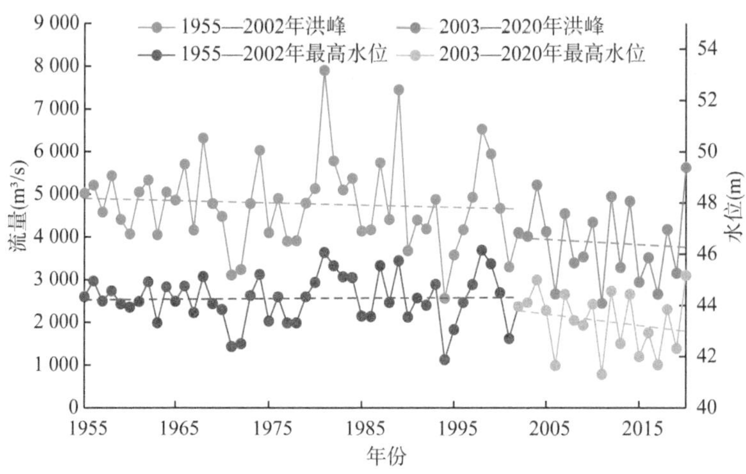

图 6-24　1955—2020 年新江口站最大流量、最高水位变化趋势统计

1998年(46.18 m)。2003年三峡水库投入使用以后，洪峰与最高水位出现明显下降，对比节点前后趋势线变化可知，1955—2002年新江口洪峰上下波动频繁，大规模洪水集中出现在20世纪80年代，最高水位主要在44 m上下波动。2003—2020年新江口洪峰波动减弱，平均值降低至4 000 m^3/s，最高水位则是出现0.5～1 m的下降幅度。

2. 松滋河的沙道观站

沙道观为松滋河东支控制站，距离松滋口约42 km。

对比松滋河西支历年洪峰及最高水位变化趋势，松滋河东支略有不同，1955—2002年间沙道观站洪峰整体呈下降趋势且下降幅度较大(图6-25)，从20世纪50年代的3 000 m^3/s量级规模下降到90年代的1 500 m^3/s量级规模，减小幅度接近50%。最高水位在43.8 m上下波动，但整体变化趋势较稳定，2003年以后，洪峰与最高水位变化趋于稳定，均围绕某一固定值上下变化，最高水位略有下降，但下降程度不明显。20世纪50年代以来，荆江河段先后经历了下荆江裁弯、上游河段兴建葛洲坝水利枢纽、三峡水利枢纽等重大水利事件，河势演变带来荆江三口分水分沙条件变化，松滋河沿途淤积严重，河床比降降低，且东支受莲支河与官支河顶托，因此洪峰大幅度下降并未引起水位降低。

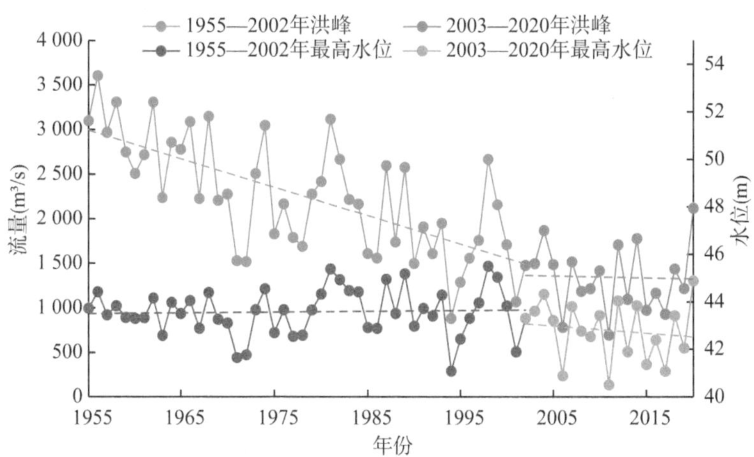

图6-25　1955—2020年沙道观站洪峰、最高水位变化趋势统计

3. 虎渡河的弥陀寺站

虎渡河进口控制水文站为弥陀寺水文站，位于弥陀寺大桥下游约660 m处，距离太平口约8 km。

根据统计结果，虎渡河多年水文极值条件呈现下降趋势，受荆江裁弯、上游河段兴建葛洲坝水利枢纽等重大水利事件影响，虎渡河流量规模由20世纪

50 年代的3 000 m^3/s 下降至 90 年代的 2 000 m^3/s(图 6-26)，且三峡水库投入运行之后枝城来水流量减小，虎渡河洪峰流量进一步下降。弥陀寺最高水位第一阶段(1955—2002 年)水位变化趋势较平稳，第二阶段(2003—2020 年)由于口门水沙分流均减少，最高水位降低。

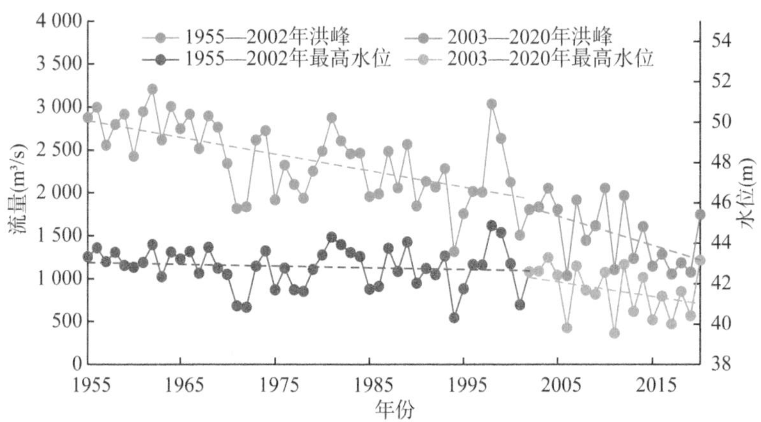

图 6-26　1955—2020 年弥陀寺站洪峰、最高水位变化趋势统计

4. 藕池河的管家铺站

管家铺水文站为藕池河东支进口控制站，距离藕池口约 17 km。

相对于松滋河与虎渡河水文条件变化趋势，管家铺站多年洪峰流量下降幅度最大，统计初始时段 20 世纪 50 年代管家铺水文站流量接近 12 000 m^3/s，2003 年前后洪峰流量在 3 000～4 000 m^3/s 波动，2003—2020 年洪峰多年平均流量在 2 000 m^3/s 左右，洪峰衰减幅度达到了 83%。相比洪峰，该测站最高水位在 2003 年后发生衰减，主要原因是三峡水库改变上游水沙条件，来水来沙减少，口门冲刷，河床比降加大，导致洪水期水位降低。1955—2020 年管家铺站洪峰、最高水位变化趋势统计如图 6-27 所示。

5. 藕池河的康家岗站

藕池口进口控制站有康家岗及管家铺水文站，康家岗水文站为安乡河进口控制站，距离藕池口约 14.8 km。

1955—2020 年康家岗站洪峰、最高水位变化趋势统计如图 6-28 所示。康家岗站与管家铺站水文极值条件变化趋势类似，从统计曲线可以看出，2003 年以后康家岗站最大通流能力在 300 m^3/s 以内，断流天数在 200 天以上，该河道行洪能力几乎消失。最高水位稳定在某一数值上下波动，三峡水库运行以后最高水位略有降低，但类似于 2020 年洪水来水时，最高水位出现上升趋势。

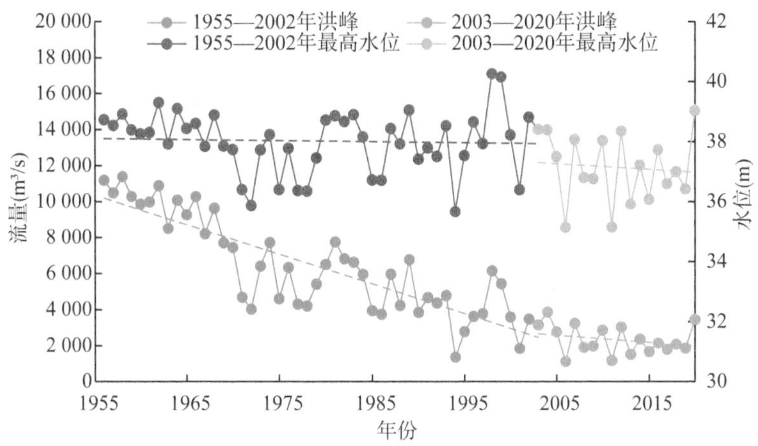

图 6-27　1955—2020 年管家铺站洪峰、最高水位变化趋势统计

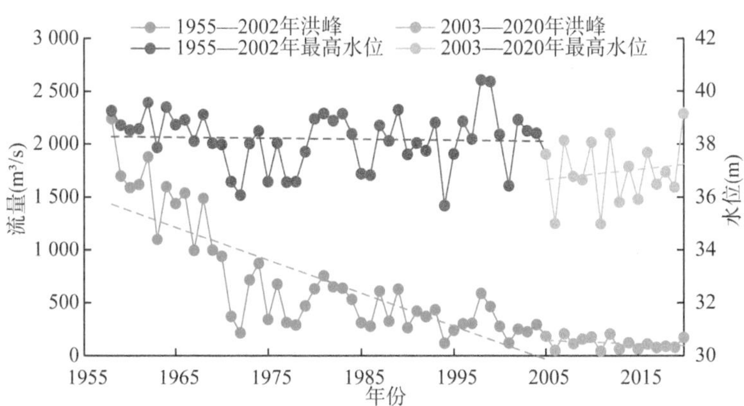

图 6-28　1955—2020 年康家岗站洪峰、最高水位变化趋势统计

6.2.3　湘资沅澧四水

1. 湘江特征分析

湘潭站设立于 1936 年 1 月，为湘水流域总控制站，是国家重要水文站，距河口约 90 km，集水面积 81 638 km^2。

据实测资料统计，湘潭站 1951 年以来年径流量变化过程如图 6-29 所示。多年平均径流量为 660 亿 m^3，年平均径流量 1994 年最大，为 1 035 亿 m^3，年平均径流量最小的年份为 1963 年，为 281 亿 m^3。湘潭站受东江水库运用影响较大，以 1986 年东江水库运用作为时间节点，东江水库运用前（1951—1986 年）、东江水库运用后（1987—2020 年）多年平均径流量分别为 641 亿 m^3、679 亿 m^3，虽然多年平均径流量略有增加，但趋势不显著。洪峰流量也同样变化不显著，1951 年至今，除个别丰枯年波动较大外，整体洪峰流量都在 15 000 m³/s 附近，最大洪峰流量出现在 2019 年，为 26 400 m³/s。东江水库调度运行后，整体来说湘潭站月均径流量占全年比例较蓄水前增大。枯水期中的 1—3 月、7—12 月月均径流占比较蓄水前均明显增大，仅 4—6 月月均径流占比较蓄水前减小。东江水库蓄水前后湘潭站径流年内分配变化表如表 6-17 所示。

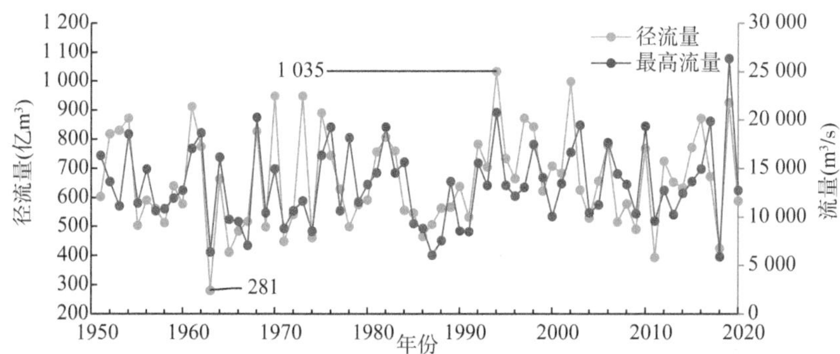

图 6-29　湘潭站 1951 年以来年径流量及最高流量变化过程示意图

表 6-17　东江水库蓄水前后湘潭站径流年内分配变化表

月份	时段			
	东江水库运用前(1951—2002 年)		东江水库运用后(2003—2021 年)	
	径流量(亿 m³)	月均占全年比值(%)	径流量(亿 m³)	月均占全年比值(%)
1 月	22	3.46	34	5.00
2 月	33	5.19	38	5.59
3 月	55	8.65	68	10.0
4 月	99	15.6	86	12.6
5 月	119	18.7	100	14.7
6 月	104	16.4	107	15.7
7 月	56	8.8	72	10.6
8 月	41	6.45	52	7.65
9 月	31	4.87	34	5.00
10 月	25	3.93	29	4.26
11 月	28	4.4	32	4.7
12 月	23	3.62	28	4.12

2. 资江特征分析

桃江水文站系国家重要水文站和资水控制站，桃江水文站于 1941 年 6 月 9 日设立，1944 年 2 月停测，1947 年 9 月恢复，1949 年 5 月停测，1951 年 1 月 1 日恢复至今。2003 年下半年经国家防总和湖南省水利厅及湖南省水文局批准，将桃江水文站测验断面下迁 3.2 km，更名为桃江（二）水文站。桃江（二）水文站于 2003 年 11 月动工兴建，2005 年 1 月 1 日正式开始降水、水位、流量、泥沙、水温、蒸发和蒸发辅助项目等测验，至今集水面积 26 748 km^2。

据实测资料，桃江站 1951 年以来年径流量变化过程如图 6-30 所示。多年平均径流量为 230 亿 m^3，年均径流量最大值出现在 1954 年大洪水年，径流量达 372 亿 m^3，年均径流量最小的年份为 1963 年，径流量为 135 亿 m^3。桃江站受柘溪水库运用影响较大，以 1961 年柘溪水库运用作为时间节点，柘溪水库运用前（1951—1961 年）、柘溪水库运用后（1962—2020 年）多年平均径流量分别为 236 亿 m^3、229 亿 m^3，多年平均径流量基本无太大变化。洪峰流量虽然呈现波动，但变化不显著，1951 年至今最高洪峰流量出现在 1955 年，为 15 300 m^3/s。柘溪水库调度运行后，整体来说桃江站月均径流占全年比较蓄水前增大。1 月、7—10 月、12 月月均径流占比较蓄水前明显增大，其余月份均减小。柘溪水库蓄水前后桃江站径流量年内分配变化表如表 6-18 所示。

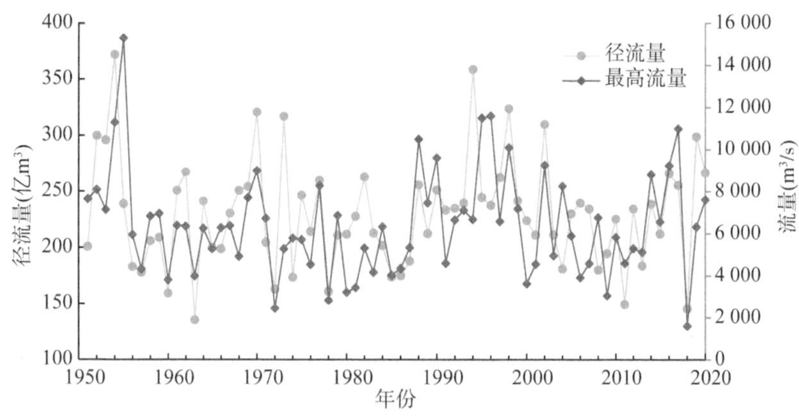

图 6-30　桃江站 1951 年以来年径流量及最高流量变化过程示意图

3. 沅江特征分析

桃源水文站为沅江总控制站，集水面积 87 200 km^2。据实测资料，桃源站 1951 年以来年径流量变化过程如图 6-31 所示。多年平均径流量为 648 亿 m^3，年均径流量最大值出现在 1954 年大洪水年，径流量达 1 030 亿 m^3，年均径流量最小的年份为 2011 年，径流量为 379 m^3。桃江站受五强溪水库运用影响较大，

表 6-18　柘溪水库蓄水前后桃源站径流量年内分配变化表

月份	时段			
	柘溪水库运用前(1951—1961 年)		柘溪水库运用后(1962—2020 年)	
	径流量(亿 m^3)	月均占全年比值(%)	径流量(亿 m^3)	月均占全年比值(%)
1 月	6	2.88	11	4.80
2 月	12	5.77	13	5.68
3 月	27	13.0	20	8.73
4 月	31	14.9	26	11.4
5 月	34	16.3	33	14.4
6 月	39	18.8	33	14.4
7 月	11	5.29	29	12.7
8 月	12	5.77	18	7.86
9 月	9	4.33	13	5.68
10 月	5	2.40	11	4.80
11 月	14	6.73	12	5.24
12 月	8	3.85	10	4.37

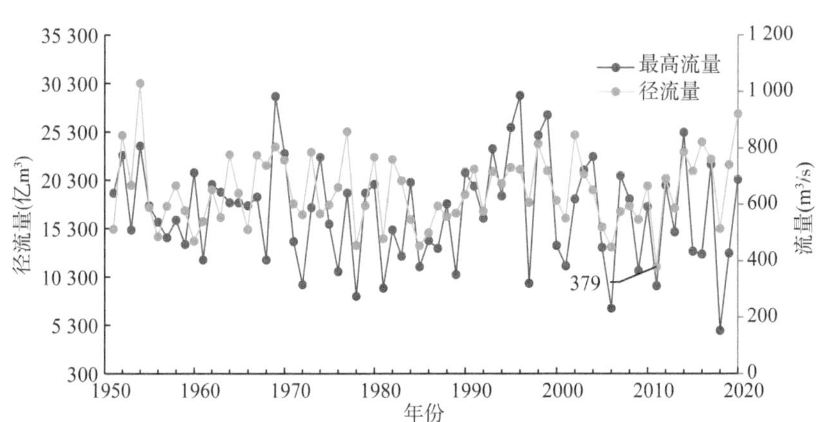

图 6-31　桃源站 1951 年以来年径流量及最高流量变化过程示意图

以 1994 年五强溪水库运用作为时间节点，五强溪水库运用前(1951—1994 年)、五强溪水库运用后(1995—2020 年)多年平均径流量分别为 639 m^3、663 m^3，多年平均径流量整体略微增大，但趋势并不显著。洪峰流量虽然呈现波动，但同样变化不显著，1951 年至今最高洪峰流量出现在 1996 年，为 29 100 m^3/s。五强溪水库调度运行后，整体来说桃源站月均径流占全年比较蓄水前变化并不大。1—3 月、

7 月、9 月月均径流占比较蓄水前明显增大，其余月份均减小。五强溪水库蓄水前后桃源站径流年内分配变化表如表 6-19 所示。

表 6-19 五强溪水库蓄水前后桃源站径流年内分配变化表

月份	时段			
	五强溪水库运用前(1951—1994 年)		五强溪水库运用后(1995—2020 年)	
	径流量(亿 m^3)	月均占全年比值(%)	径流量(亿 m^3)	月均占全年比值(%)
1 月	16	7.54	26	3.93
2 月	21	3.33	26	3.93
3 月	36	5.71	47	7.11
4 月	72	11.4	59	8.93
5 月	104	16.5	99	15.0
6 月	114	18.1	119	18.0
7 月	90	14.3	111	16.8
8 月	53	8.41	51	7.72
9 月	38	6.03	40	6.05
10 月	34	5.40	32	4.84
11 月	33	5.24	29	4.39
12 月	630	3.02	661	3.33

4. 澧水特征分析

据实测资料，石门站 1951 年以来年径流量变化过程如图 6-32 所示。多年平均径流量为 147 亿 m^3，年均径流量最大值出现在 1954 年大洪水年，径流量达 264 亿 m^3，年均径流量最小的年份为 1992 年，径流量为 83 m^3。石门站受江垭、皂市水库运用影响较大，以 1998 年江垭水库下闸、2007 年皂市水库下闸作为时间节点，江垭水库运用前(1951—1998 年)，江垭、皂市水库运用前(1951—2007 年)，江垭、皂市水库运用后(2008—2020 年)多年平均径流量分别为 150 亿 m^3、147 亿 m^3、148 亿 m^3，多年平均径流量整体无较大变化。洪峰流量略有波动，近十年来洪峰流量偏小，1951 年至今最高洪峰流量出现在 1998 年，为 19 900 m^3/s。

相较于江垭水库运用前(1959—1998 年)，运用后(1999—2007 年)石门站 1—3 月、5 月、7 月月均径流占全年比较蓄水前明显增大，其余月份均减小；而相较于江垭、皂市水库运用前(1951—2007 年)，运用后(2008—2020 年)枯水期 1—2 月、9—12 月月均径流占全年比较蓄水前明显增大，汛期月均径流占全年比较蓄水前则减小(表 6-20),体现为年内分布趋于均匀,枯水期径流量增大,而汛期径流量减少。

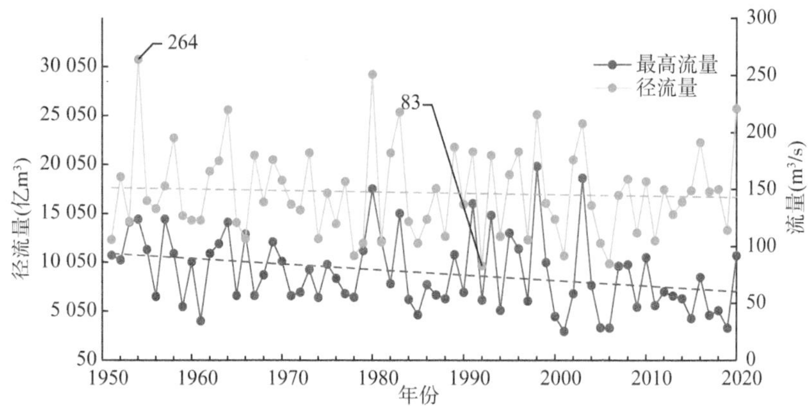

图 6-32　石门站 1951 年以来年径流量及最高流量变化过程示意图

表 6-20　江垭、皂市水库蓄水前后石门站径流年内分配变化表

月份	时段					
	江垭水库运用前(1959—1998 年)		江垭水库运用后、皂市水库运用前(1999—2007 年)		皂市水库运用后(2008—2020 年)	
	径流量(亿 m³)	月均占全年比值(%)	径流量(亿 m³)	月均占全年比值(%)	径流量(亿 m³)	月均占全年比值(%)
1 月	3	1.90	4	3.20	6	3.75
2 月	4	2.66	6	4.33	5	3.64
3 月	9	5.88	9	6.93	8	5.10
4 月	14	9.59	12	9.03	12	8.17
5 月	21	13.9	20	15.0	18	11.9
6 月	25	17.2	23	16.8	24	16.5
7 月	27	18.6	27	19.8	27	18.0
8 月	15	10.5	11	8.11	12	8.14
9 月	10	6.88	6	4.31	11	7.28
10 月	8	5.72	6	4.74	10	6.75
11 月	7	4.85	5	4.04	9	6.05
12 月	3	2.35	5	3.69	7	4.70

6.2.4　洞庭湖区

6.2.4.1　澧水尾闾-石龟山站

石龟山水文站始建于 1951 年，位于湖南省津市市毛里湖镇石龟山村，是长江中游洞庭湖水系澧水尾闾重要控制站。流量断面位于基本水尺断面下游 2.37 km，距上游七里湖出口约 3 km，距下游松、澧合流汇合口约 30 km。本站属二类精度水文站，测验项目有水位、流量、悬移质输沙率、悬移质颗粒分析、降水量。澧水石龟山站 2003 年前后历年极值变化趋势如图 6-33 所示。

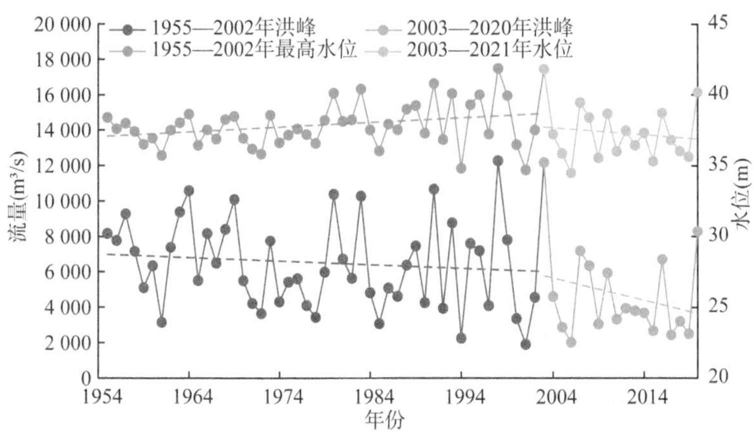

图 6-33　澧水石龟山站 2003 年前后历年极值变化趋势

从历年洪峰、最高水位变化趋势可以看出，1955—2002 年，石龟山洪峰波动较大，洪峰呈现下降趋势，2003 年以后随着三峡水库导致的长江上游来水坦化，三口入流流量减小，石龟山站洪峰出现一定程度减小；对比洪峰，石龟山历年最高水位变化趋势较为平稳，三峡水库的投入使用对最高水位的平均值产生一定程度的削弱，但是石龟山站在 2003 年、2020 年均出现了高值现象。澧水石龟山站 2003 年前后历年极值变化统计表如表 6-21 所示。

表 6-21　澧水石龟山站 2003 年前后历年极值变化统计表(保证水位 40.08 m)

排名	最高水位(m)	日期	最大流量(m^3/s)	日期	统计时间
1	41.89	1998-7-24	12 300	1998-7-24	2003 年前
2	41.85	2003-7-11	12 200	2003-7-10	
3	40.82	1991-7-7	10 700	1991-7-7	
4	40.43	1983-7-8	10 600	1964-6-30	

续表

排名	最高水位(m)	日期	最大流量(m^3/s)	日期	统计时间
1	40.22	2020-7-8	8 310	2020-7-8	2004—2020 年
2	39.47	2007-7-26	7 200	2007-7-26	
3	38.75	2016-6-29	6 720	2016-6-29	

澧水石龟山站最大洪峰为 12 300 m^3/s(1998 年),对应洪峰水位达到 41.89 m,2003 年沅江与澧水发生洪水过程遭遇,出现历史第二高水位 41.85 m,2020 年沅江、澧水与长江 5 号洪水叠加,且出湖顶托严重,导致石龟山站出现超保证水位 40.22 m,当年洪峰流量达到 8 310 m^3/s。

6.2.4.2 松澧入湖-安乡站

安乡水文站始建于 1924 年,测站位于湖南省安乡县深柳镇长岭洲社区,是长江中游西洞庭湖水系松滋河、澧水入湖水情控制站。测站距上游松滋河东、中支在小望角汇合口约 8.0 km,距下游松虎合流与虎渡河汇合口约 4.5 km,属于二类精度水文站。测验项目有:水位、流量、悬移质输沙率、悬移质颗粒分析、降水量。松虎合流安乡站历年最高水位、最大流量变化趋势如图 6-34 所示。

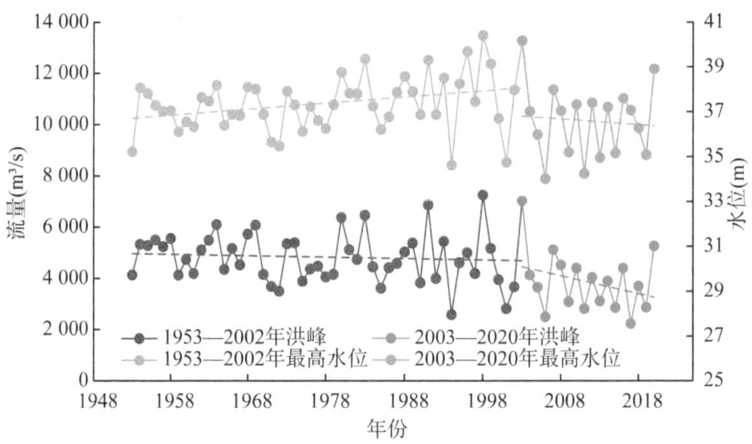

图 6-34 松虎合流安乡站历年最高水位、最大流量变化趋势

从安乡站历年最高水位与洪峰数据统计可以看出,三峡水库对荆江三口入流产生了较大影响,1955—2003 年,受荆江三口来水挟沙影响,洞庭湖北部发生部分淤积,安乡站最高水位呈现升高趋势,洪峰波动幅度较大,洪峰差异性明显,整体出现降低趋势;2003 年以后,长江来水通过三口分流分沙减少,湖区内部受三峡水库影响,发生大洪水时,相应最大洪峰流量、最高水位均发生了一定程度的减少。松虎澧合流安乡站 2004 年前后极值变化统计表如表 6-22 所示。

表 6-22　松虎澧合流安乡站 2004 年前后极值变化统计表(保证水位 39.38 m)

排名	最高水位(m)	日期	最大流量(m^3/s)	日期	统计时间
1	40.44	1998-7-24	7 270	1998-7-24	2004 年前
2	40.19	2003-7-11	7 030	2003-7-11	
3	39.72	1996-7-21	6 880	1991-7-7	
4	39.38	1983-7-8	6 480	1983-7-8	
1	38.92	2020-7-9	5 270	2020-7-8	2004—2020 年
2	38	2007-7-26	5 130	2007-7-26	
3	37.61	2016-7-3	4 530	2008-8-17	

2003 年洞庭湖与四水发生长过程洪水遭遇，当年安乡站水位达到 40.19 m，超过保证水位(39.38 m)0.81 m，对应洪峰流量达到 7 030 m^3/s，仅次于 1998 年洪水，居第 2 位。2004 年之后，洪峰流量产生减小趋势，排名前 3 位的洪峰流量介于 4 500～5 300 m^3/s 之间，洪峰水位也有所下降。

6.2.4.3　藕池河入湖-南县站

南县(罗文窖)水文站始建于 1947 年，站址位于湖南省南县乌嘴乡罗文村，是监测藕池河(北支)入湖水情沙情的国家基本水文站，属于二类精度水文站。藕池河(北支)自江波渡以下分出鲇鱼须河，在测验断面上游约 1.3 km 处再度汇合，流经本断面后于下游约 40 km 处注入东洞庭湖。本站测验项目有：水位、流量、悬移质输沙率、悬移质颗粒分析、降水量。藕池河南县(罗文窖)站 2003 年前后历年极值变化趋势如图 6-35 所示。

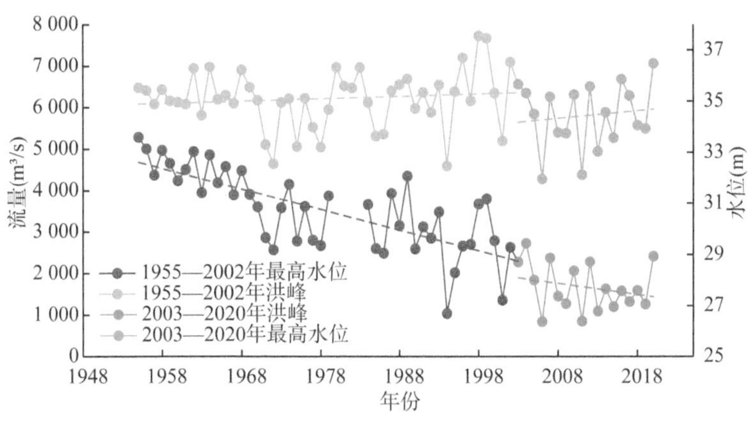

图 6-35　藕池河南县(罗文窖)站 2003 年前后历年极值变化趋势

南县站为反映长江来水经藕池口入湖的主要控制节点，从测站多年最高水位、洪峰流量统计可以看出，藕池河从1955年开始洪峰流量呈现下降趋势，主要由于长江来水来沙在口门发生淤积，导致口门河底高程升高，藕池河过流能力降低，洪峰逐年减小。三峡水库投入使用之后，藕池口来水进一步降低，洪峰流量降低至1 000 m³/s左右。2003年以前多年最高水位围绕36～37 m进行波动，2003年以后，南县站最高水位在35 m上下波动，出现降低趋势。藕池河南县(罗文窖)站2003年前后历年极值变化统计表如表6-23所示。

表6-23　藕池河南县(罗文窖)站2003年前后历年极值变化统计表(保证水位36.5 m)

排名	最高水位(m)	日期	最大流量(m³/s)	日期	统计时间
1	37.57	1998-8-19	5 290	1955-6-27	2003年前
2	37.48	1999-7-21	5 010	1956-7-1	
3	36.71	1996-7-21	4 980	1958-8-26	
4	36.53	2002-8-24	4 950	1962-7-11	
1	35.86	2016-7-7	2 730	2004-9-10	2003—2020年
2	35.66	2003-7-14	2 420	2020-7-24	
3	35.58	2012-7-31	2 380	2007-8-1	

对比三峡水库使用前后，南县站水文极值出现新的变化特点。1996年、1998年、1999年、2002年洪水来水导致南县站均发生超保证水位现象，均发生较大流量，分析其原因：一是南咀对其顶托，二是城陵矶水位壅高，东洞庭湖泄水不畅，导致南县站水位壅高。三峡水库调洪之后，长江洪峰坦化，藕池河洪峰水位有所下降，洪峰流量对比20世纪50年代减少了将近50%。

6.2.4.4　西洞庭湖湖口-南咀站

南咀水文站始建于1950年，站址位于湖南省沅江市南咀镇南咀村，是监测松滋河、虎渡河、澧水、沅水经西洞庭湖湖口(北端)流入南洞庭湖水情沙情的国家基本水文站，属于一类精度水文站。松澧洪道与目平湖在水文测验断面上游约1.4 km处汇合，断面下游约500 m处有茅草街大桥，下游约1.2 km处有藕池河(西支)汇入南洞庭湖。本站测验项目有：水位、水温、流量、悬移质输沙率、悬移质颗粒分析、降水量、蒸发量、气象(蒸发量辅助项目)。西洞庭湖南咀站历年最高水位、最大流量变化趋势如图6-36所示。

南咀站为西洞庭湖与南洞庭湖主要控制站点，主要受松滋河、虎渡河、澧水、沅水来水影响，从多年最高水位、洪峰流量统计结果来看，南咀站受三峡水库影响远小于石龟山站，该站最高水位整体变化幅度不大，主要由于南咀站受南洞庭

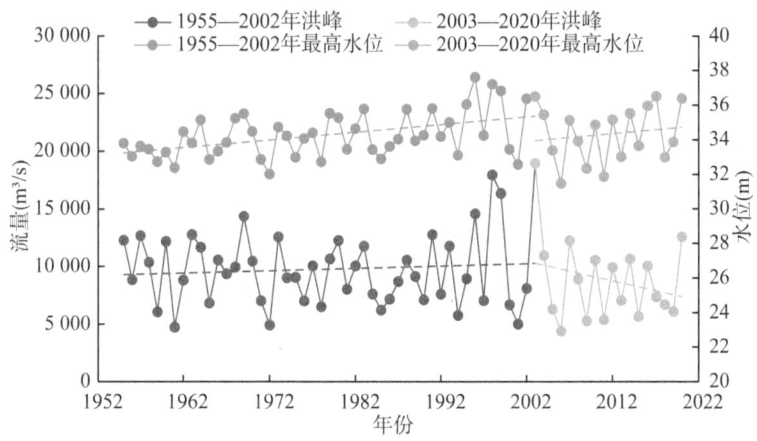

图 6-36　西洞庭湖南咀站历年最高水位、最大流量变化趋势

湖来水顶托，沅水对其产生较大影响，洪峰流量在 2003 年以后发生部分程度减小，分析其原因：一是三峡水库来水减少，二是沅江未发生较大洪水。西洞庭湖南咀站历年极值变化统计表如表 6-24 所示。

表 6-24　西洞庭湖南咀站历年极值变化统计表(保证水位 36.05 m)

排名	最高水位(m)	日期	最大流量(m^3/s)	日期	统计时间
1	37.62	1996-7-21	19 000	2003-7-11	1955—2020 年
2	37.21	1998-7-25	18 000	1998-7-24	
3	36.83	1999-7-22	16 400	1999-7-1	
4	36.51	2017-7-3	14 600	1996-7-21	

结合西洞庭湖沅江与澧水洪水遭遇统计结果，1996 年发生资江与沅江洪水遭遇，在南洞庭湖顶托作用下，南咀站达到历史最高水位 37.62 m，1998 年、1999 年发生澧水与沅江洪水遭遇，均超过保证水位。2003 年由于三峡水库蓄峰调洪作用，南咀站洪峰水位有所降低，但大洪水作用下湖区内部相互顶托，依然存在超保证水位情况，相应洪峰流量对比三峡水库使用前均有所降低。

6.2.4.5　西洞庭湖湖口-小河咀站

小河咀水文站始建于 1951 年，站址位于湖南省沅江市琼湖街道小河咀村，是监测目平湖经西洞庭湖湖口(南端)流入南洞庭湖水情沙情的国家基本水文站，沅水、澧水及长江部分来水汇入目平湖后经本站注入南洞庭湖。本站属于二类精度水文站，测验项目有：水位、流量、悬移质输沙率、悬移质颗粒分析、降水量。西洞庭湖小河咀站历年最高水位、最大流量变化趋势如图 6-37 所示。

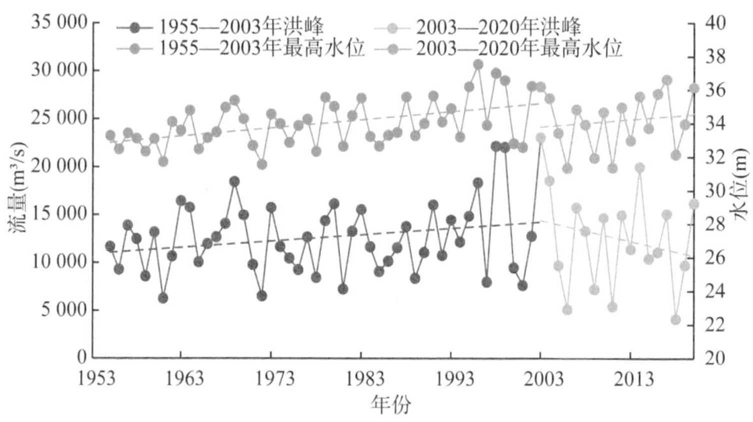

图 6-37　西洞庭湖小河咀站历年最高水位、最大流量变化趋势

小河咀站为目平湖进入南洞庭湖的主要控制站，其最高水位、洪峰流量与南咀站变化相似，最高水位 2003 年前后未出现较大变化，洪峰流量在 20 世纪 90 年代至 21 世纪初波动幅度较大，20 世纪 90 年代之前维持在 10 000～12 000 m^3/s 上下波动，2003 年以后洪峰流量发生部分程度减小趋势，分析其原因：一是三峡来水减少，二是沅江未发生较大洪水。

6.2.4.6　洞庭湖出口-七里山站

城陵矶（七里山）水文站始建于 1904 年，站址位于湖南省岳阳市七里山，是监测洞庭湖出湖水情沙情的基本水文站，属于一类精度水文站。城陵矶（七里山）水文测验断面左岸上游约 11 km 处为君山，右岸上游约 5 km 处为岳阳楼，上游约 1.5 km 建有洞庭湖大桥，下游约 0.5 km、1.5 km 处分别建有杭瑞高速公路大桥和蒙华铁路大桥；洞庭湖在断面下游 3.5 km 处注入长江。测验河段为洞庭湖出口洪道，水道全长约 7.5 km。本站测验项目有：水位、水温、流量、悬移质输沙率、悬移质颗粒分析、床沙、降水量、水面蒸发。位于洞庭湖出口的七里山站历年最高水位、最大流量变化趋势如图 6-38 所示。

七里山站为洞庭湖水沙出口的主要控制站，受长江来水与湘资沅澧四水入湖共同影响，历年变化趋势较为稳定，最高水位与洪峰流量整体趋势变化不明显。七里山站多年月均水位统计如表 6-25 所示。从表 6-26 可以看出，2003 年以前七里山站最高水位集中在 7 月、8 月，2003 年以后，三峡水库的调洪作用导致七里山站最高水位集中时间前移，2004—2016 年七里山站月均最高水位主要集中在 7 月。

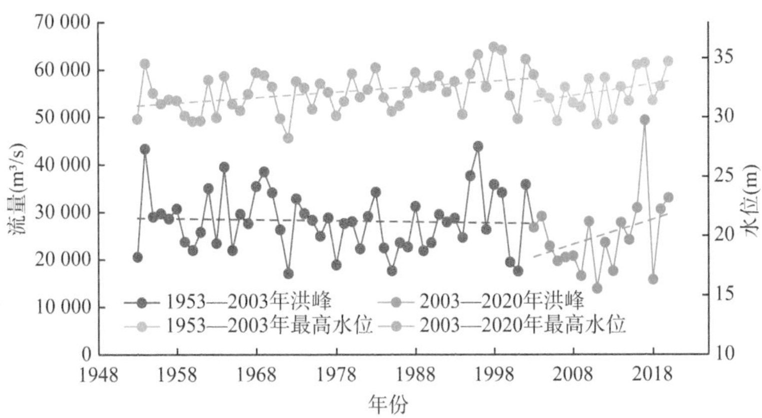

图 6-38　洞庭湖出口—七里山站历年最高水位、最大流量变化趋势

表 6-25　七里山站多年月均水位统计

分段时期	1 月	2 月	3 月	4 月	5 月	6 月	7 月	8 月	9 月	10 月	11 月	12 月	年均值
2004—2016 年	19.32	19.34	20.61	21.94	24.42	26.38	28.13	26.96	25.69	22.69	21.41	19.61	23.04
1981—2003 年	18.72	18.87	20.03	22.05	23.85	25.92	28.83	27.68	26.81	24.85	22.18	19.77	23.30
1974—1980 年	17.44	17.56	18.31	20.65	24.61	25.96	27.93	27.10	26.30	24.81	21.92	18.98	22.63
1967—1973 年	17.36	15.67	18.34	20.64	24.53	24.52	27.95	26.21	24.91	24.84	20.81	18.70	22.04
1959—1966 年	17.09	15.22	18.32	19.83	23.25	23.80	27.22	26.42	24.96	24.17	21.02	18.95	21.69
1952—1958 年	17.12	15.46	18.03	18.49	24.23	24.78	28.00	27.99	26.04	24.45	20.73	18.43	21.98

表 6-26　城陵矶(七里山)站 2003 年前后极值变化统计表(保证水位 34.4 m)

排名	最高水位(m)	日期	最大流量(m^3/s)	日期	统计时间
1	35.94	1998-8-20	57 900	1931-7-30	2003 年前
2	35.68	1999-7-22	57 400	1946-7-14	
3	35.31	1996-7-22	52 800	1935-7-3	
4	34.91	2002-8-24	50 700	1933-6-23	
1	34.74	2020-7-28	49 400	2017-7-4	2003—2020 年
2	34.63	2017-7-4	33 100	2020-7-12	
3	34.47	2016-7-8	31 000	2016-7-9	

与宜昌站水位、流量变化趋势不同，三峡水库投入使用后，对比 2003 年前，城陵矶(七里山)站最高水位有所降低，但在 2003 年至 2020 年 18 年间依然有

3 年洪水超过保证水位（34.4 m），相应最大洪峰流量降低幅度较大，2016 年、2017 年、2020 年七里山站超过保证水位时，最大洪峰流量分别为 31 000 m^3/s、33 100 m^3/s、49 400 m^3/s。该现象显示了三峡水库调控后长江中下游遭遇洪水时城陵矶附近高水位特征较明显。

6.3 江湖槽蓄能力

江湖槽蓄曲线反映了江湖调蓄洪水的能力，也是长江中下游防洪规划方案拟定的基础。长江中游宜昌—湖口是长江流域防洪最为关键和重要的河段。近几十年来，由于泥沙淤积、围垦等人类活动的影响，江湖调蓄洪水的能力发生了一定的变化。

6.3.1 荆江河段

荆江河段采用《长江流域防洪规划（2007 年）》计算结果，根据长江中游宜昌—湖口河段水文（位）测站布设情况和河道基本特征及防洪演算工作的要求，将长江中下游划分为四个计算河段：宜昌—沙市河段、沙市—城陵矶河段（包括洞庭湖）、城陵矶—汉口河段、汉口—湖口河段（包括鄱阳湖）。其中宜昌—沙市河段槽蓄量除了与沙市水位有关外，还与上游来水量的大小有关，而沙市水位受到下游城陵矶水位顶托影响，结合沙市水位流量关系曲线及洪水演进计算，建立以城陵矶水位为参数的沙市出流与河段槽蓄量的关系。经查算，在沙市流量达 50 000 m^3/s 时，本河段的槽蓄量为 33 亿 m^3，与《长江流域防洪规划（2007 年）》采用值 35 亿 m^3 相差不大；沙市—城陵矶河段包括长江干流、洞庭湖及湖区洪道。根据分析，对于同样的城陵矶水位，若来水不同则差别较大：来水小，槽蓄量就小；来水大，则槽蓄量大。故拟定以本河段总入流为参数的城陵矶水位与该河段槽蓄量关系。在城陵矶水位为 34 m 时，不同来水情况下该河段的槽蓄量相差 20 亿 m^3，平均总槽蓄量为 321 亿 m^3，与从《长江流域防洪规划（2007 年）》采用线中所查得的均值 352 亿 m^3 相比，减少了 31亿 m^3，经分析可知，槽蓄量的减少主要是由于洞庭湖的泥沙淤积及少量的围垦。

6.3.2 洞庭湖区

1 000 多年以前，随着云梦泽的淤废与消失，由沿岸带、亚沿岸带和深水带构成洞庭湖湖盆。先秦至明清时期为洞庭湖水面扩张的迅速期。由于三角洲发育与人类围垦的影响，1860 年荆江藕池溃口成河，1870 年荆江松滋溃口成河，长江洪水从四口汇入洞庭湖，形成江湖相通的复杂水系格局，洞庭湖湖盆扩大到全盛期。20 世纪初为湖区洲滩快速发育时期，大量泥沙落淤洞庭湖，洲滩发育扩展，围垦强度随之加大。1978 年湖泊面积已减至 2 674 km^2，昔日八百里洞庭的大湖景观，已被大片圩垸林立的平原分割成目平湖、南洞庭湖和东洞庭湖三个由洪道相连的湖泊。西洞庭湖受泥沙迅速淤积的影响，已基本淤积成陆；东洞庭湖也呈缩小的趋势；南洞庭湖受四口河流淤积的三角洲东南延伸、洞庭湖北水南侵和湘资二水入湖三角洲北移的影响，湖区迅速扩大，周边堤垸多呈溃废格局，围垦过后的耕地淹没为湖泊，小湖群合并为大湖。20 世纪 80 年代以来，国家越来越提倡科学治水，退田还湖行动在局部地区取得成功。随着江汉平原的堤垸围垦，江湖关系中的蓄泄关系发生调整，从容积曲线可以看出洞庭湖水面呈周期性的扩大和缩小趋势。本研究整理了 1955 年、1978 年、1995 年、2011 年、2023 年洞庭湖区容积及面积的相应变化情况，见表 6-27。

表 6-27　洞庭湖多年容积、面积变化统计

黄海高程	1955 年		1978 年		1995 年		2011 年		2023 年	
	容积（km^3）	面积（km^2）	容积（km^3）	面积（km^2）	容积（km^3）	面积（km^2）	容积（km^3）	面积（km^2）	容积（km^3）	面积（km^2）
	250	3 565	174	2 691	167	2 864	—	—	167	2 683

注：其中 1978 年数据参考“洞庭湖水文气象统计分析”，2023 年数据为河湖名录复核结果。

从表 6-27 统计结果可以看出，1955 年洞庭湖容积与水面面积为多个时段最大值，1978 年至 2023 年水面面积维持在 2 600～2 900 km^2，说明洞庭湖容积、水面面积较 20 世纪 50 年代均出现了减小的变化趋势，具体变化趋势可参考不同时期洞庭湖影像图（图 6-39 至图 6-42）。

1955—1978 年，从影像变化可以看出，该时段洞庭湖湖容、湖面呈现快速萎缩趋势，其原因主要与长江来水挟沙入湖有关。自 19 世纪 70 年代形成荆江四口分流入湖的局面，太平、藕池和松滋成为引长江洪水进入湖区的主要洪道，洞庭湖成为长江分洪分流和蓄洪沉沙场所。长江三口分流洪水挟带了大量泥沙进入洞庭湖，大部分泥沙淤积在湖内，构成本阶段泥沙淤积的主体，干扰湖区正常沉积，表现为水沙剧增、洲土淤高、湖区围垦增加、水位升高。在 1952 年至 1978 年期间，为了畅泄水流、降低长江上游水位，1967 年及 1969 年国家对下荆江中洲子与上车湾两弯曲段，进行了人工裁弯取直工程，加上 1972 年位于监利县境内的沙滩子又发生自然切滩和裁弯，长江洪水对洞庭湖出流顶托加剧，致使水流流速减缓，水流挟沙力降低，洞庭湖泥沙淤积严重。

1978—1995 年，洞庭湖湖面面积发生一定程度增大，湖容减小，说明该时段湖区呈窄深趋势发展，主要是由于 1981 年葛洲坝水利枢纽投入运行，长江中游水位升高，三口入湖水沙减少，洞庭湖北部淤积程度较高，西、南、东洞庭湖泥沙淤积速度减缓，该时段内湖区容积增大。

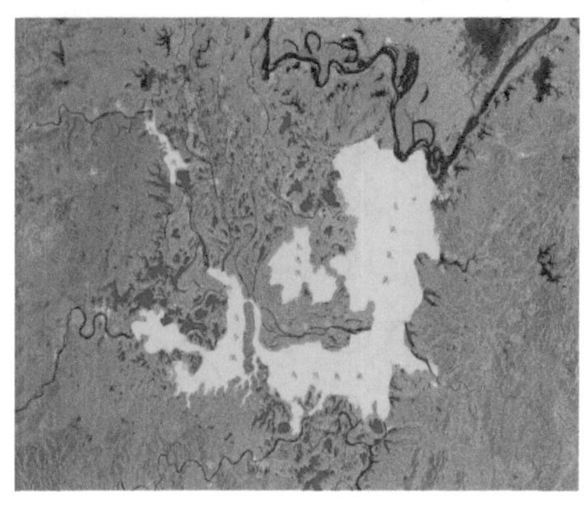

图 6-39　1954 年航片解译的洞庭湖区影像

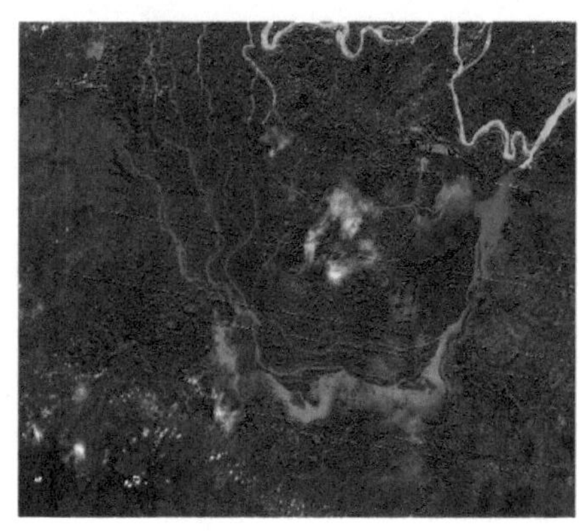

图 6-40　基于 Landsat 2 的 1978 年洞庭湖区影像

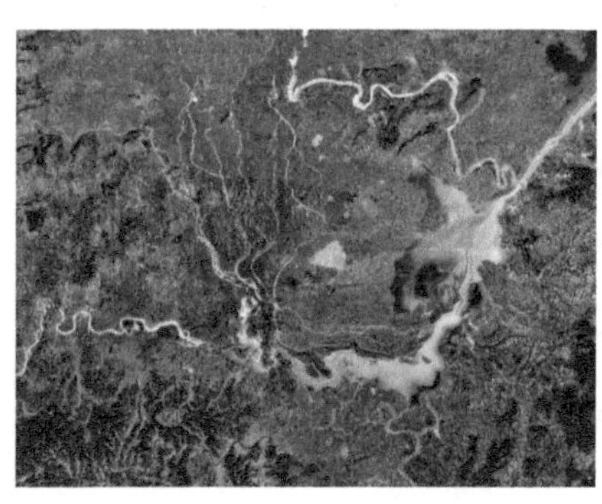

图 6-41　1995 年洞庭湖区影像

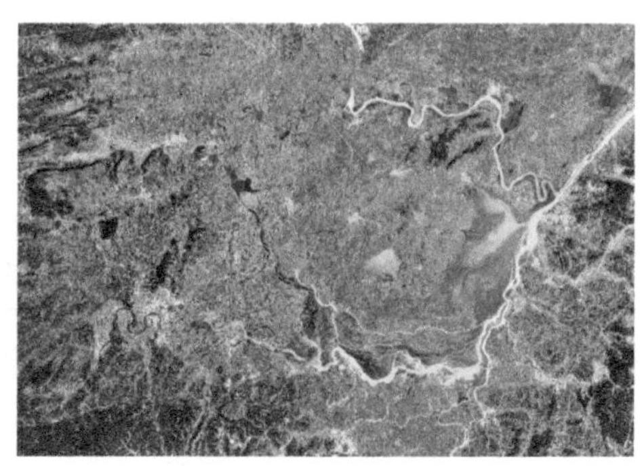

图 6-42　2011 年洞庭湖区影像

1995 年以来，西、南、东洞庭湖均出现淤积，一是由于 20 世纪 90 年代左右为农业迅速发展时期，人工活动加大，湖区围垦程度高，水面发生大幅度缩减；二是 2003 年三峡水库蓄清排浑，清水下泄，三口河道由淤转冲，湖区河道发生一定程度冲刷，三口口门水位抬升，湖面水面减小。

总体来看，目前洞庭湖区湖容及水面较 20 世纪 90 年代均发生了一定程度的减少，一是由于上游水利工程投入运行改变中下游水文条件，二是由于人们大范围围垦湖区水面。另外也可以看出，由于上游水沙来流稳定，一定时间尺度内，洞庭湖湖容、水面不会发生较大变化。

6.4　螺山站水位流量关系

城陵矶站位于荆江与洞庭湖汇合处，为水位站，相应某一水位的泄量直接借用下游的螺山流量。螺山水文站位于长江中游城陵矶至汉口河段内，上距下荆江与洞庭湖汇合口约 30 km，控制流域面积 129.49 万 km^2，是洞庭湖出流与荆江来水的控制站。因而螺山水位流量关系及泄洪能力直接关系到长江、洞庭湖的防洪形势。

螺山水位流量关系的影响因素十分复杂，主要影响因素有下游变动回水顶托、洪水涨落率、起涨水位、干支流洪水地区组成、河段冲淤、江湖关系等，大水年份还受下游分洪溃口影响，因此水位流量关系年际年内间变幅较大，相互关系十分复杂。

根据螺山 20 世纪 80、90 年代水位流量实测资料，考虑涨落率影响，同时将下游顶托还原到同一水平，分别点绘 1980—1999 年每年平均的水位流量关系线。根据点绘成果，在高水年际间同水位流量变幅最大达 10 000 m^3/s 以上，同流量水位变化达 1～2 m；将 1980—1999 年历年的水位流量关系线进行综合，拟定一条综合的水位流量关系线，与《长江流域防洪规划》采用线相比，在中低水位对比结果中，同流量水位有所抬高，抬高值约 0.4～0.5 m，随着螺山流量的逐渐增大，抬高值渐小，当螺山流量达 60 000 m^3/s 时，抬高值约 0.30 m，在螺山流量 65 000 m^3/s 时，抬高值 0.20 m 左右。

根据城陵矶与螺山的水位相关关系，按 1980—1999 年分年制定的螺山水位流量关系线，在涨落率为零、下游顶托改正为零的情况下，城陵矶水位 34.40 m 时螺山泄量为 61 500～69 000 m^3/s，平均值约 64 000 m^3/s，与《长江流域防洪规划》采用值 65 000 m^3/s 相比相差不大。作为防洪规划采用的成果，须具有总体的包容性，反映出本地区水位流量关系的复杂性及较大变幅的特点，又须顾及采用值对上、下游防洪布局的影响以及考虑未来该河段在三峡工程建成后的变化。综合分析，本次规划仍以泄量 65 000 m^3/s 为基础，同时也针对了螺山水位流量关系复杂的特点，研究分析了如出现实时泄量偏小，对本地区防洪的不利影响及相应的对策措施。

鉴于螺山水位流量关系影响因素众多、问题复杂，且有些因素尚在变化中，对此还要继续加强观测，不断充实新资料，分析新情况，深入开展研究。

6.4.1　三峡水库运用前后水位流量关系变化

为对比分析三峡水库运用前后螺山控制站水位流量关系变化，选取除特殊水情外三峡水库蓄水前 1993—2002 年及三峡水库蓄水 175 m 后 2010—2019 年螺山控制站水位流量实测点，点绘水位流量关系图，如图 6-43 所示。

通过对比分析螺山水文控制站在三峡水库蓄水前和三峡水库蓄水 175 m 后两个时期的水位流量关系曲线可知，螺山水文站中低水期水位流量关系曲线较三峡水库蓄水前略右移，同水位时流量增大，这与河段枯水河槽冲刷相应；螺山

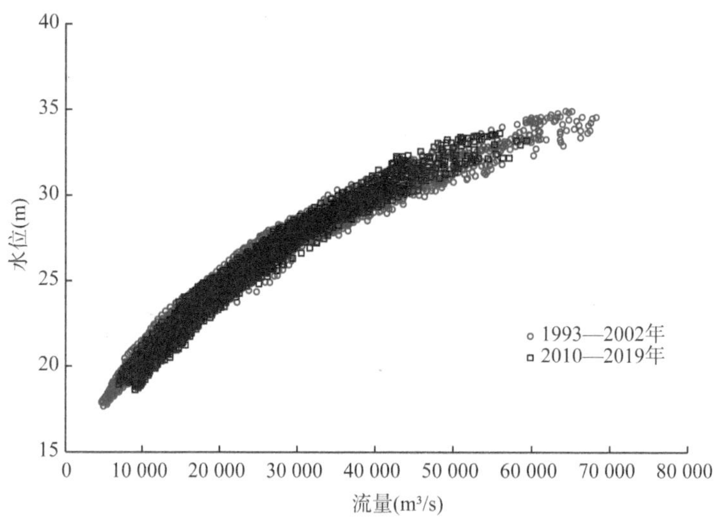

图 6-43　螺山站水位流量关系

水文站中高水时期水位流量关系曲线较三峡水库蓄水前略左移，同水位时流量减小，说明螺山断面同水位条件下过流能力降低，这与洪水时期下游顶托作用加强相关。

6.4.2　特殊水情下螺山控制站水位流量关系变化

为对比分析三峡水库调度应用及长江下游高水顶托对螺山影响，选取 1996 年作为三峡水库运用前典型年，2017 年和 2020 年作为三峡水库运用后典型年，其中 2017 年水位流量数据分为三峡调度时期(7 月上旬)及三峡水库正常出流时期(7 月中旬—8 月下旬)两个系列。2017 年 7 月上旬洞庭湖水位较高(城陵矶 7 月上旬平均水位 34.05 m)。根据螺山控制站水位流量实测点点绘水位流量关系图进行分析，如图 6-44 所示。

对比螺山水文站在三峡水库正常出流和三峡水库运用前两种情况，三峡水库调度运行，螺山站高水时同流量水位降低，正常运行时同流量水位也发生较大程度下降。对比三峡水库调度前后水位流量变化情况，2020 年比 1996 年同流量条件下水位升高，说明高水条件下螺山站受下游顶托影响较大。

6.4.3　同等来水条件下螺山站相应水位变化过程

荆江干流河床冲刷不可避免造成干流同流量下相应水位的变化，其中高水流量下，螺山站水位明显下降，使得高水条件下城陵矶洪水下泄难度加大。根据 1955 年以来螺山站水位流量观测资料分析同等来水条件下(螺山站日均

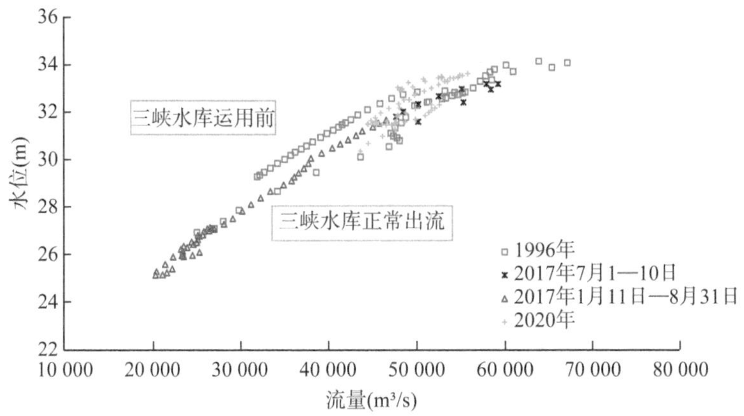

图 6-44　螺山站三峡水库运用前后水位流量变化统计

10 000 m³/s、30 000 m³/s）同日螺山站相应水位变化过程。螺山站同日 10 000 m³/s、30 000 m³/s 相应水位如图 6-45 所示。

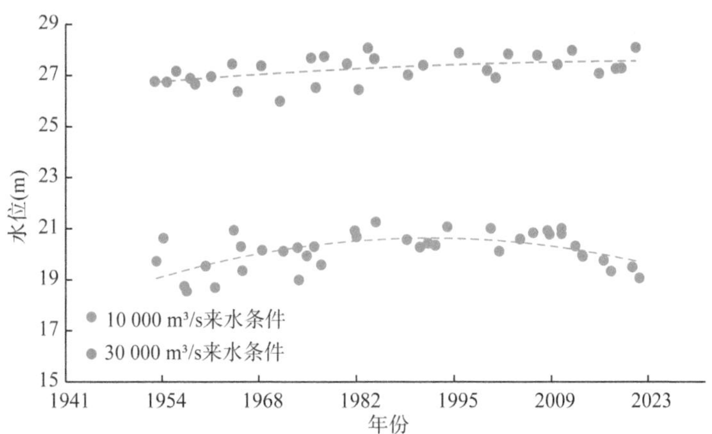

图 6-45　螺山站同日 10 000 m³/s、30 000 m³/s 相应水位

螺山站来水 10 000 m³/s 条件下，1956 年以来，螺山站同日相应水位总体呈现先上升后下降的趋势，由 1950 年中期的 20.0 m 上升到 1990 年中期的 21.0 m，然后再下降到 2020 年左右的 19.0 m，总体降幅约 1.0 m。宜昌下泄来水 30 000 m³/s 条件下，螺山站水位总体呈现上升的趋势，由 1950 年中期的 27.0 m 上升到 2020 年左右的 28.0 m，升幅约 1.0 m。低水期荆江干流水位明显下降，中水期螺山水位升高，不利于高水条件下长江中下游洪水顺利下泄。

6.4.4 断面冲淤分析

一般认为节点控制河段河道基本稳定，河道平面形态稳定，断面形态稳定少变，河床冲淤变化相对于上下游河段较小。本研究收集整理了1980—2008年多年螺山站断面资料，断面形态为不规则的“W”形，螺山段建有堤防，岸坡组成总体为基岩覆土，稳定性较强，变形较小，断面横向变形总体较小。

从螺山断面多年冲淤变化结果可以看出，三峡水库蓄水前，上游来水挟带大量泥沙下泄，20世纪90年代左右螺山控制断面河道左侧发生严重淤积，河道右侧发生严重冲刷，三峡水库蓄水后，受清水下泄、河床冲刷尤其是2008年后采砂活动影响，断面深槽大幅下切，断面形态接近于20世纪80年代。螺山站断面多年冲淤变化如图6-46所示，螺山站断面多年过水面积统计如图6-47所示。

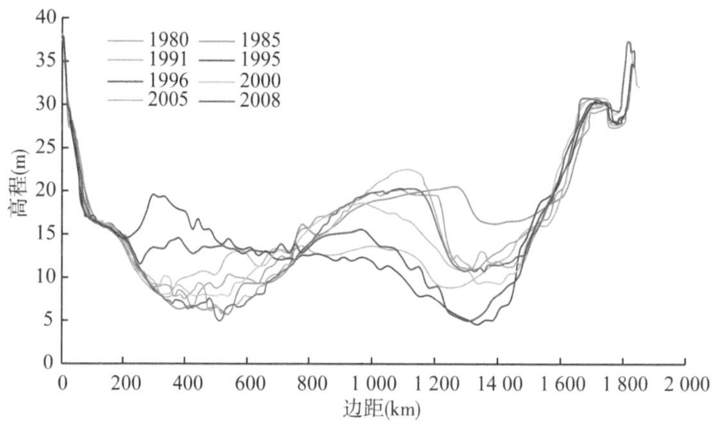

图 6-46 螺山站断面多年冲淤变化

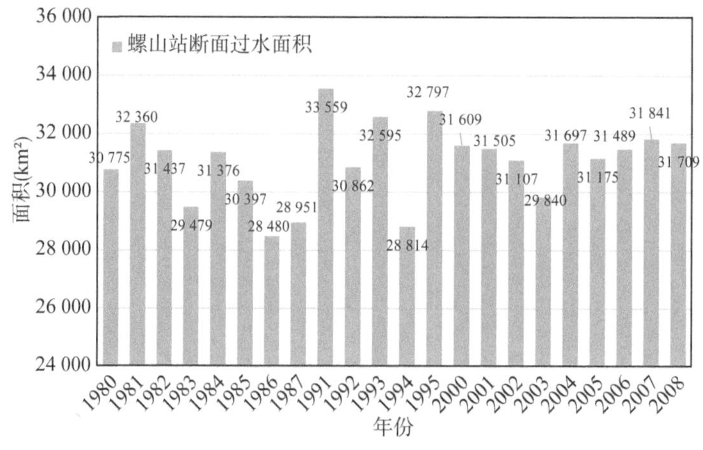

图 6-47 螺山站断面多年过水面积统计

6.4.5 同水位过水面积变化

利用过水断面面积计算公式推算出螺山站断面1980—2008年在相同水位33 m条件下的过水面积变化情况，从统计趋势可以看出，螺山断面过水面积随年份增长波动较频繁，1985年以前在30 000 km^2上下波动，1986年、1987年下降至28 000～29 000 km^2，1991—1993年过水面积增大至32 000 km^2左右，1994年出现短暂降低，2000年后稳定在30 000 km^2以上。

6.4.6 水位对应泄流能力变化

稳定的水位流量关系，对于高水在较长时期内，断面的实测流量与相应水位的点呈密集带状分布，可用一条单一曲线来表示，同一个水位只有一个相应的流量。对于高水，往往可以根据实测的、调查的、推估的比降和断面等资料，用水力学公式推算洪峰流量，即用相应水位点在图上作为控制，进行延长。

由谢才流速公式导出流量为

$$Q=CA(RS)^{1/2}$$

式中：C为谢才系数，其余符号同前。

对于断面无明显冲淤，水深不大但水面较宽的河槽，以断面平均水深h代替R，则上式可改写为$Q=CA(hS)^{1/2}=KAh^{1/2}$。式中，$K=CS^{1/2}$，高水时其值接近常数。故高水时$Q-Ah^{1/2}$呈线性关系。据此外延，由大断面资料计算$Ah^{1/2}$并点绘不同高水位Z，在$Z-Ah^{1/2}$曲线上查得$Ah^{1/2}$值，并在$Q-Ah^{1/2}$曲线上查得Q值，根据对应的(Z,Q)点，便可以实现水位与流量关系曲线的高水延长。

本研究收集整理了1954年、1991年、1996年、1998年、2008年、2017年、2020年历史洪水资料，梳理了典型年洪水最大流量以及最大水位变化情况。其中，高水位年1996年、1998年、2017年、2020年根据城陵矶（莲花塘）防洪控制水位34.4 m推求长江、洞庭湖各控制节点防洪水位，计算各控制断面泄流能力。其他年份，基于水位流量延展进行断面泄流能力推算。螺山站多年泄流能力变化趋势如图6-48所示。典型洪水年螺山站泄流能力统计如表6-28所示。

从莲花塘站34.4 m对应螺山站泄流能力变化情况可以看出，洞庭湖区遭遇典型洪水时，螺山站泄流能力整体呈现降低趋势。分时段来看，1980—1990年螺山站泄流能力均在60 000 m^3/s规模以上，洞庭湖洪水下泄顺畅，莲花塘站当年最高水位均未达到34.4 m，1996年、1998年、1999年、2002年，螺山站当年最大流量均在67 000 m^3/s以上，但是螺山站泄流能力却呈现下降，从60 000 m^3/s

规模以上下降至 50 000 m³/s 规模，除了 2002 年螺山站泄流能力增加至 64 000 m³/s，因此当年在宜昌与四水及区间入湖流量达到 80 000 m³/s 以上的状况下莲花塘站水位超过防洪控制水位 0.35 m；三峡水库运用之后，长距离河段遭到冲刷，莲花塘站至螺山段洪水比降加大，且水库削峰调洪作用使洪水过程坦化，螺山站年最大洪峰、泄流能力对比上个时段均有所减小。

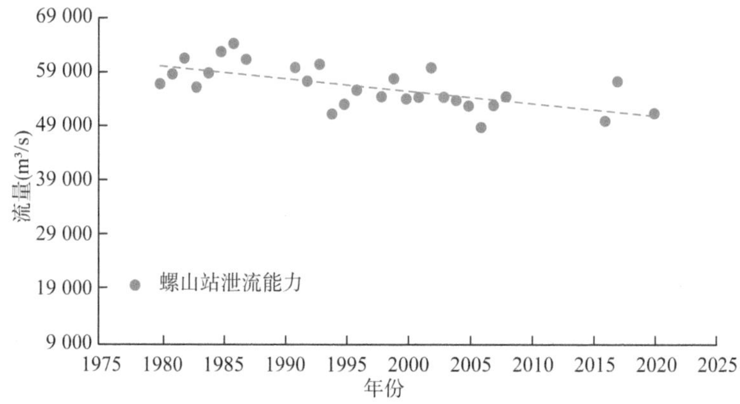

图 6-48 螺山站多年泄流能力变化趋势

表 6-28 典型洪水年螺山站泄流能力统计

年份	宜昌流量 Q_{max} (m³/s)	长江下泄 30 d 水量 W_{30} (亿 m³)	洞庭湖出口七里山			莲花塘水位 Z_{max} (m)	螺山流量 Q_{max} (m³/s)	莲花塘 34.4 m 对应螺山泄流能力 Q (m³/s)	汉口水位 Z_{max} (m)
			流量 Q_{max} (m³/s)	水位 Z_{max} (m)	30 d 洪量 W_{30} (亿 m³)				
1980	54 700	920	28 100	33.71	650	33.54	54 000	60 200	27.76
1983	53 500	902	34 300	34.21	633	33.96	59 400	61 800	28.11
1991	50 400	913	29 600	33.52	529	33.33	57 400	60 000	27.12
1993	51 800	1 009	28 800	33.04	577	32.97	55 600	62 300	26.6
1995	40 500	793	37 700	33.68	656	—	52 100	55 400	27.79
1996	41 700	935	43 900	35.31	776	35.01	67 500	55 900	28.66
1998	63 300	1 380	35 900	35.94	770	35.8	67 800	54 700	29.43
1999	57 500	1 118	34 200	35.68	741	35.54	68 300	58 000	28.89
2002	48 800	861	35 900	34.91	588	34.75	67 400	64 000	27.77
2003	48 400	890	26 800	33.61	476	33.53	58 000	58 600	26.82
2016	34 600	718	31 000	34.47	582	34.29	52 100	52 000	28.37
2017	30 800	610	49 400	34.63	707	34.13	60 100	59 700	27.73
2020	51 800	1 050	33 100	34.74	602	34.59	56 000	54 300	—

6.5 小结

在当前防洪工程体系背景下，洞庭湖区水文条件出现较大程度调整。从总体情况可以看出，受同一流域影响河流整体变化较大，如荆江三口分流能力、螺山水位流量关系等对比水库群建成前后变化幅度较大，进而导致湖区水文条件发生调整，主要结论如下：

从梯级水库群对三口分流影响来看，三峡水库的调度运行会减小荆江三口的分流量，同流量条件下，洪水期分流量减小，同时洪水期受到三峡水库调度影响，荆江来流量变小，引起荆江三口的分流量减小。小流量级分流比降幅较大，主要是由于干支流冲刷不对等，造成口门进流条件变差。同等来水条件下（枝城洪峰 50 000 m^3/s 流量级）松滋口分流洪峰较三峡水库蓄水运行初期有所增大，而太平口、藕池口分流洪峰较三峡水库蓄水运行初期有所减小。

从梯级水库对洪水遭遇影响来看，三峡水库的投入使用降低了长江与四水在短时间序列上遭遇的可能性，但是从 15 d 和 30 d 洪量遭遇的变化结果来看，长江与澧水的洪量遭遇概率是增加的，分析其原因，是三峡水库削峰调洪过程中延长了洪水下泄时间，但总量变化不大，澧水与长江汛期接近，从而导致 15 d、30 d 洪水遭遇可能性的增加。

从梯级水库对洪水比降影响来看，三峡水库建成后对洪水过程的调度使得洪水坦化，长期清水冲刷导致洪水水面坡降减小，但主要集中在莲花塘上游河段，莲花塘下游水面坡降变化不显著。主要是因为长江中游河段在大流量情况下床沙会发生运移，但不同河段的床沙进入运动的临界值不同，莲花塘以下由于有洞庭湖调蓄缓冲，在大流量情况下，大量水流进入洞庭湖，削弱水流的能量，使莲花塘以下河段对床沙产生动力作用所需的流量临界值更大，因此床沙运移能力较弱。

受长江上游梯级水库群影响，螺山水文站中低水期水位流量关系曲线较三峡水库蓄水前略右移，同水位时流量增大，这与河段枯水河槽冲刷相对应；螺山水文站中高水时期水位流量关系曲线较三峡水库蓄水前略左移，同水位时流量减小，说明螺山断面同水位条件下过流能力降低，这与洪水时期下游顶托作用加强相关。对比三峡水库调度前后水位流量变化情况，2020 年比 1996 年同流量条件下水位升高，说明高水条件下螺山站受下游顶托影响较大。另外同等来水条件下螺山水位变化结果显示，低水期荆江干流水位明显下降，中水期螺山水位升高，不利于高水条件下长江中下游洪水顺利下泄。对比历年螺山泄流能力变化情况可知，螺山泄流能力整体呈现下降趋势，尤其是三峡水库运用之后，长距离河段冲刷，莲花塘至螺山段洪水比降加大，且水库削峰调洪作用使洪水过程坦化，螺山年最大洪峰、泄流能力对比上个时段均有所减小。

从江湖槽蓄量的统计结果可以看出，由于洞庭湖的泥沙淤积及少量的围垦，在城陵矶水位 34 m 时，不同来水情况下该河段的槽蓄量相差 20 亿 m^3，平均总槽蓄量为 321 亿 m^3，与从《长江流域防洪规划》采用线中所查得的均值 352 亿 m^3 相比，减少了 31 亿 m^3。对比洞庭湖区各时段容积曲线与水面面积曲线可知，2003 年洞庭湖蓄洪容积、水面面积出现最低值。而 2011 年洞庭湖容积与水面面积在城陵矶(七)30 m 以下时与 1955 年统计结果相当，说明洞庭湖湖容、水面面积均经历了先减小后增大的变化趋势。

第 7 章

洞庭湖区防洪设计水位

通常,洪水是以通过某一断面的瞬时最大洪峰流量和不同时段洪量的大小来度量的。在一般情况下,最大洪峰和最大洪量出现的频率是不相等的。然而,洪水过程本身并没有频率的概念,所以任何一场现实洪水过程的重现期或频率是无法定义的。所谓设计洪水,实质上是指具有规定功能的特定洪水,其具备的功能是:以频率等于设计标准的原则,求得该频率的设计洪水,以此为依据而规划设计出的工程,其防洪安全事故的风险率恰好等于指定的设计标准。在研究流域开发方案,计算工程对下游的防洪作用,以及进行梯级水库或水库群联合调洪计算时,需要解决设计洪水的地区组成问题,即计算当下游设计断面处发生某标准的设计洪水时,上游各支流及其他水库地点,以及各区间所发生的洪水情况。为了分析研究不同地区洪水组成对防洪效果的影响,需要拟定若干个以不同地区来水为主的计算方案,并经过调洪演算,从中选定可能发生而又能满足工程设计要求的设计洪水。

本章节结合前期洞庭湖区防洪形势概况、洞庭湖区洪水特性、防洪工程体系等,根据城陵矶洪水组成特点,以长江洪水、洞庭湖湘资沅澧四水洪水作为边界条件,分别设置以长江频率洪水遭遇四水实际洪水、四水频率洪水遭遇长江实际洪水、控制节点频率洪水遭遇其他河流实际洪水为主三种工况,利用水力学模型计算地形条件(2011年地形),以及预测水沙冲淤30年以后地形条件下洞庭湖区各控制节点设计水位变化情况,并结合实际洪水演算论证设计水位合理性,计算出洞庭湖区不同重现期(100年一遇、20年一遇、10年一遇)设计水位。

7.1 城陵矶洪水组成

以螺山断面各时段年最大流量及洪量的时间为准,从历年实测及调查洪水资料中,分年统计长江上游三峡工程所在断面(宜昌站)及区间(湘潭、桃江、桃源、石门四站)的相应流量及洪量,计算长江上游来水及湘资沅澧四水相应流量占设计断面螺山站洪峰及洪量的比例,从而判断,随设计断面洪水的变化,各分区洪水组成比例的变化特性。

按照水量组成统计规律,螺山站洪水主要由长江与洞庭湖四水洪水组成,两者占比之和为100%或100%以内(1961年统计结果为102%,其可能与测站迁站或水文统计误差有关)符合地区洪水组成特征。根据1959—2020年共62年洪量统计结果,江湖汇合口—螺山站洪水主要由宜昌下泄来水组成,多年平均占比为71%。

从流量特征来看,长江洪峰与四水叠加入湖洪峰占比波动较大,整体变化趋势与洪量接近,长江洪峰与四水入湖洪峰组合占比基本在100%上下波动,其波动原因主要与洞庭湖槽蓄能力变化相关。洞庭湖上游及四水来水洪峰占比统计如图 7-1 所示，洞庭湖上游及四水来水 30 d 水量占比统计如图 7-2 所示。

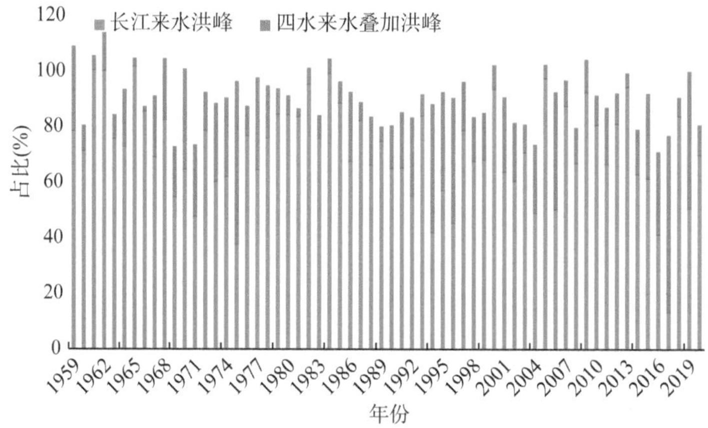

图 7-1　洞庭湖上游及四水来水洪峰占比统计

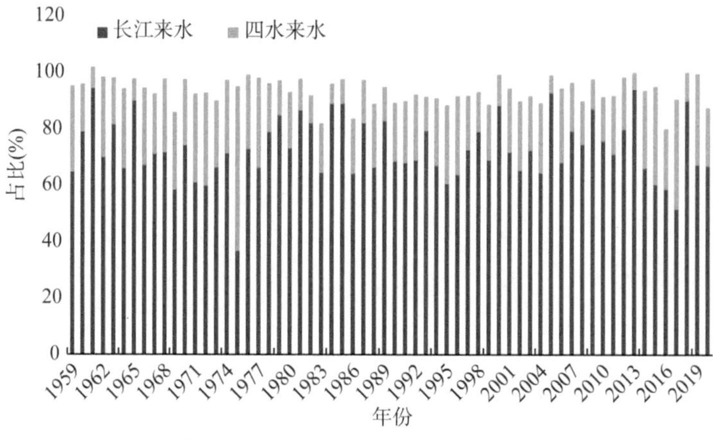

图 7-2　洞庭湖上游及四水来水 30 d 水量占比统计

7.2　设计洪水组成方案

为了解洞庭湖区洪水的组成特性，以及设计条件外延时的变化情况，需要根据实测和调查的暴雨洪水资料，对设计流域内洪水来源和组成特点进行综合分析，这是拟定设计洪水地区组成方案的基础。长江中下游地区洪水组成峰量关系统计如表 7-1 所示。

现行设计洪水地区组成的计算常用典型年法和同频率地区组成法。考虑项

表 7-1 长江中下游地区洪水组成峰量关系统计

年份	螺山				长江上游来水(宜昌)				湘资沅澧四水				合计	
	$Q_{螺}$		$W_{螺}$ (30 d)		$Q_{宜}$	$Q_{宜}/Q_{螺}$	$W_{宜}$ (30 d)	$W_{宜}/W_{螺}$	$Q_{四}$	$Q_{四}/Q_{螺}$	$W_{四}$ (30 d)	$W_{四}/W_{螺}$	Q	W
	m^3/s	时间(月-日)	亿 m^3	时间(月-日)	m^3/s	%	亿 m^3	%	m^3/s	%	亿 m^3	%	%	%
1959	42 700	7-6	950	7-14	33 600	79	616	65	13 064	31	290	31	109	95
1960	40 900	7-2	956	7-28	29 200	71	757	79	3 847	9	161	17	81	96
1961	41 000	7-21	943	7-31	41 300	101	891	95	2 119	5	70	7	106	102
1962	55 400	7-11	1 212	7-26	55 600	100	848	70	7 656	14	347	29	114	99
1963	46 000	7-17	926	8-9	34 900	76	757	82	4 030	9	153	17	85	98
1964	61 300	7-3	1 175	7-21	44 800	73	777	66	12 730	21	333	28	94	94
1965	45 600	7-19	1 057	8-2	46 500	102	952	90	1 389	3	82	8	105	98
1966	48 800	9-10	965	7-31	41 800	86	648	67	909.5	2	265	27	88	95
1967	50 900	7-2	1 110	7-22	35 200	69	790	71	11 350	22	238	21	91	93
1968	58 200	7-22	1 335	7-30	48 100	83	958	72	12 960	22	350	26	105	98
1969	59 700	7-21	1 205	8-1	32 800	55	705	59	10 845	18	331	27	73	86
1970	52 400	7-19	1 217	8-12	34 000	65	904	74	19 050	36	285	23	101	98
1971	39 800	6-10	945	7-3	19 100	48	578	61	10 274	26	298	31	74	93
1972	35 100	7-1	742	6-9	27 700	79	445	60	4 871	14	245	33	93	93
1973	56 800	6-28	1 208	7-21	34 300	60	802	66	16 081	28	287	24	89	90
1974	53 500	7-16	1 172	7-31	33 300	62	837	71	15 297	29	305	26	91	97

续表

年份	螺山				长江上游来水(宜昌)				湘资沅澧四水				合计	
	$Q_{螺}$		$W_{螺}$ (30 d)		$Q_{宜}$	$Q_{宜}/Q_{螺}$	$W_{宜}$ (30 d)	$W_{宜}/W_{螺}$	$Q_{四}$	$Q_{四}/Q_{螺}$	$W_{四}$ (30 d)	$W_{四}/W_{螺}$	Q	W
	m^3/s	时间(月-日)	亿 m^3	时间(月-日)	m^3/s	%	亿 m^3	%	m^3/s	%	亿 m^3	%	%	%
1975	40 700	5-22	942	6-4	15 400	38	347	37	23 953	59	550	58	97	95
1976	53 500	7-24	1 150	7-31	41 200	77	839	73	5 721	11	304	26	88	99
1977	49 300	6-23	1 073	7-17	31 900	65	711	66	16 427	33	343	32	98	98
1978	41 800	6-29	932	7-15	31 800	76	737	79	7 967	19	160	17	95	96
1979	47 200	9-25	1 074	10-3	40 000	85	913	85	4 412	9	133	12	94	97
1980	53 700	9-1	1 260	9-4	45 300	84	922	73	3 911	7	252	20	92	93
1981	50 500	7-22	1 111	7-31	42 300	84	964	87	1 561	3	124	11	87	98
1982	53 200	8-2	1 126	8-16	50 800	95	927	82	3 237	6	110	10	102	92
1983	59 300	7-18	1 271	7-29	45 000	76	821	65	5 041	9	223	18	84	82
1984	48 300	7-12	1 136	8-7	48 000	99	1 012	89	2 654	5	80	7	105	96
1985	45 000	7-11	987	8-2	39 900	89	880	89	3 616	8	84	9	97	98
1986	48 500	7-9	1 080	8-5	32 900	68	694	64	12 166	25	211	20	93	84
1987	51 900	7-26	1 141	8-2	42 800	82	940	82	3 507	7	174	15	89	98
1988	60 800	9-12	1 309	9-27	40 500	67	870	66	10 538	17	297	23	84	89
1989	52000	7-17	1 048	8-2	39 000	75	870	83	2 820	5	126	12	80	95
1990	50 400	7-6	1 057	7-16	32 900	65	725	69	7 842	16	221	21	81	90

续表

年份	螺山				长江上游来水(宜昌)				湘资沅澧四水				合计	
	$Q_{螺}$		$W_{螺}$(30 d)		$Q_{宜}$	$Q_{宜}/Q_{螺}$	$W_{宜}$(30 d)	$W_{宜}/W_{螺}$	$Q_{四}$	$Q_{四}/Q_{螺}$	$W_{四}$(30 d)	$W_{四}/W_{螺}$	Q	W
	m^3/s	时间(月-日)	亿 m^3	时间(月-日)	m^3/s	%	亿 m^3	%	m^3/s	%	亿 m^3	%	%	%
1991	57 200	7-15	1 112	8-2	37 400	65	757	68	11 584	20	245	22	86	90
1992	49 800	7-10	1 169	7-25	27 600	55	807	69	14 081	28	273	23	84	92
1993	55 500	9-3	1 333	9-8	46 700	84	1 061	80	4 440	8	161	12	92	92
1994	38 300	6-21	877	7-17	16 200	42	588	67	17 681	46	211	24	88	91
1995	52000	7-5	1 194	7-24	29 800	57	725	61	18 547	36	333	28	93	89
1996	67 200	7-21	1 417	8-9	30 700	46	906	64	30 364	45	397	28	91	92
1997	51 100	7-24	1 108	8-7	40 300	79	806	73	9 107	18	214	19	97	92
1998	67 500	7-26	1 603	8-23	45 800	68	1 272	79	10 798	16	224	14	84	93
1999	68 200	7-22	1 585	8-1	46 600	68	1 094	69	11 607	17	315	20	85	89
2000	48 600	7-6	1 129	7-26	45 600	94	999	89	4 309	9	123	11	103	99
2001	37 300	6-24	903	7-15	23 900	64	649	72	10 103	27	205	23	91	95
2002	67 400	8-24	1 261	9-5	40 900	61	825	65	14 278	21	311	25	82	90
2003	57 900	7-14	1 191	7-28	41 100	71	863	73	5 936	10	230	19	81	92
2004	47 100	7-24	940	8-13	23 200	49	607	65	11 652	25	233	25	74	89
2005	43 300	8-24	1 005	9-13	42 300	98	935	93	2 238	5	62	6	103	99
2006	33 800	7-20	717	8-2	17 100	51	489	68	14 340	42	189	26	93	95

续表

年份	螺山				长江上游来水（宜昌）				湘资沅澧四水				合计	
	$Q_{螺}$		$W_{螺}$（30 d）		$Q_{宜}$	$Q_{宜}/Q_{螺}$	$W_{宜}$（30 d）	$W_{宜}/W_{螺}$	$Q_{四}$	$Q_{四}/Q_{螺}$	$W_{四}$（30 d）	$W_{四}/W_{螺}$	Q	W
	m^3/s	时间（月-日）	亿 m^3	时间（月-日）	m^3/s	%	亿 m^3	%	m^3/s	%	亿 m^3	%	%	%
2007	50 100	8-1	1 097	8-13	43 900	88	872	79	4 823	10	189	17	97	97
2008	40 400	8-21	996	9-16	27 100	67	743	75	5 247	13	155	16	80	90
2009	40 000	8-10	905	8-30	37 100	93	790	87	4 751	12	96	11	105	98
2010	46 900	7-30	1 117	8-8	37 900	81	847	76	5 157	11	177	16	92	92
2011	32 200	6-29	751	7-16	21 500	67	534	71	6 623	21	157	21	87	92
2012	57 100	7-29	1 246	8-9	46 400	81	999	80	6 500	11	230	18	93	99
2013	35 000	7-25	836	8-9	33 100	95	788	94	1 830	5	49	6	100	100
2014	50 200	7-21	1 050	8-4	31 700	63	695	66	8 173	16	290	28	79	94
2015	39 900	7-5	950	7-13	24 600	62	575	61	12 293	31	330	35	92	95
2016	51 800	7-8	1 153	8-2	21 500	42	678	59	15 474	30	248	22	71	80
2017	59 300	7-4	1 169	7-25	8 000	13	605	52	37 794	64	456	39	77	91
2018	45 500	7-19	1 008	8-6	38 200	84	910	90	3 228	7	101	10	91	100
2019	46 200	7-17	1 071	8-8	23 500	51	722	67	22 856	49	347	32	100	100
2020	55 900	7-28	1 339	8-5	39 200	70	898	67	6 087	11	278	21	81	88

目掌握资料的系统性,本研究拟选用典型年法。典型年法从实测资料中选出若干个在设计条件下可能发生的,并且在地区组成上具有一定代表性的(例如,洪水主要来自上游或主要来自区间或在全流域均匀分布)典型大洪水过程,按统一倍比对各断面及区间的洪水过程线进行放大,以确定设计洪水的地区组成。放大的倍比一般采用下游控制断面某一控制时段的设计洪量与该典型年同一历时洪量的比例。对于没有或具有很小削峰作用的工程,也可按洪峰的倍比放大。但要注意各断面及区间峰量关系不同所带来的问题(例如上下游水量不平衡等)。

本方法简单、直观,是工程设计中常用的方法之一,尤其适合于地区组成比较复杂的情况。为了避免成果的不合理性,选择恰当的典型年洪水是关键。洪水典型除应满足拟定设计洪水过程线时对典型选择的一般要求外,最好该典型中各断面的峰量数值比较接近于平均的峰量关系线(当不易满足时,可着重考虑对工程防洪设计影响较大的某一断面)。

1. 选取原则

本次计算典型年洪水主要从新中国成立后至2020年,洞庭湖重要和一般蓄滞洪区达到启用条件年份的1954年、1995年、1996年、1998年、1999年、2002年、2003年、2014年、2017年洪水中选取。主要选取原则如下:

(1) 分别针对长江为主洪水、四水为主洪水、江湖汇合后洪水以及现状条件频率洪水四种情况,各选一个计算典型年,洪水组合均以当年实测洪水组成。

(2) 尽量选取洪峰流量和洪量更大的典型年。

2. 工况确定

根据上述原则,主要典型年选取如下:

(1) 对于长江为主洪水与四水组合情况,1999年和2002年均为四水其一与长江的洪水遭遇,1954年和1998年则为四水与长江遭遇,考虑更不利的洪水组合,本次从1954年洪水和1998年洪水中选取。经洪水分析,1954年洪水入湖最大组合流量和洪量均比1998年洪水更大,虽然1998年洪水比1954年洪水水位更高,但考虑到是因为洞庭湖逐年淤积引起的水位抬高,若同等边界条件重现1954年的洪水,水情会比1998年更恶劣,故本次选取流量和洪量较大的1954年洪水进行计算。根据重现1954年洪水各控制站超防洪控制水位情况,本次主要针对城陵矶附近区、南洞庭湖区、沅江尾闾地区进行计算。

(2) 对于四水流域洪水组合情况,1995年、1996年均为资江和沅江洪水遭遇,2017年为湘江、资江、沅江洪水遭遇,2003年为沅江和澧水洪水遭遇,考虑选取更不利的洪水组合进行计算,且1996年资江、南洞庭湖水位更高,2003年石龟山水位发生超保,故对于湘江洪水选取2017年为典型年洪水进行计算,资江、沅江选取 1996 年洪水,澧水典型年洪水选取 2003 年洪水进行同倍比放大。

(3) 对于江湖汇合之后洪水组合情况,1999 年螺山站继 1954 年以后出现最大洪峰流量 68 200 m^3/s,且最大 30 d 流量仅次于 1998 年,但宜昌站来水却小于 1998 年洪水规模,因此 1999 年为江湖汇合产生的较大洪水。选取 1999 年洪水作为典型年进行 30 d 同倍比放大,可有效补充洞庭湖区设计洪水论证方案。

(4) 2003 年三峡水库投入使用以后,城陵矶地区进行补偿调度条件下若遭遇典型洪水,可控制莲花塘水位不超过 34.4 m,但 2020 年发生沅江、澧水与长江洪水遭遇,莲花塘水位达到 34.59 m,因此本研究拟选取 2020 年洪水与四水频率进行组合。

7.3 模型构建

7.3.1 模型原理

7.3.1.1 控制方程

一维水动力模型由于其执行容易、计算时间短和实时效率高等优点被广泛应用于洪水预报实践中。考虑到计算河段的河道较长、河漫滩不明显、河道弯曲度较小等特点,同时预报结果侧重于沿程断面的水位流量信息而不是洪水淹没范围,故本研究选取一维水动力模型作为计算荆江-洞庭湖洪水传播的模型。

一维水动力模型控制方程组采用表征一维非恒定渐变流的圣维南方程组经典形式,由连续方程和动量方程构成,式(7-1)为水流连续方程,式(7-2)为水流动量方程。具体方程式如下:

$$\frac{\partial A}{\partial t}+\frac{\partial Q}{\partial x}=q_l \tag{7-1}$$

$$\frac{\partial Q}{\partial t}+\frac{\partial}{\partial x}\left(\frac{\alpha Q^2}{A}\right)+gA\frac{\partial Z}{\partial x}+g\frac{Q\mid Q\mid n^2}{AR^{4/3}}=0 \tag{7-2}$$

式中:Z 表示水位(m);Q 表示流量(m^3/s);x 表示流程(m);t 表示时间(s);A 表示过水断面面积(m^2);$R=\dfrac{A}{x}$ 表示水力半径;g 表示重力加速度;q_l 表示旁侧流量(m^3/s);n 表示曼宁糙率系数。

在上述水动力模型中,模型状态变量为水位 Z 和流量 Q,模型参数为曼宁糙率系数 n。

7.3.1.2 离散方法

圣维南方程组属于双曲型偏微分方程组，很难通过解析的方法求得解析解。本研究采用四点偏心隐格式的有限差分方法对圣维南方程组进行数值近似求解。四点偏心隐格式具有无条件稳定和计算效率高的优点，缺点在于当河道地形过于复杂时会出现发散的情况。

在求解圣维南方程组时，需要给定上下游及侧向边界条件和初始条件。上游及侧向边界条件一般选取为上边界断面和支流入汇处的流量过程，下游边界条件一般选取下边界断面的水位过程，初始条件为起始计算时刻沿程各计算断面的流量和水位。

7.3.1.3 参数设置

糙率系数是反映水流综合阻力特性的一个参数。糙率系数的值不仅取决于河道物理特性，如河床地质条件和断面几何形态等，同时也会受到水流状态的影响，如植被淹没情况和水流紊动强度等。断面综合糙率系数是在所有水流阻力因素共同影响下的复合值，通常情况下需要通过实测水文观测数据进行率定。考虑到河道特性在沿程空间上的变化和洪水过程中水流状态在时间上的变化，在洪水预报水动力模型中，需要考虑糙率系数的时空变化特征。

7.3.1.4 河网解法

一维程序具有计算速度快、内存占用少等优点，其在计算流量和水位方面已经具备较高的精度，在复杂河网计算中得到了广泛应用。与二维河网相比，一维程序有更好的收敛性，且可以更好地与数据同化模块耦合，故本书河网数学模型的求解采用一维河网三级联解算法（将河网计算分为微段、河段、汊点三级计算）。

一维河网三级联解算法较直接解法所需求解的代数方程组的阶数低得多，且更为准确快捷。其思想是将问题归结于关于节点水位（或水位增量）的方程组，然后再求解节点间断面的水位、流量。三级解法具体步骤如下。

1. 微段

一维河道水流运动可采用圣维南方程组描述：对式(7-1)与(7-2)采用线性化普列斯曼的四点隐式差分格式进行离散。差分结果可写成：

$$A_{i1}\Delta Z_{i+1} + B_{i1}\Delta Q_{i+1} = C_{i1}\Delta Z_i + D_{i1}\Delta Q_i + E_{i1} \tag{7-3}$$

$$A_{i2}\Delta Z_{i+1} + B_{i2}\Delta Q_{i+1} = C_{i2}\Delta Z_i + D_{i2}\Delta Q_i + E_{i2} \tag{7-4}$$

其中水流连续方程式中：

$A_{i1}=\varphi B_{i+1}$；

$B_{i1}=D_{i1}=\theta\dfrac{\Delta t}{\Delta x_i}$；

$C_{i1}=-1\times(1-\varphi)B_i$；

$E_{i1}=-\Delta t(Q_{i+1}-Q_i)/\Delta x_i$；

$x_1=(1-\varphi)\times Q_i/A_i$；

$x_2=\varphi\times Q_{i+1}/A_{i+1}$；

$$
\begin{aligned}
A_{i2}=&2\alpha\theta\left[\varphi\frac{Q_{i+1}}{A_{i+1}}B_{i+1}(Q_{i+1}-Q_i)\right]\frac{\Delta t}{\Delta x_i}\\
&+\alpha\theta B_i(x_1+x_2)\left[(x_1+x_2)+2\varphi Q_i\frac{A_{i+1}-A_i}{A_i^2}\right]\frac{\Delta t}{\Delta x_i}\\
&-[\varphi A_{i+1}+(1-\varphi)A_i+\varphi(Z_{i+1}-Z_i)B_{i+1}]\frac{g\theta\Delta t}{\Delta x_i}\\
&+\left[\frac{7gn_{i+1}^2\theta(1-\varphi)|Q_{i+1}|Q_{i+1}}{3B_{i+1}H_{i+1}^{\frac{10}{3}}}+\frac{gn_{i+1}^2\theta(1-\varphi)|Q_{i+1}|Q_{i+1}}{B_{i+1}^2H_{i+1}^{\frac{7}{3}}}\frac{dB_{i+1}}{dZ_{i+1}}\right]\Delta t;
\end{aligned}
$$

$$
\begin{aligned}
B_{i2}=&-\varphi-2\alpha\theta\left[\varphi\frac{Q_{i+1}}{A_{i+1}}+(1-\varphi)\frac{Q_i}{A_i}+\varphi\frac{Q_{i+1}-Q_i}{A_{i+1}}\right]\frac{\Delta t}{\Delta x_i}\\
&+2\alpha\theta\varphi(x_1+x_2)(A_{i+1}-A_i)\frac{\Delta t}{\Delta x_iA_{i+1}^2}-\frac{2gn_{i+1}^2\theta(1-\varphi)|Q_{i+1}|\Delta t}{B_{i+1}H_{i+1}^{\frac{7}{3}}};
\end{aligned}
$$

$$
\begin{aligned}
C_{i2}=&-2\alpha\theta(1-\varphi)Q_iB_i(Q_{i+1}-Q_i)/(\Delta x_iA_i^2)\Delta t\\
&+\alpha\left[\theta B_i(x_1+x_2)^2/\Delta x_i+2\theta Q_iB_i(1-\varphi)(x_1+x_2)(A_{i+1}-A_i)\frac{1}{\Delta x_iA_i^2}\right]\Delta t\\
&-\frac{g\theta\Delta t}{\Delta x_i}[\varphi A_{i+1}+(1-\varphi)A_i-(1-\varphi)(Z_{i+1}-Z_i)B_i]\\
&-\left[\frac{7gn_i^2\theta(1-\varphi)|Q_i|Q_i}{3B_iH_i^{\frac{10}{3}}}+\frac{gn_i^2\theta(1-\varphi)|Q_i|Q_i}{B_i^2H_i^{\frac{7}{3}}}\frac{dB_i}{dZ_i}\right]\Delta t;
\end{aligned}
$$

$$
\begin{aligned}
D_{i2}=&(1-\varphi)+2\alpha\theta\frac{\Delta t}{\Delta x_i}\left[-\varphi\frac{Q_{i+1}}{A_{i+1}}-(1-\varphi)\frac{Q_{i+1}-Q_i}{A_i}\right]\\
&-2\alpha\theta(1-\varphi)(x_1+x_2)(A_{i+1}-A_i)\frac{\Delta t}{\Delta x_iA_i^{\ 2}}+\frac{2gn_i^2\theta(1-\varphi)|Q_i|\Delta t}{B_iH_i^{\frac{7}{3}}};
\end{aligned}
$$

$$E_{i2}=-2\alpha\Delta t[\varphi\frac{Q_{i+1}}{A_{i+1}}+(1-\varphi)\frac{Q_i}{A_i}](Q_{i+1}-Q_i)/\Delta x_i$$
$$+\alpha\Delta t(x_1+x_2)^2(A_{i+1}-A_i)/\Delta x_i$$
$$-\frac{g\Delta t}{\Delta x_i}[\varphi A_i+(1-\varphi)A_i](Z_{i+1}-Z_i)$$
$$-\frac{gn_{i+1}^2\varphi|Q_{i+1}|Q_{i+1}\Delta t}{B_{i+1}H_{i+1}^{\frac{7}{3}}}-\frac{gn_i^2(1-\varphi)|Q_i|Q_i\Delta t}{B_iH_i^{\frac{7}{3}}}.$$

2. 河段

将一个河段的所有微段关系进行整理，可以列出如下的方程组：

$$A_{11}\Delta Q_1+B_{11}\Delta Z_1+C_{11}\Delta Q_2+D_{11}\Delta Z_2=E_{11} \tag{7-5}$$

$$A_{12}\Delta Q_1+B_{12}\Delta Z_1+C_{12}\Delta Q_2+D_{12}\Delta Z_2=E_{12} \tag{7-6}$$

$$A_{21}\Delta Q_2+B_{21}\Delta Z_2+C_{21}\Delta Q_3+D_{21}\Delta Z_3=E_{21} \tag{7-7}$$

$$A_{22}\Delta Q_2+B_{22}\Delta Z_2+C_{22}\Delta Q_3+D_{22}\Delta Z_3=E_{22} \tag{7-8}$$

$$A_{n1}\Delta Q_n+B_{n1}\Delta Z_n+C_{n1}\Delta Q_{n+1}+D_{n1}\Delta Z_{n+1}=E_{n1} \tag{7-9}$$

$$A_{n2}\Delta Q_n+B_{n2}\Delta Z_n+C_{n2}\Delta Q_{n+1}+D_{n2}\Delta Z_{n+1}=E_{n2} \tag{7-10}$$

由式(7-6)× C_{11} —式(7-5)× C_{12} 消去 ΔQ_2，可得

$$\Delta Z_2=P_{11}-P_{12}\Delta Z_1-P_{13}\Delta Q_1 \tag{7-11}$$

$$P_{11}=(C_{11}\times E_{12}-E_{11}\times C_{12})/REP$$

$$P_{12}=(C_{11}\times B_{12}-B_{11}\times C_{12})/REP$$

$$P_{13}=(C_{11}\times A_{12}-A_{11}\times C_{12})/REP$$

$$REP=C_{11}\times D_{12}-D_{11}\times C_{12}$$

由式(7-5)× D_{12} —式(7-6)× D_{11} 消去 ΔZ_2，可得

$$\Delta Q_2=P_{14}-P_{15}\Delta Z_1-P_{16}\Delta Q_1 \tag{7-12}$$

$$P_{14}=(E_{11}\times D_{12}-D_{11}\times E_{12})/REP$$

$$P_{15}=(B_{11}\times D_{12}-D_{11}\times B_{12})/REP$$

$$P_{16}=(A_{11}\times D_{12}-D_{11}\times A_{12})/REP$$

同理由式(7-7)、式(7-8)方程可写出：

$$\Delta Z_3=Y_1-Y_2\Delta Q_2-Y_3\Delta Z_2 \tag{7-13}$$

$$\Delta Q_3 = Y_4 - Y_5 \Delta Q_2 - Y_6 \Delta Z_2 \tag{7-14}$$

将式(7-11)、式(7-12)代入式(7-13)、式(7-14),可得:

$$\Delta Z_3 = P_{21} - P_{22} \Delta Z_1 - P_{23} \Delta Q_1$$

$$\Delta Q_3 = P_{24} - P_{25} \Delta Z_1 - P_{26} \Delta Q_1$$

以此类推,即可得:

$$\Delta Z_{n+1} = P_{n1} - P_{n2} \Delta Z_1 - P_{n3} \Delta Q_1$$

$$\Delta Q_{n+1} = P_{n4} - P_{n5} \Delta Z_1 - P_{n6} \Delta Q_1$$

将 ΔQ 表达为 ΔZ 的函数:

$$\Delta Q_1 = R_1 \Delta Z_1 + R_2 + R_3 \Delta Z_{n+1} \tag{7-15}$$

$$\Delta Q_{n+1} = R_4 \Delta Z_1 + R_5 + R_6 \Delta Z_{n+1} \tag{7-16}$$

式中:

$R_1 = -\dfrac{P_{n2}}{P_{n3}}$; $R_2 = \dfrac{P_{n1}}{P_{n3}}$; $R_3 = -\dfrac{1}{P_{n3}}$;

$R_4 = \left(\dfrac{P_{n6} \times P_{n2}}{P_{n3}} - P_{n5}\right)$; $R_5 = \left(P_{n4} - \dfrac{P_{n6} \times P_{n1}}{P_{n3}}\right)$; $R_6 = \dfrac{P_{n3}}{P_{n6}}$;

$P_{n1} = PP_1 - PP_2 \times P_{n-1,1} - PP_3 \times P_{n-1,4}$;

$P_{n2} = -(PP_2 \times P_{n-1,2} + PP_3 \times P_{n-1,5})$;

$P_{n3} = -(PP_2 \times P_{n-1,3} + PP_3 \times P_{n-1,6})$;

$P_{n4} = PP_4 - PP_5 \times P_{n-1,1} - PP_6 \times P_{n-1,4}$;

$P_{n5} = -(PP_5 \times P_{n-1,2} + PP_6 \times P_{n-1,5})$;

$P_{n6} = -(PP_5 \times P_{n-1,3} + PP_6 \times P_{n-1,6})$;

$PP_1 = (C_{n1} \times E_{n2} - E_{n1} \times C_{n2})/REP$; $PP_2 = (C_{n1} \times B_{n2} - B_{n1} \times C_{n2})/REP$;

$PP_3 = (C_{n1} \times A_{n2} - A_{n1} \times C_{n2})/REP$; $PP_4 = (E_{n1} \times D_{n2} - D_{n1} \times E_{n2})/REP$;

$PP_5 = (B_{n1} \times D_{n2} - D_{n1} \times B_{n2})/REP$; $PP_6 = (A_{n1} \times D_{n2} - D_{n1} \times A_{n2})/REP$;

$REP = C_{n1} \times D_{n2} - D_{n1} \times C_{n2}$。

3. 汊点

(1) 流量衔接条件

进出每一汊点的流量必须与该汊点内实际水量的增减率相平衡,即

$$\sum Q_i = \frac{\partial \Omega_m}{\partial t}\ , m = 1,2,\cdots,M \tag{7-17}$$

其中：M 为河网中的汊点总数；i 表示汊点（节点）各个汊道断面的编号；Q_i 表示通过 i 断面进入汊点的流量，且流入该汊点（节点）为正，流出该汊点（节点）为负；Ω_m 为汊点 m 的蓄水量。

（2）动力衔接条件

汊点的各汊道断面上水位和流量与汊点平均水位之间，必须符合实际的动力衔接要求。目前常用于处理这一条件的方法有以下三种：

①如果汊点可以概化为一个几何点，出入各个汊道的水流平缓，不存在水位突变的情况，则各汊道断面的水位应相等，等于该点的平均水位，即

$$Z_{m,1} = Z_{m,2} = \cdots = Z_{m,L(m)} = Z_m\ , m = 1,2,\cdots,M \tag{7-18}$$

②进行河段、节点编号及河网形状数据的处理。在一个河网中，河道汇流点（节点）称为汊点，相邻两汊点之间的单一河道称为河段，河段内两个计算断面之间的局部河段称为微段。

对一个河网，设其有 K_1 个汊点，K_2 个河段，K_3 个外边界断面，K_4 个计算断面，K_5 个内边界断面，在时刻 t 我们要求出 K_4 个断面的 $2\times K_4$ 个未知数，河网有微段 K_4-K_2 个，可构成 $2\times(K_4-K_2)$ 个微段方程。

生成河网的时候可以将河网处理为三叉结构，那么对于 K_2 个河段，汊点的数目 $K_1=\dfrac{K_2\times 2-K_3}{3}$，由流量衔接关系流量可以为每一个汊点提供一个边界方程，由动力衔接条件可以为每一个汊点提供两个边界方程，加上 K_3 个外边界断面提供的边界条件，所以共有边界方程 $3\times K_1+K_3=2\times K_2$ 个。

由 $2\times(K_4-K_2)$ 个微段方程和 $2\times K_2$ 个边界方程构成的 $2\times K_4$ 个方程组，可以求解出 K_4 个断面的 $2\times K_4$ 个未知数。

③求出河段首尾断面的水位流量之间的关系。

微段方程表示微段上下游断面之间水位和流量相互关系的代数方程组。在一个河段中，假设有 $n+1$ 个断面，可以列出首尾断面的断面关系如式（7-19）、式（7-20）：

$$\Delta Q_1 = R_1\Delta Z_1 + R_2 + R_3\Delta Z_{n+1} \tag{7-19}$$

$$\Delta Q_{n+1} = R_4\Delta Z_1 + R_5 + R_6\Delta Z_{n+1} \tag{7-20}$$

式中：ΔQ_1、ΔZ_1 表示河段首断面的流量和水位增量；ΔQ_{n+1}、ΔZ_{n+1} 表示河段的尾断面流量和水位增量。这样就把整个河网的未知量集中到汊点处的水位增量

上。在一个河网中，式(7-19)、式(7-20)组成 $2\times K_2$ 个方程组，加上 $2\times K_2$ 个边界方程，可以求解每个河段首尾断面水位和流量 $4\times K_2$ 个未知数。

(3) 形成求解矩阵并求解

将上述流量关系式代入相应的汊点方程和边界方程，消去流量，可得与汊点个数相同的由汊点水位组成的方程，即 $[A]\{\Delta Z\}=B$，A 为系数矩阵，ΔZ 为汊点水位，根据上式可求出各汊点水位增量，并代入水位流量关系式可求出各河段上游断面流量，最后按照单一河道求解方法求出所有断面水位和流量。

因此求解步骤可归纳为：将每一河段的圣维南方程组进行隐式差分得河段方程；将每一河段的河段方程依次消元求出首尾断面的水位流量关系式；将上步求出的关系式代入汊点连接方程和边界方程得到以各汊点水位增量(下游已知水位的边界汊点除外)为未知量的求解矩阵；求解此矩阵得各汊点的水位，并代入水位流量关系式可求出各河段上游断面流量；回代河段方程得所有断面的水位流量。

7.3.2 计算区域

模型以长江干流宜昌、支流清江、支流汉江以及湘资沅澧四水流量作为进口边界，长江干流汉口水位作为出口边界。计算区域包含 46 个汊点、72 条河段、1 184 个断面，包括长江干流宜昌至汉口河段、洞庭湖三口河道、四水河道以及东、西、南洞庭湖区。其中模型验证关注长江干流主要测站：沙市、监利、螺山等，三口洪道主要测站有沙道观、弥陀寺、管家铺、安乡等，洞庭湖区则选取小河咀、草尾、石龟山、城陵矶等作为代表测站。

以 2003 年 1 月 1 日至 2003 年 12 月 31 日作为验证期，计算区域河网概化图见图 7-3。

7.3.3 模型验证

7.3.3.1 验证方法

主要通过定性的绘图和定量的纳什效率系数 *NSE*、均方根误差 *RMSE* 来进行验证。

1. 绘图

绘制各测站逐日水位、流量随时间变化的过程线，将实测与计算结果比较，简洁直观地反映验证结果。

2. 纳什效率系数 *NSE* (Nash-Sutcliffe efficiency coefficient)

计算纳什效率系数 *NSE*，通过明确的数值进行判断。

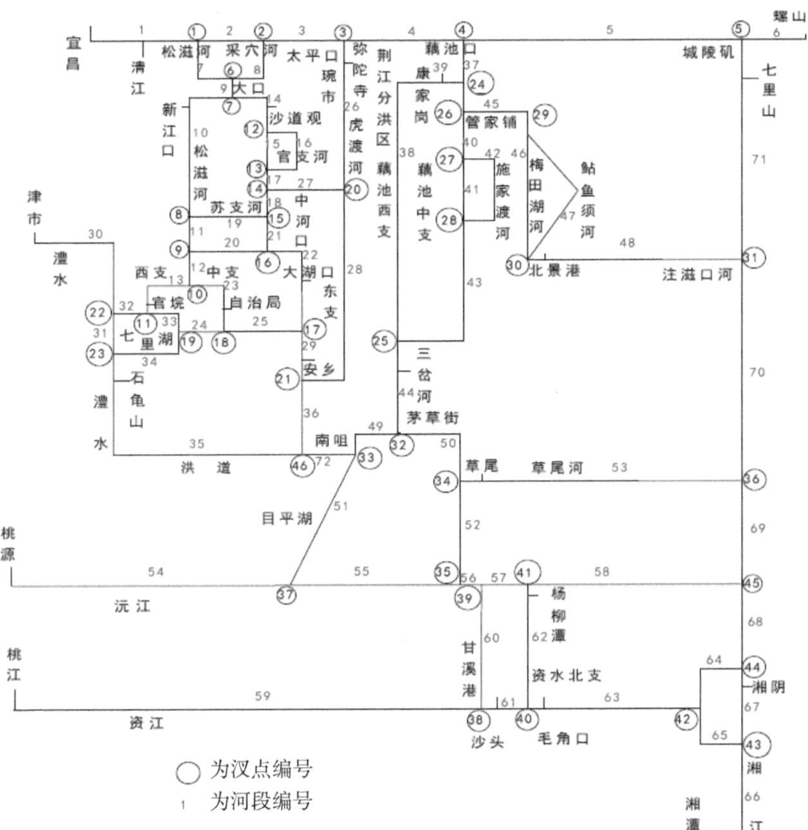

图 7-3　计算区域河网概化图

$$
NSE = 1 - \frac{\sum_{t=1}^{T}(Q_0^t - Q_m^t)^2}{\sum_{t=0}^{T}(Q_0^t - Q_0)^2} \tag{7-21}
$$

其中：Q_0^t 表示 t 时刻的实测值；Q_m^t 表示 t 时刻的计算值；Q_0 表示实测值的平均值。

NSE 的取值为负无穷到 1。当 NSE 接近 1，实测值与计算值接近，表示模拟质量好，模型可信度高；当 NSE 接近 0，表示模拟结果接近实测值的平均值水平，即总体结果可信，但过程模拟存在误差；NSE 远远小于 0，则模型不可信。

3. 均方根误差 $RMSE$

均方根误差是预测值与真实值偏差的平方与观测次数 N 比值的平方根。其表达式为：

$$
RMSE = \sqrt{\frac{\sum_{t=1}^{N}(Q_0^t - Q_m^t)^2}{N}} \tag{7-22}
$$

其中：Q_0^t 表示第 t 个实测值；Q_m^t 表示第 t 个计算值。$RMSE$ 的值越小，说明计算越精确。

7.3.3.2 流量验证

1. 长江干流

长江干流主要测站有沙市、监利、螺山等。将实测数据与计算水位绘图并进行对比分析。结果显示，沙市、监利、螺山三站的流量计算值与实测值吻合较好。详见图 7-4 至图 7-6。

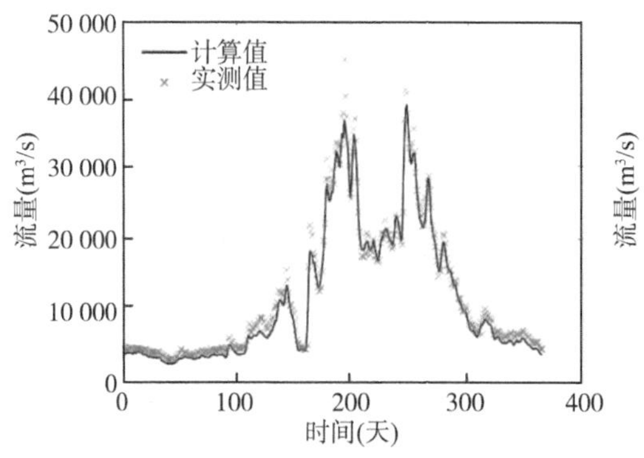

图 7-4 2003 年沙市流量模拟与实测

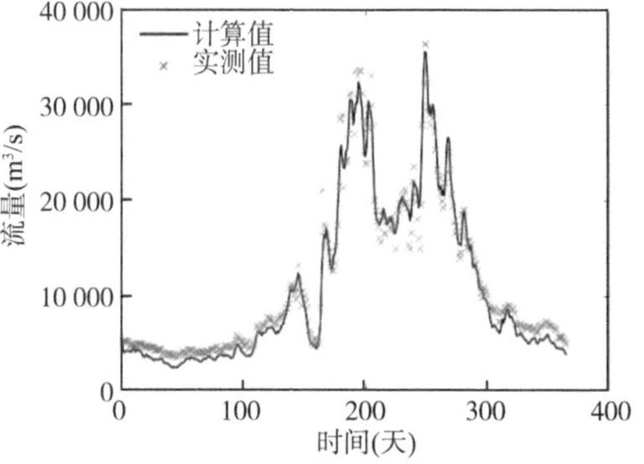

图 7-5 2003 年监利流量模拟与实测

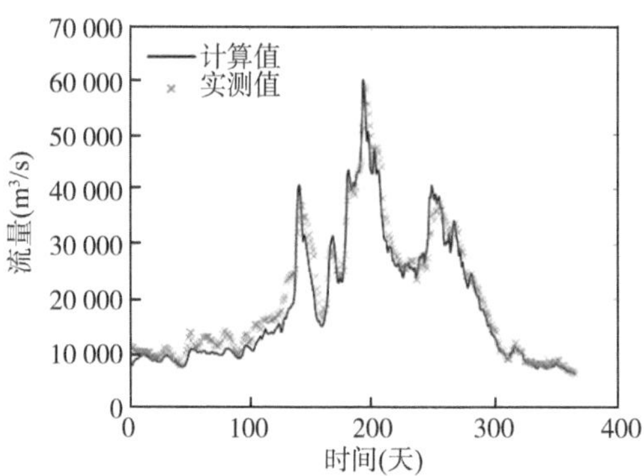

图 7-6 2003 年螺山流量模拟与实测

2. 洞庭湖区

洞庭湖主要测站有小河咀、安乡、草尾、石龟山、城陵矶等。本节将实测数据与计算流量绘图并进行对比分析。结果显示，小河咀站、草尾站和石龟山站存在部分实测流量为 0 的时间段，而在流量不为 0 的时间段内，两站流量模拟值与实测值较为吻合。安乡站的流量模拟值在年初和年末时间段略高于实测值，但在水位较高的夏、秋季节流量模拟值与实测值非常接近。城陵矶站的流量模拟值则在全年范围内都与实测值接近。详见图 7-7 至图 7-11。

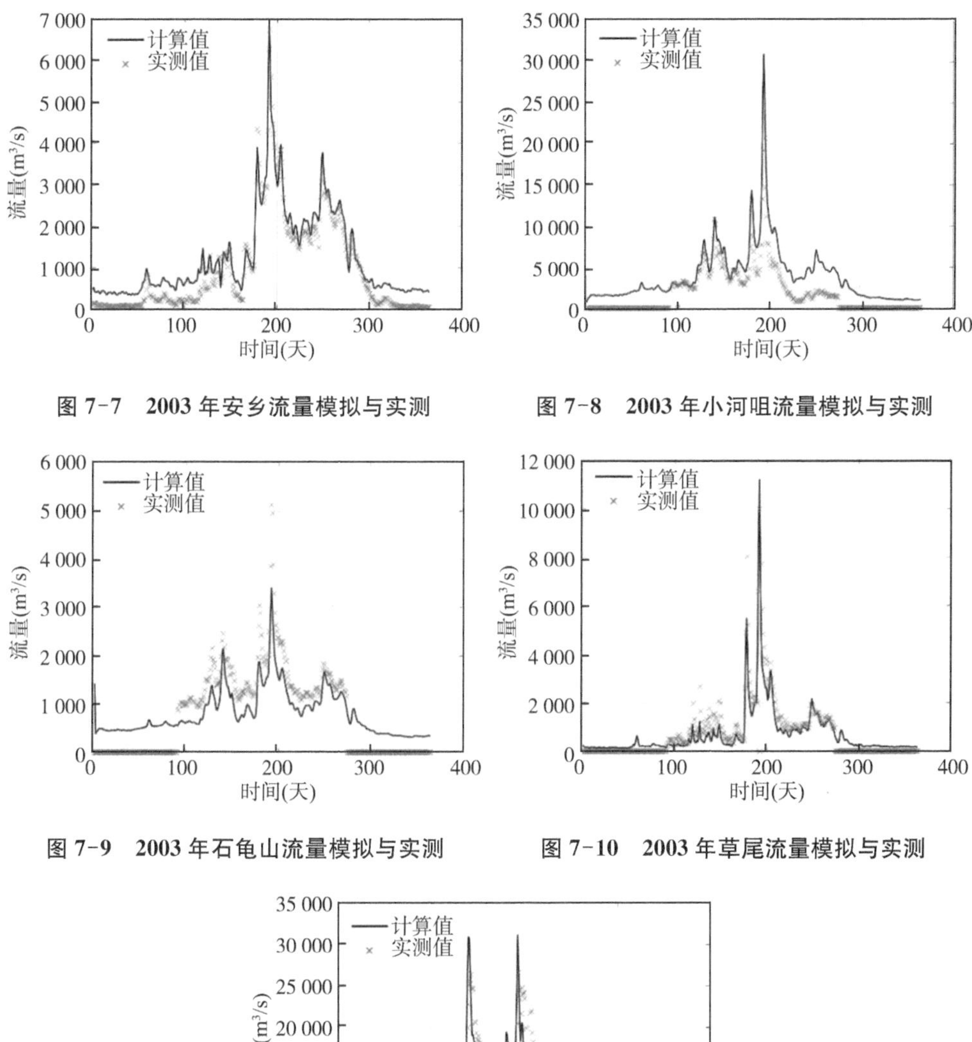

图 7-7　2003 年安乡流量模拟与实测

图 7-8　2003 年小河咀流量模拟与实测

图 7-9　2003 年石龟山流量模拟与实测

图 7-10　2003 年草尾流量模拟与实测

图 7-11　2003 年城陵矶流量模拟与实测

定量而言，长江干流沙市站、监利站、螺山站，以及三口河道安乡站的流量纳什效率系数都超过 0.9，说明模拟值与实测值吻合很好。洞庭湖区石龟山站、城陵矶站的流量纳什效率系数都在 0.8 左右，也是较好的结果。

洞庭湖的小河咀站、草尾站由于存在一些实测流量为 0 的时间段，所以流量纳什效率系数较其他几站相对略低，不过也在 0 到 1 之间，整体可信。而且这几站在实测流量不为 0 的时间段，也即流量较高的洪水期，模拟值与实测值吻合较好，满足模拟洪水过程的需求。

2003 年流量验证结果如表 7-2 所示。

表 7-2　2003 年流量验证结果

区域	测站	流量 *NSE* 值	流量 *RMSE* 值
长江干流	沙市	0.983 4	1 211.483 9
	监利	0.974 5	1 312.848 7
	螺山	0.948 4	2 662.449 2
洞庭湖区	安乡	0.910 3	348.093 0
	小河咀	0.257 8	2 432.245 6
	草尾	0.697 8	495.463 5
	石龟山	0.733 0	634.012 9
	城陵矶	0.813 4	2 434.665 9

7.3.3.3　水位验证

1. 长江干流

长江干流主要测站有沙市、监利、螺山等。本节将实测数据与计算水位绘图并进行对比分析。结果显示沙市、监利、螺山三站的水位计算值与实测值吻合较好，其中沙市站和监利站在计算开始时有一小段时间模拟水位较低，但整体模拟效果良好。详见图 7-12 至图 7-14。

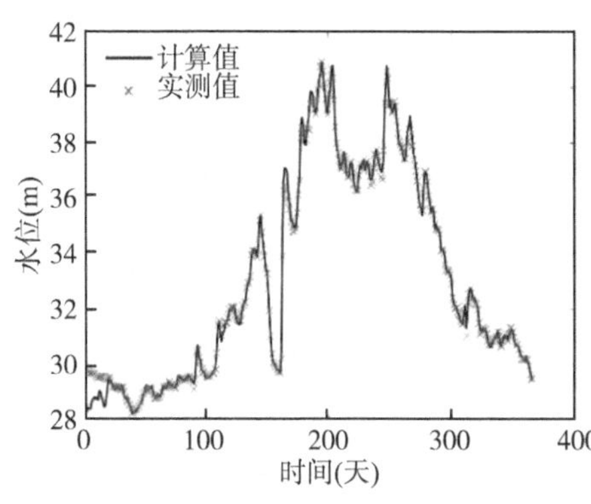

图 7-12　2003 年沙市水位模拟与实测

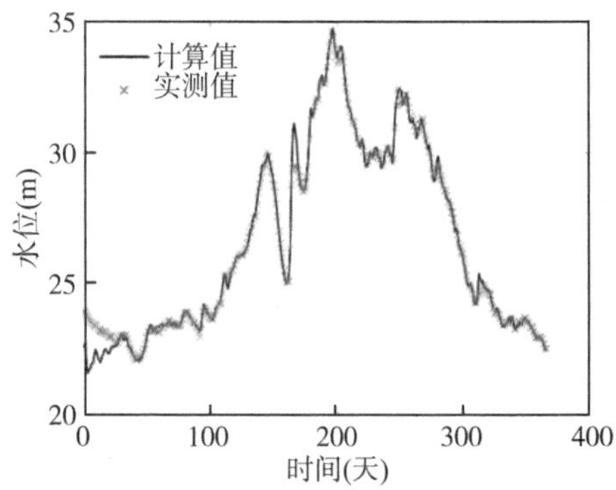

图 7-13　2003 年监利水位模拟与实测

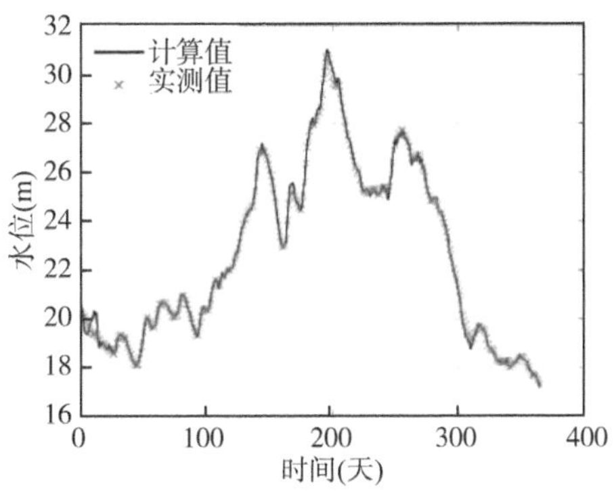

图 7-14　2003 年螺山水位模拟与实测

2. 洞庭湖区

洞庭湖主要测站有小河咀、草尾、安乡、石龟山、城陵矶等。本节将实测数据与计算水位绘图并进行对比分析。结果显示，洞庭湖区五个测站的水位模拟值与实测值都较为接近，整体模拟效果较好。详见图 7-15 至图 7-19。

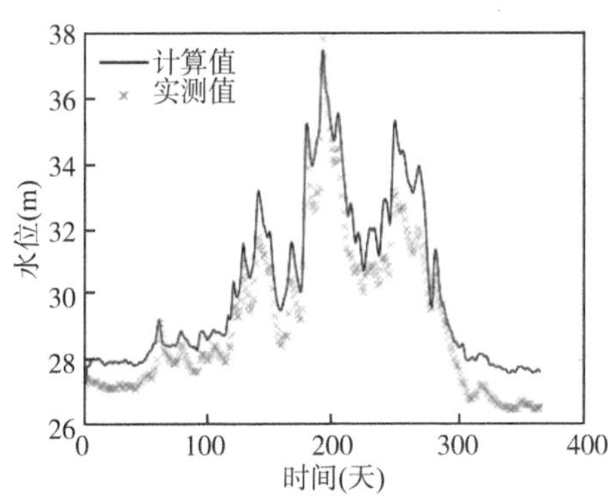

图 7-15　2003 年安乡水位模拟与实测

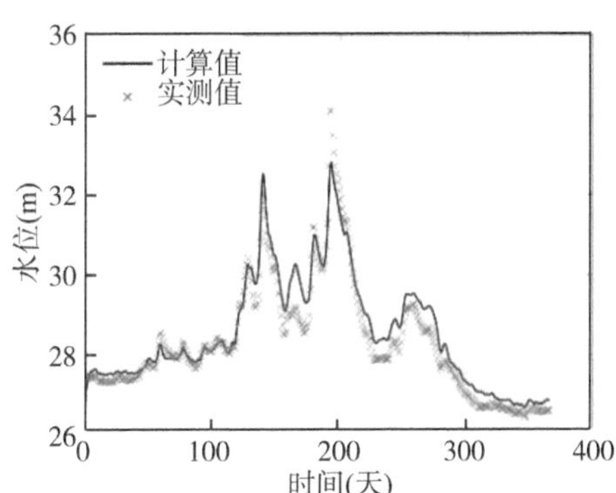

图 7-16　2003 年小河咀水位模拟与实测

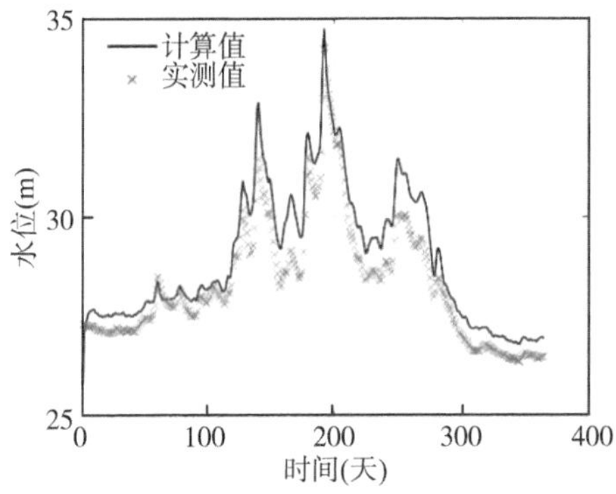

图 7-17　2003 年草尾水位模拟与实测

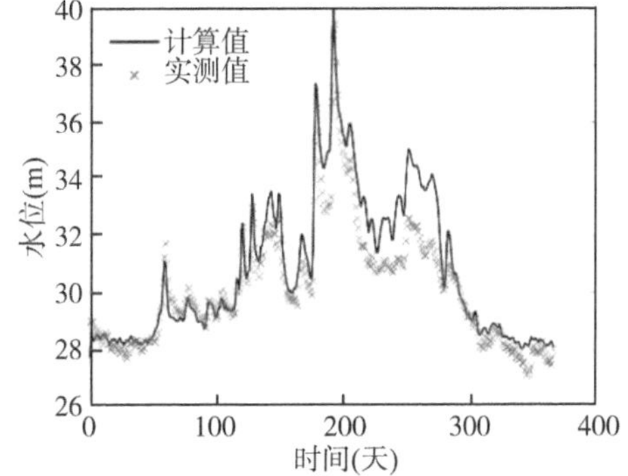

图 7-18　2003 年石龟山水位模拟与实测

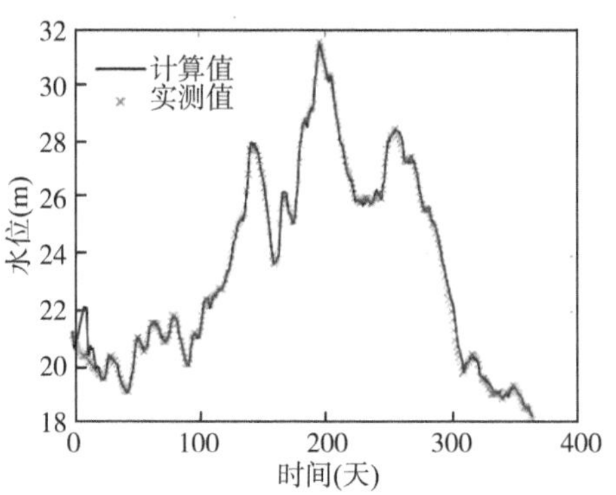

图 7-19　2003 年城陵矶水位模拟与实测

定量而言，长江干流沙市站、监利站、螺山站，洞庭湖区小河咀站、城陵矶站的水位纳什效率系数都超过 0.9，说明模拟值与实测值吻合很好。洞庭湖区草尾站、安乡站、石龟山站的水位纳什效率系数都在 0.7 以上，也是较好的结果。

三口河道的新江口站和弥陀寺站水位纳什效率系数较其他几站相对略低，不过也在 0 到 1 之间，整体可信。而且这两站在水位较高的洪水期，模拟值与实测值吻合也较好，满足模拟洪水过程的需求。

详见表 7-3。

表 7-3　2003 年水位验证结果

区域	测站	水位 *NSE* 值	水位 *RMSE* 值
长江干流	沙市	0.994 1	0.279 7
	监利	0.988 8	0.367 0
	螺山	0.997 9	0.164 4
洞庭湖区	安乡	0.800 6	1.036 4
	小河咀	0.925 8	0.393 0
	草尾	0.803 1	0.688 7
	石龟山	0.777 0	0.980 9
	城陵矶	0.994 9	0.252 8

7.4　洪水情景组合

7.4.1　工况一——长江频率洪水组合四水实测洪水

7.4.1.1　长江频率设计洪水

长江中下游某次实际发生的洪水，在各设计断面的重现期一般是不同的，同一断面的洪水，其洪峰、不同时段洪量的重现期也不一定相同。因此，根据长江中下游洪水的特点及水文站实测资料，对宜昌站洪水频率采用的时段为洪峰流量(日平均流量)及最大 3 d、7 d、15 d、30 d 洪量；城陵矶以下洪水峰高量大，一次洪水过程往往持续 30～60 d，因此，螺山的洪水频率计算时段为 30 d、60 d，见表 7-4。

表 7-4　宜昌站洪水频率计算成果表

流量单位：m^3/s；洪量单位：亿 m^3

统计时段	统计参数			设计值					备注
	均值	C_v	C_s/C_v	200 年	100 年	50 年	20 年	10 年	
日均流量	52 000	0.21	4.0	88 600	83 700	79 000	72 300	66 600	《长江流域防洪规划(1998 年)》
3 d 洪量	130	0.21	4.0	221.0	209.3	197.6	180.7	166.5	《长江流域防洪规划(1998 年)》
7 d 洪量	275	0.19	3.5	442.8	420.8	401.5	368.5	344.6	《长江流域防洪规划(1998 年)》
15 d 洪量	524	0.19	3.0	833.2	796.5	759.8	702.2	656.1	《长江流域防洪规划(1998 年)》
30 d 洪量	935	0.18	3.0	1 450	1 393	1 330	1 234	1 158	《长江流域防洪规划(1998 年)》

注：成果引自《长江流域防洪规划(2007 年)》。

7.4.1.2　计算方案

长江上游以三峡为主的梯级水库的运用大大改善了长江中下游防洪形势，根据三峡水库调度方案，采用 1954 年型洪水作为设计洪水，以三峡水库按照 155 m 水位对城陵矶补偿调度，100 年一遇洪水三峡水库控制下泄不超过 56 700 m^3/s、20 年一遇洪水不超过 40 000 m^3/s、10 年一遇洪水不超过 30 000 m^3/s，与四水 1959—2020 年共 62 年实测洪水进行组合计算，见图 7-20。

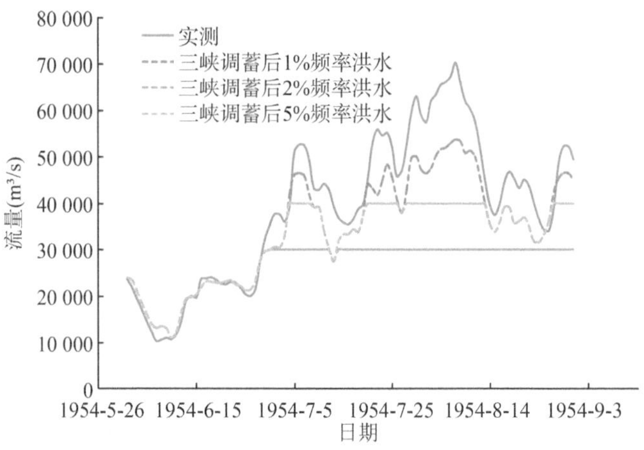

图 7-20　长江下泄洪水三峡水库调蓄后洪水过程

7.4.1.3　模型计算结果

1. 1%频率(100 年一遇)洪水计算结果(表 7-5)

表 7-5 中显示了 1959—2020 年共 62 年长江频率洪水为主遭遇四水实际洪水的计算结果,洪水序列较长,包含四水丰、平、枯多类型来水,长江干流莲花塘站水位最高值以长江 100 年一遇洪水组合 1996 年四水实测洪水为结果,湖区内南咀站、小河咀站、南县站、七里山站,以及资江尾闾益阳站、沅江尾闾常德站计算结果最大值均出现在 1996 年四水实测洪水组合模拟,但津市站与安乡站计算水位最高值出现在 1998 年,湘江尾闾控制站长沙站最高值则出现在 2019 年组合洪水计算。分析其主要原因,1996 年资江、沅江出现接近 10 年一遇洪水(沅江洪峰 27 500 m^3/s,资江洪峰 11 200 m^3/s)且两水发生洪水过程遭遇,同时遭遇长江 100 年一遇洪水,导致洞庭湖区、长江干流、资江、沅江等主要控制站均达到最高水位,而 1998 年澧水干流最大洪峰达到 17 300 m^3/s(洪水频率接近 10 年一遇),同时遭遇湘江、沅江来水,导致澧水主要控制站津市站和松澧洪道安乡站均出现最高水位,另外 2019 年湘江出现最大流量 26 400 m^3/s(超过 100 年一遇),导致长江 100 年一遇洪水遭遇湘江 100 年一遇洪水,长沙站水位最高值达到 39.76 m。

表 7-5　以长江频率洪水为主的洞庭湖区 1%频率洪水计算结果

单位:m　吴淞高程

年份	南咀	小河咀	安乡	南县	长沙	益阳	常德	津市	七里山	莲花塘
1959	34.20	34.08	36.20	34.55	35.59	35.16	39.16	37.48	32.89	32.36
1960	35.49	35.30	36.69	34.89	34.16	33.86	41.19	39.09	32.84	32.27

续表

年份	南咀	小河咀	安乡	南县	长沙	益阳	常德	津市	七里山	莲花塘
1961	34.40	34.34	36.27	34.73	37.09	35.54	37.05	37.13	32.89	32.30
1962	35.28	34.90	37.34	34.96	38.13	36.06	39.09	39.33	33.37	32.95
1963	35.75	35.55	37.49	34.92	33.59	33.61	40.55	40.19	32.80	32.32
1964	35.82	35.50	37.43	35.01	37.10	34.67	40.43	40.82	32.74	32.24
1965	34.43	34.55	36.64	34.90	33.43	34.23	40.61	37.70	32.66	32.14
1966	34.99	34.97	36.62	35.37	34.81	35.80	40.74	40.46	32.78	32.27
1967	34.21	34.04	36.35	34.88	33.76	34.51	39.87	37.68	32.84	32.38
1968	35.64	35.37	37.42	35.17	38.29	34.38	38.06	39.28	33.09	32.85
1969	36.59	36.44	37.69	35.12	35.16	36.10	43.39	40.19	33.14	32.86
1970	35.97	35.92	37.21	35.09	36.66	37.04	42.91	38.54	33.17	32.69
1971	34.81	34.67	36.28	34.59	34.97	35.97	39.79	37.86	33.14	32.57
1972	34.16	33.85	36.21	34.60	33.50	33.52	34.91	37.32	32.75	32.25
1973	35.38	35.23	36.42	35.01	35.16	35.11	40.70	38.97	33.06	32.56
1974	35.12	35.06	36.41	34.94	34.34	34.55	41.73	37.09	32.74	32.23
1975	34.26	34.15	36.70	34.75	34.63	33.80	39.17	38.73	33.01	32.55
1976	34.27	34.12	36.39	35.10	38.16	34.55	36.93	38.35	32.79	32.34
1977	34.66	34.71	36.41	35.03	34.62	36.53	41.16	38.51	32.89	32.38
1978	34.50	34.23	36.23	34.62	34.32	33.84	36.88	37.25	32.92	32.38
1979	35.68	35.60	36.57	34.80	34.85	35.54	41.97	39.14	32.71	32.16
1980	36.75	36.44	38.68	35.66	33.98	34.04	40.48	41.71	33.51	33.20
1981	34.24	34.13	36.33	35.02	34.24	33.77	35.38	39.13	32.83	32.29
1982	34.79	34.69	36.96	35.21	38.00	34.47	40.04	38.63	32.71	32.30
1983	36.02	35.68	38.07	35.25	35.97	33.76	38.72	40.63	32.91	32.61
1984	35.66	35.63	36.54	35.17	37.45	35.50	41.52	38.58	33.19	32.59
1985	34.18	34.04	36.26	34.80	34.14	33.60	38.38	37.29	32.81	32.27
1986	34.85	34.68	36.76	34.94	34.14	34.21	39.24	38.98	32.62	32.09
1987	34.83	34.55	36.84	35.20	33.76	33.54	38.98	38.32	32.74	32.22
1988	36.07	35.86	37.30	34.81	33.88	35.18	41.28	37.65	32.75	32.22
1989	34.03	33.75	36.82	35.02	35.99	35.82	36.31	38.11	32.79	32.28
1990	34.47	34.29	36.36	34.93	34.80	36.88	40.77	37.44	32.89	32.35
1991	36.19	36.06	38.40	35.00	33.44	33.73	42.05	41.40	32.77	32.40

续表

年份	南咀	小河咀	安乡	南县	长沙	益阳	常德	津市	七里山	莲花塘
1992	34.68	34.51	36.36	34.94	37.03	34.96	39.22	37.36	33.11	32.73
1993	36.70	36.48	38.24	35.84	35.97	35.36	41.91	40.94	33.63	33.34
1994	34.34	33.97	36.57	35.08	38.48	35.98	36.53	37.21	32.76	32.30
1995	36.47	36.36	37.41	35.31	35.98	38.48	43.46	39.46	33.85	33.54
1996	38.15	37.99	38.86	36.78	36.26	38.61	44.79	39.71	35.56	35.29
1997	34.06	33.73	36.56	35.19	35.25	34.63	36.23	37.65	32.70	32.18
1998	37.75	37.50	39.27	36.10	37.14	37.00	42.79	42.49	34.39	34.16
1999	37.31	37.18	37.79	35.53	35.02	35.74	43.98	39.53	33.64	33.41
2000	34.93	34.46	36.88	35.98	34.42	34.19	39.00	37.14	33.86	33.52
2001	34.10	33.92	36.36	34.68	35.83	34.03	37.72	36.90	32.68	32.14
2002	35.37	35.30	36.71	35.24	37.34	37.51	39.96	37.98	33.74	33.31
2003	37.66	37.39	38.79	36.55	34.28	34.28	42.30	42.27	34.02	33.78
2004	37.09	36.95	37.87	35.35	34.21	35.31	43.26	38.22	33.49	33.11
2005	35.15	35.12	36.33	34.90	35.91	35.75	39.72	36.71	33.18	32.63
2006	34.08	33.75	36.27	34.79	37.30	33.57	34.60	36.48	32.74	32.21
2007	36.35	36.17	37.67	35.30	36.07	33.43	41.50	39.98	32.64	32.33
2008	34.54	34.01	37.38	34.84	35.79	33.61	35.69	39.14	32.74	32.20
2009	34.23	34.09	36.30	34.91	34.11	33.80	35.47	37.12	32.80	32.29
2010	35.29	35.14	36.62	35.31	37.82	34.32	39.99	39.26	32.88	32.63
2011	34.00	33.77	36.36	34.65	33.44	33.31	36.14	36.91	32.59	32.06
2012	35.27	35.15	36.67	35.25	35.42	33.69	41.23	37.18	32.88	32.41
2013	34.22	33.97	36.30	34.78	33.95	33.60	35.42	37.55	32.84	32.34
2014	36.20	36.05	36.75	34.98	34.25	36.25	43.31	37.35	32.85	32.34
2015	34.66	34.58	36.31	34.83	33.77	34.36	39.01	37.49	32.81	32.29
2016	35.59	35.43	36.94	35.23	35.79	37.14	39.30	39.11	33.48	33.17
2017	36.44	36.39	36.99	35.88	39.04	38.42	42.96	37.12	34.82	34.47
2018	34.16	33.99	36.44	34.90	33.47	33.57	35.00	37.14	32.73	32.23
2019	34.81	34.84	36.39	35.01	39.76	36.24	38.79	36.68	33.37	32.80
2020	36.34	36.20	37.97	35.42	34.42	35.21	40.75	40.29	33.44	33.03
最大值	38.15	37.99	39.27	36.78	39.76	38.61	44.79	42.49	35.56	35.29
最大值年份	1996	1996	1998	1996	2019	1996	1996	1998	1996	1996

2. 5%频率(20 年一遇)洪水计算结果(表 7-6)

长江 20 年一遇洪水遭遇四水实测洪水组合计算结果与 100 年一遇计算结果最大值出现年份一致。分析其原因,该频率下长江洪水量级在 40 000 m^3/s 以上,来水规模较大,入湖洪水占比较高,当前量级规模下遭遇四水组合洪水,洪水水位最高值依然出现在典型洪水年份。

表 7-6　长江频率洪水为主洞庭湖区 5%频率洪水计算结果

单位:m　吴淞高程

年份	南咀	小河咀	安乡	南县	长沙	益阳	常德	津市	七里山	莲花塘
1959	34.20	34.08	35.58	34.29	35.59	35.16	39.16	37.48	32.89	32.36
1960	35.47	35.28	36.64	34.28	34.16	33.86	41.19	39.07	32.84	32.27
1961	34.40	34.34	35.68	34.29	37.09	35.54	37.05	37.12	32.89	32.30
1962	35.18	34.79	37.21	34.86	38.13	36.06	39.09	39.26	33.33	32.90
1963	35.76	35.56	37.23	34.27	33.59	33.61	40.55	40.18	32.8	32.32
1964	35.82	35.50	37.43	34.36	37.10	34.67	40.43	40.82	32.74	32.24
1965	34.43	34.55	36.13	34.22	33.43	34.23	40.61	37.32	32.66	32.14
1966	31.95	30.77	34.16	32.78	30.26	30.35	30.93	34.74	29.60	29.52
1967	34.21	34.04	36.10	34.29	33.76	34.51	39.87	37.68	32.84	32.38
1968	35.49	35.26	37.25	34.72	38.29	34.38	38.05	39.27	32.89	32.62
1969	36.59	36.44	37.44	34.83	35.03	36.01	43.39	40.08	33.09	32.80
1970	35.97	35.91	36.99	34.69	36.66	37.04	42.91	38.46	33.16	32.67
1971	34.81	34.67	35.78	34.39	34.97	35.97	39.79	37.87	33.14	32.57
1972	34.16	33.85	35.65	34.25	33.50	33.52	34.91	37.32	32.75	32.25
1973	35.38	35.23	36.22	34.35	35.11	35.11	40.70	38.97	33.06	32.56
1974	35.12	35.06	35.85	34.35	34.32	34.55	41.73	36.68	32.74	32.23
1975	34.26	34.15	36.20	34.34	34.63	33.80	39.17	38.73	33.01	32.55
1976	34.27	34.12	36.03	34.27	38.15	34.54	36.93	38.35	32.79	32.28
1977	34.66	34.71	36.20	34.3	34.62	36.53	41.16	38.41	32.89	32.38
1978	34.50	34.23	35.93	34.31	34.32	33.84	36.88	37.25	32.92	32.38
1979	35.68	35.60	36.25	34.23	34.85	35.54	41.97	39.14	32.71	32.16
1980	36.42	36.19	38.24	34.71	33.83	33.80	40.39	41.52	32.80	32.48
1981	34.24	34.13	35.64	34.27	34.24	33.77	35.38	39.13	32.83	32.29
1982	34.79	34.69	36.50	34.23	38.00	34.47	40.04	38.62	32.71	32.17
1983	35.94	35.63	37.97	34.58	35.97	33.70	38.72	40.63	32.90	32.59

续表

年份	南咀	小河咀	安乡	南县	长沙	益阳	常德	津市	七里山	莲花塘
1984	35.66	35.63	36.44	34.40	37.45	35.50	41.52	38.52	33.19	32.59
1985	34.80	34.18	36.92	36.02	34.14	33.94	38.38	37.29	33.58	33.22
1986	34.76	34.60	36.47	34.20	34.16	34.20	39.24	38.98	32.62	32.09
1987	34.74	34.50	36.69	34.25	33.76	33.54	38.98	38.27	32.74	32.22
1988	35.81	35.64	36.82	34.60	33.88	35.18	41.26	38.24	32.75	32.22
1989	34.03	33.75	36.29	34.26	35.99	35.82	36.31	38.00	32.79	32.28
1990	34.47	34.29	35.68	34.29	34.80	36.88	40.77	37.44	32.89	32.35
1991	36.17	35.95	38.29	34.30	33.44	33.72	42.05	41.36	32.82	32.48
1992	34.61	34.45	36.00	34.55	37.02	34.96	39.22	37.24	33.07	32.65
1993	36.36	36.13	37.97	34.71	35.97	35.34	41.86	40.80	32.97	32.56
1994	34.13	33.97	36.00	34.25	38.48	35.80	36.53	36.85	32.76	32.24
1995	36.47	36.36	37.34	35.28	35.98	38.48	43.46	39.40	33.84	33.52
1996	38.08	37.93	38.75	36.57	36.23	38.61	44.79	39.63	35.44	35.14
1997	34.06	33.73	36.02	34.27	35.23	34.63	36.22	37.64	32.70	32.18
1998	37.58	37.35	39.03	35.34	37.14	37.00	42.74	42.40	33.91	33.65
1999	37.31	37.18	37.79	35.02	35.02	35.74	43.98	39.53	33.46	33.21
2000	34.19	34.06	35.67	34.26	34.42	33.71	39.00	36.83	32.80	32.23
2001	34.10	33.92	35.72	34.22	35.83	34.03	37.72	36.51	32.68	32.14
2002	35.38	35.31	36.36	34.79	37.35	37.52	39.96	37.81	33.75	33.32
2003	37.66	37.40	38.79	34.52	33.63	33.70	42.30	42.27	32.79	32.31
2004	36.92	36.81	37.59	35.00	34.03	35.22	43.24	38.22	33.24	32.82
2005	35.15	35.12	35.92	34.40	35.91	35.75	39.72	36.53	33.18	32.63
2006	34.08	33.75	35.56	34.24	37.30	33.57	34.60	36.13	32.74	32.21
2007	36.25	36.08	37.51	34.40	36.07	33.43	41.45	39.88	32.64	32.10
2008	34.16	34.01	36.89	34.25	35.79	33.61	35.66	38.98	32.74	32.20
2009	34.23	34.09	35.76	34.27	34.10	33.80	35.47	37.12	32.80	32.29
2010	35.26	35.11	36.52	34.29	37.82	34.32	39.99	39.25	32.88	32.39
2011	34.00	33.77	35.66	34.20	33.44	33.31	36.14	36.71	32.59	32.06
2012	35.25	35.14	36.44	34.34	35.42	33.69	41.23	36.91	32.88	32.41
2013	34.22	33.97	36.20	34.82	33.95	33.60	35.42	37.55	32.84	32.37
2014	36.19	36.04	36.75	34.46	34.25	36.24	43.31	37.35	32.85	32.34

续表

年份	南咀	小河咀	安乡	南县	长沙	益阳	常德	津市	七里山	莲花塘
2015	34.66	34.58	35.84	34.27	33.77	34.36	39.01	37.49	32.81	32.29
2016	35.53	35.36	36.77	34.93	35.79	37.14	39.29	39.11	33.41	33.11
2017	36.44	36.39	36.89	35.86	39.04	38.42	42.96	37.08	34.82	34.45
2018	34.16	33.99	35.85	34.24	33.47	33.57	35.00	37.09	32.73	32.23
2019	34.78	34.68	35.87	34.43	39.75	36.22	38.78	36.53	33.34	32.78
2020	36.29	36.06	37.86	34.78	34.39	35.23	40.74	40.23	33.42	33.01
最大值	38.08	37.93	39.03	36.57	39.75	38.61	44.79	42.40	35.44	35.14
最大值年份	1996	1996	1998	1996	2019	1996	1996	1998	1996	1996

3. 10%频率(10年一遇)洪水计算结果(表7-7)

从长江10年一遇洪水组合四水实测洪水计算结果可以看出，湖区内安乡站、南县站最高水位出现年份分别在2003年和1988年，这两个测站主要为荆江三口分流至洞庭湖主要控制站，10年一遇洪水量级规模在30 000 m^3/s，湖区水位影响因素由长江下泄来水普遍向四水来水倾斜，安乡站受2003年澧水实测洪水影响较大，出现洪水水位最高值，1988年四水来水在8—9月份集中，四水叠加入湖洪峰最大为31 000 m^3/s，导致当年南县站出现洪水水位最高值。其他各主要控制站最高水位出现年份与100年一遇、20年一遇洪水一致。

表7-7　长江频率洪水为主洞庭湖区10%频率洪水计算结果

单位：m　吴淞高程

年份	南咀	小河咀	安乡	南县	长沙	益阳	常德	津市	七里山	莲花塘
1959	34.20	34.08	35.57	34.29	35.59	35.16	39.16	37.48	32.89	32.36
1960	35.26	35.09	36.34	34.28	34.16	33.86	41.15	38.73	32.84	32.27
1961	34.40	34.34	35.67	34.29	37.09	35.54	37.05	36.78	32.89	32.30
1962	34.52	34.37	36.42	34.32	38.13	36.06	39.09	39.13	32.96	32.42
1963	35.62	35.43	36.90	34.27	33.59	33.61	40.49	40.08	32.80	32.32
1964	35.82	35.50	37.43	34.24	37.10	34.67	40.43	40.82	32.74	32.24
1965	34.43	34.55	35.49	34.22	33.43	34.23	40.61	36.87	32.66	32.14
1966	31.31	30.52	32.95	31.45	30.02	30.13	30.72	33.71	29.04	28.95
1967	34.21	34.04	35.74	34.29	33.76	34.51	39.87	37.68	32.84	32.38
1968	34.93	34.76	36.60	34.24	38.29	34.38	37.83	39.06	32.71	32.21
1969	36.47	36.30	36.99	34.29	34.67	35.79	43.38	40.01	32.90	32.49

续表

年份	南咀	小河咀	安乡	南县	长沙	益阳	常德	津市	七里山	莲花塘
1970	35.87	35.83	36.36	34.30	36.58	36.98	42.89	38.14	33.00	32.49
1971	34.81	34.67	35.78	34.39	34.97	35.97	39.79	37.73	33.14	32.57
1972	34.16	33.85	35.65	34.25	33.50	33.52	34.91	37.32	32.75	32.25
1973	35.38	35.23	36.22	34.35	34.96	35.11	40.70	38.97	33.06	32.56
1974	35.11	35.06	35.66	34.25	34.16	34.44	41.73	36.34	32.74	32.23
1975	34.26	34.15	35.61	34.34	34.63	33.80	39.17	38.73	33.01	32.55
1976	34.27	34.12	35.91	34.27	38.08	34.38	36.93	38.31	32.79	32.28
1977	34.66	34.71	35.55	34.30	34.62	36.53	41.16	37.82	32.89	32.38
1978	34.50	34.23	35.93	34.31	34.32	33.84	36.88	37.25	32.92	32.38
1979	35.68	35.60	36.25	34.23	34.85	35.54	41.97	39.14	32.71	32.16
1980	35.77	35.52	37.39	34.26	33.62	33.60	40.25	41.29	32.76	32.23
1981	34.24	34.13	35.61	34.27	34.24	33.77	35.38	39.13	32.83	32.29
1982	34.79	34.69	35.80	34.23	38.00	34.47	40.04	38.62	32.71	32.17
1983	35.39	35.16	37.13	34.29	35.97	33.67	38.69	40.63	32.85	32.36
1984	35.66	35.63	36.02	34.40	37.45	35.50	41.52	37.90	33.19	32.59
1985	34.18	34.04	35.58	34.27	34.14	33.60	38.38	37.29	32.81	32.27
1986	34.01	34.01	36.00	34.20	33.86	34.16	39.23	38.92	32.62	32.09
1987	34.15	34.03	35.58	34.25	33.76	33.54	38.98	37.98	32.74	32.22
1988	35.29	35.22	37.22	36.17	34.22	35.16	41.21	37.78	33.92	33.66
1989	34.03	33.75	35.49	34.26	35.99	35.82	36.30	37.61	32.79	32.28
1990	34.47	34.29	35.68	34.29	34.80	36.88	40.77	37.44	32.89	32.35
1991	35.83	35.68	37.45	34.23	33.44	33.47	42.01	41.20	32.69	32.19
1992	34.16	34.02	35.59	34.27	36.90	34.96	39.22	36.80	32.81	32.31
1993	35.53	35.43	36.95	34.26	35.94	35.16	41.76	40.53	32.79	32.25
1994	34.13	33.97	35.55	34.25	38.48	35.66	36.53	36.76	32.76	32.24
1995	36.43	36.33	36.76	34.77	35.98	38.48	43.46	39.05	33.62	33.16
1996	37.75	37.62	38.28	35.81	35.94	38.59	44.78	39.41	34.86	34.47
1997	34.06	33.73	35.53	34.23	35.13	34.63	36.22	37.59	32.70	32.18
1998	37.10	36.90	38.28	34.41	37.14	37.00	42.63	42.23	33.32	33.05
1999	37.31	37.18	37.79	34.45	34.92	35.67	43.98	39.53	33.30	32.98
2000	34.19	34.06	35.60	34.26	34.42	33.71	39.00	36.74	32.80	32.23

续表

年份	南咀	小河咀	安乡	南县	长沙	益阳	常德	津市	七里山	莲花塘
2001	34.10	33.92	35.54	34.22	35.83	34.03	37.72	36.03	32.68	32.14
2002	34.69	34.66	35.64	34.28	37.20	37.41	39.96	37.58	33.32	32.86
2003	37.39	37.14	38.45	34.27	33.63	33.58	42.23	42.16	32.79	32.31
2004	36.35	36.22	36.72	34.25	33.79	35.02	43.21	38.14	32.76	32.23
2005	35.15	35.12	35.92	34.40	35.91	35.75	39.72	36.53	33.18	32.63
2006	34.08	33.75	35.56	34.24	37.28	33.57	34.60	36.13	32.74	32.21
2007	35.60	35.43	36.64	34.21	35.98	33.43	41.33	39.52	32.64	32.10
2008	34.16	34.01	35.76	34.25	35.79	33.61	35.51	38.69	32.74	32.20
2009	34.23	34.09	35.72	34.27	34.07	33.80	35.47	37.12	32.80	32.29
2010	34.98	34.85	36.20	34.29	37.82	34.32	39.93	39.07	32.88	32.39
2011	34.00	33.77	35.48	34.20	33.44	33.31	36.14	36.71	32.59	32.06
2012	34.99	34.94	35.73	34.30	35.42	33.69	41.23	36.47	32.88	32.41
2013	34.22	33.97	35.63	34.28	33.95	33.60	35.42	37.55	32.84	32.34
2014	36.09	36.05	36.56	34.28	34.25	36.22	43.30	37.27	32.85	32.34
2015	34.66	34.58	35.84	34.27	33.77	34.36	39.01	37.49	32.81	32.29
2016	35.00	34.90	36.12	34.31	35.79	37.13	39.22	39.11	32.95	32.68
2017	36.43	36.39	36.75	35.33	39.04	38.42	42.96	36.99	34.64	34.18
2018	34.16	33.99	35.66	34.24	33.47	33.57	35.00	36.68	32.73	32.23
2019	34.46	34.40	35.60	34.29	39.67	36.03	38.70	36.53	33.12	32.65
2020	35.84	35.66	37.09	34.26	33.95	34.86	40.63	39.94	33.12	32.84
最大值	37.75	37.62	38.45	36.17	39.67	38.59	44.78	42.23	34.86	34.47
最大值年份	1996	1996	2003	1988	2019	1996	1996	1998	1996	1996

7.4.2 工况二——以四水频率洪水为主

7.4.2.1 四水频率设计洪水

1. 湘江频率洪水

到 2020 年为止，湘江流域已建成水库主要有：潇水的双牌（10 594 km^2）和涔天河（2 460 km^2）、耒水的东江（4 719 km^2）、舂陵水的欧阳海（5 409 km^2）、洣水的洮水（769 km^2）和酒埠江（625 km^2）、涟水的水府庙（3 160 km^2）等大、中型水库，各支流所建水库除洮水水库为新建水库外，其余水库均为20世纪60—80年代兴建，建库历史较早且控制流域面积较小，支流水库的调蓄作用对湘江干流影响较小，其对干流洪水的调蓄作用已反映在湘江干流各控制站实测成果中，故本次规划湘江干流各控制站设计洪水分析时不再进行还原计算。根据历史洪水及湘潭站(1950—2020年)年最大洪峰流量实测洪水系列，对各站进行频率计算，采用P-Ⅲ型曲线适线。

湘江干流主要测站设计洪峰流量成果见表7-8。

表7-8　湘江干流主要测站设计洪峰流量成果表

站名	统计参数			各频率设计值(m^3/s)					备注
	均值(m^3/s)	C_v	C_s/C_v	1%	2%	5%	10%	50%	
湘潭	13 100	0.3	2.0	23 900	22 400	20 200	18 300	12 700	《湘江规划(2013年)》
	13 200	0.3	2.5	24 400	22 700	20 400	18 400	12 600	《长沙综合枢纽初设(2010年)》
				24 500	22 700	20 200	18 100	12 000	湖南省水利云(2022年)

注：设计洪水成果参考《湘江流域综合规划(2019年)》。

2. 资江频率洪水

历史洪水洪峰采用1985年6月由湖南省水文局、湖南省水电设计院、中南勘测设计院及长江委水文局完成的“湖南省洪水调查资料”调查考证成果。依据各主要控制站年最大洪峰流量实测洪水系列及考证的历史洪水，采用P-Ⅲ型曲线适线进行频率计算。资江干流主要测站设计洪峰流量成果见表7-9。

表7-9　资江干流主要测站设计洪峰流量成果表

站名	集水面积(km^2)	统计参数			各频率设计值(m^3/s)					备注
		均值(m^3/s)	C_v	C_s/C_v	1%	2%	5%	10%	50%	
桃江	27 100	7 690	0.44	4.0	19 500	17 300	14 400	12 200	6 760	《资水流域规划报告》(1996年，湖南省水利厅审查)
		7 750	0.44	4.0	19 500	17 400	14 500	12 200	6 810	《修山水电站初步设计报告》(2004年，湖南省水利厅审查)
		7 746	0.44	4.0	19 500	17 400	14 500	12 200	6 810	本次
					16 300	14 700	12 500	10 100		水库调节后

注：设计洪水成果参考《资水流域综合规划(2019年)》。

3. 沅江频率洪水

分别根据以上各站洪水系列及其历史洪水，采用经验频率法进行计算。用P-Ⅲ型曲线适线，点、线配合较好，由此确定统计参数和各频率设计值。适线成果见表 7-10。

表 7-10　沅江流域主要测站设计洪峰流量成果表

站名	均值(m^3/s)	C_v	C_s/C_v	各频率设计值(m^3/s)					备注
				1%	2%	5%	10%	20%	
桃源	18 500	0.40	2.5	40 900	37 300	32 400	28 400	24 100	2010 年计算结果
				40 800	37 000	31 800	27 700	23 300	湖南省水利云(2022 年)
				38 800	34 800	23 000	20 000		《洞庭湖防洪治涝工作手册》
	165	0.25	2	274	259	237	219		此次经验频率计算结果

注：设计洪水成果参考《沅江流域综合规划(2019 年)》。

4. 澧水频率洪水

分别根据以上各站洪水系列及其历史洪水，采用经验频率法进行计算。用P-Ⅲ型曲线适线，点、线配合较好，由此确定统计参数和各频率设计值。适线成果见表 7-11。

表 7-11　澧水流域主要测站设计洪峰流量成果表

站名	集水面积(km^2)	均值(m^3/s)	C_v	C_s/C_v	各频率设计值(m^3/s)						备注
					0.5%	1%	2%	3.3%	5%	10%	
三江口/石门	15 053				28 900	26 100	23 200	21 100	19 400	16 400	2010 年计算结果
					28 100	25 500	22 800	20 800	19 200	16 400	1991 年 4 月
					26 100	23 800	21 500	19 800	18 400	15 900	湖南省水利云(2022 年)

注：设计洪水成果参考《澧水流域综合规划(1999 年)》。

7.4.2.2　计算方案

湘江洪水选取 2017 年实测洪水作为典型年洪水进行计算，资江、沅江选取 1996 年洪水，澧水选取 2003 年洪水，依据洪水频率 1%、5%、10%洪峰量级进行同倍比放大或缩小，确定四水设计洪水过程，分别与长江以及其他三水实测洪水进行组合计算，见图 7-21 至图 7-24。

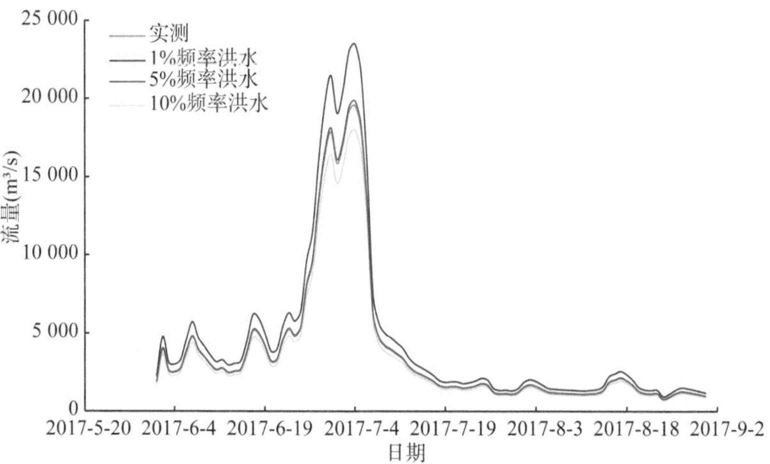

图 7-21　湘江典型年频率洪水

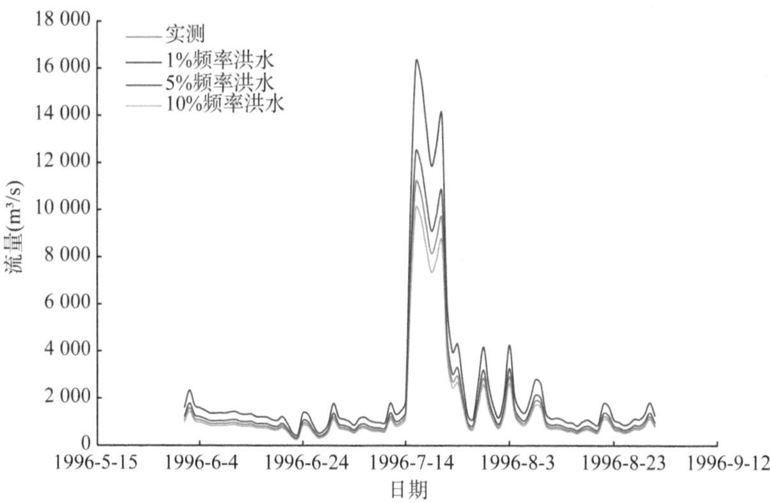

图 7-22　资江典型年频率洪水

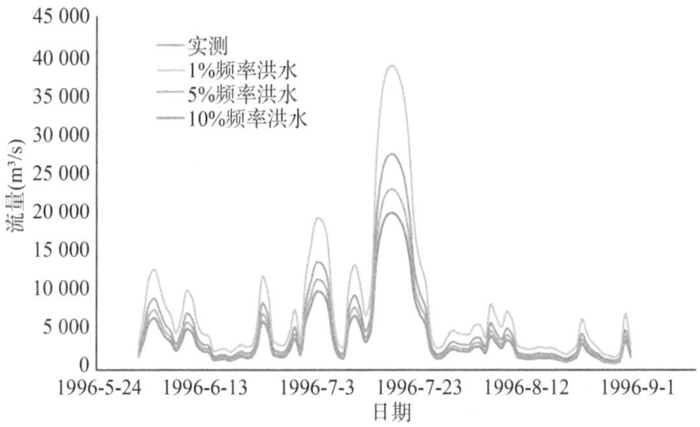

图 7-23　沅江典型年频率洪水

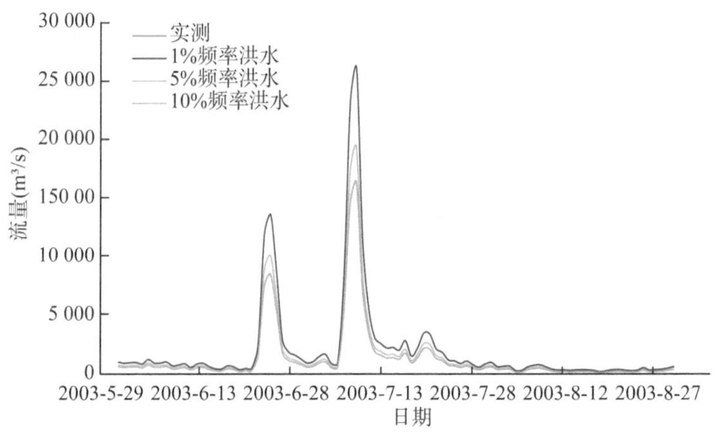

图 7-24　澧水典型年频率洪水

7.4.2.3　模型计算结果

1. 1%频率洪水计算结果(表 7-12)

湘江 1%频率洪水为主组合其他水系计算结果显示，长江干流莲花塘站、湖区内小河咀站、南县站、七里山站计算水位最高值出现在 1999 年，南咀站、安乡站、津市站以 1998 年实测洪水组合计算达到水位最高值，资江益阳站洪水组合最高水位出现在 1995 年，沅江常德站洪水组合最高水位出现在 1996 年。20 世纪 90 年代相继发生流域型洪水，从计算结果可以看出，资江、沅江、澧水受湘江洪水影响较小，1995 年、1996 年资江与沅江发生频率洪水遭遇，1998 年澧水发生频率洪水，而湖区以及长江干流莲花塘站等几个主要控制站最高值出现在

1999年，究其原因主要是当年长江来水集中且洪峰入湖时间与湘江频率洪水入湖时间接近，导致长江干流及湖区各站出现水位极值。湘江控制站长沙站受其他三站影响变化较小，水位波动较小。

表7-12　湘江频率洪水为主洞庭湖区1%频率洪水计算结果

单位：m　吴淞高程

年份	南咀	小河咀	安乡	南县	长沙	益阳	常德	津市	七里山	莲花塘
1981	34.01	33.73	36.79	35.42	39.44	34.01	34.75	39.30	32.55	32.21
1982	34.85	34.70	36.97	35.39	39.28	33.63	40.03	38.73	32.51	32.39
1983	36.15	35.85	37.75	35.66	39.57	34.54	38.81	40.61	33.63	33.20
1984	35.13	35.09	36.84	35.42	39.36	34.59	41.47	38.40	32.63	32.49
1985	34.30	33.85	36.49	34.81	39.29	33.49	38.39	37.18	32.65	32.25
1986	34.95	34.80	36.45	34.53	39.28	34.95	39.31	38.83	32.58	32.15
1987	35.55	35.46	37.08	35.28	39.51	34.58	39.26	38.07	33.50	32.88
1988	34.77	34.82	35.53	33.24	39.35	35.01	41.17	37.40	31.31	30.57
1989	34.18	34.01	36.82	35.54	39.41	36.51	36.76	37.66	32.83	32.70
1990	35.09	35.04	36.46	35.29	39.66	36.85	40.76	37.74	34.10	33.72
1991	36.34	36.26	38.03	35.17	39.33	34.22	42.08	41.27	33.38	32.95
1992	35.11	34.98	36.80	35.32	39.46	35.36	39.29	38.02	33.94	33.51
1993	35.61	35.46	37.36	35.17	39.29	35.28	41.76	40.60	32.38	32.15
1994	33.08	32.95	34.36	32.50	39.30	35.55	36.61	36.72	31.69	31.13
1995	36.60	36.59	36.99	35.35	39.91	38.71	43.49	39.12	34.62	34.15
1996	37.82	37.68	38.41	35.86	39.37	38.66	44.82	39.40	34.79	34.42
1997	34.03	33.65	36.68	34.65	39.25	34.64	36.26	37.79	32.37	32.17
1998	38.11	37.87	39.64	36.73	39.78	36.88	42.93	42.57	34.96	34.68
1999	38.07	37.96	38.71	37.03	40.38	36.89	44.01	39.80	36.07	35.73
2000	35.33	35.07	37.04	35.94	39.61	34.99	39.02	37.75	34.33	33.99
2001	33.62	33.40	35.24	33.57	39.34	33.99	37.71	36.07	32.16	31.55
2002	35.56	35.41	37.06	35.37	39.54	37.41	39.96	37.95	33.58	33.26
2003	37.86	37.58	39.04	35.42	39.41	34.44	42.34	42.29	33.76	33.42
2004	36.21	36.20	36.53	33.22	39.30	34.90	43.19	38.12	32.19	31.67
2005	34.28	34.27	36.28	34.14	39.26	35.16	39.58	36.91	31.50	31.21
2006	32.99	32.74	34.05	32.09	39.25	32.97	34.46	34.78	30.93	30.13
2007	36.09	35.86	37.36	34.74	39.27	33.00	41.47	39.85	32.25	31.92

续表

年份	南咀	小河咀	安乡	南县	长沙	益阳	常德	津市	七里山	莲花塘
2008	33.70	32.95	36.40	33.08	39.24	32.75	35.64	38.90	30.96	30.43
2009	33.22	33.19	35.04	33.09	39.31	33.59	35.13	37.11	31.32	30.64
2010	35.23	35.08	36.41	34.29	39.43	34.10	39.97	39.08	32.48	32.09
2011	32.96	32.88	34.10	32.15	39.29	33.19	36.13	36.70	30.84	30.01
2012	35.48	35.33	36.63	35.05	39.33	33.60	41.26	37.32	32.54	32.24
2013	33.21	33.09	34.74	32.80	39.27	33.00	34.83	37.52	31.55	31.08
2014	36.16	36.01	36.69	33.80	39.33	36.22	43.30	37.34	32.36	31.95
2015	34.06	33.98	35.21	33.71	39.48	34.37	38.85	37.11	32.75	32.20
2016	35.96	35.90	36.74	35.13	39.74	37.90	39.49	39.27	34.46	33.99
2017	36.32	36.33	36.43	34.39	39.94	38.53	42.96	36.63	34.15	33.30
2018	33.85	33.24	36.21	34.18	39.27	33.13	34.30	37.09	31.95	31.48
2019	33.86	33.79	35.09	33.49	39.46	35.15	38.48	36.51	32.51	31.96
2020	36.37	36.18	37.80	35.46	39.64	35.27	40.83	40.16	34.15	33.69
最大值	38.11	37.96	39.64	37.03	40.38	38.71	44.82	42.57	36.07	35.73
最大值年份	1998	1999	1998	1999	1999	1995	1996	1998	1999	1999

资江 1%频率洪水组合其他实测洪水计算结果显示，湖区各站南咀站、小河咀站、安乡站、南县站、澧水尾闾津市站最高水位主要以长江及其他三水 1998 年组合计算结果为主，长江干流控制站以资江频率洪水组合 1999 年实测洪水计算得到最大值，其原因主要与湘江频率洪水出现最高水位原因相同，即四水与长江来水洪峰入湖时间较为接近。另外，湘江干流控制站长沙站最大值出现在 2019 年，与湘江当年发生频率洪水相关；沅江干流控制站常德站最大值出现在 1996 年，与沅江当年发生频率洪水相关。益阳站受其他三条河流影响较小，水位稳定在 40 m 以上，见表 7-13。

表 7-13　资江频率洪水为主洞庭湖区 1%频率洪水计算结果

单位:m　吴淞高程

年份	南咀	小河咀	安乡	南县	长沙	益阳	常德	津市	七里山	莲花塘
1981	34.43	33.76	36.89	35.81	34.28	40.65	35.10	39.28	33.27	33.08
1982	34.94	34.82	36.94	35.49	37.98	40.68	40.03	38.74	32.48	32.35
1983	35.52	35.35	37.31	36.07	35.94	40.73	38.77	40.61	34.21	33.96
1984	35.64	35.57	36.75	35.15	37.30	40.68	41.53	38.45	32.93	32.42

续表

年份	南咀	小河咀	安乡	南县	长沙	益阳	常德	津市	七里山	莲花塘
1985	33.96	33.73	36.20	33.79	33.99	40.67	38.39	37.24	32.5	31.92
1986	34.01	33.90	35.95	33.76	33.97	40.66	39.20	38.84	32.33	31.76
1987	34.98	34.63	37.18	35.51	33.58	40.68	39.07	38.03	32.89	32.72
1988	34.75	34.80	35.60	33.59	33.70	40.65	41.17	37.39	32.40	31.78
1989	34.51	34.17	36.83	35.58	35.93	40.71	36.24	37.66	33.50	33.21
1990	34.27	34.11	35.86	34.12	34.72	40.66	40.76	37.64	32.57	32.13
1991	36.22	36.13	37.75	35.20	34.29	40.79	42.05	41.24	33.62	33.24
1992	34.49	34.31	36.94	35.09	36.78	40.67	39.24	38.07	32.99	32.67
1993	35.83	35.56	37.52	35.22	35.81	40.67	41.77	40.63	32.43	32.19
1994	33.88	33.64	35.11	33.61	38.42	40.66	36.61	36.73	32.41	31.81
1995	35.85	35.84	36.72	34.01	35.78	40.71	43.43	38.98	32.82	32.50
1996	38.14	38.02	38.66	36.44	36.60	40.78	44.83	39.54	35.54	35.13
1997	34.71	34.35	36.86	35.23	35.16	40.68	36.35	37.78	33.37	33.01
1998	38.36	38.09	39.84	37.11	36.83	40.75	43.05	42.61	35.28	35.07
1999	37.70	37.51	38.44	36.86	36.16	40.81	43.99	39.77	35.59	35.40
2000	34.18	33.73	36.74	35.44	34.25	40.67	39.02	37.63	32.94	32.62
2001	33.84	33.59	35.09	33.55	35.86	40.66	37.73	35.63	32.32	31.69
2002	35.87	35.74	37.15	35.56	37.35	40.66	39.98	37.96	34.18	33.87
2003	37.69	37.41	38.91	35.14	34.00	40.76	42.29	42.26	33.30	32.89
2004	36.41	36.40	36.71	33.83	33.95	40.67	43.21	38.16	32.74	32.15
2005	34.86	34.86	36.28	34.18	35.71	40.66	39.67	36.91	32.75	32.18
2006	33.79	33.54	34.96	33.29	37.61	40.66	34.61	35.52	32.26	31.47
2007	36.16	35.93	37.36	34.81	35.84	40.67	41.52	39.87	32.26	31.98
2008	33.88	33.66	36.41	33.41	35.78	40.65	35.64	38.91	32.31	31.59
2009	33.97	33.72	35.27	33.53	33.97	40.65	35.39	37.11	32.41	31.78
2010	35.05	34.90	36.54	34.65	37.72	40.69	39.93	39.03	32.98	32.68
2011	33.72	33.46	34.94	33.35	33.35	40.65	36.10	36.70	32.20	31.48
2012	35.84	35.71	36.78	35.17	35.47	40.68	41.32	37.28	33.63	33.25
2013	34.02	33.80	35.26	33.77	33.78	40.65	35.36	37.54	32.53	31.98
2014	36.29	36.25	36.76	34.43	34.28	40.68	43.31	37.35	33.28	32.71
2015	34.10	33.86	35.35	33.46	33.55	40.65	38.88	37.19	32.39	31.71

续表

年份	南咀	小河咀	安乡	南县	长沙	益阳	常德	津市	七里山	莲花塘
2016	34.86	34.77	36.47	33.80	35.84	40.68	39.21	39.26	32.78	32.43
2017	35.86	35.87	36.01	33.62	38.60	40.67	42.93	36.30	33.24	32.59
2018	34.02	33.66	36.25	34.61	33.26	40.68	34.91	36.87	32.56	32.20
2019	34.40	34.41	35.23	33.93	39.58	40.79	38.55	36.51	33.10	32.46
2020	35.98	35.80	37.44	35.45	34.42	40.73	40.69	40.07	33.93	33.64
最大值	38.36	38.09	39.84	37.11	39.58	40.81	44.83	42.61	35.59	35.40
最大值年份	1998	1998	1998	1998	2019	1999	1996	1998	1999	1999

沅江频率洪水为主时各站计算结果同湘江、资江频率洪水为主的计算结果规律相似。常德站受沅江频率洪水影响，计算水位结果稳定在 46 m 以上，湘江控制站长沙站以 2019 年计算结果为主，长江干流控制站最高水位以 1999 年计算结果为主，湖区内其他各站主要以频率洪水组合 1998 年洪水得到最高水位，资江控制站益阳站由于 1996 年资江频率洪水所以得到该年份计算水位最高值，见表 7-14。

表 7-14　沅江频率洪水为主洞庭湖区 1%频率洪水计算结果

单位：m　吴淞高程

年份	南咀	小河咀	安乡	南县	长沙	益阳	常德	津市	七里山	莲花塘
1981	38.43	38.27	38.98	36.72	35.12	35.20	46.35	39.30	34.76	34.53
1982	38.18	38.04	38.66	36.01	37.85	34.42	46.34	38.70	33.83	33.45
1983	38.64	38.49	39.05	36.57	35.84	35.59	46.43	40.61	35.01	34.69
1984	38.10	37.98	38.41	35.49	37.03	34.81	46.36	38.55	33.56	33.05
1985	38.01	37.91	38.26	34.87	33.92	33.99	46.36	38.26	33.02	32.49
1986	38.07	37.96	38.27	34.44	34.03	34.26	46.37	39.06	33.00	32.42
1987	37.92	37.83	38.08	35.90	33.88	33.97	46.36	38.62	33.47	33.25
1988	37.48	37.44	37.57	33.37	32.88	34.90	46.31	37.62	31.29	30.64
1989	38.33	38.22	38.63	35.99	36.06	35.89	46.42	38.58	34.29	33.83
1990	37.83	37.73	38.04	34.42	34.12	36.82	46.31	38.59	32.61	32.30
1991	38.18	38.06	38.46	35.63	34.61	34.67	46.38	41.28	34.01	33.62
1992	38.21	38.04	38.85	36.23	36.94	34.87	46.34	39.18	34.31	33.96
1993	37.58	37.49	37.96	35.14	35.99	35.02	46.30	40.76	32.90	32.43

续表

年份	南咀	小河咀	安乡	南县	长沙	益阳	常德	津市	七里山	莲花塘
1994	37.57	37.53	37.67	33.41	38.41	36.32	46.32	37.73	32.37	31.46
1995	37.81	37.73	37.98	35.07	35.59	38.35	46.34	38.94	33.40	32.91
1996	38.32	38.24	38.71	36.37	36.43	38.70	46.39	39.56	35.40	35.01
1997	38.45	38.29	38.90	36.38	35.35	35.16	46.39	39.06	34.58	34.26
1998	38.99	38.82	40.10	37.57	36.84	36.84	46.45	42.82	35.77	35.55
1999	38.80	38.66	39.33	37.71	36.71	36.70	46.43	39.60	36.18	35.99
2000	38.49	38.32	38.96	36.58	35.04	35.05	46.38	38.88	34.45	34.08
2001	37.44	37.41	37.52	32.75	35.81	34.14	46.31	37.58	31.46	30.61
2002	37.55	37.51	37.66	35.32	37.24	37.42	46.31	37.90	33.89	33.54
2003	38.08	37.98	38.61	35.59	34.44	34.52	46.38	42.26	33.86	33.50
2004	38.07	37.96	38.31	34.05	33.95	35.47	46.33	38.90	32.86	32.23
2005	37.61	37.55	37.74	34.34	35.34	35.25	46.32	37.81	32.00	31.62
2006	37.48	37.46	37.58	33.74	37.71	34.59	46.30	37.61	32.81	31.86
2007	37.67	37.61	38.00	35.32	35.87	33.83	46.32	40.00	33.24	32.81
2008	37.42	37.40	37.51	33.16	35.80	33.01	46.30	38.90	31.20	30.66
2009	37.66	37.60	37.81	34.06	34.35	33.33	46.32	37.83	32.15	31.57
2010	38.05	37.94	38.33	35.66	37.71	34.52	46.35	39.05	33.97	33.64
2011	37.33	37.32	37.41	32.46	33.33	32.99	46.30	37.48	31.06	30.29
2012	38.19	38.06	38.51	35.86	35.44	35.08	46.36	38.67	34.26	33.85
2013	37.80	37.71	38.00	34.66	33.66	33.51	46.32	38.03	32.49	32.02
2014	38.00	37.90	38.21	35.05	34.36	36.24	46.35	38.35	33.55	33.02
2015	37.52	37.48	37.63	33.12	33.64	34.18	46.31	37.70	31.68	30.99
2016	38.08	37.96	38.42	34.70	35.82	37.16	46.34	39.26	33.65	33.14
2017	37.74	37.67	37.89	34.07	38.56	38.24	46.33	37.97	32.85	32.19
2018	38.37	38.22	38.77	35.85	34.61	34.68	46.39	38.77	33.94	33.48
2019	37.90	37.83	38.05	35.02	39.65	35.84	46.34	38.10	33.80	33.24
2020	38.36	38.21	38.80	36.19	35.20	35.47	46.38	40.10	34.71	34.42
最大值	38.99	38.82	40.10	37.71	39.65	38.70	46.45	42.82	36.18	35.99
最大值年份	1998	1998	1998	1999	2019	1996	1998	1998	1999	1999

澧水1%频率洪水组合实测洪水计算结果显示，该组合方案条件下，主要控

制站最高水位计算方案以 1996 年、1999 年、2003 年、2019 年实测洪水组合为主，湖区南咀站、小河咀站受澧水来流影响，最高值出现在 2003 年，当年沅江站洪峰流量达到 19 900 m^3/s，遭遇长江实测洪水导致南咀站、小河咀站达到最高值，长沙站以 2019 年湘江实测洪水组合计算结果为最大值，长江干流莲花塘站、资江益阳站、沅江常德站以 1996 年资沅洪水遭遇澧水频率洪水计算输出最大值，见表 7-15。

表 7-15　澧水频率洪水为主洞庭湖区 1%频率洪水计算结果

单位：m　吴淞高程

年份	南咀	小河咀	安乡	南县	长沙	益阳	常德	津市	七里山	莲花塘
1981	36.78	35.58	39.74	35.49	34.15	33.34	35.86	44.42	32.55	32.39
1982	36.18	34.88	38.80	35.34	38.00	34.51	40.04	44.30	32.36	32.26
1983	37.20	36.22	39.50	35.68	35.94	33.65	38.94	44.38	33.35	33.17
1984	37.40	36.51	40.59	35.73	37.32	35.32	41.54	44.60	33.24	32.91
1985	37.31	36.48	40.27	34.63	33.77	33.16	38.38	44.52	32.33	31.95
1986	37.33	36.32	39.84	34.09	34.41	34.11	39.20	44.43	32.45	31.88
1987	37.32	36.52	40.10	35.27	33.32	33.33	39.08	44.48	32.51	32.16
1988	36.22	34.92	38.89	33.27	33.46	35.02	41.16	44.31	32.00	31.24
1989	36.52	35.50	39.20	35.79	36.05	35.87	36.35	44.34	33.20	33.03
1990	36.55	35.44	39.14	34.40	34.55	36.88	40.77	44.34	32.45	32.16
1991	38.22	37.84	39.93	35.21	34.07	34.20	42.27	44.43	33.50	33.12
1992	37.23	36.42	39.58	34.76	36.94	34.97	39.41	44.39	33.13	32.63
1993	37.75	37.32	39.36	35.16	35.90	35.02	41.74	44.34	32.85	32.28
1994	36.17	35.03	38.78	33.09	38.49	35.65	36.57	44.30	32.03	31.32
1995	37.37	36.81	39.71	34.83	36.08	38.52	43.47	44.40	33.31	32.86
1996	37.99	37.89	39.89	36.22	36.31	38.77	44.84	44.44	35.25	34.86
1997	36.90	35.99	39.88	34.93	35.72	34.61	36.43	44.44	32.37	32.07
1998	37.24	36.86	40.05	36.29	37.36	37.16	42.70	44.46	34.32	34.07
1999	38.41	37.88	40.84	36.39	35.62	36.23	43.97	44.64	34.82	34.63
2000	37.22	36.10	40.12	35.28	34.29	33.28	39.01	44.49	32.38	31.93
2001	36.59	35.56	39.32	33.03	35.89	34.16	37.72	44.36	31.93	31.17
2002	36.44	35.94	39.06	35.80	37.62	37.69	39.97	44.33	34.59	34.27
2003	38.64	38.26	40.06	35.51	34.20	34.32	42.56	44.45	33.67	33.34
2004	36.41	36.25	38.81	33.38	33.45	34.97	43.19	44.30	32.37	31.83

续表

年份	南咀	小河咀	安乡	南县	长沙	益阳	常德	津市	七里山	莲花塘
2005	36.53	35.36	39.43	34.33	35.68	35.56	39.64	44.37	32.56	31.95
2006	36.37	35.23	39.23	32.81	37.31	33.10	35.65	44.35	31.86	31.06
2007	36.76	35.62	39.88	34.72	35.84	32.94	41.35	44.44	32.23	32.08
2008	34.26	33.59	36.44	33.06	35.79	33.16	35.43	41.25	31.90	31.09
2009	36.24	35.31	38.68	33.14	34.04	33.37	35.86	44.29	32.01	31.25
2010	36.81	36.11	39.37	34.25	37.78	34.19	40.29	44.36	32.53	32.12
2011	36.36	35.06	39.17	32.85	33.40	32.82	36.12	44.34	31.74	30.92
2012	37.12	36.27	40.23	35.08	35.49	33.90	41.30	44.51	32.64	32.31
2013	36.50	35.24	39.39	33.26	33.54	33.13	35.48	44.37	32.17	31.59
2014	36.81	36.24	39.30	34.19	34.01	36.39	43.36	44.35	32.56	32.09
2015	36.37	35.35	38.87	32.97	33.63	34.36	38.85	44.31	31.98	31.21
2016	37.15	36.23	39.34	34.13	35.85	37.15	39.22	44.35	32.88	32.47
2017	36.94	36.30	39.41	34.32	38.94	38.50	42.98	44.36	33.96	33.11
2018	37.11	36.25	40.13	34.59	32.99	33.12	36.68	44.49	32.14	31.82
2019	36.81	36.38	38.79	34.46	39.72	36.47	39.20	44.30	33.55	32.71
2020	38.19	37.62	39.94	35.44	34.68	35.27	40.99	44.43	33.69	33.23
最大值	38.64	38.26	40.84	36.39	39.72	38.77	44.84	44.64	35.25	34.86
最大值年份	2003	2003	1999	1999	2019	1996	1996	1999	1996	1996

2. 5%频率洪水计算结果

湘江 5%频率洪水组合计算结果主要以典型大水年组合洪水为主，湖区主要控制站南咀站、小河咀站、安乡站及澧水津市站以 1998 年长江、资江、沅江、澧水实测洪水组合结果作为最大值水位输出，南县站、长沙站、长江干流七里山站与莲花塘站以 1999 年实测洪水组合结果作为最大值水位输出，益阳站与常德站以 1996 年实测洪水组合结果作为最大值水位输出，见表 7-16。

表 7-16　湘江频率洪水为主洞庭湖区 5%频率洪水计算结果

单位:m　吴淞高程

年份	南咀	小河咀	安乡	南县	长沙	益阳	常德	津市	七里山	莲花塘
1981	34.00	33.40	36.79	35.41	38.39	33.72	34.73	39.29	32.51	32.22
1982	35.24	35.24	36.97	35.38	38.49	35.25	40.03	38.73	34.51	33.98
1983	36.00	35.69	37.62	35.64	38.54	34.25	38.80	40.61	33.29	33.11

续表

年份	南咀	小河咀	安乡	南县	长沙	益阳	常德	津市	七里山	莲花塘
1984	35.10	35.07	36.82	35.33	38.31	34.55	41.46	38.40	32.45	32.31
1985	34.14	33.55	36.42	34.56	38.23	33.11	38.39	37.17	32.26	31.90
1986	34.82	34.67	36.37	34.35	38.22	34.76	39.28	38.83	32.28	31.89
1987	35.34	35.23	37.06	35.27	38.47	34.16	39.21	37.98	33.01	32.50
1988	34.92	34.93	35.78	34.06	38.30	35.08	41.19	37.39	32.36	31.85
1989	34.18	33.74	36.82	35.52	38.37	36.26	36.61	37.66	32.77	32.64
1990	34.78	34.59	36.31	35.05	38.63	36.84	40.76	37.72	33.73	33.36
1991	36.29	36.12	37.98	35.16	38.28	34.00	42.07	41.27	33.27	32.85
1992	34.60	34.50	36.80	34.43	38.42	35.07	39.25	38.02	32.52	31.99
1993	35.61	35.45	37.36	35.16	38.25	35.10	41.76	40.60	32.35	32.15
1994	33.03	32.82	34.29	32.28	38.25	35.54	36.60	36.72	31.11	30.58
1995	36.43	36.42	36.92	35.10	38.93	38.62	43.47	39.09	34.29	33.82
1996	37.81	37.67	38.40	35.84	38.33	38.65	44.82	39.39	34.77	34.39
1997	34.00	33.44	36.68	34.62	38.20	34.61	36.24	37.76	32.32	32.12
1998	38.10	37.86	39.64	36.70	38.77	36.85	42.93	42.56	34.86	34.65
1999	37.93	37.81	38.62	36.78	39.46	36.62	44.01	39.79	35.75	35.41
2000	35.04	34.82	36.95	35.75	38.57	34.57	39.02	37.72	33.95	33.62
2001	33.37	33.04	35.14	33.33	38.28	33.97	37.71	36.02	31.76	31.23
2002	35.55	35.39	37.06	35.36	38.50	37.40	39.96	37.94	33.55	33.24
2003	37.81	37.53	39.00	35.33	38.39	34.28	42.33	42.29	33.62	33.28
2004	36.21	36.20	36.52	33.18	38.26	34.89	43.19	38.12	32.14	31.62
2005	34.28	34.28	36.27	34.13	38.22	35.12	39.57	36.91	31.38	31.17
2006	32.93	32.66	34.00	32.00	38.20	32.62	34.45	34.74	30.79	30.01
2007	36.09	35.85	37.36	34.72	38.22	32.95	41.47	39.85	32.23	31.91
2008	33.69	32.89	36.39	33.06	38.19	32.44	35.63	38.90	30.82	30.37
2009	33.15	32.97	35.04	33.07	38.26	33.26	34.98	37.11	31.01	30.23
2010	35.21	35.04	36.39	34.26	38.38	34.00	39.96	39.07	32.18	32.05
2011	32.90	32.61	34.04	32.07	38.25	32.84	36.11	36.70	30.72	29.87
2012	35.47	35.32	36.63	35.03	38.28	33.59	41.25	37.30	32.40	32.21
2013	33.16	33.02	34.55	32.45	38.22	32.67	34.79	37.52	31.14	30.58
2014	36.14	36.00	36.67	33.74	38.29	36.21	43.30	37.34	32.30	31.92

续表

年份	南咀	小河咀	安乡	南县	长沙	益阳	常德	津市	七里山	莲花塘
2015	33.87	33.82	35.12	33.46	38.45	34.36	38.84	37.10	32.41	31.89
2016	35.72	35.66	36.68	34.84	38.72	37.70	39.41	39.27	34.10	33.64
2017	36.16	36.18	36.29	34.14	38.97	38.42	42.95	36.51	33.84	32.96
2018	33.69	32.99	36.22	34.21	38.22	32.73	34.26	37.05	31.69	31.53
2019	33.63	33.51	34.96	33.33	38.42	35.13	38.46	36.51	32.24	31.70
2020	36.30	36.19	37.70	35.46	38.60	35.25	40.79	40.13	33.77	33.35
最大值	38.10	37.86	39.64	36.78	39.46	38.65	44.82	42.56	35.75	35.41
最大值年份	1998	1998	1998	1999	1999	1996	1996	1998	1999	1999

资江5%频率洪水组合计算结果主要以典型大水年组合洪水为主，湖区主要控制站南咀站、小河咀站、安乡站、南县站以1998年长江、湘江、沅江、澧水实测洪水组合结果作为最大值水位输出，长沙站以2019年实测洪水组合结果作为最大值输出，益阳站、七里山站与莲花塘站以1999年实测洪水组合结果作为最大值水位输出，常德站以1996年实测洪水组合结果作为最大值输出，津市站以1998年实测洪水组合结果作为最大值输出，见表7-17。

表7-17　资江频率洪水为主洞庭湖区5%频率洪水计算结果

单位:m　吴淞高程

年份	南咀	小河咀	安乡	南县	长沙	益阳	常德	津市	七里山	莲花塘
1981	34.26	33.67	36.85	35.68	34.18	39.01	35.12	39.28	32.94	32.79
1982	35.03	34.90	36.98	35.41	37.97	39.01	40.04	38.75	32.57	32.44
1983	35.57	35.30	37.41	35.83	35.92	39.12	38.76	40.62	33.94	33.66
1984	35.47	35.42	36.75	35.14	37.22	39.06	41.53	38.44	32.72	32.21
1985	33.67	33.59	36.19	33.68	33.76	39.03	38.39	37.23	32.11	31.49
1986	33.84	33.52	35.95	33.64	33.95	39.03	39.20	38.84	31.93	31.33
1987	34.92	34.62	37.16	35.44	33.30	39.05	39.07	38.01	32.72	32.57
1988	34.75	34.80	35.57	33.29	33.43	39.00	41.17	37.39	31.95	31.20
1989	34.37	33.88	36.82	35.52	35.92	39.10	36.23	37.65	33.23	33.02
1990	34.01	33.98	35.86	34.10	34.55	39.01	40.76	37.64	32.30	32.10
1991	36.21	36.12	37.80	35.19	34.04	39.21	42.05	41.24	33.42	33.00
1992	34.50	34.41	36.90	34.97	36.77	39.04	39.24	38.06	32.65	32.36
1993	35.78	35.50	37.49	35.20	35.80	39.03	41.77	40.62	32.39	32.19

续表

年份	南咀	小河咀	安乡	南县	长沙	益阳	常德	津市	七里山	莲花塘
1994	33.58	33.48	34.75	33.04	38.41	39.02	36.60	36.73	31.98	31.26
1995	35.84	35.83	36.71	33.98	35.76	39.09	43.43	38.98	32.79	32.47
1996	38.01	37.88	38.55	36.21	36.30	39.23	44.82	39.48	35.24	34.85
1997	34.47	34.02	36.85	35.14	35.14	39.06	36.29	37.78	32.99	32.70
1998	38.26	38.02	39.78	36.92	36.83	39.16	43.02	42.60	35.14	34.93
1999	37.70	37.51	38.44	36.68	35.87	39.24	43.99	39.76	35.31	35.13
2000	34.03	33.59	36.73	35.34	34.23	39.03	39.02	37.63	32.57	32.31
2001	33.54	33.43	34.73	32.98	35.85	39.02	37.72	35.62	31.87	31.11
2002	35.85	35.72	37.14	35.54	37.34	39.01	39.98	37.96	34.15	33.84
2003	37.70	37.41	38.92	35.12	33.72	39.17	42.29	42.26	33.16	32.88
2004	36.32	36.22	36.64	33.60	33.68	39.04	43.21	38.15	32.45	31.87
2005	34.61	34.60	36.28	34.16	35.53	39.02	39.63	36.91	32.40	31.81
2006	33.48	33.36	34.47	32.76	37.51	39.02	34.60	35.11	31.81	31.01
2007	36.17	35.94	37.36	34.79	35.82	39.03	41.52	39.87	32.31	31.95
2008	33.70	33.51	36.41	33.04	35.77	39.01	35.63	38.91	31.84	31.03
2009	33.68	33.59	35.11	33.15	33.95	39.01	35.20	37.11	31.95	31.19
2010	35.03	34.89	36.49	34.53	37.72	39.08	39.93	39.03	32.72	32.46
2011	33.41	33.28	34.54	32.80	33.33	39.00	36.09	36.70	31.71	30.88
2012	35.71	35.58	36.70	35.13	35.45	39.05	41.29	37.28	33.32	32.88
2013	33.75	33.68	34.93	33.21	33.53	39.00	35.18	37.53	32.14	31.55
2014	36.22	36.17	36.71	34.19	33.94	39.05	43.30	37.34	32.91	32.44
2015	33.82	33.75	35.02	32.92	33.50	39.01	38.87	37.14	31.93	31.16
2016	34.86	34.76	36.47	33.38	35.83	39.05	39.21	39.26	32.41	32.08
2017	35.85	35.86	36.00	33.59	38.59	39.04	42.93	36.29	33.20	32.55
2018	33.86	33.53	36.21	34.42	32.96	39.05	34.70	36.87	32.23	31.91
2019	34.19	34.19	34.94	33.74	39.58	39.23	38.55	36.51	32.85	32.24
2020	35.98	35.80	37.50	35.45	34.10	39.12	40.69	40.07	33.65	33.38
最大值	38.26	38.02	39.78	36.92	39.58	39.24	44.82	42.60	35.31	35.13
最大值年份	1998	1998	1998	1998	2019	1999	1996	1998	1999	1999

沅江5%频率洪水组合计算结果主要以典型大水年组合洪水为主，湖区主要控制站南咀站、小河咀站、安乡站、津市站以1998年实测组合洪水结果为最高

水位输出，长沙站与资江频率洪水组合计算结果一致，均以2019年洪水结果为主，资江控制站益阳站水位最高值出现在1996年组合洪水计算结果，南县站、七里山站、莲花塘站以1999年实测组合洪水结果输出水位最高值，见表7-18。

表7-18 沅江频率洪水为主洞庭湖区5%频率洪水计算结果

单位：m 吴淞高程

年份	南咀	小河咀	安乡	南县	长沙	益阳	常德	津市	七里山	莲花塘
1981	37.39	37.23	38.24	36.29	34.58	34.72	43.43	39.29	34.21	33.97
1982	37.13	36.98	37.88	35.45	37.85	33.97	43.41	38.70	33.08	32.70
1983	37.55	37.41	38.19	35.95	35.83	34.82	43.55	40.61	34.28	33.98
1984	36.89	36.79	37.39	35.28	37.01	34.76	43.45	38.52	32.71	32.25
1985	36.71	36.64	37.11	34.27	33.16	33.15	43.44	37.18	32.16	31.61
1986	36.85	36.76	37.34	33.79	33.93	34.18	43.44	38.99	32.30	31.70
1987	36.52	36.48	37.45	35.70	33.33	33.36	43.44	38.33	33.07	32.91
1988	35.79	35.80	35.97	33.34	32.79	34.89	43.37	37.40	31.06	30.27
1989	37.30	37.18	37.89	35.70	36.04	35.87	43.55	37.81	33.69	33.30
1990	36.35	36.21	36.80	34.31	34.06	36.81	43.38	37.72	32.62	32.33
1991	37.00	36.90	37.98	35.07	33.86	33.94	43.47	41.27	33.30	32.85
1992	37.32	37.12	38.23	35.61	36.89	34.85	43.41	38.75	33.65	33.30
1993	36.31	36.11	37.74	35.12	35.97	34.96	43.37	40.70	32.29	31.99
1994	36.01	35.97	36.20	32.66	38.40	36.01	43.39	36.73	31.60	30.85
1995	36.36	36.32	36.80	34.43	35.57	38.35	43.41	38.92	32.69	32.24
1996	37.40	37.27	38.07	35.72	35.81	38.65	43.48	39.25	34.73	34.35
1997	37.41	37.25	38.23	35.82	35.31	34.68	43.48	38.61	33.94	33.62
1998	37.96	37.74	39.89	36.73	36.82	36.83	43.59	42.75	35.10	34.86
1999	37.84	37.71	38.64	37.13	36.16	36.19	43.56	39.60	35.64	35.45
2000	37.36	37.22	38.07	35.79	34.27	34.29	43.46	38.02	33.68	33.31
2001	35.76	35.79	35.92	32.60	35.80	34.10	43.37	36.04	30.96	30.19
2002	35.97	36.01	36.74	35.31	37.23	37.42	43.38	37.89	33.86	33.51
2003	36.89	36.81	38.54	35.05	33.72	33.80	43.48	42.25	33.18	32.83
2004	36.72	36.63	37.14	33.46	33.38	35.06	43.40	38.50	32.23	31.68
2005	36.04	35.96	36.38	34.21	35.31	35.22	43.39	36.91	31.55	31.40
2006	35.90	35.90	36.07	34.15	37.57	33.97	43.37	36.15	32.29	31.99

续表

年份	南咀	小河咀	安乡	南县	长沙	益阳	常德	津市	七里山	莲花塘
2007	36.37	36.16	37.70	34.96	35.85	33.24	43.39	39.94	32.61	32.27
2008	35.76	35.78	36.38	32.97	35.78	32.47	43.37	38.90	30.93	30.11
2009	36.10	36.01	36.43	33.41	34.30	32.77	43.39	37.12	31.57	31.07
2010	36.92	36.77	37.71	35.10	37.70	34.07	43.43	39.04	33.36	33.00
2011	35.64	35.70	35.80	32.12	33.29	32.43	43.36	36.69	30.78	29.94
2012	37.07	36.95	37.65	35.21	35.41	34.40	43.43	37.87	33.54	33.16
2013	36.30	36.16	36.80	33.95	33.63	32.84	43.39	37.54	31.78	31.26
2014	36.59	36.52	37.04	34.44	33.68	36.24	43.43	37.47	32.77	32.32
2015	35.94	35.96	36.15	32.32	33.59	34.17	43.37	37.10	31.04	30.52
2016	36.94	36.82	37.52	34.20	35.81	37.13	43.41	39.25	33.10	32.67
2017	36.21	36.11	36.51	33.46	38.54	38.23	43.40	36.68	32.73	32.05
2018	37.23	37.09	37.86	35.17	33.80	33.87	43.49	37.88	33.12	32.69
2019	36.46	36.36	36.74	34.39	39.63	35.80	43.42	36.83	33.06	32.54
2020	37.36	37.21	38.06	35.58	34.55	35.37	43.46	40.08	34.13	33.83
最大值	37.96	37.74	39.89	37.13	39.63	38.65	43.59	42.75	35.64	35.45
最大值年份	1998	1998	1998	1999	2019	1996	1998	1998	1999	1999

澧水5%频率洪水组合计算结果显示，洪水最高值出现年份主要集中在1996年、1999年、2003年、2019年，南咀站以2003年实测洪水组合计算输出水位最大值，小河咀站、益阳站、常德站、七里山站、莲花塘站以1996年实测洪水组合计算输出水位最大值，安乡站、南县站、津市站以1999年实测洪水组合计算输出水位最大值，见表7-19。

表7-19　澧水频率洪水为主洞庭湖区5%频率洪水计算结果

单位：m　吴淞高程

年份	南咀	小河咀	安乡	南县	长沙	益阳	常德	津市	七里山	莲花塘
1981	35.88	34.77	38.87	35.45	34.12	33.28	35.13	43.01	32.63	32.34
1982	35.25	34.00	37.71	35.33	37.99	34.50	40.04	42.86	32.35	32.24
1983	36.32	35.44	38.61	35.61	35.93	33.50	38.88	42.95	33.21	33.04
1984	36.56	35.53	39.74	35.48	37.30	35.28	41.53	43.22	32.92	32.56
1985	36.46	35.55	39.40	34.26	33.71	33.09	38.38	43.12	32.07	31.59

续表

年份	南咀	小河咀	安乡	南县	长沙	益阳	常德	津市	七里山	莲花塘
1986	36.51	35.53	39.00	33.80	34.22	34.09	39.19	43.02	32.22	31.63
1987	36.49	35.60	39.22	35.26	33.26	33.01	39.05	43.07	32.32	32.19
1988	35.34	34.65	38.00	33.26	33.40	35.02	41.16	42.88	31.92	31.16
1989	35.65	34.66	38.27	35.66	36.03	35.86	36.33	42.91	33.00	32.86
1990	35.61	34.65	38.24	34.34	34.52	36.88	40.77	42.91	32.41	32.14
1991	37.56	37.24	39.04	35.15	33.83	33.90	42.20	43.02	33.28	32.85
1992	36.35	35.64	38.68	34.69	36.92	34.96	39.34	42.96	32.80	32.32
1993	37.03	36.72	38.28	35.16	35.89	35.01	41.73	42.90	32.50	32.18
1994	35.31	33.53	37.89	33.02	38.48	35.63	36.56	42.87	31.95	31.23
1995	36.53	36.27	38.83	34.51	36.02	38.49	43.46	42.98	33.11	32.69
1996	37.89	37.79	39.02	36.13	36.21	38.73	44.83	43.03	35.16	34.77
1997	36.13	35.30	39.00	34.83	35.57	34.60	36.24	43.03	32.41	32.24
1998	36.89	36.73	39.15	36.28	37.29	37.10	42.68	43.05	34.25	34.03
1999	37.76	37.33	40.03	36.32	35.53	36.15	43.94	43.25	34.73	34.54
2000	36.41	35.42	39.25	35.22	34.28	33.22	39.01	43.09	32.06	31.94
2001	35.67	34.78	38.44	32.96	35.88	34.15	37.72	42.94	31.84	31.09
2002	36.04	35.93	38.10	35.79	37.61	37.69	39.97	42.89	34.58	34.26
2003	38.01	37.70	39.31	35.21	33.88	33.97	42.37	43.03	33.33	32.99
2004	36.28	36.24	37.90	33.27	33.36	34.92	43.18	42.87	32.25	31.71
2005	35.73	34.60	38.60	34.10	35.66	35.55	39.63	42.94	32.48	31.87
2006	35.46	34.35	38.31	32.74	37.30	33.04	34.88	42.92	31.78	30.98
2007	35.89	35.18	38.99	34.68	35.84	32.87	41.34	43.03	32.18	32.04
2008	33.63	33.52	35.61	33.04	35.78	33.10	35.42	40.14	31.82	31.01
2009	35.29	33.58	37.53	33.13	34.02	33.31	35.19	42.85	31.93	31.17
2010	35.99	35.59	38.45	34.19	37.78	34.18	40.13	42.93	32.13	31.96
2011	35.47	33.40	38.27	32.78	33.39	32.75	36.11	42.91	31.66	30.83
2012	36.30	35.43	39.36	35.05	35.48	33.81	41.28	43.11	32.53	32.23
2013	35.61	33.67	38.50	33.18	33.48	33.07	35.18	42.94	32.10	31.51
2014	36.28	36.22	38.39	34.06	34.00	36.31	43.35	42.93	32.46	31.95
2015	35.46	34.59	38.01	32.90	33.60	34.35	38.84	42.88	31.90	31.13

续表

年份	南咀	小河咀	安乡	南县	长沙	益阳	常德	津市	七里山	莲花塘
2016	36.29	35.53	38.42	33.77	35.84	37.13	39.21	42.92	32.71	32.39
2017	36.22	36.23	38.47	34.23	38.92	38.47	42.97	42.93	33.89	33.03
2018	36.26	35.44	39.25	34.36	32.92	33.06	35.93	43.09	32.00	31.51
2019	35.96	35.55	37.73	34.06	39.67	36.26	39.00	42.86	33.10	32.36
2020	37.37	37.07	39.05	35.43	34.32	35.21	40.77	43.00	33.47	33.02
最大值	38.01	37.79	40.03	36.32	39.67	38.73	44.83	43.25	35.16	34.77
最大值年份	2003	1996	1999	1999	2019	1996	1996	1999	1996	1996

3. 10%频率洪水计算结果

湘江 10%频率洪水组合计算结果显示，洪水最高值出现年份与 5%频率洪水组合实测洪水一致，均出现在 1996 年、1998 年、1999 年。其中南咀站、小河咀站、安乡站、津市站以 1998 年洪水组合计算结果输出水位最高值，南县站、长沙站、七里山站、莲花塘站以 1999 年洪水组合计算结果输出水位最高值，益阳站、常德站以 1996 年洪水组合计算结果输出水位最高值，见表 7-20。

表 7-20 湘江频率洪水为主洞庭湖区 10%频率洪水计算结果

单位：m 吴淞高程

年份	南咀	小河咀	安乡	南县	长沙	益阳	常德	津市	七里山	莲花塘
1981	34.00	33.25	36.78	35.40	37.82	33.57	34.71	39.29	32.30	32.16
1982	34.78	34.64	36.96	35.38	37.65	33.57	40.03	38.73	32.47	32.35
1983	35.95	35.62	37.58	35.63	37.98	34.09	38.80	40.61	33.26	33.08
1984	35.09	35.05	36.81	35.29	37.72	34.53	41.46	38.41	32.36	32.23
1985	34.08	33.61	36.37	34.41	37.65	32.92	38.38	37.17	32.06	31.71
1986	34.77	34.61	36.33	34.23	37.64	34.66	39.27	38.82	32.13	31.75
1987	35.23	35.12	37.05	35.26	37.90	33.94	39.19	37.94	32.77	32.29
1988	34.77	34.82	35.52	33.22	37.73	35.00	41.17	37.39	30.86	30.13
1989	34.16	33.57	36.81	35.51	37.79	36.14	36.53	37.65	32.74	32.62
1990	34.65	34.55	36.24	34.93	38.08	36.84	40.76	37.71	33.55	33.19
1991	36.28	36.10	37.96	35.15	37.70	33.93	42.07	41.26	33.19	32.83
1992	34.59	34.49	36.80	34.41	37.85	34.96	39.25	38.02	32.33	31.78
1993	35.60	35.45	37.36	35.17	37.67	35.04	41.76	40.60	32.44	32.27

续表

年份	南咀	小河咀	安乡	南县	长沙	益阳	常德	津市	七里山	莲花塘
1994	33.00	32.78	34.26	32.23	37.66	35.53	36.60	36.72	30.90	30.39
1995	36.35	36.33	36.88	34.97	38.39	38.57	43.47	39.07	34.12	33.65
1996	37.80	37.66	38.39	35.83	37.75	38.65	44.82	39.39	34.75	34.38
1997	33.99	33.60	36.67	34.60	37.62	34.60	36.24	37.76	32.29	32.10
1998	38.10	37.85	39.63	36.55	38.21	36.84	42.92	42.56	34.84	34.63
1999	37.89	37.74	38.59	36.66	38.94	36.48	44.00	39.78	35.58	35.25
2000	34.90	34.64	36.92	35.66	37.99	34.36	39.01	37.71	33.76	33.43
2001	33.26	32.85	35.11	33.34	37.70	33.96	37.70	36.01	31.71	31.31
2002	35.54	35.39	37.06	35.35	37.94	37.40	39.96	37.94	33.53	33.22
2003	37.81	37.52	39.00	35.31	37.82	34.23	42.33	42.29	33.59	33.21
2004	36.20	36.09	36.52	33.16	37.68	34.88	43.19	38.12	32.11	31.59
2005	34.23	34.23	36.27	34.12	37.63	35.11	39.57	36.91	31.31	31.15
2006	32.90	32.62	33.98	31.96	37.62	32.43	34.44	34.73	30.73	29.95
2007	36.08	35.85	37.35	34.78	37.64	32.93	41.47	39.85	32.29	32.03
2008	33.69	32.88	36.39	33.05	37.61	32.40	35.62	38.90	30.75	30.35
2009	33.12	32.94	35.03	33.06	37.69	33.09	34.91	37.11	30.95	30.18
2010	35.16	35.00	36.36	34.24	37.81	33.98	39.95	39.06	32.16	32.03
2011	32.87	32.57	34.01	32.02	37.66	32.65	36.11	36.70	30.65	29.81
2012	35.46	35.31	36.63	35.03	37.70	33.58	41.25	37.30	32.38	32.19
2013	33.13	32.99	34.67	32.76	37.64	32.52	34.77	37.52	31.08	30.55
2014	36.14	35.99	36.66	33.72	37.71	36.20	43.30	37.33	32.27	31.89
2015	33.72	33.57	35.04	33.37	37.88	34.34	38.84	37.10	32.30	31.74
2016	35.61	35.54	36.65	34.69	38.16	37.61	39.38	39.27	33.92	33.46
2017	36.09	36.10	36.22	34.00	38.45	38.38	42.95	36.46	33.67	32.78
2018	33.67	32.88	36.21	34.20	37.64	32.53	34.24	37.03	31.66	31.49
2019	33.50	33.39	34.89	33.20	37.87	35.11	38.46	36.51	32.25	31.78
2020	36.24	36.05	37.66	35.46	38.03	35.24	40.77	40.12	33.57	33.18
最大值	38.10	37.85	39.63	36.66	38.94	38.65	44.82	42.56	35.58	35.25
最大值年份	1998	1998	1998	1999	1999	1996	1996	1998	1999	1999

资江10%频率洪水组合计算结果显示，洪水最高值出现年份与5%频率洪

水组合实测洪水接近。最高值水位出现在 1996 年、1998 年、1999 年、2019 年，资江益阳站、沅江常德站以 1996 年实测洪水组合计算结果输出水位最大值，湖区南咀站、小河咀站、安乡站、南县站以及澧水津市站以 1998 年实测洪水组合计算结果输出水位最大值，长江七里山站、莲花塘站以 1999 年实测洪水组合计算结果输出水位最大值，湘江长沙站以 2019 年实测洪水组合计算结果输出水位最大值，见表 7-21。

表 7-21　资江频率洪水为主洞庭湖区 10%频率洪水计算结果

单位：m　吴淞高程

年份	南咀	小河咀	安乡	南县	长沙	益阳	常德	津市	七里山	莲花塘
1981	34.17	33.63	36.83	35.60	34.13	37.72	35.09	39.28	32.76	32.59
1982	35.02	34.89	36.98	35.40	37.97	37.71	40.04	38.75	32.52	32.40
1983	35.57	35.30	37.41	35.76	35.92	37.90	38.75	40.62	33.76	33.50
1984	35.45	35.39	36.74	35.13	37.20	37.77	41.52	38.43	32.67	32.16
1985	33.62	33.54	36.19	33.67	33.71	37.74	38.39	37.21	32.05	31.43
1986	33.83	33.50	35.95	33.63	33.93	37.74	39.20	38.84	31.86	31.25
1987	34.85	34.62	37.14	35.39	33.25	37.77	39.06	37.99	32.58	32.44
1988	34.74	34.80	35.56	33.28	33.38	37.70	41.17	37.39	31.88	31.13
1989	34.30	33.69	36.81	35.49	35.91	37.86	36.23	37.65	33.08	32.92
1990	33.96	33.93	35.86	34.09	34.51	37.72	40.76	37.63	32.28	32.08
1991	36.21	36.12	37.83	35.18	33.86	37.94	42.05	41.24	33.28	32.86
1992	34.50	34.40	36.88	34.91	36.76	37.74	39.24	38.05	32.45	32.17
1993	35.73	35.48	37.46	35.21	35.79	37.74	41.77	40.62	32.46	32.30
1994	33.53	33.43	34.72	32.98	38.41	37.73	36.60	36.73	31.91	31.19
1995	35.84	35.83	36.71	33.96	35.75	37.80	43.43	38.98	32.76	32.45
1996	37.92	37.78	38.48	36.06	36.11	38.07	44.82	39.44	35.06	34.67
1997	34.37	33.67	36.77	35.05	35.13	37.77	36.25	37.76	32.77	32.51
1998	38.21	37.97	39.75	36.90	36.82	37.94	43.00	42.59	35.04	34.83
1999	37.70	37.51	38.44	36.56	35.70	38.04	43.99	39.76	35.14	34.96
2000	34.02	33.54	36.73	35.28	34.22	37.74	39.02	37.63	32.35	32.12
2001	33.49	33.38	34.70	32.92	35.84	37.73	37.72	35.62	31.80	31.05
2002	35.84	35.71	37.14	35.53	37.33	37.72	39.97	37.96	34.12	33.82
2003	37.69	37.41	38.91	35.11	33.67	37.89	42.29	42.26	33.13	32.86
2004	36.28	36.17	36.60	33.50	33.55	37.75	43.20	38.14	32.32	31.75

续表

年份	南咀	小河咀	安乡	南县	长沙	益阳	常德	津市	七里山	莲花塘
2005	34.58	34.57	36.28	34.14	35.52	37.72	39.62	36.91	32.33	31.75
2006	33.43	33.31	34.44	32.70	37.45	37.73	34.60	35.09	31.73	30.94
2007	36.15	36.01	37.33	34.76	35.81	37.74	41.50	39.86	32.28	31.92
2008	33.70	33.46	36.40	33.03	35.76	37.71	35.62	38.90	31.76	30.96
2009	33.64	33.54	35.09	33.13	33.94	37.72	35.16	37.11	31.88	31.12
2010	35.06	34.89	36.45	34.50	37.71	37.78	39.93	39.03	32.71	32.52
2011	33.37	33.23	34.51	32.75	33.33	37.70	36.09	36.70	31.64	30.81
2012	35.65	35.51	36.67	35.10	35.44	37.77	41.28	37.28	33.07	32.70
2013	33.70	33.63	34.89	33.15	33.51	37.71	35.15	37.53	32.07	31.48
2014	36.20	36.14	36.70	34.05	33.90	37.78	43.30	37.34	32.70	32.24
2015	33.77	33.70	34.99	32.87	33.49	37.72	38.87	37.13	31.86	31.09
2016	34.85	34.76	36.45	33.36	35.82	37.76	39.21	39.26	32.33	32.06
2017	35.84	35.85	35.99	33.56	38.59	37.75	42.93	36.29	33.18	32.53
2018	33.78	33.48	36.20	34.33	32.90	37.78	34.67	36.87	32.03	31.73
2019	34.05	34.05	34.86	33.66	39.57	38.01	38.55	36.51	32.75	32.16
2020	35.97	35.79	37.50	35.44	34.05	37.87	40.69	40.07	33.49	33.23
最大值	38.21	37.97	39.75	36.90	39.57	38.07	44.82	42.59	35.14	34.96
最大值年份	1998	1998	1998	1998	2019	1996	1996	1998	1999	1999

沅江10%频率洪水与资江计算结果中湘江长沙站水位最高值年份均出现在2019年，湖区主要控制站南咀站、小河咀站、安乡站，以及沅江常德站、澧水津市站最高水位计算值均出现在1998年，南县站、七里山站、莲花塘站最高水位计算值出现在1999年，资江益阳站以1996年实测洪水组合计算结果输出水位最高值，见表7-22。

表7-22 沅江频率洪水为主洞庭湖区10%频率洪水计算结果

单位：m 吴淞高程

年份	南咀	小河咀	安乡	南县	长沙	益阳	常德	津市	七里山	莲花塘
1981	36.92	36.76	37.97	36.16	34.50	34.45	42.47	39.29	33.93	33.70
1982	36.47	36.25	37.45	35.43	37.84	33.96	42.45	38.69	32.77	32.42
1983	37.14	37.00	37.89	35.81	35.82	34.53	42.59	40.61	34.01	33.71
1984	36.28	36.20	36.92	35.24	36.98	34.72	42.49	38.50	32.49	32.12

续表

年份	南咀	小河咀	安乡	南县	长沙	益阳	常德	津市	七里山	莲花塘
1985	36.17	36.12	36.72	33.98	33.09	32.91	42.49	37.18	31.88	31.49
1986	36.22	36.06	36.91	33.67	33.86	34.15	42.49	38.94	32.16	31.67
1987	36.05	35.93	37.37	35.61	33.19	33.22	42.49	38.27	32.94	32.78
1988	35.34	35.38	35.64	33.32	32.71	34.89	42.42	37.39	30.93	30.19
1989	36.75	36.58	37.53	35.62	36.01	35.85	42.58	37.66	33.50	33.13
1990	35.86	35.75	36.43	34.22	34.02	36.81	42.43	37.61	32.46	32.24
1991	36.39	36.22	37.89	35.05	33.59	33.67	42.51	41.24	33.00	32.63
1992	36.73	36.50	37.87	35.39	36.85	34.84	42.45	38.51	33.38	32.98
1993	35.86	35.69	37.66	35.11	35.93	34.92	42.42	40.68	32.11	31.95
1994	35.50	35.51	35.73	32.33	38.40	35.92	42.44	36.73	31.20	30.38
1995	35.85	35.76	36.45	34.12	35.55	38.34	42.46	38.92	32.49	32.07
1996	36.87	36.76	37.70	35.44	35.60	38.62	42.54	39.25	34.49	34.11
1997	36.97	36.82	37.97	35.60	35.27	34.66	42.52	38.42	33.65	33.28
1998	37.75	37.36	39.77	36.60	36.81	36.82	42.63	42.71	34.81	34.61
1999	37.46	37.33	38.36	36.81	35.91	36.08	42.60	39.60	35.38	35.20
2000	36.92	36.77	37.74	35.61	34.01	33.95	42.50	37.72	33.36	32.95
2001	35.32	35.37	35.49	32.47	35.79	34.08	42.42	35.82	30.84	30.10
2002	35.46	35.47	36.74	35.29	37.22	37.41	42.43	37.89	33.83	33.49
2003	36.30	36.14	38.51	34.79	33.42	33.51	42.53	42.25	32.89	32.56
2004	36.17	36.09	36.82	33.18	33.12	34.95	42.45	38.38	32.03	31.54
2005	35.48	35.49	36.29	34.19	35.27	35.19	42.44	36.91	31.49	31.36
2006	35.46	35.49	35.65	32.70	37.50	33.70	42.42	35.74	31.78	30.99
2007	35.89	35.72	37.63	34.77	35.84	32.95	42.45	39.92	32.31	31.99
2008	35.31	35.36	36.37	32.95	35.76	32.38	42.41	38.90	30.80	30.06
2009	35.58	35.55	36.02	33.18	34.23	32.68	42.43	37.11	31.13	30.67
2010	36.30	36.20	37.31	34.87	37.69	34.06	42.47	39.04	33.09	32.79
2011	35.21	35.27	35.38	32.04	33.25	32.39	42.41	36.69	30.65	29.82
2012	36.47	36.37	37.22	35.08	35.39	34.22	42.48	37.58	33.29	32.85
2013	35.84	35.74	37.19	36.29	34.69	34.71	42.45	37.53	34.35	34.04
2014	36.14	36.08	36.68	34.12	33.66	36.22	42.47	37.36	32.52	32.03

续表

年份	南咀	小河咀	安乡	南县	长沙	益阳	常德	津市	七里山	莲花塘
2015	35.42	35.44	35.68	32.15	33.52	34.16	42.42	37.09	30.91	30.55
2016	36.35	36.24	37.13	33.87	35.79	37.13	42.46	39.25	32.84	32.49
2017	35.69	35.65	36.07	33.13	38.52	38.23	42.45	36.33	32.62	31.95
2018	36.62	36.44	37.44	34.88	33.52	33.60	42.53	37.56	32.83	32.40
2019	35.98	35.93	36.33	34.14	39.62	35.77	42.47	36.51	32.87	32.27
2020	36.79	36.59	37.67	35.42	34.30	35.31	42.51	40.06	33.89	33.60
最大值	37.75	37.36	39.77	36.81	39.62	38.62	42.63	42.71	35.38	35.20
最大值年份	1998	1998	1998	1999	2019	1996	1998	1998	1999	1999

澧水10%洪水计算结果显示，洪水水位最高值出现在典型洪水年，湖区南咀站与小河咀站、资江益阳站、沅江常德站、长江七里山站与莲花塘站以1996年实测组合洪水计算结果输出水位最大值，安乡站、南县站、澧水津市站以1999年实测组合洪水计算结果输出水位最大值，湘江长沙站以2019年实测组合洪水计算结果输出水位最大值，见表7-23。

表7-23　澧水频率洪水为主洞庭湖区10%频率洪水计算结果

单位：m　吴淞高程

年份	南咀	小河咀	安乡	南县	长沙	益阳	常德	津市	七里山	莲花塘
1981	35.45	33.68	38.46	35.43	34.10	33.25	35.11	42.27	32.41	32.25
1982	34.76	33.84	37.07	35.32	37.99	34.50	40.03	42.06	32.33	32.23
1983	35.92	35.14	38.18	35.58	35.93	33.44	38.87	42.19	33.15	33.00
1984	36.23	35.44	39.33	35.39	37.29	35.27	41.52	42.53	32.90	32.39
1985	36.07	35.23	39.01	34.16	33.69	33.07	38.37	42.41	32.04	31.50
1986	36.09	35.23	38.60	33.72	34.16	34.09	39.19	42.29	32.21	31.71
1987	36.09	35.31	38.84	35.25	33.24	32.99	39.04	42.34	32.27	32.15
1988	34.85	34.64	37.40	33.25	33.37	35.02	41.16	42.09	31.88	31.13
1989	35.11	33.90	37.81	35.62	36.02	35.85	36.32	42.14	32.93	32.80
1990	35.16	34.12	37.80	34.35	34.51	36.88	40.77	42.14	32.54	32.33
1991	37.19	36.91	38.62	35.15	33.72	33.78	42.17	42.27	33.15	32.79
1992	35.92	35.38	38.25	34.66	36.91	34.96	39.32	42.20	32.68	32.21
1993	36.59	36.22	38.00	35.15	35.88	35.01	41.73	42.14	32.41	32.18

续表

年份	南咀	小河咀	安乡	南县	长沙	益阳	常德	津市	七里山	莲花塘
1994	34.82	33.46	37.35	32.98	38.48	35.63	36.56	42.08	31.91	31.20
1995	36.20	36.14	38.40	34.40	36.00	38.48	43.46	42.23	33.10	32.68
1996	37.84	37.75	38.62	36.09	36.18	38.72	44.82	42.30	35.12	34.73
1997	35.66	34.78	38.60	34.80	35.48	34.60	36.24	42.30	32.43	32.25
1998	36.81	36.66	38.76	36.28	37.26	37.07	42.67	42.32	34.22	34.02
1999	37.46	37.09	39.59	36.30	35.49	36.09	43.94	42.56	34.69	34.51
2000	35.98	35.10	38.88	35.2	34.27	33.22	39.00	42.37	32.02	31.89
2001	35.24	33.41	38.02	32.93	35.88	34.14	37.72	42.18	31.81	31.05
2002	36.03	35.92	37.62	35.79	37.61	37.68	39.97	42.11	34.76	34.40
2003	37.71	37.42	38.93	35.12	33.70	33.81	42.30	42.29	33.15	32.88
2004	36.21	36.09	37.37	33.22	33.33	34.90	43.18	42.08	32.20	31.67
2005	35.25	34.55	38.21	34.09	35.65	35.54	39.62	42.17	32.44	31.84
2006	35.02	33.33	37.85	32.71	37.28	33.01	34.62	42.14	31.74	30.94
2007	35.46	35.14	38.59	34.66	35.84	32.85	41.33	42.29	32.15	32.01
2008	33.58	33.49	35.22	33.04	35.78	33.07	35.42	39.53	31.78	30.97
2009	34.84	33.55	37.03	33.13	34.00	33.29	35.17	42.06	31.89	31.13
2010	35.62	35.45	38.01	34.18	37.77	34.18	40.09	42.17	32.05	31.93
2011	35.00	33.23	37.80	32.75	33.36	32.72	36.11	42.14	31.62	30.80
2012	35.96	35.37	38.96	35.06	35.48	33.77	41.27	42.41	32.50	32.28
2013	35.14	33.63	38.05	33.15	33.48	33.04	35.16	42.18	32.06	31.47
2014	36.17	36.13	37.94	33.98	33.99	36.31	43.33	42.16	32.38	31.89
2015	34.99	33.92	37.51	32.87	33.58	34.35	38.84	42.10	31.86	31.09
2016	35.84	35.18	37.91	33.55	35.83	37.14	39.12	42.14	32.67	32.37
2017	36.18	36.20	38.00	34.20	38.91	38.46	42.96	42.15	33.86	33.00
2018	35.81	34.92	38.87	34.45	32.89	33.04	35.54	42.37	31.97	31.71
2019	35.60	35.35	37.45	33.87	39.66	36.17	38.95	42.08	32.95	32.20
2020	37.01	36.74	38.56	35.43	34.12	35.24	40.63	42.24	33.26	32.99
最大值	37.84	37.75	39.59	36.30	39.66	38.72	44.82	42.56	35.12	34.73
最大值年份	1996	1996	1999	1999	2019	1996	1996	1999	1996	1996

7.4.3 工况三——江湖汇合洪水

螺山站总入流由长江干流宜昌、清江长阳、洞庭湖水系的湘江湘潭、资江桃江、沅江桃源、澧水石门(三江口)等控制站及宜昌—螺山区间的洞庭湖区来水和其余未控区间来水组成,计算时考虑传播时间叠加,并对受隔河岩、柘溪、五强溪等大型水库调蓄影响的洪水过程进行了还原。

依据历史洪水调查及文献考证资料分析,汉口自1788年以来的大洪水主要发生在1788年、1848年、1849年、1870年、1954年等。此前的洪水因年代久远,难以考证。据调查访问记录和历史文献描述,1788年、1848年、1849年均为全流域型的大洪水。自1865年以来,螺山主要大洪水年份有1870年、1931年、1935年,总入流连续系列为1951—1998年,将1954年、1998年作特大值处理。

螺山站总入流频率计算成果见表7-24。

表7-24 螺山站总入流洪量计算成果表

站名	时段	统计参数			设计值(亿 m^3)				
		均值(亿 m^3)	C_v	C_s/C_v	200年	100年	50年	20年	10年
螺山	30 d	1 190	0.21	4	2 027	1 919	1 808	1 652	1 524
	60 d	2 090	0.21	4	3 559	3 370	3 175	2 901	2 677

注:成果引自《长江流域防洪规划(2007年)》。

7.4.3.1 计算方案

工况三基于螺山站100年30 d设计值(1 919亿 m^3)进行1999年实测洪水放大,形成"1999+"洪水,反推枝城站洪水入流过程,同时对放大后的枝城30 d洪量进行验证,符合螺山地区洪水组成特征,组合当年实测四水洪水进行计算。螺山频率为1%的30 d洪量放大后洪水过程如图7-25所示。

7.4.3.2 模型计算结果

放大1999年洪水后的计算结果显示,经长江上游水库群调蓄后,长江干流洪水洪峰得到有效削减,洪量明显减少,洪峰水位降低。同时,四水水库群调蓄作用一定程度也减弱了四水入湖洪峰遭遇影响,对比控制水位计算结果与防洪设计水位、堤防设计水位,除了湖区南咀站、小河咀站与沅江常德站计算水位高于防洪控制水位,其他各站水位均低于防洪控制水位与堤防水位,如图7-26、表7-25所示。

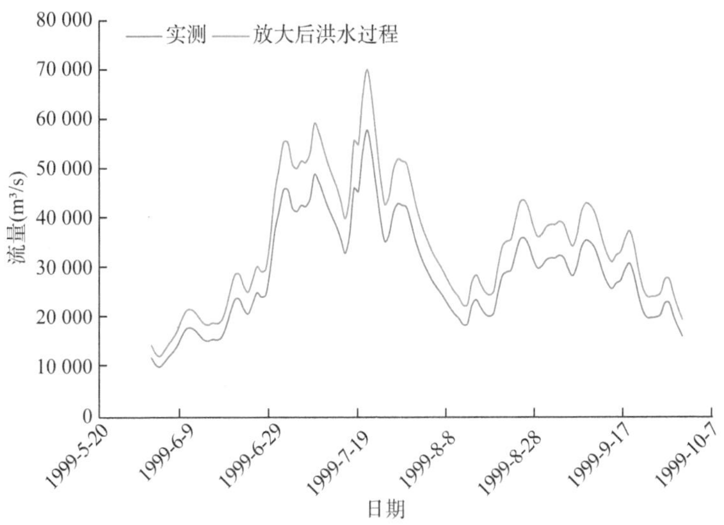

图 7-25　螺山频率为 1%的 30 d 洪量放大后洪水过程

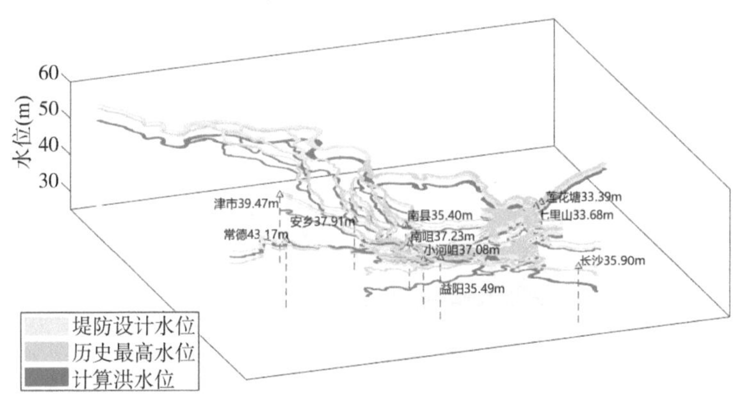

图 7-26　工况三计算结果展示图

表 7-25　“1999+”洪水各测站计算结果　　单位：m

测站	区域	计算结果	计算水位－防洪水位	堤防设计水位	计算水位－堤防水位	历史最高水位	
南咀	南洞庭湖	37.23	0.23	36.05	1.18	37.62	1996 年
小河咀	沅江	37.08	0.58	35.72	1.36	37.57	1996 年
安乡	松虎合流	37.91	－1.59	39.38	－1.47	40.44	1998 年
南县	藕池河	35.40	－0.95	36.64	－1.24	37.57	1998 年

续表

测站	区域	计算结果	计算水位－防洪水位	堤防设计水位	计算水位－堤防水位	历史最高水位	
长沙	湘江	35.90	－3.10	40.58 (200年)	－4.68	39.51	2017年
益阳	资江	35.49	－3.51	42.12 (100年)	－6.63	39.48	1996年
常德	沅江	43.17	1.67	43.80 (100年)	－0.63	42.28	1996年
津市	澧水	39.47	－4.53	43.89 (20年)	－4.42	44.48	2003年
七里山	东洞庭湖	33.68	－0.87	34.55	－0.87	35.94	1998年
莲花塘	江湖汇合	33.39	－1.01	34.40	－1.01	35.80	1998年

7.4.4 工况四——现状条件下江湖洪水

7.4.4.1 计算方案

针对现状条件下的江湖洪水组合，以2020年长江实测洪水为主，分别对湘资沅澧四水进行同频率放大，讨论在当前防洪形势下长江来水较大遭遇四水频率洪水时洞庭湖区设计水位空间分布。

7.4.4.2 模型计算结果

从计算结果可以看出，四水频率洪水分别遭遇2020年实测洪水时，对湖区水位影响存在差异。结合洪水频率来看，当洪水频率为1%时，湘江频率洪水为主时对湘江控制站长沙站影响较大，长沙站水位上涨至39.64 m，接近防洪控制水位；资江频率洪水为主时益阳站水位上涨至40.73 m，超过防洪控制水位；沅江频率洪水为主时除了常德站，南咀站、小河咀站、南县站、七里山站、莲花塘站水位均接近或超过测站防洪控制水位；澧水频率洪水为主时，南咀站、小河咀站、安乡站、津市站均超过测站防洪控制水位。当洪水频率为5%、10%时，湖区水位变化情况与1%频率洪水相似。从水位变化情况可以看出，湘江、资江洪水对湖区内部影响程度较小，沅江、澧水频率洪水遭遇2020年实测洪水导致湖区内多个控制站水位升高，对湖区内部各测站影响程度较大，见图7-27至图7-30、表7-26。

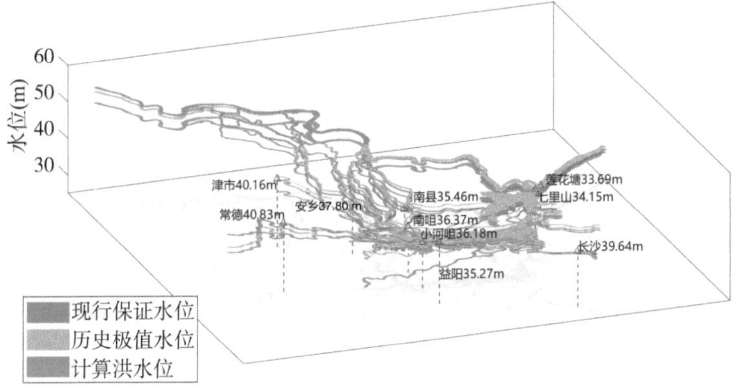

图 7-27　湘江 1%频率洪水计算结果

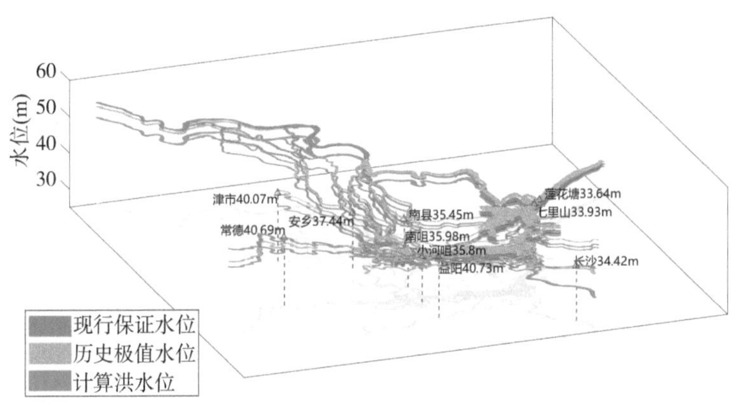

图 7-28　资江 1%频率洪水计算结果

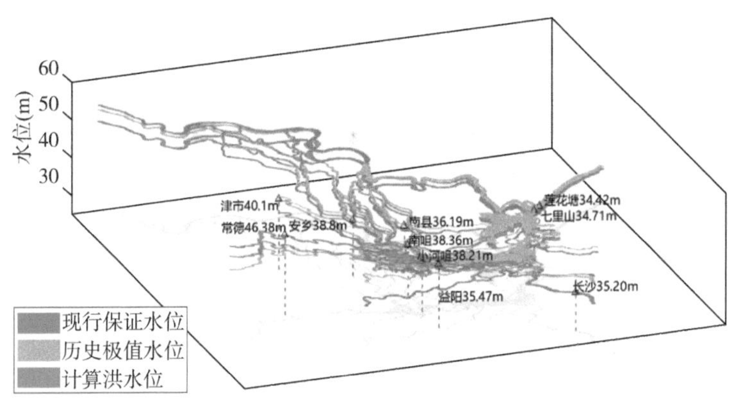

图 7-29　沅江 1%频率洪水计算结果

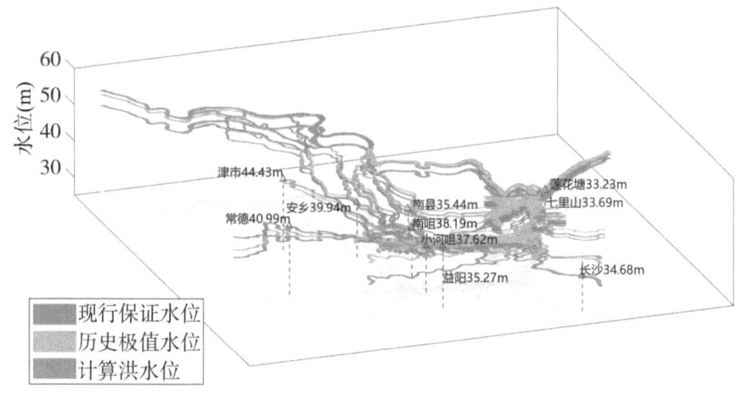

图 7-30　澧水 1%频率洪水计算结果

表 7-26　四水频率洪水遭遇 2020 年洪水计算结果　　单位：m

测站	防洪控制水位	洪水频率 1%				洪水频率 5%				洪水频率 10%			
		湘江	资江	沅江	澧水	湘江	资江	沅江	澧水	湘江	资江	沅江	澧水
南咀	37.00	36.37	35.98	38.36	38.19	36.30	35.98	37.36	37.37	36.24	35.97	36.79	37.01
小河咀	36.50	36.18	35.80	38.21	37.62	36.19	35.80	37.21	37.07	36.05	35.79	36.59	36.74
安乡	39.50	37.80	37.44	38.80	39.94	37.70	37.50	38.06	39.05	37.66	37.50	37.67	38.56
南县	36.35	35.46	35.45	36.19	35.44	35.46	35.45	35.58	35.43	35.46	35.44	35.42	35.43
长沙	39.00	39.64	34.42	35.20	34.68	38.60	34.10	34.55	34.32	38.03	34.05	34.30	34.12
益阳	39.00	35.27	40.73	35.47	35.27	35.25	39.12	35.37	35.21	35.24	37.87	35.31	35.24
常德	41.50	40.83	40.69	46.38	40.99	40.79	40.69	43.46	40.77	40.77	40.69	42.51	40.63
津市	44.00	40.16	40.07	40.10	44.43	40.13	40.07	40.08	43.00	40.12	40.07	40.06	42.24
七里山	34.55	34.15	33.93	34.71	33.69	33.77	33.65	34.13	33.47	33.57	33.49	33.89	33.26
莲花塘	34.40	33.69	33.64	34.42	33.23	33.35	33.38	33.83	33.02	33.18	33.23	33.60	32.99

7.5　设计水位确定

综合对比长江、湘江、资江、沅江、澧水分别遭遇实测洪水组合计算结果，确定洞庭湖区防洪设计洪水水位。四水主要控制站防洪设计水位以四水入湖设计洪水计算结果为主，选取全系列计算结果中接近平均值的情景。

长江及洞庭湖区控制站防洪设计水位以长江频率洪水组合四水计算结果为主，对于长江频率洪水与四水实测洪水组合情况，考虑最不利原则，以计算结果最大值取外包值确定，见表 7-27、图 7-31 至图 7-33。

表7-27 洞庭湖区防洪设计水位确定 单位:m 吴淞高程

频率	水系	类型	南咀	小河咀	安乡	南县	长沙	益阳	常德	津市	七里山	莲花塘
1%频率洪水	长江	最大值	38.15	37.99	39.27	36.78	39.76	38.61	44.79	42.49	35.56	35.29
		最大值年份	1996	1996	1998	1996	2019	1996	1996	1998	1996	1996
		平均值	35.38	35.19	37.05	35.22	35.58	35.07	39.57	38.46	33.18	32.75
	湘江	最大值	38.11	37.96	39.64	37.03	40.38	38.71	44.82	42.57	36.07	35.73
		最大值年份	1998	1999	1998	1999	1999	1995	1996	1998	1999	1999
		平均值	35.15	34.98	36.61	34.59	39.45	35.05	39.52	38.34	32.88	32.44
	资江	最大值	38.36	38.09	39.84	37.11	39.58	40.81	44.83	42.61	35.59	35.40
		最大值年份	1998	1998	1998	1998	2019	1999	1996	1998	1999	1999
		平均值	35.17	34.98	36.63	34.67	35.53	40.69	39.55	38.33	33.08	32.64
	沅江	最大值	38.99	38.82	40.10	37.71	39.65	38.70	46.45	42.82	36.18	35.99
		最大值年份	1998	1998	1998	1999	2019	1996	1998	1998	1999	1999
		平均值	37.99	37.90	38.29	35.12	35.63	35.28	46.35	38.95	33.44	32.97
	澧水	最大值	38.64	38.26	40.84	36.39	39.72	38.77	44.84	44.64	35.25	34.86
		最大值年份	2003	2003	1999	1999	2019	1996	1996	1999	1996	1996
		平均值	36.94	36.12	39.48	34.58	35.54	34.95	39.69	44.32	32.83	32.36
5%频率洪水	长江	最大值	38.08	37.93	39.03	36.57	39.75	38.61	44.79	42.40	35.44	35.14
		最大值年份	1996	1996	1998	1996	2019	1996	1996	1998	1996	1996
		平均值	35.23	35.05	36.64	34.54	35.45	34.97	39.59	38.47	33.01	32.55
	湘江	最大值	38.10	37.86	39.64	36.78	39.46	38.65	44.82	42.56	35.75	35.41
		最大值年份	1998	1998	1998	1999	1999	1996	1996	1998	1999	1999
		平均值	35.07	34.85	36.57	34.49	38.42	34.94	39.50	38.33	32.71	32.30
	资江	最大值	38.26	38.02	39.78	36.92	39.58	39.24	44.82	42.60	35.31	35.13
		最大值年份	1998	1998	1998	1998	2019	1999	1996	1998	1999	1999
		平均值	35.05	34.88	36.55	34.47	35.43	39.06	39.53	38.32	32.80	32.36
	沅江	最大值	37.96	37.74	39.89	37.13	39.63	38.65	43.59	42.75	35.64	35.45
		最大值年份	1998	1998	1998	1999	2019	1996	1998	1998	1999	1999
		平均值	36.69	36.59	37.33	34.66	35.41	34.95	43.43	38.48	32.86	32.42
	澧水	最大值	38.01	37.79	40.03	36.32	39.67	38.73	44.83	43.25	35.16	34.77
		最大值年份	2003	1996	1999	1999	2019	1996	1996	1999	1996	1996
		平均值	36.18	35.42	38.57	34.47	35.48	34.89	39.57	42.91	32.69	32.24

续表

频率	水系	类型	南咀	小河咀	安乡	南县	长沙	益阳	常德	津市	七里山	莲花塘
10%频率洪水	长江	最大值	37.75	37.62	38.45	36.17	39.67	38.59	44.78	42.23	34.86	34.47
		最大值年份	1996	1996	2003	1988	2019	1996	1996	1998	1996	1996
		平均值	34.98	34.83	36.18	34.31	35.34	34.86	39.48	38.23	32.89	32.40
	湘江	最大值	38.10	37.85	39.63	36.66	38.94	38.65	44.82	42.56	35.58	35.25
		最大值年份	1998	1998	1998	1999	1999	1996	1996	1998	1999	1999
		平均值	35.01	34.78	36.54	34.43	37.84	34.82	39.49	38.32	32.54	32.15
	资江	最大值	38.21	37.97	39.75	36.9	39.57	38.07	44.82	42.59	35.14	34.96
		最大值年份	1998	1998	1998	1998	2019	1996	1996	1998	1999	1999
		平均值	35.01	34.84	36.53	34.43	35.39	37.79	39.52	38.31	32.70	32.27
	沅江	最大值	37.75	37.36	39.77	36.81	39.62	38.62	42.63	42.71	35.38	35.20
		最大值年份	1998	1998	1998	1999	2019	1996	1998	1998	1999	1999
		平均值	36.18	36.08	37.04	34.52	35.35	34.90	42.48	38.40	32.70	32.28
	澧水	最大值	37.84	37.75	39.59	36.30	39.66	38.72	44.82	42.56	35.12	34.73
		最大值年份	1996	1996	1999	1999	2019	1996	1996	1999	1996	1996
		平均值	35.82	35.13	38.14	34.43	35.45	34.87	39.54	42.16	32.64	32.21

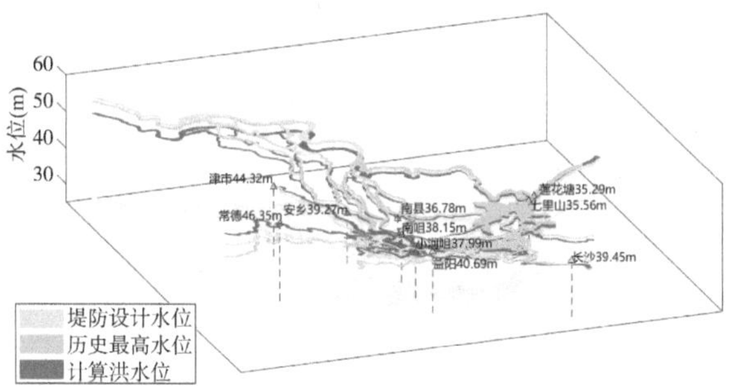

图 7-31　1%频率洪水计算结果

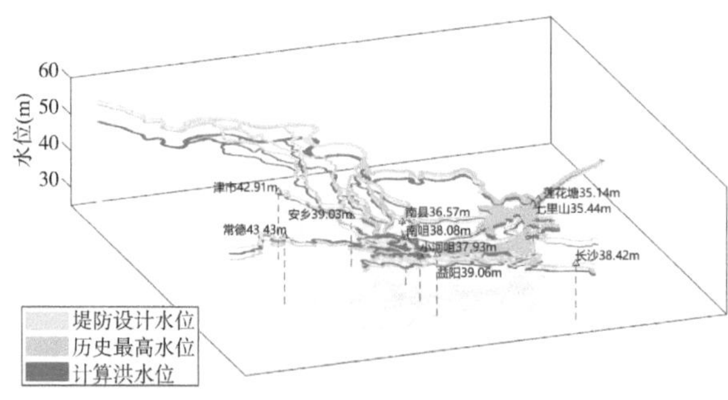

图 7-32　5%频率洪水计算结果

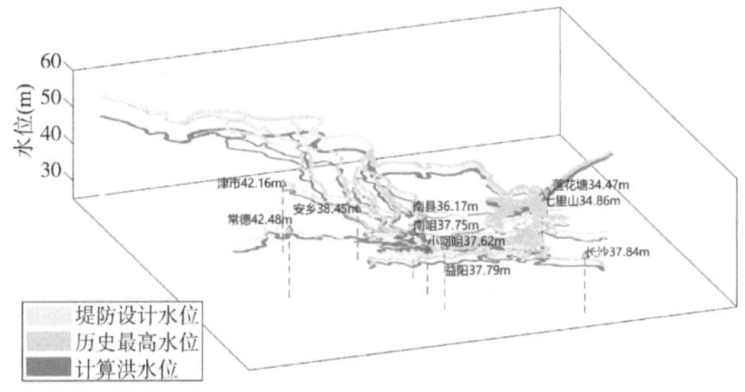

图 7-33　10%频率洪水计算结果

根据设计洪水选取原则，综合工况一、二计算结果得出洞庭湖区设计洪水水位，重现期为 100 年一遇时，南咀站 38.15 m，小河咀站 37.99 m，安乡站 39.27 m，南县站 36.78 m，长沙站 39.45 m，益阳站 40.69 m，常德站 46.35 m，津市站 44.32 m，七里山站 35.56 m，莲花塘站 35.29 m，重现期为 20 年一遇时，南咀站 38.08 m，小河咀站 37.93 m，安乡站 39.03 m，南县站 36.57 m，长沙站 38.42 m，益阳站 39.06 m，常德站 43.43 m，津市站 42.91 m，七里山站 35.44 m，莲花塘站 35.14 m；重现期为 10 年一遇时，南咀站 37.75 m，小河咀站 37.62 m，安乡站 38.45 m，南县站 36.17 m，长沙站 37.84 m，益阳站 37.79 m，常德站 42.48 m，津市站 42.16 m，七里山站 34.86 m，莲花塘站 34.47 m。对比二期水位与计算水位，结果显示，湖区二期水位除安乡站外均低于 100 年一遇水位，除安乡、南县、津市防洪标准高于 20 年一遇水平，湖区其他各站均低于 20 年一遇水平，各站防洪标准接近 10 年一遇水平，见表 7-28。

表 7-28　洞庭湖区洪水设计水位统计结果　　单位：m　吴淞高程

测站	区域	重现期			二期水位	历史最高水位	
		100 年	20 年	10 年			
南咀	南洞庭湖	38.15	38.08	37.75	36.05	37.62	1996 年
小河咀	沅江	37.99	37.93	37.62	35.72	37.57	1996 年
安乡	松虎合流	39.27	39.03	38.45	39.38	40.44	1998 年
南县	藕池河	36.78	36.57	36.17	36.64	37.57	1998 年
长沙	湘江	39.45	38.42	37.84	38.37	39.51	2017 年
益阳	资江	40.69	39.06	37.79	38.14	39.48	1996 年
常德	沅江	46.35	43.43	42.48	40.68	42.49	1996 年
津市	澧水	44.32	42.91	42.16	44.01	44.48	2003 年

续表

测站	区域	重现期			二期水位	历史最高水位	
		100 年	20 年	10 年			
七里山	东洞庭湖	35.56	35.44	34.86	34.55	35.94	1998 年
莲花塘	江湖汇合	35.29	35.14	34.47	34.40	35.80	1998 年

7.6 2050 年地形条件下洞庭湖区设计水位

利用荆江-洞庭湖一维水沙数学模型，输入 2003 年地形和已知的边界站点未来 30 年水沙数据，参考 2020 年地形条件下洞庭湖区防洪设计水位确定原则与方法，采用模型计算输出 2050 年洞庭湖区 1%频率洪水、5%频率洪水、10%频率洪水设计水位。2050 年长江及四水频率洪水计算结果显示，该年份地形条件与 2020 年地形条件下模型计算所得最高水位出现年份相同。

7.6.1 长江频率洪水

1. 1%频率洪水计算结果(表 7-29)

表 7-29 长江频率洪水为主洞庭湖区 1%频率洪水计算结果(2050 年)

单位:m 吴淞高程

年份	南咀	小河咀	安乡	南县	长沙	益阳	常德	津市	七里山	莲花塘
1959	34.02	33.84	35.25	34.32	35.43	35.14	38.62	37.03	32.83	32.59
1960	34.85	34.74	35.92	34.41	34.11	33.81	40.59	38.41	32.78	32.52
1961	34.28	34.26	35.38	34.31	36.94	35.47	36.65	36.15	32.82	32.56
1962	34.46	34.30	36.65	34.58	37.99	35.97	38.49	38.70	32.90	32.66
1963	35.11	35.00	36.70	34.49	33.52	33.55	39.96	39.62	32.73	32.51
1964	35.31	35.06	36.84	34.59	37.00	34.57	39.88	40.32	32.67	32.45
1965	33.87	33.91	35.76	34.44	33.34	34.18	40.09	36.71	32.58	32.35
1966	34.61	34.59	36.08	34.34	34.54	35.77	40.12	39.91	32.72	32.47
1967	34.08	33.9	35.46	34.39	33.70	34.55	39.43	37.18	32.78	32.57
1968	34.87	34.69	36.64	34.72	38.19	34.14	37.25	38.64	32.63	32.52
1969	35.89	35.82	36.83	34.75	34.87	36.03	42.69	39.52	32.66	32.54
1970	35.38	35.42	36.52	34.68	36.46	37.07	42.19	37.89	32.81	32.60
1971	34.72	34.7	36.06	34.75	34.94	36.10	39.24	37.32	33.11	32.85

续表

年份	南咀	小河咀	安乡	南县	长沙	益阳	常德	津市	七里山	莲花塘
1972	34.03	33.9	36.08	34.53	33.42	33.45	34.72	36.76	32.68	32.45
1973	34.89	34.82	35.80	34.60	34.98	35.15	40.14	38.53	33.02	32.79
1974	36.99	34.69	35.49	34.49	34.05	34.44	41.17	36.26	32.67	32.44
1975	34.11	33.93	35.85	34.38	34.60	33.75	38.59	38.28	32.97	32.76
1976	34.14	33.85	35.55	34.69	38.03	34.23	36.23	37.85	32.72	32.49
1977	34.07	34.28	35.48	34.58	34.40	36.66	40.57	37.71	32.82	32.60
1978	34.40	34.32	35.69	34.34	34.27	33.8	36.48	36.65	32.86	32.62
1979	35.12	35.17	35.62	34.31	34.52	35.51	41.29	38.61	32.64	32.39
1980	36.03	35.78	37.89	35.27	33.55	33.58	39.87	41.06	32.97	32.85
1981	34.10	34.04	35.32	34.62	34.19	33.71	35.13	38.59	32.76	32.52
1982	34.02	33.89	36.22	34.79	37.87	34.22	39.48	38.08	32.63	32.39
1983	35.34	35.12	37.30	34.82	35.79	33.60	38.10	40.11	32.79	32.56
1984	35.36	35.38	35.78	34.67	37.37	35.50	41.03	37.79	33.16	32.89
1985	34.01	33.79	35.27	34.33	34.09	33.54	37.74	36.93	32.74	32.50
1986	33.84	33.65	36.00	34.46	33.84	34.17	38.65	38.36	32.54	32.29
1987	33.98	33.74	36.09	34.76	33.69	33.47	38.37	37.57	32.67	32.43
1988	35.35	35.24	36.32	34.32	33.81	35.18	40.63	37.01	32.68	32.44
1989	33.88	33.63	35.92	34.59	35.82	35.80	35.77	37.43	32.71	32.48
1990	34.36	34.33	35.40	34.48	34.73	36.92	40.17	37.03	32.83	32.58
1991	35.53	35.39	37.66	34.59	33.35	33.39	41.34	40.83	32.62	32.39
1992	33.99	33.92	35.46	34.44	36.87	34.97	38.65	36.58	32.74	32.51
1993	35.89	35.73	37.47	35.36	35.81	35.20	41.21	40.32	33.02	32.91
1994	33.95	33.71	35.61	34.62	38.38	35.90	35.97	36.43	32.69	32.45
1995	35.80	35.80	36.74	34.98	35.78	38.55	42.69	38.84	33.40	33.23
1996	37.55	37.42	38.21	36.33	35.81	38.67	43.97	39.07	35.14	34.99
1997	33.91	33.75	35.57	34.72	35.06	34.55	35.67	37.25	32.63	32.39
1998	37.15	36.95	38.58	35.80	36.96	36.99	42.08	41.92	34.06	33.95
1999	36.62	36.55	37.11	35.20	34.71	35.65	43.22	39.01	33.27	33.17
2000	34.03	33.81	35.30	34.37	34.36	33.64	38.41	35.81	32.73	32.47
2001	33.91	33.66	35.26	34.24	35.76	33.86	37.07	35.94	32.60	32.36

续表

年份	南咀	小河咀	安乡	南县	长沙	益阳	常德	津市	七里山	莲花塘
2002	34.35	34.39	35.87	34.74	37.09	37.48	39.41	37.21	33.13	32.96
2003	36.99	36.77	38.01	34.58	33.54	33.52	41.55	41.72	32.72	32.51
2004	36.27	36.13	36.94	34.89	33.72	35.11	42.49	37.65	32.94	32.80
2005	34.85	34.89	35.67	34.44	35.93	35.76	39.22	36.20	33.15	32.90
2006	33.91	33.63	35.26	34.30	37.18	33.49	34.13	35.62	32.66	32.42
2007	35.62	35.45	36.88	34.93	35.92	33.35	40.86	39.35	32.56	32.31
2008	33.99	33.75	36.51	34.34	35.56	33.54	35.13	38.42	32.67	32.42
2009	34.08	33.82	35.43	34.43	33.85	33.75	35.24	36.40	32.73	32.50
2010	34.50	34.47	35.84	34.90	37.70	34.07	39.38	38.60	32.81	32.59
2011	33.80	33.50	35.36	34.21	33.21	33.21	35.61	35.89	32.50	32.26
2012	34.63	34.59	35.88	34.77	35.24	33.64	40.67	36.36	32.82	32.61
2013	34.09	34.03	35.34	34.32	33.90	33.53	35.16	37.24	32.78	32.55
2014	35.55	35.53	35.99	34.50	34.14	36.32	42.60	36.76	32.78	32.55
2015	34.23	34.17	35.56	34.38	33.70	34.27	38.39	37.09	32.74	32.51
2016	34.84	34.74	36.12	34.79	35.57	37.19	38.61	38.49	33.00	32.89
2017	35.80	35.83	36.17	35.53	38.80	38.46	42.22	36.42	34.34	34.18
2018	34.02	33.89	35.38	34.44	33.39	33.51	34.80	36.22	32.66	32.43
2019	34.10	34.23	35.37	34.55	39.65	36.03	38.18	35.66	32.80	32.58
2020	35.65	35.51	37.19	35.08	33.98	35.15	40.15	39.65	32.92	32.77
最大值	37.55	37.42	38.58	36.33	39.65	38.67	43.97	41.92	35.14	34.99
最大值年份	1996	1996	1998	1996	2019	1996	1996	1998	1996	1996

2. 5%频率洪水计算结果(表 7-30)

表 7-30　长江频率洪水为主洞庭湖区 5%频率洪水计算结果(2050 年)

单位:m　吴淞高程

年份	南咀	小河咀	安乡	南县	长沙	益阳	常德	津市	七里山	莲花塘
1959	34.02	33.84	35.25	34.32	35.43	35.14	38.62	37.03	32.83	32.59
1960	34.83	34.73	35.89	34.30	34.11	33.81	40.59	38.37	32.78	32.52
1961	34.28	34.26	35.38	34.31	36.94	35.47	36.65	36.12	32.82	32.56
1962	34.40	34.30	36.55	34.45	37.99	35.97	38.49	38.66	32.90	32.66

续表

年份	南咀	小河咀	安乡	南县	长沙	益阳	常德	津市	七里山	莲花塘
1963	35.11	34.99	36.44	34.29	33.52	33.55	39.96	39.61	32.73	32.51
1964	35.31	35.06	36.84	34.27	37.00	34.57	39.88	40.32	32.67	32.45
1965	33.87	33.91	35.74	34.24	33.34	34.18	40.09	36.44	32.58	32.35
1966	34.61	34.59	36.08	34.29	34.52	35.76	40.12	39.91	32.72	32.47
1967	34.08	33.90	35.58	34.31	33.70	34.55	39.43	37.18	32.78	32.57
1968	34.68	34.53	36.43	34.31	38.19	34.14	37.18	38.63	32.63	32.41
1969	35.88	35.82	36.74	34.39	34.77	35.96	42.69	39.51	32.66	32.48
1970	35.38	35.42	36.29	34.32	36.46	37.07	42.20	37.80	32.81	32.60
1971	34.72	34.70	35.52	34.43	34.94	36.10	39.24	37.32	33.11	32.85
1972	34.03	33.90	35.37	34.27	33.42	33.45	34.72	36.76	32.68	32.45
1973	34.89	34.82	35.80	34.39	34.92	35.15	40.14	38.53	33.02	32.79
1974	36.99	34.69	35.26	34.27	34.04	34.44	41.17	35.62	32.67	32.44
1975	34.11	33.93	35.31	34.38	34.60	33.75	38.59	38.28	32.97	32.76
1976	34.14	33.85	35.52	34.29	38.02	34.22	36.23	37.85	32.72	32.49
1977	34.07	34.28	35.26	34.33	34.40	36.66	40.57	37.61	32.82	32.60
1978	34.4	34.32	35.69	34.34	34.27	33.80	36.48	36.65	32.86	32.62
1979	35.12	35.17	35.62	34.25	34.52	35.51	41.29	38.61	32.64	32.39
1980	35.74	35.51	37.56	34.28	33.55	33.54	39.79	40.95	32.70	32.46
1981	34.10	34.04	35.31	34.30	34.19	33.71	35.13	38.59	32.76	32.52
1982	34.02	33.89	35.77	34.25	37.87	34.22	39.48	38.08	32.63	32.39
1983	35.24	35.03	37.14	34.31	35.79	33.60	38.10	40.11	32.79	32.56
1984	35.36	35.38	35.78	34.45	37.37	35.50	41.03	37.72	33.16	32.89
1985	34.01	33.79	35.43	34.29	34.09	33.54	37.74	36.93	32.74	32.50
1986	33.84	33.65	35.61	34.22	33.82	34.16	38.65	38.36	32.54	32.29
1987	33.98	33.74	35.68	34.27	33.69	33.47	38.37	37.57	32.67	32.43
1988	35.07	35.01	35.94	34.27	33.81	35.15	40.61	36.99	32.68	32.44
1989	33.88	33.63	35.38	34.28	35.82	35.8	35.77	37.32	32.71	32.48
1990	34.36	34.33	35.4	34.32	34.73	36.92	40.17	37.03	32.83	32.58
1991	35.53	35.39	37.52	34.25	33.35	33.39	41.35	40.80	32.62	32.39
1992	33.99	33.76	35.28	34.29	36.86	34.97	38.65	36.50	32.74	32.51

续表

年份	南咀	小河咀	安乡	南县	长沙	益阳	常德	津市	七里山	莲花塘
1993	35.53	35.42	37.2	34.28	35.81	35.18	41.17	40.21	32.72	32.48
1994	33.95	33.71	35.23	34.27	38.38	35.77	35.97	35.87	32.69	32.45
1995	35.80	35.80	36.68	34.89	35.78	38.55	42.69	38.80	33.38	33.20
1996	37.46	37.35	38.06	36.08	35.78	38.67	43.97	38.97	34.98	34.82
1997	33.91	33.75	35.22	34.25	35.05	34.55	35.67	37.25	32.63	32.39
1998	36.98	36.79	38.35	35.03	36.96	36.99	42.04	41.84	33.56	33.44
1999	36.62	36.55	37.11	34.71	34.71	35.65	43.22	39.01	33.08	33.00
2000	34.03	33.81	35.45	34.29	34.36	33.64	38.41	35.82	32.73	32.47
2001	33.91	33.66	35.22	34.24	35.76	33.86	37.07	35.53	32.60	32.36
2002	34.36	34.4	35.43	34.36	37.09	37.49	39.41	37.21	33.15	32.98
2003	36.97	36.76	38.00	34.29	33.54	33.52	41.54	41.71	32.72	32.51
2004	36.11	36.00	36.69	34.50	33.72	35.03	42.48	37.65	32.68	32.49
2005	34.85	34.89	35.67	34.44	35.93	35.76	39.22	36.2	33.15	32.90
2006	33.91	33.63	35.26	34.26	37.18	33.49	34.13	35.62	32.66	32.42
2007	35.53	35.36	36.72	34.23	35.92	33.35	40.82	39.26	32.56	32.31
2008	33.99	33.75	36.16	34.27	35.56	33.54	35.12	38.30	32.67	32.42
2009	34.08	33.82	35.43	34.29	33.85	33.75	35.24	36.40	32.73	32.50
2010	34.51	34.48	35.83	34.32	37.70	34.07	39.39	38.59	32.81	32.59
2011	33.80	33.50	35.16	34.21	33.21	33.21	35.61	35.43	32.50	32.26
2012	34.55	34.54	35.55	34.33	35.24	33.64	40.67	36.02	32.82	32.61
2013	34.09	34.03	35.34	34.31	33.90	33.53	35.16	37.24	32.78	32.55
2014	35.53	35.52	35.98	34.31	34.14	36.32	42.59	36.75	32.78	32.55
2015	34.23	34.17	35.56	34.29	33.70	34.27	38.39	37.09	32.74	32.51
2016	34.75	34.66	35.90	34.56	35.57	37.19	38.60	38.49	32.94	32.83
2017	35.80	35.83	36.15	35.47	38.80	38.46	42.22	36.40	34.32	34.15
2018	34.02	33.89	35.52	34.26	33.39	33.51	34.80	36.09	32.66	32.43
2019	34.08	34.22	35.30	34.32	39.64	36.02	38.18	35.63	32.80	32.58
2020	35.62	35.48	37.06	34.52	33.96	35.13	40.14	39.61	32.91	32.80
最大值	37.46	37.35	38.35	36.08	39.64	38.67	43.97	41.84	34.98	34.82
最大值年份	1996	1996	1998	1996	2019	1996	1996	1998	1996	1996

3. 10%频率洪水计算结果(表 7-31)

表 7-31　长江频率洪水为主洞庭湖区 10%频率洪水计算结果(2050 年)

单位:m　吴淞高程

年份	南咀	小河咀	安乡	南县	长沙	益阳	常德	津市	七里山	莲花塘	沙市	监利
1959	34.02	33.84	35.25	34.32	35.43	35.14	38.62	37.03	32.83	32.59	38.14	34.08
1960	34.54	34.48	35.64	34.3	34.11	33.81	40.57	38.21	32.78	32.52	38.09	34.04
1961	34.28	34.26	35.38	34.31	36.94	35.47	36.65	35.74	32.82	32.56	38.02	34.06
1962	34.40	34.30	35.87	34.35	37.99	35.97	38.49	38.63	32.90	32.66	38.47	34.11
1963	34.95	34.84	36.31	34.29	33.52	33.55	39.93	39.54	32.73	32.51	38.08	34.04
1964	35.31	35.06	36.84	34.27	37.00	34.57	39.88	40.32	32.67	32.45	38.39	34.01
1965	33.87	33.91	35.18	34.24	33.34	34.18	40.09	35.88	32.58	32.35	38.06	33.95
1966	34.61	34.59	36.08	34.29	34.33	35.71	40.11	39.91	32.72	32.47	38.29	34.01
1967	34.08	33.90	35.46	34.31	33.70	34.55	39.43	37.18	32.78	32.57	38.21	34.07
1968	33.94	33.78	35.93	34.26	38.19	34.14	37.08	38.48	32.63	32.41	38.46	33.99
1969	35.82	35.76	36.35	34.27	34.43	35.82	42.68	39.47	32.66	32.43	38.56	34.00
1970	35.31	35.37	35.71	34.32	36.41	37.03	42.19	37.61	32.81	32.60	38.53	34.09
1971	34.72	34.70	35.52	34.43	34.94	36.10	39.24	37.32	33.11	32.85	38.07	34.21
1972	34.03	33.90	35.37	34.27	33.42	33.45	34.72	36.76	32.68	32.45	38.02	34.01
1973	34.89	34.82	35.80	34.39	34.82	35.15	40.14	38.53	33.02	32.79	38.26	34.18
1974	36.99	34.68	35.26	34.27	33.89	34.39	41.17	35.56	32.67	32.44	38.29	34
1975	34.11	33.93	35.31	34.38	34.60	33.75	38.59	38.28	32.97	32.76	38.07	34.17
1976	34.14	33.85	35.52	34.29	37.97	34.12	36.23	37.81	32.72	32.49	38.39	34.03
1977	34.07	34.28	35.24	34.33	34.40	36.66	40.57	37.28	32.82	32.60	38.30	34.09
1978	34.4	34.32	35.69	34.34	34.27	33.80	36.48	36.65	32.86	32.62	38.03	34.09
1979	35.12	35.17	35.62	34.25	34.52	35.51	41.29	38.61	32.64	32.39	38.19	33.98
1980	34.98	34.82	36.72	34.28	33.55	33.54	39.6	40.78	32.70	32.46	38.37	34.01
1981	34.10	34.04	35.31	34.30	34.19	33.71	35.13	38.59	32.76	32.52	38.10	34.04
1982	34.02	33.89	35.37	34.25	37.87	34.22	39.48	38.08	32.63	32.39	38.16	33.97
1983	34.78	34.63	36.51	34.31	35.79	33.60	38.09	40.11	32.79	32.56	38.46	34.07
1984	35.36	35.38	35.78	34.45	37.37	35.50	41.03	37.35	33.16	32.89	38.09	34.21
1985	34.01	33.79	35.27	34.29	34.09	33.54	37.74	36.93	32.74	32.50	38.03	34.04
1986	33.84	33.65	35.36	34.22	33.60	34.08	38.64	38.32	32.54	32.29	38.20	33.93

续表

年份	南咀	小河咀	安乡	南县	长沙	益阳	常德	津市	七里山	莲花塘	沙市	监利
1987	33.98	33.74	35.28	34.27	33.69	33.47	38.37	37.43	32.67	32.43	38.16	34.00
1988	34.23	34.40	35.26	34.27	33.81	35.08	40.58	36.84	32.68	32.44	38.12	34.00
1989	33.88	33.63	35.19	34.28	35.82	35.80	35.76	37.20	32.71	32.48	38.26	34.03
1990	34.36	34.33	35.40	34.32	34.73	36.92	40.17	37.03	32.83	32.58	38.29	34.07
1991	35.29	35.24	36.79	34.25	33.35	33.39	41.33	40.70	32.62	32.39	38.45	33.98
1992	33.99	33.76	35.28	34.29	36.75	34.97	38.65	36.03	32.74	32.51	39.01	34.04
1993	34.92	34.90	36.33	34.28	35.79	35.08	41.12	40.02	32.72	32.48	38.39	34.02
1994	33.95	33.71	35.23	34.27	38.38	35.66	35.97	35.52	32.69	32.45	38.16	34.01
1995	35.76	35.78	36.33	34.32	35.78	38.55	42.69	38.46	33.05	32.87	38.72	34.18
1996	37.04	36.91	37.55	35.34	35.52	38.66	43.96	38.86	34.43	34.22	39.21	35.24
1997	33.91	33.75	35.22	34.25	34.93	34.55	35.67	37.19	32.63	32.39	38.23	33.98
1998	36.34	36.21	37.57	34.27	36.96	36.99	41.95	41.70	32.94	32.84	38.70	34.15
1999	36.62	36.55	37.11	34.31	34.65	35.61	43.22	39.01	32.86	32.75	38.67	34.08
2000	34.03	33.81	35.3	34.29	34.36	33.64	38.41	35.64	32.73	32.47	38.11	34.02
2001	33.91	33.66	35.22	34.24	35.76	33.86	37.07	35.53	32.60	32.36	38.04	33.96
2002	34.02	34.08	35.34	34.30	36.98	37.43	39.41	37.21	32.76	32.55	38.56	34.07
2003	36.68	36.41	37.74	34.29	33.54	33.52	41.49	41.64	32.72	32.51	38.41	34.04
2004	35.71	35.71	36.05	34.27	33.72	34.85	42.47	37.61	32.68	32.45	38.44	34.01
2005	34.85	34.89	35.67	34.44	35.93	35.76	39.22	36.2	33.15	32.90	38.05	34.23
2006	33.91	33.63	35.26	34.26	37.16	33.49	34.13	35.62	32.66	32.42	38.15	34.00
2007	34.98	34.90	36.00	34.23	35.82	33.35	40.75	38.97	32.56	32.31	38.27	33.94
2008	33.99	33.75	35.29	34.27	35.56	33.54	34.99	38.17	32.67	32.42	38.08	33.99
2009	34.08	33.82	35.43	34.29	33.80	33.75	35.24	36.4	32.73	32.50	38.10	34.03
2010	34.24	34.18	35.59	34.32	37.70	34.07	39.34	38.47	32.81	32.59	38.28	34.08
2011	33.80	33.50	35.16	34.21	33.21	33.21	35.61	35.43	32.50	32.26	38.00	33.91
2012	34.26	34.39	35.29	34.33	35.24	33.64	40.66	35.63	32.82	32.61	38.30	34.09
2013	34.09	34.03	35.34	34.31	33.90	33.53	35.16	37.24	32.78	32.55	38.03	34.06
2014	35.49	35.49	35.90	34.31	34.14	36.30	42.59	36.72	32.78	32.55	38.41	34.06
2015	34.23	34.17	35.56	34.29	33.70	34.27	38.39	37.09	32.74	32.51	38.16	34.03
2016	34.26	34.21	35.49	34.35	35.57	37.19	38.55	38.49	32.88	32.66	38.57	34.12

续表

年份	南咀	小河咀	安乡	南县	长沙	益阳	常德	津市	七里山	莲花塘	沙市	监利
2017	35.80	35.82	36.08	34.88	38.79	38.46	42.22	36.35	34.10	33.85	38.99	34.89
2018	34.02	33.89	35.38	34.26	33.39	33.51	34.80	35.90	32.66	32.43	38.04	34.00
2019	34.03	33.87	35.30	34.32	39.58	35.88	38.11	35.63	32.80	32.58	38.54	34.08
2020	35.21	35.11	36.40	34.28	33.87	34.79	39.96	39.39	32.70	32.51	38.56	34.01
最大值	37.04	36.91	37.74	35.34	39.58	38.66	43.96	41.70	34.43	34.22	39.21	35.24
最大值年份	1996	1996	2003	1996	2019	1996	1996	1998	1996	1996	1996	1996

7.6.2　四水频率洪水

湘江频率洪水为主洞庭湖区 1%频率洪水计算结果(2050 年)如表 7-32 所示。

表 7-32　湘江频率洪水为主洞庭湖区 1%频率洪水计算结果(2050 年)

单位:m　吴淞高程

年份	南咀	小河咀	安乡	南县	长沙	益阳	常德	津市	七里山	莲花塘
1981	33.49	33.10	36.00	34.99	39.30	33.59	34.49	38.73	31.87	31.82
1982	33.78	33.72	36.29	34.93	39.19	33.44	39.46	38.18	32.05	32.01
1983	35.46	35.24	36.96	35.31	39.42	34.05	38.18	40.11	33.14	32.98
1984	34.84	34.89	36.10	34.91	39.25	34.64	40.96	37.62	32.10	32.04
1985	33.73	33.42	35.64	34.34	39.19	33.00	37.76	36.61	32.10	31.92
1986	33.90	33.72	35.47	34.20	39.19	34.80	38.74	38.25	32.16	31.96
1987	34.53	34.52	36.31	34.84	39.37	34.11	38.62	37.37	32.80	32.54
1988	34.62	34.73	35.08	33.10	39.25	35.16	40.94	36.94	31.06	30.73
1989	33.69	33.49	36.16	35.10	39.30	36.42	36.13	37.20	32.39	32.35
1990	34.42	34.35	35.60	34.89	39.49	36.94	40.22	37.16	33.57	33.38
1991	35.64	35.54	37.21	34.50	39.24	33.73	41.37	40.74	32.83	32.68
1992	33.76	33.79	35.77	34.17	39.32	35.05	38.67	37.01	32.21	31.94
1993	35.00	34.95	36.48	34.69	39.21	35.14	41.13	40.05	31.82	31.76
1994	32.89	32.61	34.05	32.58	39.21	35.60	36.03	35.09	31.09	30.77
1995	35.96	36.01	36.43	34.87	39.69	38.71	42.72	38.56	34.07	33.81
1996	37.22	37.11	37.74	35.36	39.28	38.70	43.98	38.80	34.31	34.12

续表

年份	南咀	小河咀	安乡	南县	长沙	益阳	常德	津市	七里山	莲花塘
1997	33.37	33.06	35.74	34.47	39.17	34.54	35.70	37.27	31.86	31.78
1998	37.50	37.30	38.93	36.15	39.63	36.93	42.19	41.98	34.56	34.41
1999	37.46	37.39	38.02	36.56	40.16	36.50	43.24	39.18	35.59	35.40
2000	34.64	34.48	36.35	35.55	39.45	34.45	38.43	37.07	33.83	33.67
2001	32.97	32.83	34.03	33.34	39.23	33.80	37.05	34.57	31.50	31.23
2002	34.93	34.83	36.22	35.08	39.39	37.41	39.40	37.35	33.04	32.93
2003	37.16	36.93	38.25	35.02	39.28	33.84	41.59	41.72	33.20	33.05
2004	35.60	35.63	35.90	32.79	39.21	34.77	42.46	37.59	31.54	31.30
2005	33.60	33.74	35.31	33.80	39.18	35.22	39.05	35.98	31.49	31.19
2006	32.76	32.49	33.68	32.12	39.17	32.58	34.01	34.23	30.78	30.37
2007	35.39	35.26	36.60	34.50	39.19	32.60	40.83	39.23	31.66	31.51
2008	32.89	32.67	35.55	32.74	39.16	32.46	35.08	38.24	30.90	30.52
2009	33.01	32.78	34.39	32.87	39.22	33.21	34.65	36.38	31.13	30.78
2010	34.46	34.42	35.77	33.96	39.31	33.87	39.37	38.48	31.80	31.75
2011	32.72	32.45	33.72	32.22	39.20	32.77	35.60	34.94	30.79	30.40
2012	34.73	34.72	35.73	34.73	39.23	33.37	40.68	36.58	31.94	31.87
2013	33.04	32.83	34.36	32.76	39.19	32.56	34.57	37.24	31.23	30.94
2014	35.52	35.51	35.95	33.36	39.24	36.30	42.60	36.75	31.63	31.44
2015	33.44	33.42	34.46	33.25	39.35	34.28	38.29	36.80	32.08	31.83
2016	35.14	35.06	36.00	34.68	39.56	37.77	38.85	38.68	33.93	33.68
2017	35.65	35.74	35.75	33.66	39.73	38.54	42.22	35.93	33.34	32.93
2018	33.23	32.72	35.27	33.76	39.18	32.67	34.09	36.31	31.36	31.15
2019	33.24	33.21	34.32	33.07	39.32	35.17	37.86	34.83	31.82	31.57
2020	35.72	35.60	36.96	34.89	39.48	35.20	40.24	39.53	33.60	33.37
最大值	37.50	37.39	38.93	36.56	40.16	38.71	43.98	41.98	35.59	35.40
最大值年份	1998	1999	1998	1999	1999	1995	1996	1998	1999	1999

湘江频率洪水为主洞庭湖区5%频率洪水计算结果(2050年)如表7-33所示。

表 7-33　湘江频率洪水为主洞庭湖区 5%频率洪水计算结果(2050 年)

单位:m　吴淞高程

年份	南咀	小河咀	安乡	南县	长沙	益阳	常德	津市	七里山	莲花塘
1981	33.47	32.76	35.99	34.98	38.26	33.32	34.48	38.72	31.84	31.78
1982	33.77	33.65	36.29	34.93	38.14	33.55	39.70	38.20	32.03	31.99
1983	35.31	35.08	36.88	35.29	38.38	33.77	38.18	40.08	32.89	32.84
1984	34.81	34.87	36.07	34.84	38.20	34.60	40.95	37.62	31.93	31.88
1985	33.56	33.16	35.57	34.14	38.14	32.64	37.76	36.60	31.69	31.54
1986	33.74	33.54	35.39	34.02	38.14	34.63	38.72	38.25	31.86	31.68
1987	34.27	34.24	36.31	34.83	38.33	33.72	38.56	37.37	32.37	32.15
1988	33.59	34.07	34.14	33.08	38.20	35.01	40.57	36.94	30.94	30.61
1989	33.70	33.23	36.15	35.08	38.25	36.21	36.01	37.20	32.34	32.30
1990	34.14	34.10	35.44	34.67	38.46	36.94	40.22	37.14	33.18	33.04
1991	35.59	35.51	37.16	34.48	38.18	33.51	41.36	40.74	32.73	32.58
1992	33.49	33.72	35.76	34.15	38.27	34.96	38.67	37.01	31.77	31.52
1993	35.00	34.94	36.48	34.67	38.16	35.03	41.12	40.05	31.83	31.77
1994	32.82	32.53	34.00	32.50	38.16	35.59	36.02	35.08	30.97	30.65
1995	35.80	35.87	36.27	34.61	38.69	38.64	42.70	38.51	33.73	33.48
1996	37.21	37.11	37.74	35.34	38.23	38.70	43.98	38.79	34.29	34.09
1997	33.32	33.03	35.73	34.43	38.11	34.52	35.69	37.27	31.81	31.73
1998	37.49	37.29	38.92	36.14	38.61	36.91	42.19	41.97	34.45	34.35
1999	37.33	37.23	37.94	36.32	39.21	36.24	43.24	39.16	35.28	35.10
2000	34.35	34.08	36.26	35.34	38.41	34.02	38.43	37.02	33.44	33.26
2001	32.81	32.52	33.98	33.11	38.18	33.78	37.05	34.46	31.11	30.85
2002	34.91	34.81	36.22	35.06	38.34	37.40	39.40	37.34	33.01	32.90
2003	37.11	36.89	38.21	34.95	38.26	33.70	41.57	41.71	33.06	32.91
2004	35.60	35.63	35.89	32.72	38.17	34.75	42.46	37.59	31.49	31.25
2005	33.54	33.54	35.31	33.79	38.13	35.19	39.04	35.98	31.37	31.08
2006	32.70	32.41	33.63	32.05	38.11	32.28	34.00	34.18	30.67	30.25
2007	35.37	35.24	36.60	34.49	38.13	32.40	40.82	39.23	31.65	31.52
2008	32.83	32.60	35.54	32.72	38.10	32.37	35.08	38.24	30.78	30.41
2009	32.94	32.70	34.35	32.86	38.17	32.91	34.54	36.27	31.01	30.67

续表

年份	南咀	小河咀	安乡	南县	长沙	益阳	常德	津市	七里山	莲花塘
2010	34.37	34.31	35.75	33.94	38.26	33.85	39.36	38.47	31.76	31.72
2011	32.66	32.35	33.66	32.15	38.16	32.43	35.59	34.93	30.67	30.29
2012	34.72	34.71	35.73	34.73	38.18	33.35	40.68	36.57	31.90	31.84
2013	32.98	32.75	34.29	32.69	38.13	32.23	34.54	37.24	31.12	30.83
2014	35.51	35.50	35.94	33.34	38.19	36.29	42.59	36.74	31.74	31.57
2015	33.73	33.14	34.42	33.03	38.32	34.25	38.29	36.56	31.76	31.52
2016	34.81	34.86	35.97	34.40	38.54	37.60	38.76	38.67	33.56	33.32
2017	35.52	35.63	35.63	33.41	38.73	38.48	42.22	35.82	33.02	32.63
2018	33.03	32.64	35.26	33.86	38.13	32.41	34.05	36.24	31.15	31.08
2019	33.02	32.97	34.27	32.90	38.29	35.14	37.88	34.98	31.54	31.28
2020	35.63	35.51	36.87	34.88	38.44	35.18	40.20	39.51	33.19	33.04
最大值	37.49	37.29	38.92	36.32	39.21	38.70	43.98	41.97	35.28	35.10
最大值年份	1998	1998	1998	1999	1999	1996	1996	1998	1999	1999

湘江频率洪水为主洞庭湖区10%频率洪水计算结果(2050年)如表7-34所示。

表7-34 湘江频率洪水为主洞庭湖区10%频率洪水计算结果(2050年)

单位:m 吴淞高程

年份	南咀	小河咀	安乡	南县	长沙	益阳	常德	津市	七里山	莲花塘
1981	33.57	32.72	36.41	35.13	37.68	33.19	34.46	38.71	31.97	31.91
1982	33.69	33.61	36.29	34.92	37.55	33.48	39.50	38.18	32.02	31.98
1983	35.24	35.03	36.84	35.27	37.81	33.63	38.15	40.08	32.86	32.81
1984	34.79	34.86	36.06	34.80	37.61	34.58	40.95	37.62	31.84	31.80
1985	33.45	32.85	35.53	34.03	37.54	32.47	37.76	36.58	31.50	31.36
1986	33.67	33.45	35.34	33.93	37.55	34.56	38.70	38.25	31.70	31.53
1987	34.12	33.91	36.30	34.82	37.75	33.51	38.54	37.37	32.14	31.95
1988	33.59	34.07	34.14	33.08	37.62	35.01	40.57	36.94	30.88	30.55
1989	33.69	33.09	36.15	35.08	37.67	36.10	35.96	37.2	32.32	32.28
1990	33.99	33.84	35.38	34.56	37.91	36.88	40.16	37.13	33.00	32.84
1991	35.57	35.49	37.13	34.50	37.59	33.44	41.36	40.74	32.67	32.53
1992	33.36	33.60	35.75	34.14	37.70	34.86	38.66	37.00	31.59	31.41

续表

年份	南咀	小河咀	安乡	南县	长沙	益阳	常德	津市	七里山	莲花塘
1993	34.99	34.94	36.48	34.68	37.56	34.99	41.12	40.05	31.95	31.89
1994	32.79	32.49	33.98	32.47	37.57	35.59	36.02	35.08	30.91	30.59
1995	35.72	35.79	36.23	34.48	38.15	38.61	42.70	38.49	33.55	33.30
1996	37.20	37.10	37.73	35.33	37.65	38.69	43.98	38.79	34.27	34.08
1997	33.30	32.84	35.72	34.42	37.51	34.51	35.69	37.26	31.78	31.71
1998	37.49	37.29	38.92	36.13	38.04	36.89	42.19	41.97	34.43	34.33
1999	37.28	37.17	37.91	36.21	38.69	36.10	43.24	39.16	35.12	34.94
2000	34.21	33.87	36.22	35.24	37.83	33.79	38.43	36.99	33.21	33.07
2001	32.78	32.48	33.95	33.05	37.59	33.77	37.03	34.36	31.03	30.80
2002	34.91	34.81	36.21	35.05	37.78	37.40	39.40	37.34	33.00	32.89
2003	37.10	36.87	38.21	34.91	37.68	33.64	41.57	41.71	32.99	32.85
2004	35.59	35.62	35.89	32.68	37.58	34.74	42.46	37.58	31.46	31.22
2005	33.51	33.52	35.31	33.78	37.53	35.17	39.04	35.98	31.31	31.02
2006	32.66	32.37	33.60	32.01	37.51	32.23	34.00	34.17	30.61	30.18
2007	35.37	35.24	36.60	34.50	37.54	32.37	40.82	39.23	31.64	31.51
2008	32.82	32.55	35.54	32.71	37.50	32.33	35.07	38.24	30.72	30.34
2009	32.92	32.67	34.30	32.86	37.57	32.74	34.52	36.27	30.95	30.61
2010	34.36	34.28	35.73	33.93	37.68	33.82	39.36	38.47	31.74	31.70
2011	32.62	32.31	33.63	32.11	37.56	32.23	35.59	34.93	30.62	30.20
2012	34.71	34.71	35.73	34.71	37.59	33.34	40.68	36.56	31.88	31.83
2013	32.95	32.72	34.26	32.65	37.54	32.18	34.52	37.24	31.06	30.77
2014	35.54	35.52	35.97	33.33	37.62	36.28	42.60	36.79	31.66	31.46
2015	33.04	32.99	34.40	32.93	37.75	34.24	38.29	36.55	31.60	31.34
2016	34.67	34.69	35.95	34.25	37.98	37.53	38.72	38.67	33.37	33.14
2017	35.43	35.54	35.54	33.23	38.19	38.43	42.21	35.73	32.81	32.43
2018	32.94	32.61	35.25	33.83	37.53	32.36	34.03	36.18	31.12	31.06
2019	32.92	32.86	34.23	32.85	37.72	35.13	37.93	35.69	31.52	31.31
2020	35.58	35.47	36.83	34.88	37.87	35.18	40.18	39.50	33.01	32.84
最大值	37.49	37.29	38.92	36.21	38.69	38.69	43.98	41.97	35.12	34.94
最大值年份	1998	1998	1998	1999	1999	1996	1996	1998	1999	1999

资江频率洪水为主洞庭湖区1%频率洪水计算结果(2050年)如表7-35所示。

表7-35 资江频率洪水为主洞庭湖区1%频率洪水计算结果(2050年)

单位:m 吴淞高程

年份	南咀	小河咀	安乡	南县	长沙	益阳	常德	津市	七里山	莲花塘
1981	33.90	33.52	36.17	35.44	33.94	40.84	34.83	38.7	32.78	32.72
1982	34.44	34.43	36.29	35.25	37.78	40.86	39.43	38.07	32.16	32.26
1983	35.02	34.96	36.66	35.83	35.74	40.91	38.17	39.94	33.89	33.87
1984	35.31	35.31	35.99	34.67	37.24	40.86	41.03	37.66	32.79	32.53
1985	33.80	33.75	35.22	33.83	33.93	40.85	37.77	36.90	32.42	32.16
1986	33.66	33.63	35.59	33.81	33.83	40.85	38.60	38.27	32.24	31.98
1987	33.96	33.69	36.40	35.08	33.49	40.86	38.42	37.37	32.44	32.38
1988	33.77	34.02	34.86	33.65	33.61	40.83	40.57	36.94	32.31	32.04
1989	34.01	33.67	36.15	35.19	35.77	40.88	35.71	37.20	33.02	32.93
1990	34.15	34.14	35.15	33.96	34.64	40.85	40.16	37.07	32.52	32.26
1991	35.51	35.44	36.97	34.60	33.82	40.92	41.35	40.72	33.09	32.95
1992	33.83	33.71	36.07	34.69	36.64	40.85	38.65	37.25	32.44	32.30
1993	35.18	34.98	36.66	34.74	35.64	40.85	41.14	40.07	32.26	31.95
1994	33.71	33.64	34.84	33.67	38.32	40.85	36.02	35.16	32.32	32.06
1995	35.31	35.42	36.10	33.85	35.58	40.87	42.67	38.41	32.44	32.17
1996	37.52	37.43	37.99	35.90	36.10	40.92	44.00	38.90	35.02	34.81
1997	34.02	33.61	36.02	35.00	34.97	40.86	35.68	37.26	32.82	32.69
1998	37.74	37.55	39.16	36.41	36.72	40.91	42.33	42.02	34.88	34.77
1999	37.04	36.91	37.73	36.53	35.76	40.94	43.23	39.13	35.19	35.10
2000	33.80	33.75	35.99	34.77	34.19	40.85	38.43	36.78	32.38	32.21
2001	33.66	33.59	34.82	33.60	35.68	40.85	37.06	35.16	32.22	31.95
2002	35.25	35.16	36.30	35.20	37.12	40.85	39.43	37.36	33.69	33.55
2003	36.97	36.75	38.11	34.76	33.43	40.91	41.53	41.69	32.72	32.57
2004	35.78	35.79	36.07	33.82	33.52	40.85	42.48	37.65	32.35	32.10
2005	34.51	34.58	35.38	33.96	35.67	40.85	39.16	35.99	32.69	32.43
2006	33.59	33.52	34.59	33.20	37.47	40.84	34.14	35.04	32.12	31.75

续表

年份	南咀	小河咀	安乡	南县	长沙	益阳	常德	津市	七里山	莲花塘
2007	35.47	35.33	36.67	34.56	35.64	40.85	40.89	39.25	32.11	31.79
2008	33.71	33.66	35.56	33.34	35.55	40.84	35.08	38.24	32.20	31.88
2009	33.81	33.75	35.00	33.53	33.65	40.84	35.12	36.28	32.32	32.04
2010	34.29	34.21	35.72	34.28	37.62	40.87	39.34	38.45	32.47	32.35
2011	33.53	33.43	34.64	33.28	33.00	40.84	35.59	34.97	32.07	31.74
2012	35.13	35.09	35.99	34.86	35.30	40.86	40.74	36.56	33.02	32.88
2013	33.87	33.83	35.01	33.82	33.72	40.84	35.07	37.24	32.45	32.20
2014	35.65	35.64	36.05	33.91	33.93	40.86	42.60	36.85	32.62	32.40
2015	33.95	33.92	35.11	33.42	33.46	40.84	38.31	36.96	32.29	31.99
2016	34.02	33.98	35.89	33.84	35.64	40.86	38.53	38.66	32.52	32.28
2017	35.23	35.36	35.35	33.45	38.40	40.86	42.20	35.56	32.42	32.09
2018	33.77	33.68	35.37	34.17	33.17	40.86	34.68	35.86	32.32	32.07
2019	33.85	33.91	34.98	33.85	39.53	40.93	38.00	35.34	32.63	32.36
2020	35.38	35.27	36.63	35.06	33.98	40.89	40.08	39.47	33.49	33.36
最大值	37.74	37.55	39.16	36.53	39.53	40.94	44.00	42.02	35.19	35.10
最大值年份	1998	1998	1998	1999	2019	1999	1996	1998	1999	1999

资江频率洪水为主洞庭湖区 5%频率洪水计算结果(2050 年)如表 7-36 所示。

表 7-36　资江频率洪水为主洞庭湖区 5%频率洪水计算结果(2050 年)

单位:m　吴淞高程

年份	南咀	小河咀	安乡	南县	长沙	益阳	常德	津市	七里山	莲花塘
1981	33.47	32.76	35.99	34.98	38.26	33.32	34.48	38.72	31.84	31.78
1982	33.77	33.65	36.29	34.93	38.14	33.55	39.70	38.20	32.03	31.99
1983	35.31	35.08	36.88	35.29	38.38	33.77	38.18	40.08	32.89	32.84
1984	34.81	34.87	36.07	34.84	38.20	34.60	40.95	37.62	31.93	31.88
1985	33.56	33.16	35.57	34.14	38.14	32.64	37.76	36.60	31.69	31.54
1986	33.74	33.54	35.39	34.02	38.14	34.63	38.72	38.25	31.86	31.68
1987	34.27	34.24	36.31	34.83	38.33	33.72	38.56	37.37	32.37	32.15

续表

年份	南咀	小河咀	安乡	南县	长沙	益阳	常德	津市	七里山	莲花塘
1988	33.59	34.07	34.14	33.08	38.20	35.01	40.57	36.94	30.94	30.61
1989	33.70	33.23	36.15	35.08	38.25	36.21	36.01	37.20	32.34	32.30
1990	34.14	34.10	35.44	34.67	38.46	36.94	40.22	37.14	33.18	33.04
1991	35.59	35.51	37.16	34.48	38.18	33.51	41.36	40.74	32.73	32.58
1992	33.49	33.72	35.76	34.15	38.27	34.96	38.67	37.01	31.77	31.52
1993	35.00	34.94	36.48	34.67	38.16	35.03	41.12	40.05	31.83	31.77
1994	32.82	32.53	34.00	32.50	38.16	35.59	36.02	35.08	30.97	30.65
1995	35.80	35.87	36.27	34.61	38.69	38.64	42.70	38.51	33.73	33.48
1996	37.21	37.11	37.74	35.34	38.23	38.70	43.98	38.79	34.29	34.09
1997	33.32	33.03	35.73	34.43	38.11	34.52	35.69	37.27	31.81	31.73
1998	37.49	37.29	38.92	36.14	38.61	36.91	42.19	41.97	34.45	34.35
1999	37.33	37.23	37.94	36.32	39.21	36.24	43.24	39.16	35.28	35.10
2000	34.35	34.08	36.26	35.34	38.41	34.02	38.43	37.02	33.44	33.26
2001	32.81	32.52	33.98	33.11	38.18	33.78	37.05	34.46	31.11	30.85
2002	34.91	34.81	36.22	35.06	38.34	37.40	39.40	37.34	33.01	32.90
2003	37.11	36.89	38.21	34.95	38.26	33.70	41.57	41.71	33.06	32.91
2004	35.60	35.63	35.89	32.72	38.17	34.75	42.46	37.59	31.49	31.25
2005	33.54	33.54	35.31	33.79	38.13	35.19	39.04	35.98	31.37	31.08
2006	32.70	32.41	33.63	32.05	38.11	32.28	34.00	34.18	30.67	30.25
2007	35.37	35.24	36.60	34.49	38.13	32.40	40.82	39.23	31.65	31.52
2008	32.83	32.6	35.54	32.72	38.10	32.37	35.08	38.24	30.78	30.41
2009	32.94	32.70	34.35	32.86	38.17	32.91	34.54	36.27	31.01	30.67
2010	34.37	34.31	35.75	33.94	38.26	33.85	39.36	38.47	31.76	31.72
2011	32.66	32.35	33.66	32.15	38.16	32.43	35.59	34.93	30.67	30.29
2012	34.72	34.71	35.73	34.73	38.18	33.35	40.68	36.57	31.90	31.84
2013	32.98	32.75	34.29	32.69	38.13	32.23	34.54	37.24	31.12	30.83
2014	35.51	35.50	35.94	33.34	38.19	36.29	42.59	36.74	31.74	31.57
2015	33.73	33.14	34.42	33.03	38.32	34.25	38.29	36.56	31.76	31.52

续表

年份	南咀	小河咀	安乡	南县	长沙	益阳	常德	津市	七里山	莲花塘
2016	34.81	34.86	35.97	34.40	38.54	37.60	38.76	38.67	33.56	33.32
2017	35.52	35.63	35.63	33.41	38.73	38.48	42.22	35.82	33.02	32.63
2018	33.03	32.64	35.26	33.86	38.13	32.41	34.05	36.24	31.15	31.08
2019	33.02	32.97	34.27	32.90	38.29	35.14	37.88	34.98	31.54	31.28
2020	35.63	35.51	36.87	34.88	38.44	35.18	40.20	39.51	33.19	33.04
最大值	37.49	37.29	38.92	36.32	39.21	38.70	43.98	41.97	35.28	35.10
最大值年份	1998	1998	1998	1999	1999	1996	1996	1998	1999	1999

资江频率洪水为主洞庭湖区 10%频率洪水计算结果(2050 年)如表 7-37 所示。

表 7-37　资江频率洪水为主洞庭湖区 10%频率洪水计算结果(2050 年)

单位:m　吴淞高程

年份	南咀	小河咀	安乡	南县	长沙	益阳	常德	津市	七里山	莲花塘
1981	33.67	33.35	36.08	35.19	33.81	37.83	34.82	38.70	32.26	32.21
1982	34.27	34.29	36.3	34.94	37.84	37.83	39.46	38.21	32.06	32.02
1983	34.85	34.69	36.62	35.45	35.72	37.98	38.14	40.09	33.40	33.30
1984	35.14	35.15	35.97	34.65	37.14	37.87	41.01	37.64	32.40	32.15
1985	33.45	33.27	35.21	33.42	33.63	37.85	37.76	36.70	31.97	31.70
1986	33.25	33.04	35.22	33.31	33.70	37.85	38.60	38.26	31.76	31.50
1987	33.83	33.22	36.36	34.94	33.15	37.86	38.41	37.37	32.17	32.12
1988	33.84	34.16	34.51	33.10	33.29	37.82	40.57	36.94	31.84	31.55
1989	33.81	33.19	36.11	35.07	35.75	37.94	35.69	37.20	32.66	32.60
1990	33.80	33.65	34.91	33.77	34.42	37.83	40.16	37.07	32.08	31.82
1991	35.50	35.43	36.97	34.5	33.35	37.99	41.35	40.72	32.73	32.58
1992	33.63	33.23	35.95	34.59	36.62	37.85	38.65	37.17	31.97	31.78
1993	35.05	34.97	36.59	34.72	35.63	37.84	41.14	40.06	31.97	31.91
1994	33.35	33.16	34.49	33.13	38.31	37.84	36.02	35.12	31.86	31.58
1995	35.30	35.42	36.04	33.72	35.56	37.89	42.67	38.41	32.26	32.12
1996	37.31	37.22	37.82	35.55	35.62	38.06	43.98	38.80	34.57	34.37
1997	33.75	33.08	35.92	34.75	34.94	37.88	35.66	37.27	32.26	32.14

续表

年份	南咀	小河咀	安乡	南县	长沙	益阳	常德	津市	七里山	莲花塘
1998	37.62	37.42	39.05	36.23	36.74	37.99	42.26	42.00	34.64	34.54
1999	37.03	36.90	37.72	36.27	35.35	38.06	43.23	39.13	34.75	34.65
2000	33.47	33.27	35.98	34.57	33.96	37.85	38.42	36.78	31.92	31.70
2001	33.30	33.09	34.44	33.05	35.78	37.84	37.07	34.78	31.74	31.44
2002	35.21	35.13	36.29	35.22	37.10	37.83	39.42	37.36	33.64	33.50
2003	36.96	36.74	38.11	34.72	33.13	37.95	41.53	41.69	32.62	32.51
2004	35.67	35.69	35.97	33.32	33.18	37.86	42.47	37.63	31.89	31.63
2005	34.10	34.11	35.58	33.80	35.49	37.85	39.11	36.02	32.28	32.01
2006	33.23	33.03	34.09	32.70	37.32	37.84	34.11	34.53	31.58	31.17
2007	35.46	35.32	36.65	34.52	35.62	37.85	40.87	39.24	31.67	31.54
2008	33.34	33.17	35.55	32.84	35.52	37.82	35.07	38.24	31.68	31.30
2009	33.44	33.25	34.68	33.00	33.62	37.83	34.90	36.26	31.84	31.54
2010	34.27	34.20	35.64	34.12	37.61	37.88	39.34	38.42	32.26	32.18
2011	33.17	32.93	34.14	32.77	32.75	37.82	35.58	34.94	31.53	31.16
2012	34.92	34.89	35.85	34.76	35.27	37.87	40.70	36.52	32.46	32.30
2013	33.52	33.35	34.70	33.32	33.40	37.83	34.87	37.24	32.01	31.75
2014	35.55	35.54	35.97	33.55	33.70	37.89	42.60	36.75	32.08	31.88
2015	33.60	33.41	34.77	32.91	33.22	37.83	38.29	36.95	31.79	31.45
2016	33.75	33.50	35.89	33.35	35.61	37.87	38.52	38.66	32.08	31.84
2017	35.20	35.34	35.32	32.93	38.39	37.86	42.20	35.53	32.42	32.11
2018	33.41	33.19	35.28	33.94	32.79	37.87	34.43	35.86	31.86	31.61
2019	33.48	33.54	34.67	33.36	39.53	38.03	37.99	35.08	32.22	31.98
2020	35.37	35.26	36.62	34.88	33.57	37.95	40.08	39.46	33.07	32.97
最大值	37.62	37.42	39.05	36.27	39.53	38.06	43.98	42.00	34.75	34.65
最大值年份	1998	1998	1998	1999	2019	1999	1996	1998	1999	1999

沅江频率洪水为主洞庭湖区1%频率洪水计算结果(2050年)如表7-38所示。

表7-38 沅江频率洪水为主洞庭湖区1%频率洪水计算结果(2050年)

单位:m 吴淞高程

年份	南咀	小河咀	安乡	南县	长沙	益阳	常德	津市	七里山	莲花塘
1981	37.85	37.74	38.32	36.24	34.60	34.77	45.54	38.73	34.27	34.17
1982	37.59	37.51	37.99	35.51	37.72	33.89	45.52	38.13	33.29	33.11
1983	38.05	37.95	38.38	36.00	35.64	35.10	45.61	40.08	34.55	34.38
1984	37.46	37.42	37.66	34.84	36.98	34.78	45.54	37.78	32.84	32.65
1985	37.39	37.36	37.54	34.03	33.23	33.32	45.54	37.58	32.24	32.01
1986	37.52	37.47	37.68	33.74	33.68	34.14	45.56	38.48	32.30	32.04
1987	37.31	37.30	37.44	35.43	33.20	33.33	45.54	37.94	32.89	32.82
1988	36.93	36.98	37.01	33.17	32.79	34.91	45.51	37.06	31.26	30.95
1989	37.73	37.68	37.92	35.39	35.90	35.87	45.61	37.94	33.78	33.54
1990	37.36	37.32	37.55	33.95	34.05	36.86	45.52	38.08	32.08	31.95
1991	37.56	37.51	37.74	35.08	34.02	34.10	45.56	40.75	33.47	33.27
1992	37.63	37.52	38.15	35.71	36.78	34.77	45.52	38.49	33.81	33.63
1993	37.03	36.97	37.32	34.66	35.85	34.92	45.49	40.16	32.32	32.11
1994	37.00	37.04	37.08	32.90	38.30	36.24	45.51	37.14	31.55	31.11
1995	37.26	37.25	37.39	34.59	35.41	38.46	45.53	38.38	32.81	32.63
1996	37.71	37.67	38.05	35.83	35.95	38.72	45.57	38.93	34.91	34.69
1997	37.86	37.76	38.23	35.95	35.16	34.65	45.57	38.40	34.13	33.97
1998	38.40	38.27	39.42	36.95	36.70	36.87	45.64	42.22	35.36	35.24
1999	38.21	38.11	38.68	37.18	36.27	36.26	45.62	39.01	35.75	35.66
2000	37.87	37.76	38.28	35.87	34.45	34.47	45.56	38.23	33.88	33.69
2001	36.77	36.85	36.84	32.84	35.63	33.92	45.50	36.90	31.17	30.85
2002	36.95	37.00	37.04	34.99	37.03	37.42	45.50	37.32	33.40	33.23
2003	37.51	37.47	37.76	35.05	33.86	33.94	45.57	41.69	33.35	33.17
2004	37.53	37.48	37.71	33.39	33.35	35.26	45.52	38.30	32.14	31.85
2005	37.02	37.05	37.12	33.94	35.27	35.29	45.51	37.19	31.68	31.41
2006	36.90	36.96	36.97	33.06	37.55	34.09	45.50	37.02	32.01	31.56
2007	37.07	37.08	37.33	34.86	35.68	33.28	45.51	39.34	32.67	32.51
2008	36.79	36.87	36.86	32.87	35.58	32.54	45.49	38.24	31.13	30.81
2009	37.07	37.09	37.19	33.42	34.11	32.78	45.51	37.22	31.48	31.22
2010	37.45	37.40	37.64	35.13	37.61	34.01	45.54	38.46	33.50	33.34

续表

年份	南咀	小河咀	安乡	南县	长沙	益阳	常德	津市	七里山	莲花塘
2011	36.72	36.81	36.78	32.52	32.82	32.58	45.49	36.88	30.99	30.64
2012	37.57	37.51	37.80	35.27	35.26	34.53	45.54	37.99	33.66	33.46
2013	37.21	37.20	37.35	34.10	33.28	32.95	45.51	37.40	31.95	31.70
2014	37.45	37.41	37.61	34.47	33.79	36.35	45.54	37.75	32.91	32.70
2015	37.01	37.05	37.09	32.70	33.40	34.08	45.51	37.16	31.24	30.91
2016	37.56	37.48	37.86	34.12	35.61	37.21	45.53	38.69	33.06	32.86
2017	37.19	37.19	37.31	33.40	38.40	38.35	45.52	37.4	32.15	31.83
2018	37.76	37.67	38.07	35.13	33.92	34.01	45.57	38.10	33.27	33.08
2019	37.27	37.28	37.38	34.26	39.56	35.72	45.53	37.43	33.17	32.91
2020	37.77	37.68	38.16	35.71	34.74	35.35	45.56	39.51	34.29	34.15
最大值	38.40	38.27	39.42	37.18	39.56	38.72	45.64	42.22	35.75	35.66
最大值年份	1998	1998	1998	1999	2019	1996	1998	1998	1999	1999

沅江频率洪水为主洞庭湖区5%频率洪水计算结果(2050年)如表7-39所示。

表7-39　沅江频率洪水为主洞庭湖区5%频率洪水计算结果(2050年)

单位:m　吴淞高程

年份	南咀	小河咀	安乡	南县	长沙	益阳	常德	津市	七里山	莲花塘
1981	36.55	36.46	37.35	35.91	34.21	34.25	42.67	38.73	33.73	33.62
1982	36.26	36.10	36.94	34.96	37.71	33.71	42.65	38.13	32.54	32.37
1983	36.79	36.71	37.32	35.52	35.62	34.39	42.76	40.08	33.88	33.72
1984	35.99	35.90	36.39	34.79	36.95	34.74	42.68	37.75	32.06	31.86
1985	35.83	35.82	36.16	33.70	33.10	32.62	42.68	36.62	31.50	31.26
1986	36.09	36.00	36.58	33.43	33.64	34.07	42.69	38.40	31.58	31.33
1987	35.74	35.75	36.74	35.20	32.84	32.87	42.68	37.65	32.55	32.49
1988	35.22	35.40	35.37	33.16	32.71	34.90	42.63	36.94	31.05	30.72
1989	36.49	36.46	37.00	35.26	35.86	35.84	42.76	37.21	33.23	33.08
1990	35.76	35.72	36.15	33.92	33.99	36.86	42.63	37.22	32.07	31.94
1991	36.15	36.06	37.26	34.47	33.32	33.41	42.69	40.74	32.74	32.57
1992	36.40	36.32	37.27	35.15	36.74	34.76	42.66	37.90	33.12	32.96
1993	35.69	35.63	36.98	34.67	35.80	34.88	42.65	40.13	31.75	31.64

续表

年份	南咀	小河咀	安乡	南县	长沙	益阳	常德	津市	七里山	莲花塘
1994	35.42	35.53	35.57	32.57	38.30	36.02	42.65	35.67	31.09	30.76
1995	35.70	35.70	36.04	33.93	35.39	38.45	42.66	38.37	32.14	31.94
1996	36.63	36.47	37.28	35.25	35.39	38.70	42.71	38.74	34.28	34.08
1997	36.53	36.35	37.27	35.43	35.12	34.60	42.71	37.74	33.44	33.28
1998	37.33	37.20	39.22	36.32	36.68	36.86	42.79	42.15	34.71	34.60
1999	37.24	37.14	37.96	36.66	35.76	36.02	42.77	39.01	35.24	35.15
2000	36.49	36.42	37.16	35.22	33.78	33.73	42.69	37.20	33.10	32.96
2001	35.19	35.38	35.28	32.50	35.61	33.88	42.63	35.36	30.95	30.61
2002	35.35	35.47	35.84	34.97	37.02	37.42	42.63	37.32	33.37	33.20
2003	36.07	36.10	37.74	34.56	33.29	33.28	42.71	41.69	32.65	32.50
2004	36.05	36.04	36.51	32.84	32.78	34.96	42.65	37.97	31.50	31.24
2005	35.40	35.50	35.61	33.87	35.23	35.25	42.64	35.99	31.53	31.25
2006	35.35	35.47	35.48	32.35	37.41	33.51	42.63	35.54	31.18	30.72
2007	35.70	35.63	36.92	34.47	35.66	32.68	42.65	39.31	32.05	31.91
2008	35.24	35.42	35.51	32.75	35.55	32.39	42.64	38.24	30.88	30.50
2009	35.47	35.54	35.75	33.02	34.02	32.67	42.64	36.38	31.09	30.75
2010	36.08	36.05	36.82	34.65	37.60	33.89	42.67	38.46	32.86	32.72
2011	35.15	35.34	35.28	32.19	32.75	32.04	42.62	35.43	30.72	30.33
2012	36.22	36.10	36.74	34.82	35.23	34.13	42.68	37.04	32.95	32.79
2013	35.65	35.64	36.01	33.48	33.25	32.33	42.64	37.24	31.21	30.95
2014	35.89	35.86	36.24	33.81	33.42	36.33	42.67	36.95	32.17	31.97
2015	35.33	35.46	35.49	32.34	33.32	34.07	42.63	36.53	31.00	30.64
2016	36.22	36.07	36.85	33.61	35.61	37.20	42.66	38.66	32.52	32.34
2017	35.60	35.64	35.87	32.91	38.38	38.34	42.65	36.05	32.03	31.71
2018	36.36	36.32	36.93	34.50	33.20	33.29	42.71	37.06	32.50	32.29
2019	35.74	35.79	35.92	33.40	39.55	35.68	42.67	36.03	32.54	32.28
2020	36.53	36.36	37.21	35.27	34.13	35.24	42.70	39.48	33.75	33.61
最大值	37.33	37.20	39.22	36.66	39.55	38.70	42.79	42.15	35.24	35.15
最大值年份	1998	1998	1998	1999	2019	1996	1998	1998	1999	1999

沅江频率洪水为主洞庭湖区10%频率洪水计算结果(2050年)如表7-40所示。

表7-40 沅江频率洪水为主洞庭湖区10%频率洪水计算结果(2050年)

单位:m 吴淞高程

年份	南咀	小河咀	安乡	南县	长沙	益阳	常德	津市	七里山	莲花塘
1981	36.13	36.04	37.10	35.76	34.13	33.96	41.75	38.73	33.44	33.33
1982	35.83	35.71	36.66	34.94	37.71	33.69	41.76	38.13	32.35	32.19
1983	36.34	36.19	37.00	35.42	35.61	34.13	41.85	40.08	33.64	33.46
1984	35.53	35.50	36.07	34.77	36.93	34.70	41.76	37.71	31.84	31.76
1985	35.44	35.44	35.83	33.63	33.03	32.32	41.76	36.61	31.24	31.09
1986	35.61	35.56	36.28	33.34	33.57	34.01	41.76	38.33	31.45	31.23
1987	35.32	35.37	36.67	35.13	32.72	32.78	41.76	37.61	32.46	32.39
1988	34.76	34.96	34.94	33.14	32.63	34.89	41.70	36.94	30.94	30.61
1989	36.03	35.93	36.77	35.19	35.83	35.82	41.84	37.21	33.03	32.88
1990	35.34	35.33	35.82	33.88	33.94	36.85	41.71	37.06	32.06	31.97
1991	35.68	35.64	37.16	34.44	33.04	33.13	41.78	40.73	32.46	32.30
1992	35.93	35.76	36.98	34.97	36.71	34.75	41.74	37.71	32.81	32.66
1993	35.35	35.27	36.90	34.68	35.77	34.85	41.79	40.12	31.63	31.61
1994	34.94	35.11	35.11	32.50	38.30	35.93	41.72	35.22	30.97	30.65
1995	35.30	35.31	35.81	33.76	35.37	38.45	41.75	38.36	31.91	31.73
1996	36.21	36.09	36.98	35.01	35.29	38.68	41.81	38.74	34.04	33.84
1997	36.14	35.97	37.02	35.27	35.12	34.57	41.79	37.55	33.12	32.98
1998	36.94	36.65	39.02	36.15	36.67	36.85	41.89	42.10	34.47	34.37
1999	36.71	36.64	37.56	36.47	35.51	35.93	41.86	39.01	34.99	34.90
2000	36.06	35.90	36.83	35.02	33.73	33.39	41.77	36.94	32.77	32.61
2001	34.70	34.94	34.83	32.43	35.60	33.85	41.71	34.94	30.84	30.50
2002	34.83	35.01	35.83	34.96	37.01	37.42	41.70	37.32	33.34	33.17
2003	35.59	35.56	37.73	34.35	33.21	32.96	41.79	41.68	32.33	32.19
2004	35.56	35.50	36.18	32.71	32.58	34.86	41.73	37.83	31.37	31.13
2005	34.95	35.09	35.35	33.85	35.20	35.23	41.72	35.99	31.42	31.13
2006	34.89	35.06	35.04	32.16	37.36	33.25	41.69	35.10	31.01	30.63
2007	35.32	35.25	36.86	34.31	35.65	32.40	41.73	39.29	31.75	31.62
2008	34.68	34.91	35.50	32.61	35.54	32.30	41.69	38.23	30.77	30.38

续表

年份	南咀	小河咀	安乡	南县	长沙	益阳	常德	津市	七里山	莲花塘
2009	35.03	35.13	35.37	32.99	33.97	32.59	41.72	36.27	30.97	30.64
2010	35.60	35.53	36.55	34.44	37.59	33.87	41.76	38.45	32.60	32.48
2011	34.65	34.88	34.80	32.12	32.72	32.00	41.69	34.98	30.62	30.19
2012	35.75	35.67	36.38	34.77	35.21	33.92	41.76	36.75	32.65	32.49
2013	35.36	35.38	35.79	33.39	33.23	32.25	41.76	37.24	31.10	30.85
2014	35.49	35.48	35.92	33.57	33.37	36.30	41.76	36.85	31.89	31.67
2015	34.86	35.02	35.07	32.25	33.26	34.07	41.70	36.52	30.89	30.51
2016	35.75	35.64	36.53	33.41	35.59	37.18	41.75	38.65	32.34	32.18
2017	35.15	35.23	35.48	32.67	38.36	38.34	41.73	35.64	31.92	31.61
2018	35.88	35.77	36.58	34.30	32.88	32.99	41.80	36.74	32.18	31.99
2019	35.32	35.40	35.52	33.17	39.53	35.65	41.75	35.63	32.29	32.03
2020	36.07	35.93	36.89	35.14	33.87	35.17	41.79	39.46	33.51	33.38
最大值	36.94	36.65	39.02	36.47	39.53	38.68	41.89	42.10	34.99	34.90
最大值年份	1998	1998	1998	1999	2019	1996	1998	1998	1999	1999

澧水频率洪水为主洞庭湖区 1%频率洪水计算结果(2050 年)如表 7-41 所示。

表 7-41　澧水频率洪水为主洞庭湖区 1%频率洪水计算结果(2050 年)

单位:m　吴淞高程

年份	南咀	小河咀	安乡	南县	长沙	益阳	常德	津市	七里山	莲花塘
1981	36.12	34.89	39.14	35.05	33.91	33.27	35.12	43.81	32.10	31.99
1982	35.65	34.21	38.35	34.88	37.87	34.22	39.46	43.72	31.91	31.88
1983	36.50	35.52	38.96	35.30	35.75	33.25	38.23	43.78	32.92	32.87
1984	36.61	35.64	40.01	35.25	37.25	35.26	41.03	43.98	32.74	32.59
1985	36.58	35.62	39.70	34.08	33.69	33.07	37.75	43.91	32.07	31.80
1986	36.56	35.52	39.19	33.50	33.98	33.99	38.60	43.82	31.86	31.59
1987	36.52	35.59	39.47	34.82	33.22	32.98	38.42	43.86	31.92	31.86
1988	35.69	34.26	38.43	33.19	33.36	35.03	40.57	43.72	31.95	31.66
1989	35.93	34.94	38.76	35.40	35.90	35.86	35.82	43.76	32.80	32.75
1990	35.93	34.89	38.70	33.98	34.47	36.93	40.17	43.75	32.19	31.92

续表

年份	南咀	小河咀	安乡	南县	长沙	益阳	常德	津市	七里山	莲花塘
1991	37.56	37.25	39.29	34.67	33.56	33.70	41.56	43.82	33.01	32.86
1992	36.54	35.67	38.99	34.43	36.77	34.94	38.78	43.78	32.52	32.30
1993	37.13	36.82	38.86	34.68	35.74	34.96	41.12	43.75	32.19	31.92
1994	35.68	34.32	38.35	33.22	38.38	35.68	36.00	43.71	31.97	31.69
1995	36.64	35.96	39.13	34.44	35.83	38.56	42.71	43.80	32.82	32.67
1996	37.39	37.33	39.24	35.70	35.84	38.78	44.02	43.82	34.77	34.55
1997	36.27	35.39	39.28	34.65	35.48	34.53	35.76	43.83	31.92	31.65
1998	36.54	36.06	39.48	36.02	37.16	37.09	41.97	43.86	33.89	33.80
1999	37.74	37.33	40.27	36.11	35.29	36.10	43.20	44.03	34.45	34.36
2000	36.54	35.45	39.50	34.51	34.05	33.19	38.41	43.87	32.04	31.75
2001	35.94	34.97	38.81	33.14	35.72	33.94	37.05	43.76	31.86	31.56
2002	35.82	35.28	38.50	35.43	37.36	37.62	39.41	43.73	34.12	33.96
2003	38.00	37.69	39.38	35.04	33.68	33.79	41.83	43.83	33.17	33.02
2004	35.81	35.77	38.36	33.42	33.27	34.82	42.46	43.71	32.01	31.75
2005	35.90	34.67	38.94	33.99	35.66	35.60	39.13	43.78	32.50	32.22
2006	35.81	34.63	38.73	32.80	37.20	32.99	35.00	43.76	31.70	31.30
2007	36.15	35.00	39.31	34.50	35.66	32.82	40.76	43.84	31.70	31.65
2008	35.79	34.36	38.69	32.94	35.56	33.06	34.92	43.75	31.80	31.43
2009	35.69	34.73	38.27	33.72	33.73	33.29	35.18	43.71	31.96	31.66
2010	36.14	35.53	38.85	33.93	37.67	34.01	39.70	43.77	31.99	31.75
2011	35.80	34.37	38.72	32.85	32.83	32.69	35.60	43.76	31.63	31.26
2012	36.43	35.56	39.68	34.79	35.33	33.59	40.71	43.90	32.22	32.00
2013	35.92	34.60	38.88	33.41	33.46	33.04	34.94	43.77	32.10	31.84
2014	36.17	35.67	38.84	33.58	33.78	36.46	42.63	43.77	32.01	31.70
2015	35.81	34.84	38.46	33.00	33.38	34.26	38.29	43.73	31.91	31.57
2016	36.43	35.58	38.73	33.64	35.64	37.19	38.55	43.75	32.45	32.31
2017	36.34	35.75	38.91	33.75	38.70	38.51	42.25	43.77	33.16	32.78
2018	36.42	35.52	39.56	34.16	32.88	33.04	35.97	43.88	31.97	31.71
2019	36.18	35.73	38.35	33.73	39.60	36.24	38.62	43.71	32.84	32.48

续表

年份	南咀	小河咀	安乡	南县	长沙	益阳	常德	津市	七里山	莲花塘
2020	37.39	37.07	39.27	34.90	34.12	35.17	40.21	43.81	33.12	32.93
最大值	38.00	37.69	40.27	36.11	39.60	38.78	44.02	44.03	34.77	34.55
最大值年份	2003	2003	1999	1999	2019	1996	1996	1999	1996	1996

澧水频率洪水为主洞庭湖区5%频率洪水计算结果(2050年)如表7-42所示。

表7-42　澧水频率洪水为主洞庭湖区5%频率洪水计算结果(2050年)

单位:m　吴淞高程

年份	南咀	小河咀	安乡	南县	长沙	益阳	常德	津市	七里山	莲花塘
1981	35.31	33.40	38.23	35.01	33.89	33.20	34.85	42.43	32.02	31.90
1982	34.76	33.40	37.23	34.86	37.86	34.22	39.46	42.31	31.88	31.85
1983	35.67	34.88	38.02	35.24	35.74	33.15	38.14	42.39	32.85	32.80
1984	35.87	35.23	39.11	34.99	37.24	35.23	41.01	42.63	32.68	32.42
1985	35.71	34.87	38.77	33.78	33.64	33.00	37.74	42.54	32.00	31.73
1986	35.74	34.89	38.31	33.40	33.90	33.97	38.60	42.44	31.78	31.51
1987	35.64	34.83	38.52	34.80	33.17	32.91	38.41	42.48	31.85	31.79
1988	34.77	33.89	37.19	33.13	33.31	35.02	40.57	42.32	31.87	31.58
1989	35.10	33.22	37.80	35.24	35.86	35.82	35.79	42.37	32.56	32.52
1990	35.12	33.69	37.74	33.96	34.43	36.92	40.17	42.36	32.11	31.90
1991	36.75	36.49	38.34	34.49	33.28	33.42	41.45	42.43	32.76	32.61
1992	35.75	35.07	38.08	34.35	36.75	34.96	38.74	42.40	32.19	31.98
1993	36.29	35.95	37.80	34.67	35.72	34.95	41.11	42.35	31.83	31.74
1994	34.78	33.20	37.23	33.16	38.38	35.67	35.99	42.31	31.90	31.62
1995	35.84	35.68	38.20	34.17	35.81	38.56	42.70	42.41	32.58	32.39
1996	37.29	37.24	38.36	35.63	35.75	38.76	44.00	42.45	34.68	34.47
1997	35.43	34.58	38.36	34.62	35.33	34.52	35.69	42.45	31.84	31.71
1998	36.11	35.95	38.54	36.01	37.09	37.04	41.95	42.48	33.82	33.78
1999	37.00	36.64	39.36	36.05	35.20	36.05	43.19	42.67	34.35	34.26
2000	35.66	34.73	38.60	34.45	34.04	33.13	38.41	42.50	31.96	31.67
2001	35.14	33.68	37.88	33.08	35.72	33.93	37.05	42.38	31.78	31.48

续表

年份	南咀	小河咀	安乡	南县	长沙	益阳	常德	津市	七里山	莲花塘
2002	35.29	35.24	37.61	35.42	37.37	37.61	39.41	42.34	34.11	33.95
2003	37.36	37.10	38.59	34.83	33.32	33.46	41.63	42.44	32.80	32.68
2004	35.69	35.68	37.81	33.36	33.21	34.78	42.45	42.38	31.93	31.67
2005	35.09	34.07	37.99	33.82	35.62	35.59	39.11	42.39	32.42	32.14
2006	34.97	33.08	37.78	32.74	37.17	32.93	34.15	42.36	31.62	31.22
2007	35.31	34.53	38.37	34.47	35.65	32.76	40.75	42.45	31.65	31.60
2008	34.94	33.22	37.71	32.88	35.55	33.00	34.91	42.36	31.73	31.35
2009	34.84	33.29	37.10	33.03	33.69	33.24	34.93	42.31	31.89	31.59
2010	35.33	35.10	37.91	33.88	37.67	34.01	39.54	42.38	31.92	31.63
2011	35.32	32.97	38.28	32.80	32.82	32.62	35.59	42.47	31.55	31.19
2012	35.63	34.80	38.75	34.76	35.32	33.51	40.69	42.53	32.15	31.93
2013	35.09	33.38	37.94	33.35	33.40	32.98	34.89	42.39	32.03	31.77
2014	35.57	35.56	37.88	33.49	33.74	36.42	42.62	42.38	31.93	31.63
2015	34.98	33.43	37.45	32.94	33.33	34.25	38.28	42.33	31.83	31.49
2016	35.63	34.98	37.83	33.39	35.63	37.18	38.54	42.36	32.23	32.09
2017	35.58	35.67	37.95	33.51	38.67	38.50	42.24	42.38	33.08	32.69
2018	35.56	34.67	38.63	34.00	32.81	32.98	35.19	42.51	31.90	31.64
2019	35.39	35.03	37.18	33.43	39.58	36.07	38.46	42.31	32.57	32.27
2020	36.55	36.21	38.34	34.88	33.85	35.15	40.04	42.42	32.95	32.77
最大值	37.36	37.24	39.36	36.05	39.58	38.76	44.00	42.67	34.68	34.47
最大值年份	2003	1996	1999	1999	2019	1996	1996	1999	1996	1996

澧水频率洪水为主洞庭湖区 10%频率洪水计算结果(2050 年)如表 7-43 所示。

表 7-43 澧水频率洪水为主洞庭湖区 10%频率洪水计算结果(2050 年)

单位:m 吴淞高程

年份	南咀	小河咀	安乡	南县	长沙	益阳	常德	津市	七里山	莲花塘
1981	34.87	33.37	37.74	35.00	33.88	33.18	34.84	41.72	31.99	31.86
1982	34.18	33.48	36.53	34.86	37.90	34.28	39.48	41.56	31.87	31.84
1983	35.28	34.56	37.49	35.21	35.74	33.09	38.12	41.66	32.80	32.75
1984	35.52	35.21	38.68	34.92	37.23	35.21	41.01	41.94	32.65	32.40

续表

年份	南咀	小河咀	安乡	南县	长沙	益阳	常德	津市	七里山	莲花塘
1985	35.30	34.29	38.34	33.70	33.62	32.97	37.74	41.85	31.96	31.69
1986	35.47	34.69	37.92	33.72	33.99	34.14	38.59	41.76	31.75	31.48
1987	35.16	34.24	38.05	34.79	33.14	32.88	38.40	41.77	31.82	31.77
1988	34.19	33.86	36.58	33.10	33.28	35.03	40.57	41.57	31.84	31.55
1989	34.68	33.11	37.18	35.19	35.85	35.81	35.78	41.63	32.47	32.43
1990	34.73	33.77	37.13	33.93	34.42	36.99	40.34	41.63	32.08	31.96
1991	36.37	36.16	37.82	34.49	33.17	33.30	41.42	41.72	32.65	32.51
1992	35.33	34.83	37.56	34.33	36.74	34.96	38.70	41.68	32.08	31.83
1993	35.98	35.66	37.28	34.67	35.87	35.02	41.11	41.62	31.83	31.76
1994	34.20	33.17	36.54	33.14	38.38	35.66	35.99	41.56	31.86	31.58
1995	35.58	35.64	37.70	34.07	35.81	38.56	42.69	41.70	32.56	32.38
1996	37.24	37.20	37.86	35.59	35.71	38.74	43.99	41.74	34.64	34.42
1997	34.97	33.45	37.87	34.59	35.32	34.51	35.68	41.74	31.91	31.84
1998	36.05	35.91	38.07	36.01	37.06	37.03	41.94	41.77	33.81	33.77
1999	36.67	36.35	38.95	36.02	35.15	36.01	43.18	41.99	34.31	34.22
2000	35.26	34.22	38.16	34.53	34.03	33.10	38.41	41.81	31.93	31.64
2001	34.70	33.12	37.34	33.06	35.71	33.92	37.05	41.65	31.74	31.45
2002	35.28	35.23	36.88	35.41	37.36	37.61	39.41	41.6	34.11	33.95
2003	36.98	36.75	38.12	34.74	33.16	33.30	41.53	41.72	32.64	32.53
2004	35.62	35.63	37.32	33.33	33.19	34.77	42.44	41.67	31.90	31.64
2005	34.73	34.04	37.60	33.76	35.60	35.58	39.10	41.65	32.39	32.11
2006	34.48	33.04	37.10	32.71	37.16	32.90	34.14	41.62	31.58	31.18
2007	34.84	34.46	37.87	34.45	35.65	32.73	40.75	41.74	31.63	31.58
2008	33.39	33.19	34.73	32.85	35.54	32.97	34.91	39.01	31.69	31.32
2009	34.27	33.26	36.44	33.01	33.67	33.21	34.91	41.55	31.85	31.55
2010	35.04	34.95	37.20	33.86	37.69	34.05	39.50	41.65	31.88	31.60
2011	34.41	32.94	37.10	32.77	32.81	32.59	35.59	41.63	31.52	31.15
2012	35.22	34.75	38.31	34.74	35.31	33.48	40.69	41.84	32.12	31.91
2013	34.60	33.34	37.40	33.32	33.38	32.95	34.88	41.66	31.99	31.74
2014	35.50	35.50	37.34	33.45	33.72	36.39	42.61	41.65	31.90	31.60

续表

年份	南咀	小河咀	安乡	南县	长沙	益阳	常德	津市	七里山	莲花塘
2015	34.54	33.40	36.83	32.92	33.31	34.25	38.28	41.60	31.80	31.46
2016	35.17	34.67	37.21	33.36	35.63	37.18	38.54	41.63	32.21	32.06
2017	35.53	35.64	37.27	33.46	38.66	38.5	42.23	41.65	33.04	32.65
2018	35.16	33.47	38.18	33.91	32.78	32.95	34.44	41.81	31.86	31.61
2019	35.10	34.86	36.72	33.45	39.62	36.05	38.40	41.59	32.35	32.00
2020	36.25	36.04	37.83	34.87	33.70	35.14	39.98	41.70	32.78	32.74
最大值	37.24	37.20	38.95	36.02	39.62	38.74	43.99	41.99	34.64	34.42
最大值年份	1996	1996	1999	1999	2019	1996	1996	1999	1996	1996

7.6.3 2050 年设计水位确定

2050 年洞庭湖区防洪设计水位确定如表 7-44 所示。

表 7-44 2050 年洞庭湖区防洪设计水位确定 单位：m 吴淞高程

频率	水系	类型	南咀	小河咀	安乡	南县	长沙	益阳	常德	津市	七里山	莲花塘
1%频率洪水	长江	最大值	37.55	37.42	38.58	36.33	39.65	38.67	43.97	41.92	35.14	34.99
		最大值年份	1996	1996	1998	1996	2019	1996	1996	1998	1996	1996
		平均值	34.85	34.72	36.18	34.72	35.40	34.97	38.98	37.80	32.93	32.72
	湘江	最大值	37.50	37.39	38.93	36.56	40.16	38.71	43.98	41.98	35.59	35.40
		最大值年份	1998	1999	1998	1999	1999	1995	1996	1998	1999	1999
		平均值	34.53	34.41	35.86	34.20	39.33	34.85	38.94	37.63	32.35	32.15
	资江	最大值	37.74	37.55	39.16	36.53	39.53	40.94	44.00	42.02	35.19	35.10
		最大值年份	1998	1998	1998	1999	2019	1999	1996	1998	1999	1999
		平均值	34.68	34.60	35.98	34.42	35.33	40.87	38.96	37.66	32.75	32.55
	沅江	最大值	38.40	38.27	39.42	37.18	39.56	38.72	45.64	42.22	35.75	35.66
		最大值年份	1998	1998	1998	1999	2019	1996	1998	1998	1999	1999
		平均值	37.41	37.38	37.64	34.61	35.33	35.00	45.54	38.34	32.92	32.70
	澧水	最大值	38.00	37.69	40.27	36.11	39.60	38.78	44.02	44.03	34.77	34.55
		最大值年份	2003	2003	1999	1999	2019	1996	1996	1999	1996	1996
		平均值	36.35	35.50	39.01	34.27	35.32	34.84	39.05	43.80	32.46	32.23

续表

频率	水系	类型	南咀	小河咀	安乡	南县	长沙	益阳	常德	津市	七里山	莲花塘
5%频率洪水	长江	最大值	37.46	37.35	38.35	36.08	39.64	38.67	43.97	41.84	34.98	34.82
		最大值年份	1996	1996	1998	1996	2019	1996	1996	1998	1996	1996
		平均值	34.79	34.64	35.99	34.39	35.30	34.93	39.08	37.85	32.85	32.63
	湘江	最大值	37.49	37.29	38.92	36.32	39.21	38.70	43.98	41.97	35.28	35.10
		最大值年份	1998	1998	1998	1999	1999	1996	1996	1998	1999	1999
		平均值	34.41	34.27	35.80	34.12	38.29	34.71	38.92	37.61	32.17	31.98
	资江	最大值	37.66	37.47	39.10	36.38	39.53	39.31	43.99	42.01	34.92	34.84
		最大值年份	1998	1998	1998	1999	2019	2019	1996	1998	1999	1999
		平均值	34.51	34.37	35.88	34.17	35.21	39.20	38.93	37.63	32.44	32.24
	沅江	最大值	37.33	37.20	39.22	36.66	39.55	38.70	42.79	42.15	35.24	35.15
		最大值年份	1998	1998	1998	1999	2019	1996	1998	1998	1999	1999
		平均值	35.97	35.96	36.55	34.20	35.15	34.76	42.67	37.83	32.38	32.17
	澧水	最大值	37.36	37.24	39.36	36.05	39.58	38.76	44.00	42.67	34.68	34.47
		最大值年份	2003	1996	1999	1999	2019	1996	1996	1999	1996	1996
		平均值	35.60	34.74	38.07	34.15	35.26	34.79	38.96	42.41	32.34	32.13
10%频率洪水	长江	最大值	37.04	36.91	37.74	35.34	39.58	38.66	43.96	41.7	34.43	34.22
		最大值年份	1996	1996	2003	1996	2019	1996	1996	1998	1996	1996
		平均值	34.65	34.52	35.76	34.32	35.27	34.90	39.06	37.75	32.81	32.58
	湘江	最大值	37.49	37.29	38.92	36.21	38.69	38.69	43.98	41.97	35.12	34.94
		最大值年份	1998	1998	1998	1999	1999	1996	1996	1998	1999	1999
		平均值	34.35	34.20	35.79	34.09	37.71	34.65	38.90	37.62	32.10	31.91
	资江	最大值	37.62	37.42	39.05	36.27	39.53	38.06	43.98	42	34.75	34.65
		最大值年份	1998	1998	1998	1999	2019	1999	1996	1998	1999	1999
		平均值	34.47	34.32	35.85	34.12	35.18	37.88	38.93	37.62	32.36	32.16
	沅江	最大值	36.94	36.65	39.02	36.47	39.53	38.68	41.89	42.10	34.99	34.90
		最大值年份	1998	1998	1998	1999	2019	1996	1998	1998	1999	1999
		平均值	35.53	35.52	36.27	34.08	35.08	34.66	41.76	37.71	32.19	31.98
	澧水	最大值	37.24	37.20	38.95	36.02	39.62	38.74	43.99	41.99	34.64	34.42
		最大值年份	1996	1996	1999	1999	2019	1996	1996	1999	1996	1996
		平均值	35.20	34.54	37.46	34.13	35.25	34.77	38.93	41.63	32.29	32.09

未来冲淤 30 年计算条件考虑了工况一与工况二，水位计算结果显示重现期

为 100 年一遇时，南咀站 37.55 m，小河咀站 37.42 m，安乡站 38.58 m，南县站 36.33 m，长沙站 39.33 m，益阳站 40.87 m，常德站 44.04 m，津市站 43.80 m，七里山站 35.14 m，莲花塘站 34.99 m；重现期为 20 年一遇时，南咀站 37.46 m，小河咀站 37.35 m，安乡站 38.35 m，南县站 36.08 m，长沙站 38.29 m，益阳站 39.20 m，常德站 42.67 m，津市站 42.41 m，七里山站 34.98 m，莲花塘站 34.82 m；重现期为 10 年一遇时，南咀站 37.04 m，小河咀站 36.91 m，安乡站 37.74 m，南县站 35.34 m，长沙站 37.71 m，益阳站 37.88 m，常德站 41.76 m，津市站 41.63 m，七里山站 34.43 m，莲花塘站 34.22 m。2050 年洞庭湖区洪水设计水位统计结果如表 7-45 所示。

表 7-45　2050 年洞庭湖区洪水设计水位统计结果　　单位：m　吴淞高程

测站	区域	重现期			堤防设计水位	历史最高水位	
		100 年	20 年	10 年			
南咀	南洞庭湖	37.55	37.46	37.04	36.05	37.62	1996 年
小河咀	沅江	37.42	37.35	36.91	35.72	37.57	1996 年
安乡	松虎合流	38.58	38.35	37.74	39.38	40.44	1998 年
南县	藕池河	36.33	36.08	35.34	36.64	37.57	1998 年
长沙	湘江	39.33	38.29	37.71	38.37	39.51	2017 年
益阳	资江	40.87	39.20	37.88	38.14	39.48	1996 年
常德	沅江	45.54	42.67	41.76	40.68	42.49	1996 年
津市	澧水	43.80	42.41	41.63	44.01	44.48	2003 年
七里山	东洞庭湖	35.14	34.98	34.43	34.55	35.94	1998 年
莲花塘	江湖汇合	34.99	34.82	34.22	34.40	35.80	1998 年

1%频率洪水计算结果如图 7-34 所示。

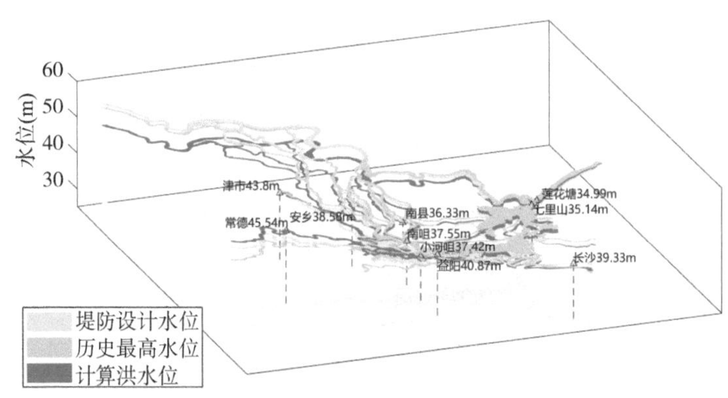

图 7-34　1%频率洪水计算结果

5%频率洪水计算结果如图 7-35 所示。

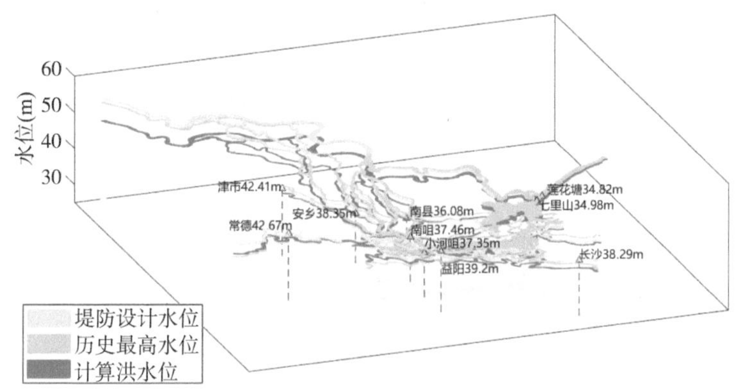

图 7-35　5%频率洪水计算结果

10%频率洪水计算结果如图 7-36 所示。

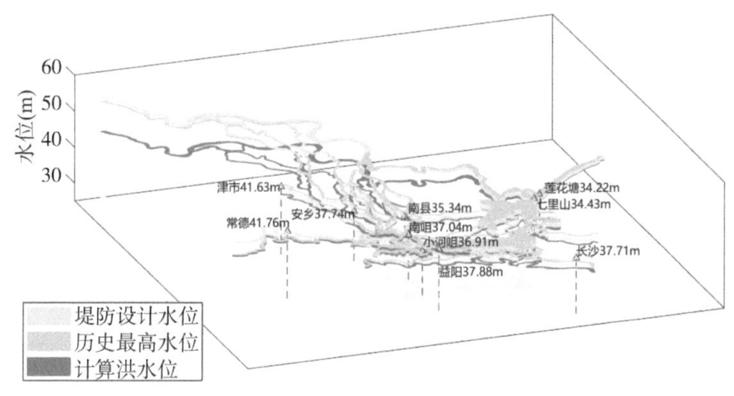

图 7-36　10%频率洪水计算结果

对比 2020 年地形条件与 2050 年地形条件演算结果，除了澧水控制站津市站水位有所上升，其他主要控制站防洪设计水位均有所下降。资江控制站益阳站和重现期为 100 年一遇时，湖区各测站水位变化幅度在 1 m 以内，南洞庭湖南咀站下降幅度为 0.60 m，沅江入湖小河咀站下降幅度为 0.57 m，松虎合流安乡站下降幅度为 0.69 m，藕池河南县站下降幅度为 0.45 m，洞庭湖出口七里山站在未来 30 年设计水位将下降 0.42 m，莲花塘站设计水位将下降 0.3 m，四水中长沙、津市、常德站设计水位均有所下降，下降幅度分别为 0.12 m、0.52 m、0.81 m，益阳站设计水位有所升高，升高幅度为 0.18 m，与资江段发生泥沙淤积有关。重现期为 20 年一遇时，湖区各测站水位变化幅度在 1 m 以内，南洞庭湖南咀站下降幅度为 0.62 m，沅江入湖小河咀站下降幅度为 0.58 m，松虎合流安乡站下降幅度为0.68 m,藕池河南县站下降幅度为0.49 m,洞庭湖出口七里山站在未来30年设计水位将下降0.46 m,莲花塘站设计水位将下降0.32 m,四水中长沙、津市、常德站设计水位均有所下降,下降幅度分别为0.13 m、0.50 m、0.76 m,益阳站设计水位有所升高,升高幅度为0.14 m,与资江段发生泥沙淤积有关。重现期为10年一遇时,湖区各测站水位变化幅度在1 m以内,南洞庭湖南咀站下降幅度为0.71 m,沅江入湖小河咀站下降幅度为0.71 m,松虎合流安乡站下降幅度为0.71 m,藕池河南县站下降幅度为0.83 m,洞庭湖出口七里山站在未来30年设计水位将下降0.43 m,莲花塘站设计水位将下降0.25 m,四水中长沙、津市、常德站设计水位均有所下降,下降幅度分别为0.13 m、0.53 m、0.72 m,益阳站设计水位有所升高,升高幅度为0.09 m,与资江段发生泥沙淤积有关,见表7-46。

表7-46　2050年洞庭湖区洪水设计水位统计结果　　单位:m　吴淞高程

测站	区域	2050年	2020年	变化幅度	2050年	2020年	变化幅度	2050年	2020年	变化幅度
		100年一遇			20年一遇			10年一遇		
南咀	南洞庭湖	37.55	38.15	−0.60	37.46	38.08	−0.62	37.04	37.75	−0.71
小河咀	沅江	37.42	37.99	−0.57	37.35	37.93	−0.58	36.91	37.62	−0.71
安乡	松虎合流	38.58	39.27	−0.69	38.35	39.03	−0.68	37.74	38.45	−0.71
南县	藕池河	36.33	36.78	−0.45	36.08	36.57	−0.49	35.34	36.17	−0.83
常德	沅江	45.54	46.35	−0.31	42.67	43.43	−0.76	41.76	42.48	−0.72
津市	澧水	43.80	44.32	−0.52	42.41	42.91	−0.50	41.63	42.16	−0.53
长沙	湘江	39.33	39.45	−0.12	38.29	38.42	−0.13	37.71	37.84	−0.13
益阳	资江	40.87	40.69	0.18	39.20	39.06	0.14	37.88	37.79	0.09
七里山	东洞庭湖	35.14	35.56	−0.42	34.98	35.44	−0.46	34.43	34.86	−0.43
莲花塘	江湖汇合	34.99	35.29	−0.3	34.82	35.14	−0.32	34.22	34.47	−0.25

注:变化幅度=2050年结果−2020年结果

7.7　水位验证

长江水利委员会在20世纪90年代研究长江中下游的防洪问题时,以水文学方法为基础,构建了长江中下游大湖演算模型,该模型能够模拟长江中下游复杂江湖关系下的洪水演进状态。大湖演算模型将宜昌至螺山河段和整个洞庭湖视为一个大湖系统,入流为上边界各来水与湖区径流之和,即干流宜昌、洞庭湖

“四水”控制站以及区间来量合成，出流为螺山断面的流量。根据水量平衡原理，将入流、出流及蓄水量的变化组成湖泊水量平衡体系，应用现时容积曲线进行调洪演算得到螺山站的水位过程。大湖模型得到不断完善和改进，在长江流域防洪方面发挥了较大作用。2020 年湖南省水利水电科学研究院与河海大学合作开发了“洞庭湖防洪智慧系统”，该系统以大湖演算模型为基础，增加历年实测降雨产汇流功能，可对长江-洞庭湖区历年洪水演算进行模拟。本次设计洪水计算以 1998 年江湖关系作为计算参数，结合当年历史降雨资料，输入 1981—2002 年还现水文数据以及 2003—2020 年实测水文数据，形成较长尺度洪水系列输入模型进行演算，根据演算结果结合经验频率计算得到城陵矶莲花塘重现期水位。

7.7.1　计算原理

在进行大湖调洪演算时，根据水量平衡原理可知，当入流大于出流时，水位上升；当入流小于出流时，水位下降。因此，将入流、出流及蓄水量的变化，组成湖泊水量平衡关系，作为调洪演算的基础。

设时段开始时刻为 t_1、终止时刻为 t_2，则时段内的水量平衡方程式为：

$$\left(\frac{I_1+I_2}{2}\right)\Delta t-\left(\frac{Q_1+Q_2}{2}\right)\Delta t=V_2-V_1 \tag{7-23}$$

式中：I_1、I_2 为时段始末入流量（m^3/s）；Q_1、Q_2 为时段始末出流量（m^3/s）；V_1、V_2 为时段始末江湖蓄水量（m^3）；Δt 为时段长（s），$\Delta t=t_2-t_1$。

将上式改写为：

$$\overline{I}+\left(\frac{V_1}{\Delta t}-\frac{Q_1}{2}\right)=\left(\frac{V_2}{\Delta t}+\frac{Q_2}{2}\right) \tag{7-24}$$

因此，可根据容蓄曲线和水位流量关系曲线绘制 $Z-\left(\frac{V}{\Delta t}-\frac{Q}{2}\right)$ 和 $Z-\left(\frac{V}{\Delta t}+\frac{Q}{2}\right)$ 关系曲线，据此进行调洪演算。根据 Z_1 查得 $\frac{V}{\Delta t}-\frac{Q}{2}$，加平均入流 $\overline{I}$ 得 $\frac{V}{\Delta t}+\frac{Q}{2}$，查得 Z_2，再以 Z_2 为 Z_1，重复上述步骤，求得下时段水位，依次类推，即可得到大湖出口断面的水位过程。

模型假定蓄量与出流量均为水位的函数，在进行调洪演算之前，首先要预测螺山站预见期的水位流量关系。大湖演算模型将螺山站复杂的绳套水位流量关系概化为一组单值化簇线，具体预报时，根据当时的实测流量点选用相应的单值化水位流量关系线（作为水位流量关系的未来走向），配合库容曲线组合成 7 条演算工作曲线进行调洪演算。洞庭湖区的水底地形、螺山站的断面等年际变化较大，上述 7 条曲线需要定期修编。每次修编对实测资料要求较高，需要大量人工处理工作，难以进行自动化作业。所以该平台尝试简化大湖模型，用简单公式替换“7 条人工构建的演算工作曲线”，尝试用复杂公式替换“7 条人工构建的演算工作曲线”的方法称为模型改进。

7.7.2 模型改进

1. 线性水库简化

河/湖段上下断面之间的水量平衡方程(7-23)重写如下：

$$\frac{I_j + I_{j+1}}{2}\Delta t - \frac{Q_j + Q_{j+1}}{2}\Delta t = S_{j+1} - S_j \tag{7-25}$$

式中：j 和 $j+1$ 表示相邻的前后时段；S 表示槽蓄量。

大湖演算公式的假定：蓄水量与出流量呈线性关系，并通过蓄水量和出流量对水位 Z 的两个函数来表达。可以跳过中间变量 Z，直接用线性水库来描述出流量和槽蓄量的关系，即：

$$Q_{j+1}\Delta t = S_{j+1}k \tag{7-26}$$

式中：k 是出流系数，$k \in (0,1]$，需要根据实测资料分析或参数优选确定。

将公式(7-26)中的 S_{j+1} 代入公式(7-25)后整理得到：

$$\left(\frac{2}{k} + 1\right)Q_{j+1} = \frac{2S_j}{\Delta t} + I_j + I_{j+1} - Q_j \tag{7-27}$$

式中除了 Q_{j+1} 外全部是已知量，可以直接求解。

初始出流量 Q_0 可以直接等于 I_0，这意味着模型计算时要从一个流量平稳的低水段开始，这样符合水文计算的习惯。

2. 非线性水库简化

流域系统中任意时刻蓄水量 S 和出流量 Q 之间最常见的关系可用下式表达：

$$(Q_{j+1}\Delta t)^m = S_{j+1}k \tag{7-28}$$

式中：k 是出流系数，$k \in (0,1]$。如果 $m=1$，系统就是线性的，对于河道来说 m 的范围通常是 0.6～1.0。

将公式(7-28)的 S_{j+1} 代入公式(7-25)后整理得到：

$$\frac{2(Q_{j+1}\Delta t)^m}{k\Delta t} + Q_{j+1} = 2\frac{S_j}{\Delta t} + I_j + I_{j+1} - Q_j \tag{7-29}$$

式中除了 Q_{j+1} 外全部是已知量。非实时预报条件下 $Q \in (0, I_{max}]$，可以用二分法求解；实时预报时，Q 的上限取历史极值。

初始出流量 Q_0 可以直接等于 I_0，这意味着模型计算时要从一个流量平稳的低水段开始，这样符合水文计算的习惯。

7.7.3　螺山水位流量关系计算

水文过程中高水与低水条件时水位流量相关关系存在差异性，为了增加成果的准确性，螺山水位计算将高水与低水分开计算。当计算流量在历史数据的实测范围内时（尤其是低水段），大湖模型计算出流量，利用实测数据的Q-Z 关系换算出水位。

当条件为高水或 Q-Z 幂函数关系 $R^2<0.99$ 时，模型会自动切换到高水计算模式。该模式基本原理是以单次洪峰涨落趋势来进行计算，模型根据流量上涨或下降趋势判断水文过程起涨模式，若 $n+1$ 天流量大于 n 天流量，模型自动判断为涨水，划定该次涨水过程，通过水位与流量相关关系拟合幂函数，利用流量反推水位结果；同样，若 $n+1$ 天流量小于 n 天流量，模型自动判断为落水，划定该次落水过程，通过水位与流量相关关系拟合幂函数，利用流量反推水位结果，当模型无法判断涨落水时，利用上述方法分别计算，取两次计算水位的平均值输出计算结果。螺山水位流量关系如图 7-37 所示。

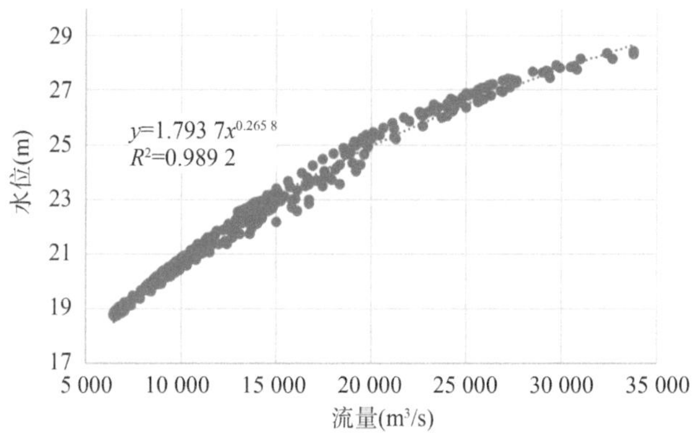

图 7-37　螺山水位流量关系

7.7.4　产汇流计算

分布式产汇流耦合（Coupled Routing and Excess Storage，CREST）模型，旨在利用逐单元汇流实现水循环变量的时空模拟和分布式输出。模型由在线的卫星降雨产品驱动，通过与土壤、植被相关的蒸散发、下渗和汇流计算得到逐单元洪灾预警。当空间分辨率较小时（如 30″或更低），模型中的逐单元汇流模块通过三重反馈影响产流计算，进而得到更精确的土壤含水量、单元自由水等模拟结果；当空间分辨率较高时（如 150″或更高的中大尺度），模型利用蓄水容量曲线、线性水库出流等功能描述此网格不均匀性对产汇流的影响。

CREST 模型借助数字高程模型（DEM）将流域划分为众多规则单元，每个单元上利用蓄水容量曲线计算降雨产流，利用土壤稳定下渗率划分快速和慢速径流，主要架构如图 7-38 所示。

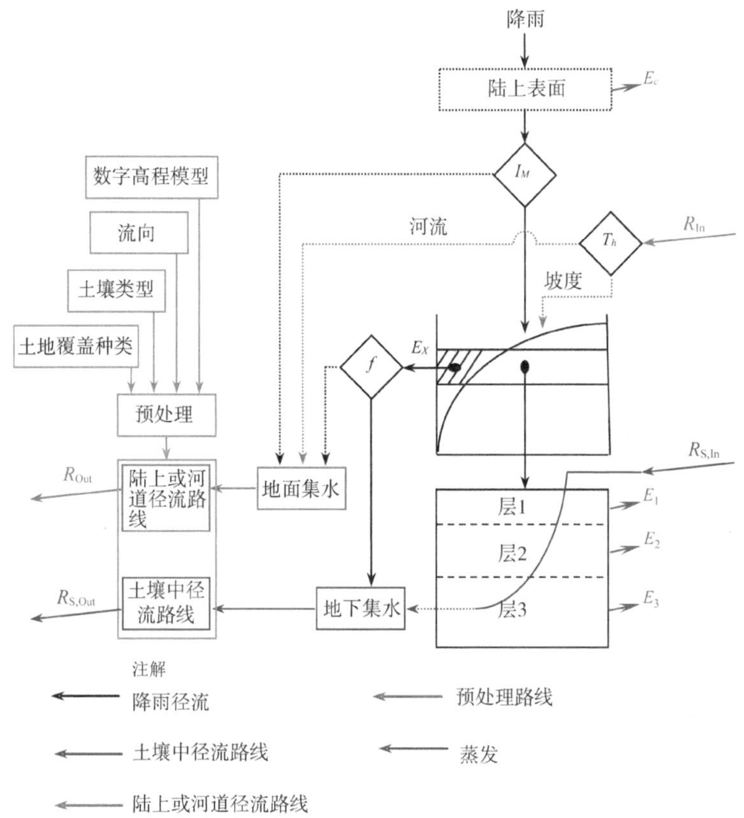

（R_{In} 为来自上游单元的快速径流；R_{Out} 为离开本单元的快速径流；$R_{S,In}$ 为来自上游单元的慢速径流；$R_{S,Out}$ 为离开本单元的慢速径流；I_M 为不透水比例；T_h 为坡面/河道阈值；f 为土壤稳定下渗率；E_X 为单元蓄满产流；E_c、E_1、E_2、E_3 为冠层和三个土壤层的蒸发量。）

图 7-38　CREST 单元产汇流计算示意图

很多模型在河道汇流中考虑了逐单元计算，即按照线性叠加原则将上游单元的产流过程叠加到相邻下游单元的径流过程中。

CREST 模型中除了河道单元外，坡面单元也进行逐单元汇流计算，即通过一个两层平面架构，考虑上游来水影响当前单元的产汇流过程后，叠加当前单元的计算结果向下游输出，据此将所有流域单元当作相互影响的一个整体来考虑，每个单元都有一个合理的模拟径流结果。

1. 汇流时间

网格间的汇流时间用下式计算：

$$t_j=\frac{l_j}{v_j}=\frac{l_j}{K_v S_j^{\frac{1}{2}}} \tag{7-30}$$

式中：t_j 为水流从第 j 个网格流到其下游网格需要的时间；l_j 为第 j 个网格中心到其下游网格中心的距离；v_j 为水流从第 j 个网格流到其下游网格的平均速度；S_j 为第 j 个网格流到其下游网格的平均坡度；K_v 为流速调节系数，用来考虑糙率、水力半径等因素对流速的影响。对于分辨率为 30″的网格来说，集水阈值 30 以上的单元可以当作河道单元来处理。

上述公式适用于三种不同的情况：快速径流的 K_v 主要由土地覆被决定；慢速径流的 K_v 主要由土壤的侧向饱和水力传导度决定；河道径流的 K_v 主要由糙率和水力半径决定。K_v 是一个物理意义很强的参数，可以由实测值预设，也可以在参数率定过程中反推。

2. 径流量在时段上的划分

当给定的时间段 $\mathrm{d}T$ 较大时，第 j 个单元的径流可能沿着最陡坡度穿过若干下游单元，此时有：

$$\sum_{i=0}^{n} t_{j+i} \leqslant \mathrm{d}T < \sum_{i=0}^{n+1} t_{i+i} \tag{7-31}$$

式中：t_{j+i} 为 $j+i$ 个单元的水流到达其下游单元需要的时间；n 为计数标志，特殊情况下可能为零。

这意味着第 j 个单元的径流经过 $\mathrm{d}T$ 时段后，会移动到其下游的 $j+n$ 和 $j+n+1$ 两个单元之间，在时段末的瞬时，第 j 个单元的径流叠加到 $j+n$ 单元的水量为：

$$1-\frac{\mathrm{d}T-\sum\limits_{i=0}^{n} t_{j+i}}{t_{j+n}} \tag{7-32}$$

第 j 个单元剩余的径流叠加到 $j+n+1$ 单元上。对于任意一个下游单元来说，单元水量平衡可以按照下式考虑：

$$\frac{\mathrm{d}S(t)}{\mathrm{d}t}=I(t)-ET(t)+\sum R_{\mathrm{In}}(t)-R_{\mathrm{Out}}(t)+\sum R_{\mathrm{S,in}}(t)-R_{\mathrm{S,out}}(t) \tag{7-33}$$

式中：$S(t)$为单元总水量，包括地表自由水、土壤重力水和沟渠河道水；$I(t)$和 $ET(t)$为单元下渗和蒸发量；$R_{\mathrm{In}}(t)$为来自上游单元的快速（地表或河道）径流；

$R_{Out}(t)$为流向下游单元的快速（地表或河道）径流；$R_{S,In}(t)$为来自上游单元的慢速径流；$R_{S,Out}$为流向下游单元的慢速径流。

CREST单元水量平衡示意图如图7-39所示。

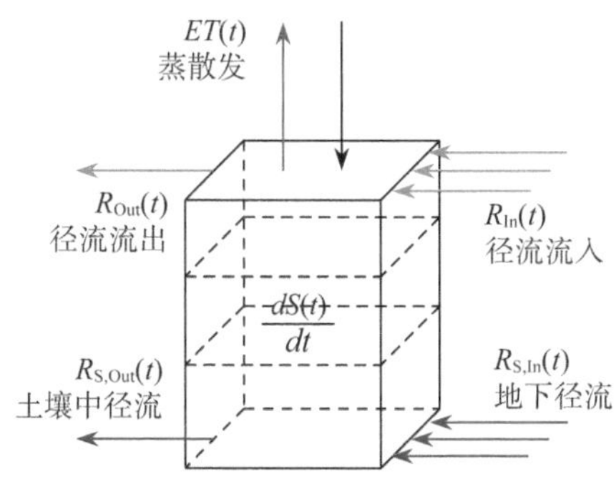

图7-39 CREST单元水量平衡示意图

3. 蒸发

模型中的冠层和土壤均需要考虑蒸发，土壤蒸发量还需要考虑土壤的供水能力。当输入数据只有降水时，模型会尝试自动获取同时段的蒸发能力数据。当蒸发量大于降水量时，冠层截留水量最先参与蒸发，之后才是土壤失水。土壤含水量对蒸发的影响用下式计算：

$$C_E = \left(\frac{PET - P - E_{canopy} - PWP}{SAT - PWP}\right)^{\frac{1}{2}} \tag{7-34}$$

式中：C_E为土壤蒸发量；E_{canopy}为冠层截留部分的失水量；SAT为土壤饱和含水量；PET为大气的蒸发量；PWP为土壤的凋萎含水量；P为降雨量。

PET数据可以是实测蒸发皿数值(需要进行蒸发皿校正和水陆面校正)，也可以根据气象数据选用相关公式计算，如Priestley-Taylor公式或Hargreaves公式。

4. 产流

两层汇流架构中的每一个单元都有独立的降雨产流结构。鉴于概念性降雨产流计算的适应性更好，CREST选择蓄满产流理论计算降雨产流。对于每一个单元，首先计算净雨：

$$P_{Net} = P - PET \tag{7-35}$$

式中：P_{Net}为净雨量；P为降雨量；PET为潜在蒸散发能力。

P_{Net}首先消耗于冠层截留，按照Dickinson公式计算：

$$\begin{aligned} CI &= K \times d \times LAI \\ P_{Soil} &= P_{Net} - CI \end{aligned} \tag{7-36}$$

式中：CI 为冠层截留能力；d 为郁闭度；LAI 为叶面积指数；P_{Soil} 为降落到土壤表层的雨水。

产流量计算采用新安江模型，模型假定土壤孔隙被填满后单元才有自由水产生，其水量为：

$$
\begin{aligned}
&W'_{mm}=W_m\left(\frac{1+B}{1-IM}\right),\ A=W'_{mm}\left[1-(1-W/W_m)^{\frac{1}{1+B}}\right]\\
&\text{当 } P_{\text{Soil}}+A\geqslant W'_{mm},E_X=P_{\text{Soil}}-(W_m-W)\\
&\text{当 } P_{\text{Soil}}+A<W'_{mm},E_X=P_{\text{Soil}}-W_m+W+W_m\left[1-\frac{P_{\text{Soil}}+A}{W'_{mm}}\right]^{1+B}
\end{aligned}
\tag{7-37}
$$

式中：W_m 为单元上三层土壤的总蓄水能力；E_X 为蓄满产流量；B 为蓄水容量曲线指数；W'_{mm} 为单元最大蓄水容量；W 为蓄水容量曲线上某点的值；A 为曲线上与 W 值对应的坐标。

产流量通过土壤透水率 f 划分为快速和慢速径流：

$$
\begin{aligned}
&\text{当 } P_{\text{Soil}}>f,E_{X_S}=f\times\frac{E_X}{P_{\text{Soil}}}\quad E_{X_O}=E_X-E_{X_S}\\
&\text{当 } P_{\text{Soil}}\leqslant f,E_{X_S}=E_X\qquad\quad E_{X_O}=0
\end{aligned}
\tag{7-38}
$$

式中：f 为单元平均的土壤透水率，mm/h；E_{X_S} 为慢速径流；E_{X_O} 为快速径流。

5. 产汇流耦合

每个时间段，蓄满产流量出现后就先存储到快速和慢速两个虚拟水库中，水库采用线性出流：

$$
O=K\times S \tag{7-39}
$$

式中：O 为出流量；K 为出流速率；S 为虚拟水库蓄水量。

CREST 模型中虚拟水库可以用实际的水库调度模块代替，另外，当单元集水面积超过给定阈值时，快速径流升级为河道水流。对于任意单元来说，其产流计算还受到以下因素的影响：

(1) 来自上游若干单元的快速径流，会和当前单元的净雨量叠加参与产流计算：

$$
P_{\text{Soil}}=P_{\text{Soil}}+\sum R_{\text{O,In}}(t) \tag{7-40}
$$

式中：P_{Soil} 为地面净雨量；$R_{\text{O,In}}(t)$为上游单元的快速径流量。

(2) 来自上游若干单元的慢速径流，会增加当前单元的土壤含水量：

$$
I(t)=I(t)+\sum R_{\text{S,In}}(t) \tag{7-41}
$$

式中：$I(t)$为当前单元的降雨下渗水量；$R_{S,In}(t)$为上游单元的慢速径流量。

如果当前单元是河道单元，因为河道部分的蒸发是水域蒸发，所以单元总的蒸发计算改为：

$$C_E = \left(\frac{PET - P - E_{canopy} - PWP - C_w \cdot PET}{SAT - PWP}\right)^{\frac{1}{2}} \tag{7-42}$$

式中：PET 为潜在蒸散发能力；P 为可能的降水（计算蒸发时，降水比 PET 小或者为零）；PWP 为凋萎含水量；E_{canopy} 为冠层蒸发量；SAT 为土壤饱和含水量；C_w 为单元水域面积比率。

上述从汇流到产流的三重反馈机制，是 CREST 与其他分布式模型最重要的差别。这一产汇流耦合模拟，可以详细地描述蓄满面积在空间上的变化。

6. 参数

具有物理机制的参数，可以直接通过实测数据确定，见表 7-47。但是因为实测资料的偏差以及实验室数据和生产实践的差异，确定的这些参数值需要谨慎使用。其他一些概念性参数，见表 7-48，需要借助实测数据进行参数率定。其中的 8 个参数属于敏感参数，其他不敏感参数有助于提高模拟细节精度。

表 7-47　有可能直接确定的参数

参数	意义	确定思路
K_v	流速系数	糙率、水力半径、植被等
SAT	饱和含水量	单元取样和测试
PWP	凋萎含水量	
B	蓄水容量曲线指数	单元多点取样和统计
f	稳定下渗率	单元取样分析
C_w	水域面积比率	遥感数据分析

表 7-48　需要实测数据率定的参数

分组	默认值	单位	名称	敏感度
汇流	100		基础速度调整系数	高
	30	%	基本流速与底层流速的百分比	中
	1		流量系数	中
	1.5		河流水流单元加速系数	低
	30		地表至河流的阈值	中
	0.5		速度指数	低
	1	m	DEM 分辨率	低

续表

分组	默认值	单位	名称	敏感度
初值	50	%	第 1 层土壤水分初始值	中
	50	%	第 2 层土壤水分初始值	中
	50	%	第 3 层土壤水分初始值	中
产流	1		调整 *PET* 数据源系数	高
	75	mm	第 1 层土壤含水量	高
	100	mm	第 2 层土壤含水量	高
	300	mm	第 3 层土壤含水量	高
	0.2		水表面张力的容量分布	高
	0		防渗面积比	高
	2	mm/step	渗透速率，接近饱和电导率	高

对于小流域来说，参数率定相对比较容易；对于大流域来说，如全球 0.25°分布式模拟时涉及 3 000 多个流域，工作量相当大。CREST 模型推荐如下解决方案：

分批次率定参数，滚动提高模拟效果；采用自动参数优选算法，模型内嵌一个叫作变域递减随机参数搜索(Adaptive Random Search, ARS)的示范方法可供测试，但它是一个局部参数优选算法，而且没有针对计算速度做相关优化。

7. 输出

水文模型习惯上仅模拟流域出口的流量过程线，因为 CREST 模型的每个单元都可以输出相对合理的模拟结果，所以 CREST 可以输出很多空间变量供后续分析，见表 7-49。每个变量都是一组时序二维矩阵。

表 7-49　模型输出

标志	意义	单位
Rain	降水插值	mm
PET	蒸散发能力插值	mm
Ea	实际蒸发量	mm
WU	第 1 层土壤水分	%
WL	第 2 层土壤水分	%
WD	第 3 层土壤水分	%
ExcSur	地表饱和降雨	mm
ExcBas	地下饱和降雨	mm

续表

标志	意义	单位
StoSur	地表自由径流	mm
StoBas	地下自由径流	mm
Q	径流排出	m^3/s
Qlevel	重现期径流水平	年

7.7.5 参数自动优选

参数优选问题一直是国内外水文学家共同关注的难题，针对大湖模型的参数自动优选，提出了自适应随机搜索法(Adaptive Random Search)、粒子群优化算法(Particle Swarm Optimization)、模拟退火算法(Simulated Annealing)、遗传算法(Genetic Algorithm)、蚁群优化算法(Ant Colony Optimization)以及SCE-UA(Shuffled Complex Evolution Algorithm)等众多算法，在这些算法中SCE-UA最常运用于水文模拟中进行模型参数的率定，应用范围比较广泛。

本研究中算法也选用SCE-UA。20世纪90年代研究者们提出了单纯多边形进化算法，即SCE-UA，它是一种能够有效解决非线性约束最优化问题的算法。SCE-UA起初也是用于研究概念性降雨-径流关系模拟过程中参数的优化问题，主要依据参数的多极值、非线性、区间型约束，以及缺乏具体函数表达式等特点进行优化。该算法结合了现有算法中的一些优点，可以求得全局最优解。目前该算法在概念式、半分布式以及分布式水文模型中都得到了较为广泛的应用。

利用复合形搜索方法来研究自然的生物竞争进化，是SCE-UA的基本原理，该算法的重点在于复合形进化算法(CCE)，当进行复合形进化算法计算时，每一个复合形的顶点都是下一个子复合形的潜在父辈，并且都有可能会参与到产生下一代群体的计算过程中。在构建子复合形的过程中，由于随机方式的应用，将会在可行域内进行更为彻底的搜寻。具体步骤如图7-40所示。

(1) 算法初始化。假设有一个 n 维问题需要优化，一共有 $p(p\geqslant 1)$ 个复合形参与CCE进化，其中，每个复合形所包含的顶点数目记为 $m(m\geqslant n+1)$，则计算样本点数目为 $s=pm$。

(2) 样本点产生。在可行域内通过随机方法生成 S 个样本点 $X_1,\cdots,X_S$，分别计算每个样本点的函数值 $f_i=f(X_i),i=1,2,\cdots,S$。

(3) 样本点排序。按照函数值的升序方式对 S 个样本点 (X_i,f_i) 进行排列，仍记为 (X_i,f_i)，其中$f_1,\cdots,f_S$，记为 $\boldsymbol{D}=\{(X_i,f_i),i=1,2,\cdots,S\}$。

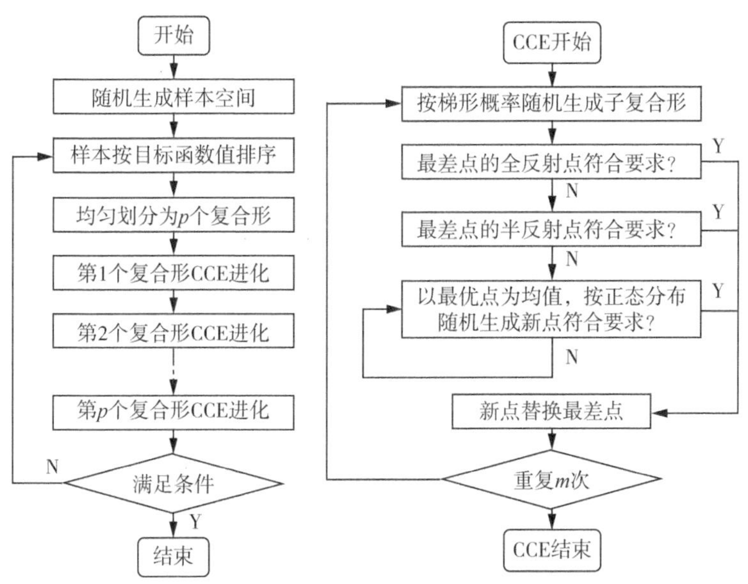

图 7-40　SCE-UA 流程图

(4) 复合形划分。将 D 划分为 p 个复合形 $A^1,\cdots,A^p$，其中每个复合形包含 m 个顶点，其中 $A^k=(X_j^k,f_j^k)|X_j^k=X_{j+(k-1)m},f_j^k=f_{j+(k-1)m},j=1,\cdots,m$；$k=\{1,\cdots,p\}$

(5) 复合形进化。按照上述的复合形算法(CCE)，对每个复合形进行处理。

(6) 复合形混合。进化以后的新点集是由每个复合形的所有顶点 m 构成的，再按照步骤(3)中的方法对新的集合进行升序排列，重复 CCE 算法，再将新生成的点集记为 $\boldsymbol{D}$。

(7) 收敛性判断。若满足收敛性条件则循环停止，若不满足则返回到第(4)步。

(8) 为了避免死循环状况的发生，当出现下列条件之一时，即停止计算：

①经过多次循环之后目标函数依旧无法提高至指定的精度，可以认为目前参数取值对应的点已经达到可行域的平坦面；

②在进行连续若干次循环之后模拟的精度仍未提高，且参数取值无法显著改变，可以认为目标函数已经搜索到全局最优值；

③设置一个循环次数上限，当达到上限时，停止循环。

7.8 洪水参数选取

前文论述了水位流量关系曲线延长的原理与方法，高水延长的结果对洪水期流量过程的主要部分(包括洪峰流量在内)有重大的影响。低水流量虽小，但如果延长不当，相对误差可能较大且影响历时较长。高水部分的延长幅度一般不应超过当年实测流量所占水位变幅的 30%，低水部分的延长幅度一般不应超过 10%。考虑城陵矶河段在遭遇 1954 年、1996 年等典型年洪水时不分洪条件下水位壅高幅度较大，以及水位展延存在部分经验性，因此洪水演算参数选取应遵循“选高不选低”原则，本次计算以莲花塘历年最高水位[35.8 m(吴淞高程)]对应 1998 年长江与四水来水实测洪水进行参数率定，以降低模型误差对计算结果的影响。

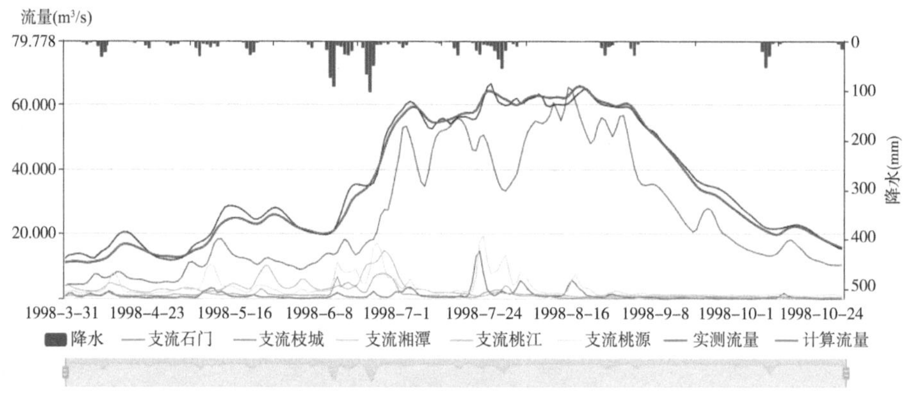

图 7-41　流量率定结果

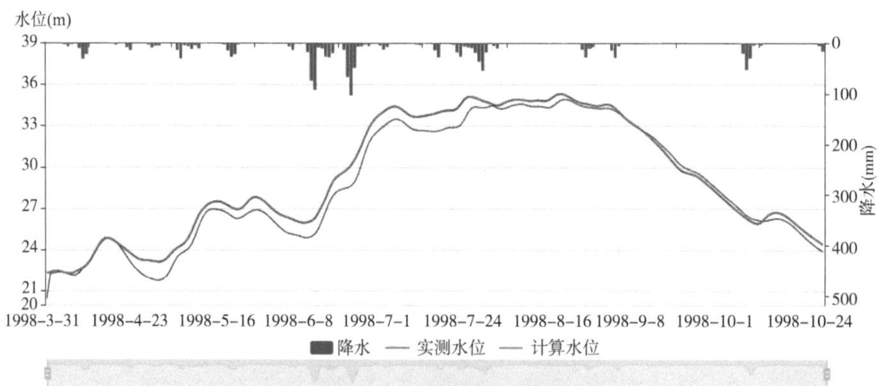

图 7-42　水位率定结果

基于 SCE-UA 的参数自动优选功能可以筛选出多组高精度参数，但是每组参数依然存在部分差异，为了增加参数选定的准确度，本次计算首先输入典型洪水年(1954 年、1999 年)进行验证，对比验证结果。确定目标组参数之后，双击参数模型直接输出对应参数计算结果，图 7-41、图 7-42 为 1998 年洪水输入模型后率定结果，从图形曲线拟合结果可以看出流量、水位过程线与实测拟合较好。流量纳什系数达到 0.98，绝对误差为 704 m^3/s，水位纳什系数达到 0.97，绝对误差为 0.1 m，流量与水位相对误差在 1.1%～1.2%，率定结果符合水文计算要求。1998 年洪水计算误差分析如表 7-50 所示。

表 7-50　1998 年洪水计算误差分析

时间、地点	流量			水位		
1998 年螺山	纳什系数	绝对误差(m^3/s)	相对误差(%)	纳什系数	绝对误差(m^3/s)	相对误差(%)
	0.98	704	1.1	0.97	0.1	1.2

7.9　计算结果

城陵矶莲花塘水位站为江湖关系主要控制站，模型计算得到螺山水位流量，为了统计分析莲花塘水位站设计水位，利用 1981—2020 年两测站极值水位，点绘出相关关系，见图 7-43。从散点图分布结果可以看出，螺山站与莲花塘站极值水位呈高度相关，确定性系数 R^2 达到 0.997 4，由此可得到关系曲线为：$Z_{螺山}=0.969\ 1\times Z_{莲花塘}+1.928\ 6$。

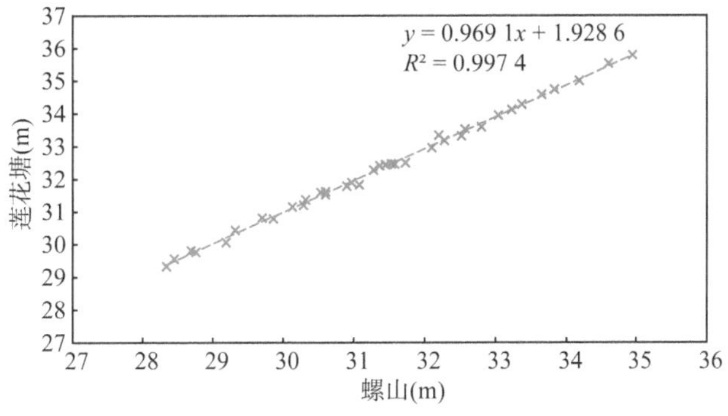

图 7-43　螺山站与莲花塘站极值水位散点图

基于枝城、湘潭、桃江、桃源、石门 5 站 1981—2002 年还现数据、2003—

2020年实测历史数据，建立40场次洪水，依次导入1998年洪水参数进行水位流量模拟计算，结果如表7-51所示。

表7-51 场次洪水计算结果

年份	$Q_{实测}$ (m^3/s)	$Q_{计算}$ (m^3/s)	$Z_{实测}$ (m)	$Z_{计算}$ (m)	$Z_{莲花塘}$ (m)
1981	50 500	48 904	30.53	32.73	33.63
1982	53 300	49 209	31.28	32.78	33.68
1983	59 400	48 548	33.04	32.67	33.57
1984	48 500	45 633	30.60	32.15	33.05
1985	45 100	41 861	29.32	31.44	32.34
1986	49 000	40 044	29.86	31.08	31.98
1987	52 000	48 718	31.08	32.70	33.60
1988	61 200	53 274	32.80	33.46	34.36
1989	53 300	47 685	31.73	32.52	33.42
1990	50 800	46 244	31.67	32.26	33.16
1991	57 400	47 597	32.52	32.50	33.40
1992	49 900	45 396	31.25	32.11	33.01
1993	55 600	51 280	32.10	33.13	34.03
1994	38 400	35 641	29.19	30.16	31.06
1995	52 100	46 696	32.58	32.34	33.24
1996	67 500	64 835	34.18	35.20	36.10
1997	51 200	49 405	31.58	32.82	33.71
1998	67 800	65 780	35.80	35.33	36.23
1999	68 300	61 789	34.60	34.77	35.66
2000	48 600	48 235	30.90	32.61	33.51
2001	37 300	35 881	28.76	30.22	31.11
2002	67 400	59 132	33.83	34.37	35.27
2003	58 000	50 381	32.57	32.98	33.88
2004	47 100	42 532	30.97	31.57	32.47
2005	43 500	40 865	30.60	31.25	32.15
2006	34 000	31 627	28.45	29.25	30.15

续表

年份	$Q_{实测}$ (m^3/s)	$Q_{计算}$ (m^3/s)	$Z_{实测}$ (m)	$Z_{计算}$ (m)	$Z_{莲花塘}$ (m)
2007	50 100	47 398	31.53	32.47	33.36
2008	40 500	37 720	30.13	30.61	31.51
2009	40 800	37 801	29.70	30.63	31.52
2010	47 800	43 971	32.28	31.84	32.74
2011	32 600	31 133	28.34	29.13	30.03
2012	57 300	52 455	32.20	33.33	34.23
2013	35 700	33 702	28.69	29.73	30.63
2014	50 500	46 811	31.37	32.36	33.26
2015	40 200	39 361	30.29	30.95	31.84
2016	52 100	52 871	33.37	33.40	34.29
2017	60 100	56 961	33.23	34.04	34.94
2018	45 900	45 733	30.32	32.17	33.07
2019	46 500	44 167	31.45	31.88	32.78
2020	56 000	55 808	33.65	33.86	34.76

《水利水电工程设计洪水计算规范》(SL 44—2006)规定，频率曲线的线性一般应主要采用皮尔逊Ⅲ(P-Ⅲ)型频率曲线，P-Ⅲ型曲线包含 E_X、C_v、C_s 3 个参数。目前我国水利水电工程设计洪水规范中规定的主要参数估计方法为适线法。本次研究使用经验频率来推求莲花塘水位设计值。以长江枝城站、湘资沅澧四水的湘潭、桃江、桃源、石门各站为入流，计算螺山站 40 场次洪水水位，用 P-Ⅲ型线型适线，点、线配合较好，由此确定统计参数和各频率设计值，适线成果见表 7-52。主要站点频率适线图见图 7-44。

表 7-52　莲花塘设计水位成果表　　单位：m　吴淞高程

统计时段	统计参数			设计值					备注
	均值	C_v	C_s/C_v	200 年	100 年	50 年	20 年	10 年	
1981—2020 年	13.18	0.12	2	16.77	16.28	15.87	15.37	14.85	—
莲花塘水位	33.13			36.76	36.37	35.86	35.36	34.83	$Z+19.99$

计算结果显示，莲花塘站多年平均水位为 33.13 m，重现期为 100 年一遇的设计水位为 36.37 m，重现期为 20 年一遇的设计水位为 35.36 m，重现期为 10 年一遇的设计水位为 34.83 m。

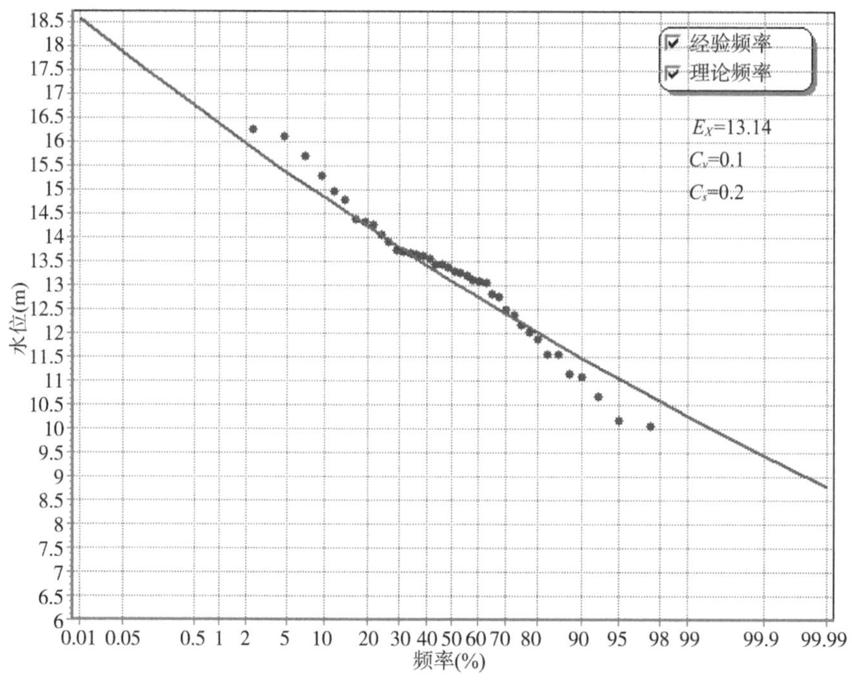

图 7-44 莲花塘水位频率曲线

7.10 小结

综合以上计算结果，各测站防洪设计水位如下：洞庭湖区防洪标准为 100 年一遇时，南咀站 38.15 m，小河咀站 37.99 m，安乡站 39.27 m，南县站 36.78 m，长沙站 39.45 m，益阳站 40.69 m，常德站 46.35 m，津市站 44.32 m，七里山站 35.56 m，莲花塘站 35.29 m；防洪标准为 20 年一遇时，南咀站 38.08 m，小河咀站 37.93 m，安乡站 39.03 m，南县站 36.57 m，长沙站 38.42 m，益阳站 39.06 m，常德站 43.43 m，津市站 42.91 m，七里山站 35.44 m，莲花塘站 35.14 m；防洪标准为 10 年一遇时，南咀站 37.75 m，小河咀站 37.62 m，安乡站 38.45 m，南县站 36.17 m，长沙站 37.84 m，益阳站 37.79 m，常德站 42.48 m，津市站 42.16 m，七里山站 34.86 m，莲花塘站 34.47 m。

未来 30 年冲淤条件下，各测站防洪设计水位为：防洪标准为 100 年一遇时，南咀站 37.55 m，小河咀站 37.42 m，安乡站 38.58 m，南县站 36.33 m，长沙站 39.33 m，益阳站 40.87 m，常德站 45.54 m，津市站 43.80 m，七里山站 35.14 m，莲花塘站 34.99 m；防洪标准为 20 年一遇时，南咀站 37.46 m，小河咀站 37.35，安乡站 38.35 m，南县站 36.08 m，长沙站 38.29 m，益阳站 39.20 m，常德站

42.67 m，津市站 42.41 m，七里山站 34.98 m，莲花塘站 34.82 m；防洪标准为 10 年一遇时，南咀站 37.04 m，小河咀站 36.91 m，安乡站 37.74 m，南县站 35.34 m，长沙站 37.71 m，益阳站 37.88 m，常德站 41.76 m，津市站 41.63 m，七里山站 34.43 m，莲花塘站 34.22 m。

利用洞庭湖水文模型结合湖区多年实测洪水进行全系列计算，计算结果显示，城陵矶附近莲花塘 100 年一遇设计水位为 36.37 m，比水力学模型计算结果 35.29 m 高了 1.08 m，20 年一遇设计水位 35.36 m 比水力学模型计算结果 35.14 m 高了 0.22 m，10 年一遇设计水位两者也较为接近，实际洪水计算结果为 34.83 m，水力学模型计算结果为 34.47 m，两者相差 0.36 m。

第 8 章 洞庭湖区堤防设防标准研究

8.1　经济社会概况

洞庭湖区涉及湖南省岳阳、常德、益阳、长沙、湘潭、株洲 6 市和湖北省荆州市，共涉及 7 个地级市 42 个县(市、区)。其中，湖南 6 市涉及 38 个县(市、区)，湖北荆州涉及 4 个县(市、区)。洞庭湖区地处我国中部，随着我国中部地区崛起战略的实施，近年来该地区基础设施建设突飞猛进，经济建设取得长足进步。洞庭湖区所涉湖南 6 个地级市是湖南省经济重心，是湖南经济最发达的地区，不仅有长株潭城市群，另外 3 市也环绕长株潭城市群，均在“3＋5”城市群一体化范围内。湖南省洞庭湖区行政区划表如表 8-1 所示，湖南省洞庭湖区各县(市、区)社会经济基本情况表如表 8-2 所示。

表 8-1　湖南省洞庭湖区行政区划表

常德市	益阳市	岳阳市	长沙市	湘潭市	株洲市
1. 武陵区	1. 资阳区	1. 岳阳楼区	1. 望城区	1. 岳塘区	1. 石峰区
2. 鼎城区	2. 赫山区	2. 云溪区	2. 天心区	2. 雨湖区	2. 荷塘区
3. 澧县	3. 南县	3. 君山区	3. 雨花区	3. 湘潭县	3. 芦淞区
4. 津市市	4. 沅江市	4. 湘阴县	4. 芙蓉区		4. 天元区
5. 汉寿县	5. 桃江县	5. 华容县	5. 岳麓区		5. 渌口区
6. 安乡县		6. 岳阳县	6. 开福区		
7. 桃源县		7. 临湘市	7. 长沙县		
8. 临澧县		8. 汨罗市	8. 宁乡市		
9. 石门县					

注：除上述县级行政区外，还有 4 个县级管理区，分别为常德市的西洞庭管理区和西湖管理区、益阳市的大通湖管理区及岳阳市的屈原管理区。

表 8-2　湖南省洞庭湖区各县(市、区)社会经济基本情况表

地级市	序号	县(市、区)名	土地面积(km^2)	耕地面积(hm^2)	总人口(万人)	GDP(万元)	农林牧渔业总产值(万元)	规模工业营业收入(万元)	地方财政收入(万元)
常德市	1	武陵区	270	9 231	74.59	14 167 947	149 394	10 709 306	120 856
	2	鼎城区	2451	82 335	82.76	3 408 155	966 712	3 265 039	137 759
	3	澧县	2 075	70 995	78.12	3 580 271	839 918	2 655 035	106 019
	4	津市市	551	18 213	26.19	1 581 589	337 262	2 578 076	43 194
	5	汉寿县	2 034	57 843	81.07	2 977 310	815 503	2 380 491	73 962
	6	安乡县	1 087	45 650	53.15	1 930 246	537 765	1 076 027	34 575
	7	桃源县	4 458	92 334	85.09	3 687 297	1 238 389	2 229 091	130 531
	8	临澧县	1 210	40 692	43.04	1 782 313	539 307	841 228	46 325
	9	石门县	3 973	48 563	58.71	2 782 192	656 631	2 569 916	87 803

续表

地级市	序号	县(市、区)名	土地面积(km^2)	耕地面积(hm^2)	总人口(万人)	GDP(万元)	农林牧渔业总产值(万元)	规模工业营业收入(万元)	地方财政收入(万元)
益阳市	10	资阳区	635	23 127	42.16	1 765 254	370 704	3 069 923	57 167
	11	赫山区	1 285	35 774	89.85	5 668 823	728 663	9 798 038	116 979
	12	南县	1 059	58 539	74.20	2 623 082	1 050 757	1 662 573	55 741
	13	沅江市	2 177	62 461	69.77	3 098 733	927 120	4 203 936	65 901
	14	桃江县	2 063	43 813	79.43	2 716 833	680 818	4 114 484	75 715
岳阳市	15	岳阳楼区	175	3 435	91.18	9 700 977	174 970	5 574 148	118 352
	16	云溪区	388	8 671	19.23	3 284 341	143 537	11 436 248	35 158
	17	君山区	715	35 902	26.11	1 435 312	434 900	1 546 225	30 331
	18	湘阴县	1 581	38 746	71.03	3 318 260	834 522	2 139 641	104 472
	19	华容县	1 642	67 302	73.63	3 443 698	1 062 310	5 462 398	58 017
	20	岳阳县	2 931	47 033	74.42	3 279 816	785 037	5 615 973	60 611
	21	临湘市	1 754	34 021	52.17	2 665 783	469 243	4 163 358	54 273
	22	汨罗市	1 562	43 726	72.39	4 641 922	783 009	8 585 724	105 631
长沙市	23	望城区	1 361	48 330	66.52	6 714 233	704 978	5 958 503	496 615
	24	天心区*	74	1057	66.96	10 191 523	23 508	1 141 319	413 350
	25	雨花区*	115	2 365	92.74	18 881 569	82 421	5 325 757	546 864
	26	芙蓉区*	41	251	58.95	13 267 343	680	1 176 597	293 402
	27	岳麓区*	145	2387	89.30	11 202 318	155 032	11 876 367	339 781
	28	开福区*	187	4 498	66.48	10 451 976	22 051	1 303 219	408 821
	29	长沙县*	1 997	57 694	108.89	15 093 258	1 044 933	22 956 360	1 022 134
	30	宁乡市	2 906	92 538	130.50	11 137 422	1 647 665	11 937 718	473 116
湘潭市	31	岳塘区*	206	4 369	47.83	6 000 833	110 212	10 600 384	136 437
	32	雨湖区*	78	1 653	60.46	6 102 772	236 143	5 486 654	81 735
	33	湘潭县*	2 513	76 037	86.85	4 464 573	872 850	5 501 178	178 759
株洲市	34	石峰区*	165	4 416	36.95	3 015 462	61 194	6 342 423	79 081
	35	荷塘区*	159	4 245	29.53	2 193 908	68 511	1 140 056	43 843
	36	芦淞区*	67	1 228	29.22	3 807 196	83 154	974 331	47 652
	37	天元区*	150	4 163	33.17	3 745 710	133 891	4 121 111	485 378
	38	渌口区*	1 381	31 900	30.31	1 363 915	301 879	532 141	75 135
合计			47 621	1 306 000	2 452.95	21 117.42(亿元)	2 007.56(亿元)	19 205.10(亿元)	684.15(亿元)

续表

地级市	序号	县(市、区)名	土地面积(km^2)	耕地面积(hm^2)	总人口(万人)	GDP(万元)	农林牧渔业总产值(万元)	规模工业营业收入(万元)	地方财政收入(万元)
全省总计			211 864	4 155 410	7 326.62	36 425.78(亿元)	5 361.62(亿元)	35 420.85(亿元)	2 860.84(亿元)
占全省(%)			22.5	31.4	33.5	58.0	37.4	54.2	23.9

注:1. 资料来自《湖南统计年鉴 2019》;2. 名称后带“ * ”的县(市、区)属于长沙综合枢纽坝址以上的行政区。

8.2　洞庭湖战略地位

洞庭湖,古称云梦、九江和重湖,处于长江中游荆江南岸,跨岳阳、汨罗、湘阴、望城、益阳、沅江、汉寿、常德、津市、安乡和南县等市、县(区)。洞庭湖之名,始于春秋、战国时期,因湖中洞庭山(即今君山)而得名。洞庭湖是历史上重要的战略要地、中国传统文化发源地,湖区名胜繁多,以岳阳楼为代表的历史胜迹是重要的旅游文化资源。洞庭湖地区也是中国传统农业发祥地,是著名的鱼米之乡,是湖南省乃至全国重要的商品粮油基地、水产和养殖基地。近年来,随着经济发展趋势持续上升、生态定位持续增强,洞庭湖经济、生态双引擎持续发力,它已不仅是推动长江经济带高质量发展阵地,也是长江重要的水源地和生态功能区,还是长江“黄金水道”的重要通道。

8.2.1　长江经济带高质量发展的重要阵地

2016 年 9 月,中共中央、国务院印发了《长江经济带发展规划纲要》,从生态环境、交通走廊、创新驱动、城镇化建设等多方面描绘了长江经济带发展的宏伟蓝图,提出四大战略定位,确立了长江经济带“一轴、两翼、三极、多点”的发展格局。2016 年、2018 年、2020 年,习近平总书记在重庆、武汉、南京三次主持召开长江经济带发展座谈会并发表系列重要讲话,要求把修复长江生态环境摆在压倒性位置,共抓大保护,不搞大开发,坚持新发展理念,使长江经济带成为我国生态优先绿色发展主战场、畅通国内国际双循环主动脉、引领经济高质量发展主力军。洞庭湖区横跨长江经济带中的湖北、湖南两省,湖区的岳阳、常德、益阳和荆州等市是“三极”之一的长江中游城市群重要节点城市,是长江经济带发展的重要增长极。洞庭湖是长江“双肾”之一,生态功能显著,生态地位突出,是统筹长江流域山水林田湖草系统治理的核心区域,是长江经济带生态文明建设的先行示范带。洞庭湖区具有“通长江、连四水”的独特区位优势,发展基础良好,发展潜力巨大，在服务长江经济带发展国家战略、践行新发展理念、构建新发展格局、推动高质量发展中具有重要作用。长江经济带经济区组成如图8-1 所示。

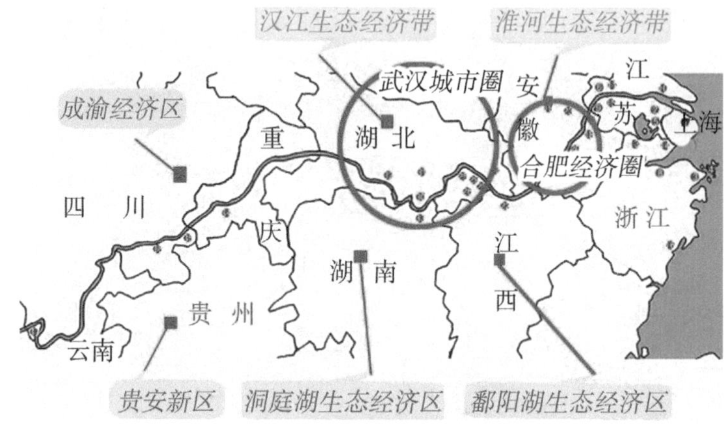

图 8-1 长江经济带经济区组成

8.2.2 长江重要的水源地和生态功能区

洞庭湖是湖区的重要水源地，沿岸地区经济社会发展依靠湖区的湖泊、河道为其提供水源。与此同时，枯水期洞庭湖将其蓄纳的洪水逐步下泄，对于长江中下游还有补水作用。洞庭湖独特的水文特征孕育了丰富的生态系统，由于季节性淹水条件的长期作用，其拥有丰富的湿地植被资源。根据调查统计，洞庭湖区有原生性陆生维管植物 154 科 558 属 1 092 种，在洞庭湖区生活的陆生脊椎动物 4 纲 29 目 90 科 390 种，鱼类 10 目 23 科 116 种，是生物物种的基因库。大面积的湖区湿地，通过蒸腾作用能够产生大量水蒸气，不仅可以提高周围地区空气湿度，减少土壤水分丧失，还可诱发降雨，增加地表和地下水资源。通过水生植物的作用，以及化学、生物过程，吸收、固定、转化土壤和水中营养物质含量，洞庭湖湿地还具有降解有毒物质、净化水体、消减环境污染的重要作用。

8.2.3 长江"黄金水道"的重要通道

洞庭湖区是四水之间和四水与长江之间的水运节点，主要通航河流包括湖区航道以及湘、资、沅、澧等河流尾闾以及长江松滋口、太平口、藕池口河道，区域内水系汇集、河湖交叉，航道四通八达，总航道里程超过 3 000 km，是长江黄金水道的重要组成部分。2019 年，湖南省内河水路货运量为 20 090 万 t，港口吞吐量达到 22 049 万 t，水路客运量为 1 641 万人，生产性泊位 1 112 个。洞庭湖区航运建设示意图如图 8-2 所示。

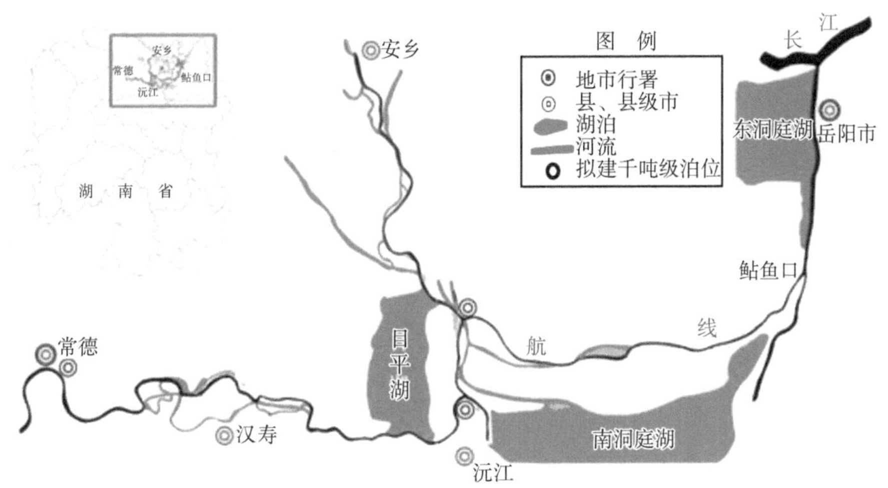

图 8-2　洞庭湖区航运建设示意图

8.3　洞庭湖生态经济区

洞庭湖生态经济区范围是指以洞庭湖区为腹地，湘资沅澧四水尾闾、长江入湖口洪道以及受堤垸保护的区域所涉及的行政区域，涉及湖南省岳阳市、常德市、益阳市及长沙市的望城区和湖北省荆州市，共 33 个（湖南 25 个＋湖北 8 个）县（市、区），规划总面积 6.05 万 km^2（湖南 4.64 万 km^2＋湖北 1.41 万 km^2），2020 年末常住人口 2 030 万，地区生产总值 12 830 亿元。洞庭湖生态经济区规划范围如图 8-3 所示。

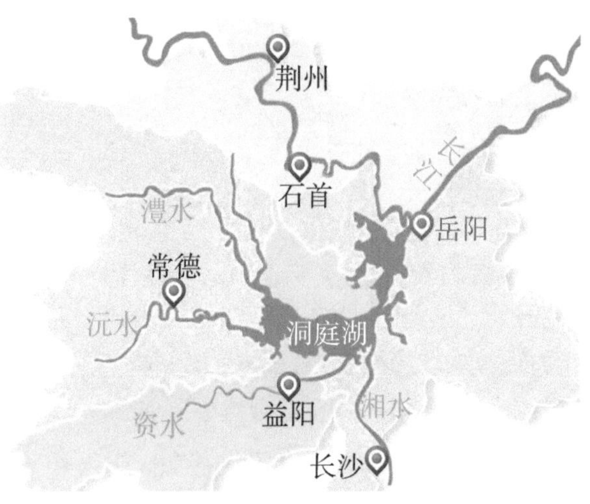

图 8-3　洞庭湖生态经济区规划范围

8.3.1 发展定位

洞庭湖生态经济区建设要坚持“生态优先、民生为本、协调发展”的原则。要紧紧围绕生态恢复和保护这条主线，大力加强生态建设。要尽快遏制湖区生态功能退化势头，着力恢复并提高洞庭湖资源-环境-生态承载能力。以资源-环境-生态承载能力为基础，合理规划城镇布局和产业结构，形成湖区人与自然相和谐、经济发展与生态建设相协调，当代与后代福祉相兼顾，建设美丽、繁荣、富庶的新型湖区。洞庭湖生态经济区发展战略定位体现为以下五个方面：

(1) 全国大湖流域生态文明建设试验区。突出长江流域和湖泊生态特色，加快构建绿色生态产业体系与和谐人水新关系，促进经济社会生态协调发展，走出一条生态良好、生产发展、生活富裕的生态文明之路。

(2) 保障粮食安全的现代农业基地。立足湖区农业资源优势，巩固提升其在保障国家粮食安全中的重要地位，大力发展高产、优质、高效、生态、安全农业，实现农业专业化、规模化、标准化和集约化生产，促进农业不断增效和农民持续增收。

(3) “两型”引领的“四化”同步发展先行区。坚持“两型”引领，以农业产业化带动农民致富，以新型工业化提升农业，以新型城镇化带动农村，以信息化促进融合发展，为全国“两型”社会建设和大湖地区“四化”同步发展探索新路径、积累新经验。

(4) 水陆联运的现代物流集散区。依托区位优势和长江黄金水道，加快形成水陆空立体交通格局，大力发展多式联运和跨区联运，建成覆盖全区域、连接中西部、对接长三角、面向海内外的现代物流集散区。

(5) 全国血吸虫病综合防治示范区。以控制传染源、切断传播途径、保护易感人群、提高防治水平为重点，强化统筹协调，坚持多方联动，实施综合防治，努力打造血吸虫病感染零风险区。

8.3.2 发展目标

规划到 2025 年，努力实现以下主要目标。一是生态更安全。生态保护红线全面划定，国土空间开发与保护格局得到优化，污染物排放总量得到有效控制，国控断面水质优良比例、森林覆盖率、水生生物完整性指数稳步提升，生态环境质量持续改善，生态修复面积稳定提升，生态安全格局逐步稳固。二是经济更绿色。粮食综合生产能力明显增强，农业基础地位更加巩固。产业基础高级化、产业链现代化水平明显提高，生态产业化、产业生态化加快推进。生产性服务业快速发展，旅游业成为支柱产业。节能低碳技术广泛应用，循环经济加快发展，产业园区集聚度和专业化水平明显提高。三是民生更和谐。坚持共同富裕方向，“健康洞庭”深入推进，社会保障全面覆盖，国民教育均衡发展，劳动就业更加充分，公共文化更加繁荣，脱贫攻坚成果巩固拓展，乡村振兴战略全面推进，社会治理更加高效，基本公共服务实现均等化。

展望 2035 年，洞庭湖生态经济区生态环境根本好转，绿色生产生活方式基本形成，碳排放达峰后稳中有降，美丽洞庭建设目标基本实现，湖区人民生活更加美好，人的全面发展、人民共同富裕取得更为明显的实质性进展。

8.3.3　城镇发展布局

洞庭湖区位于湘鄂两省交界处，85％以上的面积位于湖南省境内。近 20 年来，洞庭湖区城镇化水平稳步提升，城镇化率从 2001 年的 29.8％上升到 2020 年的 56.39％，城镇居民生活得到了极大改善。2014 年洞庭湖区上升为国家级生态经济区，新型城镇化成为洞庭湖生态经济区建设的重要组成部分。洞庭湖区城镇发展的总体空间符合“五核、四轴、两环、多点”的城镇发展总体布局，见图 8-4。

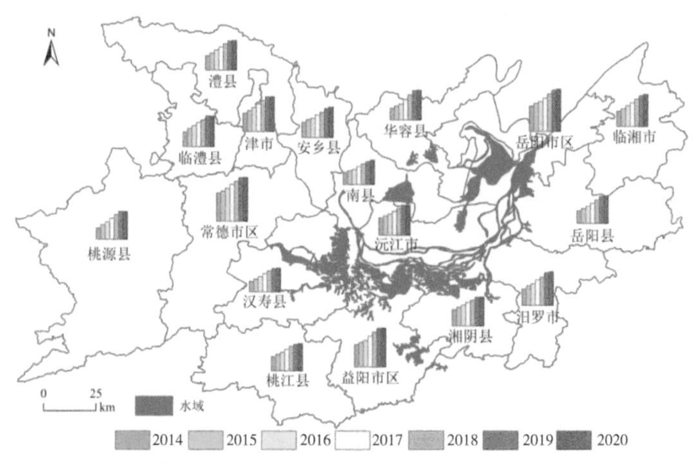

图 8-4　洞庭湖区新型城镇化水平的空间差异

（1）五核：指常德、益阳、岳阳、荆州、津澧新城。其中岳阳、益阳、常德、荆州是洞庭湖区域的四个地级市，已经成为洞庭湖区域的四个政治、经济、文化中心，起到了洞庭湖区域核心城市的作用，但目前的核心作用和带动功能还不够强大，要进一步加速发展，不断提高其对洞庭湖区域城镇化发展的带动作用。津市目前属常德管辖，尚未成为核心城市，根据发展需要和城市空间布局的状况以及津市的地理位置，该市应该成为洞庭湖区域的一个新型核心城市，以带动洞庭湖西北澧水流域的城镇化发展。

(2) 四轴:东部发展轴,沿京广线经长沙、汨罗、岳阳、临湘为一轴;东南—西北发展轴,沿长常、常荆(拟建)高速公路经长沙、益阳、汉寿、常德、临澧、澧县、津市、公安、荆州为一轴;中部发展轴,沿洛湛铁路、南益高速经益阳、沅江、南县、华容、石首、江陵、荆州为一轴;荆江发展轴,沿长江荆江段,经荆州、江陵、沙市、公安、石首、华容、监利、君山、岳阳、临湘、洪湖为一轴。通过"五核"带动"四轴"。

(3) 两环:以环湖公路为洞庭湖区域城镇化发展的内环,经长沙、望城、湘阴、汨罗、屈原、岳阳、君山、大通湖、南县、安乡、津市、西洞庭、常德、汉寿、沅江;以长岳、长常、常荆(拟建)、荆岳(拟建)高速公路为洞庭湖区域城镇化发展的外环,将常德、益阳、岳阳、荆州、津市与长沙及途经城镇紧密联结起来,形成环洞庭湖城市发展的外环。

(4) 多点:要通过五核、四轴、两环的城镇化快速发展,带动整个洞庭湖生态经济区的小城镇和乡村的就地城镇化,多点全面发展。在多点发展中,要扩大现有建制镇的规模,同时要创造条件使现有乡村逐步实现社区化,实现就地城镇化。

①岳阳。城市用地主导发展方向为东扩、北进、南延。空间上形成"一主三副","一主"即主城区,"三副"即云溪、路口和君山城区。打造中南地区大型石化产业基地、长江中游重要的航运口岸和物流基地。提升国家级历史文化名城品位,构建以沿湖风光带、南湖、君山为主体的城市绿地生态体系,打造宜居宜游的生态旅游城市。

②常德。常德江北城区向北建设沾天湖北部低碳新城,江南城区主要向西、向南发展,德山城区主要向南、向东发展。构建以沅江、柳叶湖、穿紫河、太阳山、河洑山为主体的城市生态系统。

③益阳。城市主导发展方向以"东接"为主,"南扩"为辅。积极与长沙对接,大力推进东部新区建设。打造中部地区重要的能源基地、生态休闲旅游基地、新兴工业城市和城乡统筹发展示范区。构建以洪山竹海、会龙山、寨子仑、云雾山、资江、志溪河、兰溪河、梓山湖为主体的"四山四水",围绕"一山一湖一岛"完善城市生态系统。

④荆州。城市用地主导发展方向以向东发展为主,适当向西、向北发展,严格限制跨越荆岳铁路和沪汉蓉高速铁路向北发展。建设中部地区重要的优质农产品生产及精深加工区、现代制造业密集区、综合商贸物流区和文化旅游示范区。构建以长江、沮漳河、八岭山、海子湖、南北渠、荆江大堤防护林为主体的城市绿色空间系统。

8.3.4　城市职能定位

将区域城镇按区域中心城市、区域副中心城市、县(市)域中心城市、中心镇、一般城镇分为五个等级，分别作为不同区域范围内的经济增长极，承担不同的职能，采取不同的发展战略，以达到上下衔接、带动全局的目的。规划形成 4 个区域中心城市、3 个区域副中心城市、21 个县(市)域中心城市、90 个中心镇和 255 个一般镇的城镇等级体系，见表 8-3。

表 8-3　区域城镇等级结构规划

等级	数量	城市(镇)名称
区域中心城市	4	岳阳市中心城区、常德市中心城区、益阳市中心城区、荆州市中心城区
区域副中心城市	3	津澧新城、望城区、监利市城区
县(市)域中心城市	21	汨罗市城区、临湘市城区、华容县城、湘阴县城、岳阳县城、平江县城、桃源县城、石门县城、汉寿县城、临澧县城、安乡县城、沅江市城区、桃江县城、大通湖区、安化县城、南县县城、洪湖市城区、石首市城区、松滋市城区、公安县城、江陵县城
中心镇	90	桃林镇、东山镇、公田镇、伍市镇、李家段镇、钱粮湖镇、长乐镇、羊楼司镇、注滋口镇、金龙镇、新泉镇、南江镇、长寿镇、筻口镇、灌溪镇、蒿子港镇、斗姆湖镇、石门桥镇、石板滩镇、大堰垱镇、甘溪滩镇、保河堤镇、新洲镇、新关镇、壶瓶山镇、陬市镇、漆河镇、桃花源镇、大鲸港镇、黄山头镇、新安镇、合口镇、四新岗镇、太子庙镇、蒋家嘴镇、平口镇、梅城镇、大福镇、小淹镇、马迹塘镇、灰山港镇、武潭镇、兰溪镇、迎风桥镇、南大膳镇、草尾镇、茅草街镇、千山红镇、岑河镇、锣场镇、关沮镇、李埠镇、川店镇、弥市镇、峰口镇、新滩镇、府场镇、瞿家湾镇、新厂镇、调关镇、小河口镇、刘家场镇、溣水镇、沙道观镇、陈店镇、埠河镇、藕池镇、黄山头镇、南平镇、章庄铺镇、普济镇、滩桥镇、熊河镇、朱河镇、新沟镇、白螺镇、汪桥镇、周老嘴镇、丁字镇、铜官镇、乔口镇、桥驿镇、靖港镇、营田镇、祝丰镇、西湖镇、樟树镇、岭北镇、江南镇、黄盖镇
一般镇	255	(略)

资料来源:湖南省住房和城乡建设厅

规划期末，根据各城镇现状规模、规划导向，确定地区城镇体系规划，人口规模分为≥100 万人、50 万～100 万人、20 万～50 万人、10 万～20 万人、≤10 万人五个等级。人口规模达 100 万人的特大城市 4 个，50 万～100 万人的城镇 2 个，20 万～50 万人的城镇 16 个，10 万～20 万人的城镇 7 个，人口小于 10 万人的城镇 344 个，见表 8-4。

表 8-4　区域城镇规模结构规划

城镇等级	城镇等级规模(万人)	城镇数	城镇名称
特大城市	≥100	4	岳阳市中心城区(150 万人)、常德市中心城区(120 万人)、益阳市中心城区(100 万人)、荆州市中心城区(100 万人)

续表

城镇等级	城镇等级规模（万人）	城镇数	城镇名称
大城市	50～100	2	望城区、津澧新城
中等城市	20～50	16	汨罗市城区、临湘市城区、华容县城、湘阴县城、岳阳县城、平江县城；桃源县城、石门县城；监利县城、石首市城区、洪湖市城区、松滋市城区、公安县城；沅江市城区、桃江县城、南县县城
小城市	10～20	7	汉寿县城、临澧县城、安乡县城；安化县城；江陵县城、营田镇、大通湖区
小城镇	<10	344	（略）

资料来源：湖南省住房和城乡建设厅

8.4 洞庭湖堤防设防标准的确定

为了抵御洪水灾害，兴建各类防洪工程；为了发电、灌溉，兴建兴利工程等。这些工程在运行期间承受着洪水的威胁，一旦工程失事将会造成灾害。因此，在设计各种涉水工程的水工建筑物时，必须高度重视工程本身的防洪安全，即必须全面考虑工程能承受某种大洪水的考验而不会失事。所谓某种大洪水，意指工程设计时选择的一种特定洪水。若此洪水过大，工程的安全度增大，但工程造价增多而不经济；若此洪水过小，工程造价降低，但遭受破坏的风险增大。如何选择较为合适的洪水作为依据，涉及标准问题。《防洪标准》(GB 50201—2014)为我国现行防洪标准。

8.4.1 国家防洪标准

1. 防护对象

防洪保护对象，指受到洪(潮)水威胁需要进行防洪保护的对象。

2. 防洪保护区

防洪保护区，指洪(潮)水泛滥可能淹及且需要防洪工程设施保护的区域。

3. 防护等级

防护等级，指对于同一类型的防护对象，为了便于针对其规模或性质确定相应的防洪标准，从防洪角度根据一些特性指标将其划分的若干等级。

4. 当量经济规模

当量经济规模，指防洪保护区人均 GDP 指数与人口的乘积。

5. 可能最大洪水

可能最大洪水，指在河流设计断面以上，水文气象上可能发生的、一定历时的、近似于物理上限的洪水。

8.4.1.1 基本规定

防护对象的防洪标准应以防御的洪水或潮水的重现期表示；对于特别重要的防护对象，可采用可能最大洪水表示。防洪标准可根据不同防护对象的需要，采用设计一级或设计、校核两级。

各类防护对象的防洪标准应根据经济、社会、政治、环境等因素对防洪安全的要求，统筹协调局部与整体、近期与长远及上下游、左右岸、干支流的关系，通过综合分析论证确定。有条件时，宜进行不同防洪标准所可能减免的洪灾经济损失与所需的防洪费用的对比分析。

同一防洪保护区受不同河流、湖泊或海洋洪水威胁时，宜根据不同河流、湖泊或海洋洪水灾害的轻重程度分别确定相应的防洪标准。

当防洪保护区的防护对象要求的防洪标准高于防洪保护区的防洪标准，且能进行单独防护时，该防护对象的防洪标准应单独确定，并应采取单独的防护措施。

当防洪保护区内有两种以上的防护对象，且不能分别进行防护时，该防洪保护区的防洪标准应按防洪保护区和主要防护对象中要求较高者确定。

对于影响公共防洪安全的防护对象，应按自身和公共防洪安全两者要求的防洪标准中较高者确定。

防洪工程规划确定的兼有防洪作用的路基、围墙等建筑物、构筑物，其防洪标准应按防洪保护区和该建筑物、构筑物的防洪标准中较高者确定。

下列防护对象的防洪标准，经论证可提高或降低：

(1) 遭受洪灾或失事后损失巨大、影响十分严重的防护对象，可提高防洪标准；

(2) 遭受洪灾或失事后损失和影响均较小、使用期限较短及临时性的防护对象，可降低防洪标准。

(3) 按规定的防洪标准进行防洪建设，经论证确实有困难时，可在报请主管部门批准后，分期实施、逐步达到。

8.4.1.2 防洪保护区

1. 一般规定

在确定防洪标准时，应分析受洪水威胁地区的洪水特征、地形条件，以及河流、堤防、道路或其他地物的分隔作用，可以分为几个部分单独进行防护时，应划分为独立的防洪保护区，各个防洪保护区的防洪标准应分别确定。

划分防洪保护区防护等级的人口、耕地、经济指标的统计范围，应采用相应标准洪水的淹没范围。

2. 城市防护区

城市防护区应根据政治、经济地位的重要性、常住人口或当量经济规模指标分为四个防护等级，其防护等级和防洪标准应按表 8-5 确定。

表 8-5 城市防护区的防护等级和防洪标准

防护等级	重要性	常住人口（万人）	当量经济规模（万人）	防洪标准［重现期(年)］
Ⅰ	特别重要	≥150	≥300	≥200
Ⅱ	重要	<150，≥50	<300，≥100	100～200
Ⅲ	比较重要	<50，≥20	<100，≥40	50～100
Ⅳ	一般	<20	<40	20～50

注：当量经济规模为城市防护区人均 GDP 指数与人口的乘积，人均 GDP 指数为城市防护区人均 GDP 与同期全国人均 GDP 的比值。

位于平原、湖洼地区的城市防护区，当需要防御持续时间较长的江河洪水或湖泊高水位时，其防洪标准可取标准规定的较高值（表 8-5）。

位于滨海地区的防护等级为Ⅲ等及以上的城市防护区，当按防洪标准（表 8-5）确定的设计高潮位低于当地历史最高潮位时，还应采用当地历史最高潮位进行校核。

3. 乡村防护区

乡村防护区应根据人口或耕地面积分为四个防护等级，其防护等级和防洪标准应按表 8-6 确定。

表 8-6 乡村防护区的防护等级和防洪标准

防护等级	人口（万人）	耕地面积（万人）	防洪标准［重现期(年)］
Ⅰ	≥150	≥300	50～100
Ⅱ	<150，≥50	<300，≥100	30～50
Ⅲ	<50，≥20	<100，≥30	20～30
Ⅳ	<20	<30	10～20

人口密集、乡镇企业较发达或农作物高产的乡村防护区，其防洪标准可提高。地广人稀或淹没损失较小的乡村防护区，其防洪标准可降低。

蓄、滞洪区的分洪运用标准和区内安全设施的建设标准，应根据批准的江河流域防洪规划的要求分析确定。

8.4.2　湖区城市防洪标准

防洪标准有两种:一是水工建筑物本身的防洪标准;二是与防洪对象保护要求有关的防洪区的防洪安全标准,如某一城市的防洪安全标准。防洪区的防洪安全标准是依据防护对象的重要性分级设定的。近年来,随着国家新型城镇化建设加快推进,洞庭湖区城镇化水平不断提高,为环洞庭湖经济圈的快速发展贡献了重要力量。湖南省现有县级以上城市 101 座,其中湘水流域 44 座、资水流域 13 座、沅水流域 24 座、澧水流域 7 座、汨罗江流域 2 座、新墙河流域 1 座、四口洪道 3 座、洞庭湖 4 座、黄盖湖水系 1 座、珠江流域北江水系 2 座。湖南省城市防洪工程设计标准如表 8-7 所示。

表 8-7　湖南省城市防洪工程设计标准　　单位:年

<table>
<tr><th rowspan="2">区域</th><th rowspan="2" colspan="2">市县名</th><th colspan="2">主城区</th><th colspan="2">非主城区</th><th rowspan="2">备注</th></tr>
<tr><th>近期</th><th>远景</th><th>近期</th><th>远景</th></tr>
<tr><td>东洞庭湖</td><td colspan="2">岳阳市</td><td>100</td><td>100</td><td>20～50</td><td>50</td><td rowspan="16">捞霞
开发区
近期
100 年
一遇</td></tr>
<tr><td rowspan="8">湘江</td><td>干流</td><td>永州市</td><td>50</td><td>100</td><td>20</td><td>50</td></tr>
<tr><td>干流</td><td>衡阳市</td><td>100</td><td>100</td><td>20～50</td><td>50</td></tr>
<tr><td>干流</td><td>株洲市</td><td>100</td><td>100</td><td>20～50</td><td>50</td></tr>
<tr><td>干流</td><td>湘潭市</td><td>100</td><td>100</td><td>20～50</td><td>50</td></tr>
<tr><td>干流</td><td>长沙市</td><td>200</td><td>200</td><td>30</td><td>50</td></tr>
<tr><td>耒水</td><td>郴州市</td><td>50</td><td>100</td><td>20</td><td>50</td></tr>
<tr><td>涟水</td><td>娄底市</td><td>50</td><td>100</td><td>20</td><td>50</td></tr>
<tr><td rowspan="2">资江</td><td>干流</td><td>邵阳市</td><td>50</td><td>100</td><td>20</td><td>50</td></tr>
<tr><td>干流</td><td>益阳市</td><td>100</td><td>100</td><td>20～50</td><td>50</td></tr>
<tr><td rowspan="3">沅江</td><td>干流</td><td>常德市</td><td>100</td><td>100</td><td>20～50</td><td>50</td></tr>
<tr><td>㵲水</td><td>怀化市</td><td>50</td><td>100</td><td>20</td><td>50</td></tr>
<tr><td>武水</td><td>吉首市</td><td>50</td><td>100</td><td>20</td><td>50</td></tr>
<tr><td>澧水</td><td>干流</td><td>张家界市</td><td>50</td><td>100</td><td>20</td><td>50</td></tr>
<tr><td colspan="3">其他县级城市</td><td>20</td><td>50</td><td></td><td></td></tr>
</table>

表 8-7 统计了湖区城市近期设计标准,根据《长江流域防洪规划》,洞庭湖区总体的洪水防御对象为 1954 年洪水,在发生 1954 年洪水时,保证重点保护地区的防洪安全。湘江、资江、沅江、澧水尾闾总体防洪标准为 20 年一遇,岳阳市中心城区防洪标准为 100 年一遇,益阳市、常德市中心城区防洪标准为 100 年一遇,县级城市防洪标准为 20 年一遇。长沙市重现期 200 年城市防洪水位 38.39 m,常德市重现期 100 年城市防洪水位 41.98 m,益阳市重现期 100 年城市防洪水位 40.08 m,津市市重现期 20 年城市防洪水位 41.8 m。湖南省洞庭湖区城市防洪工程情况表如表 8-8 所示。

表 8-8　湖南省洞庭湖区城市防洪工程情况表

1985 黄海高程

序号	湖(河)名	市县区名	总堤长(km)		地面高程(m)	近期设计标准				1951—2003 年最高		冻结改 85 黄海(m)
			现有	规划		站名或地点	重现期(年)	洪水位(m)	堤顶高程(m)	洪水位(m)	年-月-日	
1	湘水尾闾	渌口区	6.89	8.10		关口	20	43.90	45.40			
2		株洲市	39.65	46.86		株洲水文站	100	44.20	45.70	42.68	1994-6-18	−1.9
3		湘潭县	15.06	16.60		涓河口	20	40.69	42.19			
4		湘潭市	64.20	64.20		湘潭水文站	100	41.22	42.72	39.76	1994-6-18	−2.19
5		长沙市	105.96	111.83	35～70	长沙水位(三)站	200	38.39	40.40	36.99	1998-6-27	−2.19
6		长沙县	11.40	11.40	30～37	简灰水尺	20	37.29	39.00			
7		望城区	22.86	25.30	30～35	望城码头	20	34.98	36.51	35.40	1998-6-27	−2.26
8	沩水	宁乡市	11.20	16.89	46～47	沩丰坝上 300 m	20	49.38	50.88			
9	资水尾闾	桃江县	15.11	15.76	38～39	桃江水文站	20	42.46	44.46	42.19	1996-7-17	−2.25
10		益阳市	38.26	48.29	30～32	益阳水位站	100	40.08	41.58	37.40	1996-7-21	−2.04
11	沅水尾闾	桃源县	23.77	24.10	36	桃源水文站	20	42.47	4.52	45.00	1996-7-19	−1.89
12		常德市	65.10	70.38	30—32	常德水位站	100	41.98	44.07	40.67	1996-7-19	−1.82
13	澧水尾闾	澧县	23.39	23.47	34～39	兰江闸水尺	20	44.39	46.41	45.08	1998-7-24	−2.06
14		津市市	23.24	23.83	32～34	津市水文站	20	41.80	43.28	42.93	2003-7-10	−2.09
15		临澧县	7.21	12.53								
16	汨罗江	汨罗市	11.20	9.53	31～36	南渡大桥	20	34.84	36.34			
17	新墙河	岳阳县	14.98	15.38	27	大毛家湖	20	33.24	35.24			

续表

序号	湖(河)名	市县区名	总堤长(km)		地面高程(m)	近期设计标准				1951—2003 年最高		冻结改 85 黄海(m)
			现有	规划		站名或地点	重现期(年)	洪水位(m)	堤顶高程(m)	洪水位(m)	年-月-日	
18	四水洪道	安乡县	32.45	32.33	26.7	安乡水文站	20	38.31	39.81	38.25	1998-7-24	−2.19
19		南县	128.49	109.62	28～29	石矶头水尺	20	35.29	36.79	35.82	1998-8-19	−1.96
20		华容县	10.50	14.35	27.5	桩号 74+000	20	34.35	35.85	34.16	1996-7-22	−1.98
21	洞庭湖	湘阴县	12.90	23.14	30	湘阴水位站	20	33.68	35.98	4.67	1996-7-21	−1.99
22		汉寿县	69.57	107.07	28～30	周文庙水位站	20	35.82	37.09	37.09	1996-7-20	−1.69
23		沅江市	25.98	43.08	24～31	沅江水位站	20	34.29	37.29	35.14	1996-7-21	−1.95
24		岳阳市	20.94	15.70	28～30	岳阳水位站	100	33.04	35.54	34.11	1998-8-20	−1.94
25	黄盖湖	临湘市	12.90	5.85	28	新水坝前	20	39.92	41.42			

注:该成果引自《湖南省洞庭湖区防洪治涝工作手册》。

8.4.3 堤防防洪标准

洞庭湖区重点垸、蓄洪垸设计水位均相同，区别在于堤身断面及堤防超高不同。一般垸则参照蓄洪垸的设计标准。

(1) 设计洪水位：1986 年开始的洞庭湖区近期防洪蓄洪(一期)工程采用 1949—1983 年期间的实测最高洪水位(绝大部分地区为 1954 年，仅湘水尾闾为 1976 年，资水尾闾为 1955 年，沅水尾闾为 1969 年，澧水尾闾为 1980 年，松滋河为 1983 年，虎渡河为 1981 年或 1983 年)作为设计洪水位；1996 年开始的洞庭湖区近期治理二期工程采用 1949—1991 年期间的实测最高洪水位(除西洞庭湖区为 1991 年、南洞庭湖区个别为 1988 年外，其他地区同一时期)作为设计洪水位。穿堤建筑物的设计洪水位按所在堤段设计洪水位加 0.5 m 确定。各类堤垸均一样。

(2) 安全超高：安全超高包括波浪爬高、风壅增高和安全加高三部分。规范规定，堤顶高程采用设计洪水位加安全超高确定。批文规定，重点垸采用河堤加 1.5 m，湖堤加 2.0 m；蓄洪垸采用河堤加 1.0 m，湖堤加 1.5 m。当水面很宽(吹程远)、设计风速很大，采用规范公式计算的结果大于以上数值时，可采用计算值。

(3) 设计枯水位：采用湖区各主要控制站多年平均最低水位加 0.3 m 确定。

(4) 工程等级：各重点垸一线防洪大堤及穿堤建筑物均按二级建筑物设计，各蓄洪垸按三级建筑物设计。

(5) 堤防标准断面形式：重点垸堤顶宽度为 8 m，堤外坡比为 1∶2.5～1∶3.0，堤内坡比为 1∶3.0～1∶3.25，在内坡堤顶以下 4～5 m 处设 5 m 宽的平台；蓄洪垸堤顶宽 6 m，外坡比 1∶2.5，内坡比 1∶3.0，当堤高大于 6 m 时，在堤顶以下 3～5 m 内坡处设 3 m 宽平台，在未设防汛公路的堤段堤顶增设 5 m 宽的防汛公路，防汛公路均采用泥结碎石路面。当地质条件比较差，采用规范稳定计算公式计算的坡比大于以上数值时，可采用计算值。洞庭湖区堤防设计标准如表 8-9 所示。

表 8-9 洞庭湖区堤防设计标准

项目	重点垸	蓄洪垸
设计洪水位	1949—1991 年期间实测最高洪水位	
设计枯水位	多年平均最低水位加 0.3 m	
工程等级	二	三

续表

项目		重点垸	蓄洪垸
安全超高(m)	河堤	1.5	1.0
	湖堤	2.0	1.5
堤顶宽度(m)		8	6
外坡比		1∶2.5～1∶3.0	1∶2.5
内坡比		1∶3.0～1∶3.25	1∶3.0
平台	位置	内坡堤顶以下 4～5 m 处	内坡堤顶以下 3～5 m 处
	宽度(m)	5	3

注：①当用规范公式计算的结果大于表内数值时，可采用计算值；
②一般垸参照蓄洪垸标准。

堤垸列入原则：

(1) 一个完整的防洪保护圈合并列为一个堤垸，大垸的组成垸如沅澧垸中的西湖垸、民主垸中的保民垸不列入名录。

(2) 直接临外河外湖的外垸列入，临内河内湖的内垸不列入，如黄盖湖周边堤垸。

(3) 保护面积大于 1 000 亩的列入。

根据《洞庭湖水利工作手册》，长沙航电枢纽建成以后，湘水尾闾水文情势的变化，以洞庭湖水利事务中心 2020—2021 年在湖区 6 市现场复核结果为基础。将洞庭湖区堤垸分两种情形进行统计：一种是对湖区范围进行了适当调整，调整后的范围为湘江至长沙综合枢纽坝址、资江至桃江水文站、沅江至桃源水文站、澧水至石门水文站；另一种仍保持原洞庭湖区规划范围，即基本按照四水控制站以下(有 4 个堤垸在四水控制站以上)的范围。

堤垸复核结果表明，洞庭湖区范围调整后湖区共有千亩以上堤垸 138 个，包括重点垸 11 个，国家级蓄洪垸 24 个，一般垸 103 个。共计总堤长3 190.97 km，保护面积 1 690.91 万亩，保护耕地 900.09 万亩，保护人口 953.44 万人。

若仍保持原洞庭湖区规划范围，经复核湖区共有千亩以上堤垸 226 个，包括重点垸 11 个，国家级蓄洪垸 24 个，一般垸 191 个。共计总堤长 3 829.32 km，保护面积 1 844.39 万亩，保护耕地 950.60 万亩，保护人口 1 401.46 万人。

8.4.3.1　重点垸

洞庭湖区的 11 个重点垸，也就是 11 个防护大圈，一般都由几个大小堤垸合并而成，除 4 个重点垸未跨县(其中 3 个跨地级市)以外，其他都跨县。

洞庭湖区 11 个重点垸情况见表 8-10。

表 8-10　洞庭湖区 11 个重点垸情况表

序号	堤垸	所属地市	保护面积（万亩）	保护人口（万人）	保护耕地（万亩）	防洪标准（年）	规划水位（m）	二期水位（m）	计算水位（m）	计算水位－二期水位	控制站点	水系
1	松澧	常德市	117.789	73.23	58.1	50	41～50	41.59	42～42.74	＞0	瓦窑河	松滋河
								43.93	42.78～44.08	接近	小渡口	澧水洪道
2	安保	常德市	53.3	18.2	23.62	20	36～40	40.82	41.81	0.99	石龟山	澧水洪道
								39.38	40.03	0.65	安乡	松滋河
3	安造	常德市	30.69	21.19	15.7	20	39～41	39.36	39.89	0.53	董家垱	虎渡河
								39.38	40.03	0.65	安乡	松滋河
4	沅澧	常德市	207.95	129.2	114.43	50	36～42	40.68	43.59～46.45	＞0	常德	沅江
								38.63	41.83～44.22	＞0	牛鼻滩	沅江
								36.46	38.14～38.96	＞0	赵家河	目平湖
5	沅南	常德市	84.67	38.2	43	20	36～38	38.5	39.59	1.09	车脑站	沅江
								37.06	37.90	0.84	周文庙站	沅江尾闾
6	长春	常德市/益阳市	57.86	45.34	28.48	20	35～41	35.28	36.79	1.51	沅江站	南洞庭湖
								38.32	39.24	0.92	益阳	资江
7	大通湖	益阳市	169.03	61.99	91.84	50	35～36	36.5	37.12～37.58	＞0	罗文窖	藕池河
								35.35	36.74～37.29	＞0	黄茅洲	草尾河
8	育乐	益阳市/岳阳市	55.5	33.07	28.44	20	36～38	36.69	37.24	0.55	石矶头	藕池河
								36.05	38.07	2.02	三岔河	藕池河

续表

序号	堤垸	所属地市	保护面积（万亩）	保护人口（万人）	保护耕地（万亩）	防洪标准（年）	规划水位（m）	二期水位（m）	计算水位（m）	计算水位－二期水位	控制站点	水系
9	烂泥湖	益阳市/岳阳市	127.41	76.09	72.07	50	35～38	38.7	—	—	双江口	沩水
								36.48	38.46～39.17	>0	靖港	湘江
10	湘滨南湖	岳阳市	30.57	28.85	19.36	20	35～36	35.3	36.57	>0	杨堤	资江
								35.1	36.4	1.3	杨柳潭	南洞庭湖
11	华容护城	岳阳市	54.75	37.8	39.4	20	35～37	36.35	35.80	－0.55	北景港	藕池河
								37.58	37.54	－0.04	宋市	藕池河东

注：①由于本研究未计算2%频率洪水，因此针对防洪标准为50年的测站以1%与5%频率洪水计算结果进行范围统计；
②“—”表示该站点不在计算范围内；
③相关资料来自洞庭湖水利事务中心《关于洞庭湖区堤垸复核情况的报告（2021年）》。

湖南省洞庭湖区堤垸统计汇总表见表 8-11。

表 8-11　湖南省洞庭湖区堤垸统计汇总表

<table>
<tr><th>序号</th><th>范围</th><th>堤垸总数（个）</th><th>类型</th><th>分类堤垸个数（个）</th><th>堤防长度（km）</th><th>保护面积（万亩）</th><th>垸内耕地（万亩）</th><th>人口（万人）</th></tr>
<tr><td rowspan="4">1</td><td rowspan="4">基本按照四水控制站</td><td rowspan="4">226</td><td>合计</td><td></td><td>3 829.32</td><td>1 844.39</td><td>950.60</td><td>1 401.46</td></tr>
<tr><td>重点垸</td><td>11</td><td>1 221.24</td><td>989.52</td><td>534.44</td><td>563.16</td></tr>
<tr><td>蓄洪垸</td><td>24</td><td>1 174.23</td><td>455.04</td><td>231.83</td><td>170.20</td></tr>
<tr><td>一般垸</td><td>191</td><td>1 433.85</td><td>399.83</td><td>184.33</td><td>668.10</td></tr>
<tr><td rowspan="4">2</td><td rowspan="4">三站一枢纽(调整后范围)</td><td rowspan="4">138</td><td>合计</td><td></td><td>3 190.97</td><td>1 690.91</td><td>900.09</td><td>953.44</td></tr>
<tr><td>重点垸</td><td>11</td><td>1 221.24</td><td>989.52</td><td>534.44</td><td>563.16</td></tr>
<tr><td>蓄洪垸</td><td>24</td><td>1 174.23</td><td>455.04</td><td>231.83</td><td>170.20</td></tr>
<tr><td>一般垸</td><td>103</td><td>795.50</td><td>246.35</td><td>133.82</td><td>220.08</td></tr>
</table>

根据长江与洞庭湖水系组合洪水计算结果，结合重点垸防洪标准等级保护要求，松澧垸、沅澧垸、大通湖垸、烂泥湖垸 4 个垸防洪标准等级为 50 年一遇，安保垸、安造垸、沅南垸、长春垸、育乐垸、湘滨南湖垸和华容护城垸 7 个垸防洪标准等级为 20 年一遇。23 个水文测站的统计结果显示，对比二期规划水位，本次计算水位普遍偏高，各站均接近或大于现状规划水位。

8.4.3.2　蓄洪垸

蓄洪垸即蓄滞洪区，其建设重点是垸内蓄洪安全建设、堤防及分洪口门建设等工程，即包括防洪工程和蓄洪工程两部分。防洪工程要求能防御一般洪水，在出现超额洪水时，需要有计划地、人为地分别破堤分洪，因此，要求做到蓄洪时保安全，不蓄洪时保丰收。洞庭湖区的 24 个蓄洪垸有 5 个跨县，有 1 个垸还跨地级市。

根据长江与洞庭湖水系组合洪水计算结果，结合蓄洪垸防洪标准等级保护要求，蓄洪垸统一使用 10 年一遇防洪标准，24 个蓄洪垸计算结果如表 8-12 所示，对比二期规划水位，其中建设垸、九垸、安化垸、集成安合垸计算水位略低于规划水位，其他 20 个蓄洪垸此次计算结果均高于堤防二期规划水位，若按照计算结果，当前堤防水位无法满足现状防洪标准要求。

表 8-12　洞庭湖区 24 个蓄洪垸情况表

序号	所在堤垸	所属地市	一线堤防长度（km）	保护面积（万亩）	保护人口（万人）	保护耕地（万亩）	防洪标准（年）	规划水位（m）	计算水位（m）	计算水位—规划水位（m）	控制站点	水系
	合计		1 174.229	455.05	171.35	231.84						
1	钱粮湖	岳阳市	146.387	68.11	22.73	40.26	10	34.95	35.8	0.85	注滋口	藕池东支
								34.75	35.62	0.87	六门闸	东洞庭湖
2	共双茶	益阳市	119.1	43.95	16.45	23.64	10	35.21	36.16	0.95	泗湖山	草尾河
								35.37	36.24	0.87	东南湖	南洞庭湖
3	大通湖东	益阳市/岳阳市	43.357	34.52	14.13	15.23	10	34.95	35.8	0.85	注滋口	藕池东支
4	民主	益阳市	81.23	36.79	12.52	17.5	10	36.57	36.45	−0.12	沙头	茈湖口河
								35.37	36.11	0.74	下星港	甘溪港河
5	澧南	常德市	24.198	5.15	2.9	2.33	10	45.15	—	—	陈家河	道水
								46.1	—	—	兰江闸	澧水
6	西官	常德市	59	10.44	1.8	5.5	10	41.7	41.7	0	官垸	松滋西支
								40.34	41.11	0.77	自治局	松滋中支
7	围堤湖	常德市	15.13	5.5	2.8	2.8	10	37.9	39.31	1.41	龙打吉	沅水洪道
8	城西	岳阳市	51.757	15.9	7.04	8.83	10	35.41	36.82	1.41	濠河口	湘江
9	建设	岳阳市	18.288	15.69	8.99	8.7	10	35.6	35.29	−0.31	临江闸	长江
10	九垸	常德市	24.5	8.05	2.06	2.42	10	42.95	42.27	−0.68	甘家湾	七里湖
								41.87	41.7	−0.17	官垸	松滋西支
11	屈原	岳阳市	43.28	35.86	15.53	25.07	10	35.05	36.34	1.29	营田	南洞庭湖
								35.72		—	三星渡	汨罗江

续表

序号	所在堤垸	所属地市	一线堤防长度（km）	保护面积（万亩）	保护人口（万人）	保护耕地（万亩）	防洪标准（年）	规划水位（m）	计算水位（m）	计算水位—规划水位（m）	控制站点	水系
12	江南陆城	岳阳市	47.062	34.83	10.99	11.85		34.01	34.09	0.08	螺山	长江
13	建新	岳阳市	34.664	7.54	1.01	3.59	10	34.82	35.62	0.8	新港子	东洞庭湖
14	安澧	常德市	69.655	18.41	6.21	9.2	10	40.32	40.88	0.56	大湖口	松滋东支
								40.34	41.11	0.77	自治局	松滋河
15	安昌	常德市	84.247	17.27	5.65	7.63	10	37.45	39.05	1.6	武圣宫	松虎洪道
								38.84	38.55	—0.29	官垱	藕池河
16	安化	常德市	42.487	14.07	4.36	6.14	10	38.84	38.55	—0.29	官垱	藕池河
17	南汉	益阳市	67.36	14.57	6.71	7.8	10	37.45	39.05	1.6	武圣宫	松虎洪道
								36.05	38.03	1.98	三岔河	藕池河
18	和康	益阳市	46.403	14.52	5.66	7.79	10	37.12	38.12	1	杨泗庙	藕池中支
								37.28	38.15	0.87	麻河口	藕池西支
19	集成安合	岳阳市	54.275	18.5	7.55	8.87	10	38.04	37.52	—0.52	梅田湖	藕池东支
20	南顶	益阳市	40.238	6.98	2.61	3.46	10	37.38	38.17	0.79	哑巴渡	藕池中支
21	君山	岳阳市	37.978	13.71	7.28	7.73	10	35.45	34.85	—0.6	北闸	长江
								34.82	35.61	0.79	南闸	东洞庭湖
22	义合金鸡	岳阳市	9.93	2.98	1.65	1.48	10	35.41	36.82	1.41	濠河口	湘江
23	北湖	岳阳市	10.8	7.25	2.69	2.93	10	35.11	36.64	1.53	许家台	湘江
24	六角山	常德市	2.903	4.46	2.03	1.09	10	36.22	38.16	1.94	六角山水闸	目平湖

注：①“—”表示该站点不在计算范围内，因为澧水上边界为津市，陈家河、兰江闸在上游；

②相关资料来自洞庭湖水利事务中心《关于洞庭湖区堤垸复核情况的报告(2021 年)》。

8.5 小结

洞庭湖是国家历史、文化、经济战略要地，结合国家防洪标准，通过对现状地形条件下洞庭湖区重点垸、蓄洪垸不同控制断面进行水位计算，结果显示对比二期规划水位，重点垸防洪标准普遍低于 20 年一遇或 50 年一遇，只有华容护城垸防洪标准高于 20 年一遇；蓄洪垸中的建设垸、九垸、安化垸、集成安合垸防洪标准高于 10 年一遇，其他 20 个蓄洪垸防洪标准均低于 10 年一遇。综上，当前规划水位已无法满足防洪标准要求。

第 9 章

工程体系标准抬高对长江防洪影响

三峡工程蓄水运用后，可以减少洞庭湖区的分洪量和分洪运用概率，洞庭湖区防洪形势好转。但由于三峡工程建成前的几十年间，受长江中游河湖的自然演变和人类活动的影响，江湖关系发生调整，洞庭湖调蓄洪水的能力逐渐下降；三峡工程建成后其防洪库容相对于长江洪水来量仍显不足，洪水来量与河道安全泄量之间的矛盾依然存在。因此，三峡工程建成后遇大洪水时，洞庭湖区仍存在大量的超额洪量需要妥善处理，湖区的防洪仍然要依靠堤防、蓄滞洪区、河道整治、水库、平垸行洪、退田还湖等工程措施与非工程措施相结合的综合防洪体系。前文对实际洪水进行了还现计算(本研究中的洪水还现是指基于现状水工程体系影响下的洪水传播规律和水工程调度规则，将历史天然洪水放在现状条件下进行调节后的水位流量过程，以此分析现状防洪工程体系对历史洪水的应对水平)，讨论了在现状工程体系下的城陵矶附近防洪形势。考虑超额洪量以水位作为调度目标，本章节以 1954 年洪水作为演算基础，通过调节三峡调度水位、城陵矶(莲花塘)控制目标进行调洪演算，讨论工程体系标准抬高后对长江防洪的影响。

9.1　工程体系标准

9.1.1　现状工程体系标准

三峡水库初期运行期，水库正常蓄水位 156 m，防洪限制水位 135 m，有防洪库容 110 亿 m^3，防洪库容相对较小，主要防洪作用在荆江地区。遇 100 年一遇洪水和 1931 年、1935 年、1954 年等年型洪水，通过三峡水库拦蓄洪水后，可基本利用河道安全下泄洪水，使沙市水位不超过 45.00 m；遇大于 100 年一遇洪水，需启用荆江分洪区和采取其他临时紧急措施，以保证荆江河段防洪安全。正常运行期，水库正常蓄水位(防洪高水位)175 m，防洪限制水位 145 m，有防洪库容达 221.5 亿 m^3。三峡工程按正常规模投入使用后，中游各地区防洪能力将有较大提高，特别是荆江地区防洪形势将发生根本性变化。

对荆江地区，遇 100 年一遇及以下洪水(如 1931 年、1935 年、1954 年洪水，1954 年洪水洪峰流量在荆江地区不到 100 年一遇)，可使沙市水位不超过 44.5 m，不启用荆江分洪区；遇 1 000 年一遇或类似 1870 年洪水，可使枝城流量不超过 80 000 m^3/s，配合荆江地区的蓄滞洪区运用，可使沙市水位不超过 45.0 m，从而保证荆江两岸的防洪安全；此外，根据研究，三峡工程建成后为松滋等四口建闸控制洪水进行错峰补偿，减轻西洞庭湖地区圩垸的洪水威胁。

目前洞庭湖洪水调度方案执行湖南省防汛抗旱指挥部 2016 年组织修订并

下发的《湖南省洞庭湖区防御洪水方案》(湘防〔2016〕45 号),具体如下:

根据《长江流域防洪规划》,洞庭湖区总体的洪水防御对象为 1954 年洪水,在发生 1954 年洪水时,保证重点保护地区的防洪安全。洞庭湖区各主要控制站点防洪控制水位分别为:城陵矶(莲花塘)34.40 m(冻结高程,下同),长沙 39.00 m,益阳 39.00 m,常德 41.50 m,津市 44.00 m,安乡 39.50 m,石龟山 41.00 m,南咀 37.00 m,小河咀 36.50 m,南县(罗文窖)36.35 m,哑巴渡 37.38 m。洞庭湖区主要控制站防洪控制水位与堤防设计洪水位关系见表 9-1,湖区各控制节点堤防设计水位主要在 20 世纪 90 年代以前确定,1996 年、1998 年湖区均发生了特大典型洪水,湖区水位对比各控制节点历史最高水位,防洪控制水位均低于历史最高洪水位。

表 9-1 洞庭湖区主要控制站防洪控制水位与堤防设计洪水位关系表 单位:m

地区	控制站	防洪控制水位	堤防设计洪水位		控制站历史最高水位		防洪控制水位一设计洪水位	防洪控制水位一历史最高洪水位
			洪水标准(年)	水位	水位	年份		
城陵矶	莲花塘	34.40	1954	34.40	35.80	1998	0	−1.40
南洞庭湖区	南咀	37.00	1954	36.05	37.62	1996	0.95	−0.62
	小河咀	36.50	1954	35.72	37.57	1996	0.78	−1.07
西洞庭湖区	小河咀	36.50	1954	35.72	37.57	1996	0.78	−1.07
	南咀	37.00	1954	36.05	37.62	1996	0.95	−0.62
	安乡	39.50	1983	39.38	40.44	1998	0.12	−0.94
	石龟山	41.00	1991	40.82	41.89	1998	0.18	−0.89
松滋河	安乡	39.50	1983	39.38	40.44	1998	0.12	−0.94
	石龟山	41.00	1991	40.82	41.89	1998	0.18	−0.89
藕池河	南县	36.35	1954	36.64	37.57	1998	−0.29	−1.22
	哑巴渡	37.38	1954	37.38				
湘江尾闾	长沙	39.00	1976	38.37	39.51	2017	0.63	−0.51
资水尾闾	益阳	39.00	1955	38.32	39.48	1996	0.68	−0.48
沅江尾闾	常德	41.50	1969	40.68	42.28	1996	0.82	−0.78
澧水尾闾	津市	44.00	1991	44.01	44.48	2003	−0.01	−0.48

注:成果引自《重要或一般蓄滞洪区启用方案(2022 年)》

9.1.2 设计工程体系标准

前文基于频率洪水与实测洪水组合计算,得到工程体系设计防洪水位,具体见表 9-2。

表 9-2　洞庭湖区洪水设计水位统计结果　　单位:m　吴淞高程

测站	区域	重现期			防洪控制水位	堤防设计水位	重现期（年）	历史最高水位	
		100 年	20 年	10 年					
南咀	南洞庭湖	38.15	38.08	37.75	37.00	36.05		37.62	1996 年
小河咀	沅江	37.99	37.93	37.62	36.50	35.72		37.57	1996 年
安乡	松虎合流	39.27	39.03	38.45	39.50	39.38		40.44	1998 年
南县	藕池河	36.78	36.57	36.17	36.35	36.64		37.57	1998 年
长沙	湘江	39.45	38.42	37.84	39.00	40.58	200	39.51	2017 年
益阳	资江	40.69	39.06	37.79	39.00	42.12	100	39.48	1996 年
常德	沅江	46.35	43.43	42.48	41.50	43.8	100	42.28	1996 年
津市	澧水	44.32	42.91	42.16	44.00	43.89	20	44.48	2003 年
七里山	东洞庭湖	35.56	35.44	34.86	34.55	34.55		35.94	1998 年
莲花塘	江湖汇合	35.29	35.14	34.47	34.40	34.40		35.80	1998 年

重现期为 100 年一遇时，各控制站防洪设计水位为：南咀站 38.15 m，小河咀站 37.99 m，安乡站 39.27 m，南县站 36.78 m，长沙站 39.45 m，益阳站 40.69 m，常德站 46.35 m，津市站 44.32 m，七里山站 35.56 m，莲花塘站 35.29 m。对比现状站点控制水位与堤防设计水位，计算结果显示，当前南洞庭湖区堤防设计标准偏低，南洞庭湖南咀站防洪设计水位超过堤防设计水位约 2 m，小河咀站防洪设计水位超过堤防设计水位 2.27 m，安乡站、南县站接近堤防设计水位，长沙站防洪设计水位低于其堤防设计水位(200 年一遇)，益阳站防洪设计水位低于堤防设计水位(100 年一遇)，津市站防洪设计水位高于堤防设计水位(20 年一遇)，城陵矶附近七里山站与莲花塘站防洪设计水位均高于堤防设计水位。

9.2　上游梯级水库工程调度作用

2020 年以后，长江委水文局对 1870 年、1954 年、1999 年洪水进行了现状条件下水利工程调度防洪推演，本研究以防洪工程运用后 1870 年、1954 年、1999 年洪水推演结果，利用洞庭湖水文模型进行模拟演算，讨论以长江上游梯级水库群、中游水库群调度背景下长江中下游遭遇特大洪水时，城陵矶附近洪水演进规律。该章节为现状江湖工程背景下当年实际洪水(1999 年为放大洪水)演练调度结果。

9.2.1 1870 年洪水

1870 年长江、洞庭湖水文监测网尚未形成，无法查得当年实际洪水数据，通过对重庆万州相关记录数据进行水文调查，得出 1870 年宜昌站 7 月 14 日—8 月 12 日洪峰水量过程。1870 年洪水宜昌站洪峰过程如图 9-1 所示。1870 年洪水宜昌站洪峰水量过程调查表如表 9-3 所示。

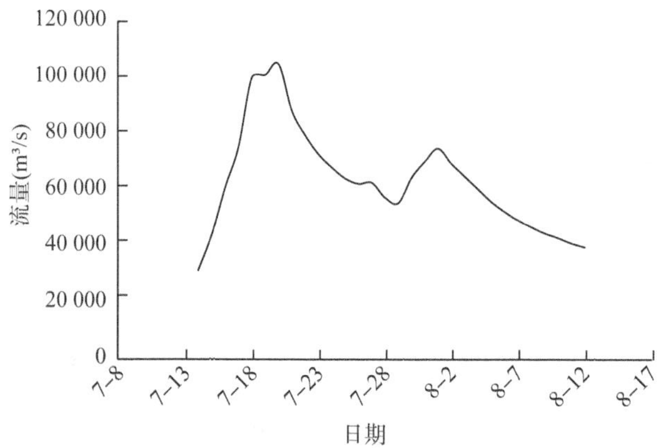

图 9-1　1870 年洪水宜昌站洪峰过程

表 9-3　1870 年洪水宜昌站洪峰水量过程调查表

时间	流量(m^3/s)	时间	流量(m^3/s)	不同时段洪量(亿 m^3)
7 月 14 日	31 500	7 月 29 日	55 600	
7 月 15 日	44 200	7 月 30 日	64 600	
7 月 16 日	61 100	7 月 31 日	70 300	
7 月 17 日	75 500	8 月 1 日	74 900	
7 月 18 日	100 000	8 月 2 日	69 600	
7 月 19 日	101 000	8 月 3 日	65 100	最大 3 天:265
7 月 20 日	105 000	8 月 4 日	60 600	最大 7 天:537
7 月 21 日	88 300	8 月 5 日	56 100	最大 15 天:975
7 月 22 日	79 600	8 月 6 日	52 500	最大 30 天:1 650
7 月 23 日	72 900	8 月 7 日	49 500	
7 月 24 日	68 200	8 月 8 日	47 000	
7 月 25 日	64 300	8 月 9 日	44 800	
7 月 26 日	62 400	8 月 10 日	43 100	
7 月 27 日	62 800	8 月 11 日	41 200	
7 月 28 日	57 500	8 月 12 日	39 800	

长江上中游 51 座控制性水库群联合调度，合计投入防洪库容 570.6 亿 m^3。上游水库群(含三峡水库)拦蓄 417.9 亿 m^3，其中，三峡水库拦蓄 200.4 亿 m^3，最高调洪水位 172.9 m，最大入库流量 97 600 m^3/s，最大出库流量 56 000 m^3/s，削峰率 42.6%。中游水库群拦蓄 152.7 亿 m^3，其中，丹江口水库拦蓄 71.1 亿 m^3，最高调洪水位 167.92 m，最大入库流量 20 200 m^3/s，最大出库流量 5 000 m^3/s，削峰率 75.2%。长江上游梯级水库调度以后 1870 年洪水过程如图 9-2 所示。

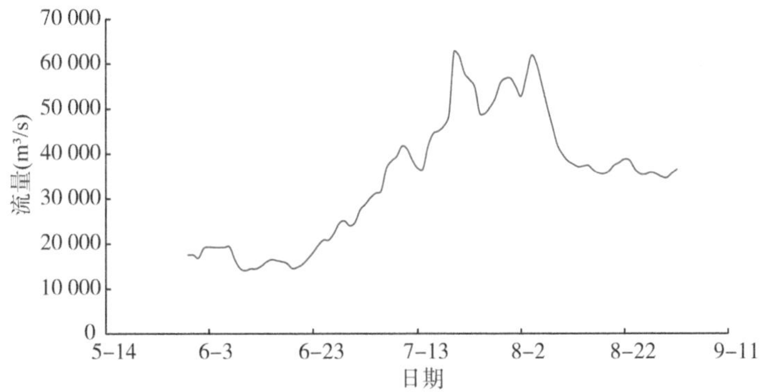

图 9-2　长江上游梯级水库调度以后 1870 年洪水过程

长江中下游沙市站最高水位 45 m，持续时间 3 d；莲花塘站最高水位 34.9 m，超保证水位 34.4 m 共 33 d；汉口站最高水位 29.2 m，未超保证水位；湖口站最高水位 19.6 m，略超警戒水位。长江中下游荆江河段未运用蓄滞洪区；城陵矶河段抬高水位至 34.9 m(莲花塘站)运行，34.9 m 以上超额洪量 47.5 亿 m^3，共运用钱粮湖、洪湖东分块 2 处蓄滞洪区，需转移群众 57.33 万人，淹没耕地 78.25 万亩，经济损失达 207.4 亿元。

以上调度效果是在充分发挥水库群拦蓄作用的同时，抬高城陵矶附近河段堤防运行水位以发挥河道泄洪能力，以及城陵矶附近蓄滞洪区适量分洪的理想情况下取得的。

9.2.2　1954 年洪水

1954 年洪水过程如图 9-3 所示。

汛期开始—6 月 24 日

“两湖”及中下游地区来水丰盈，发生多次涨水过程，多站出现超警戒水位，江槽及湖区底水呈丰满之势。

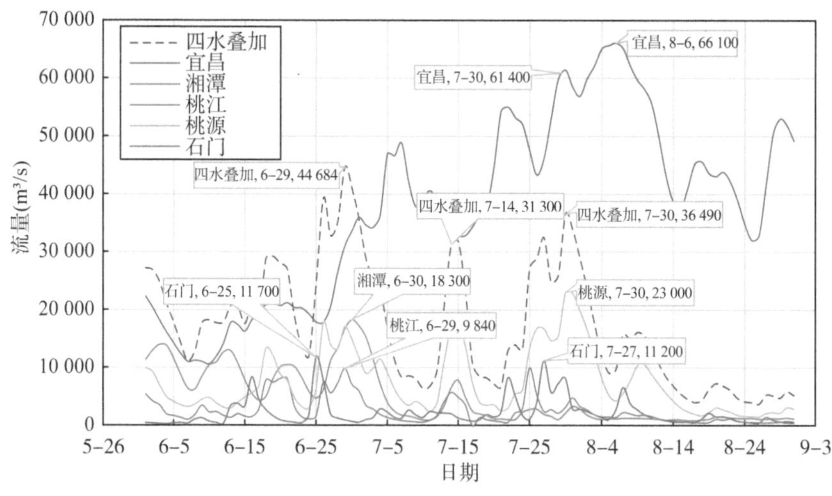

图 9-3　1954 年洪水过程

6 月 25 日—7 月 15 日第一场洪水

6 月下旬，湘江、澧水出现本年最大洪峰，城陵矶地区防汛形势较为紧张；上游控制站宜昌站出现首次洪峰 50 000 m³/s 左右量级的涨水过程，以金沙江、乌江来水为主，此时乌江中下游尚未成灾；7 月上旬，长江上游、中游与汉江来水遭遇，汉江下游和汉口水位持续抬升，武汉附近防洪形势较为紧张。

7 月 16 日—7 月 25 日第二场洪水

长江中游洞庭四水来水不大，洪水来源以上游为主。金沙江来水占宜昌洪量较大比重，嘉陵江及岷江来水紧随其后，宜昌站出现 55 000 m³/s 洪峰，清江洪峰在 6 000 m³/s 左右，荆江河段有部分超额洪量；汉江发生连续涨水过程，长江上游来水与汉江来水遭遇，武汉附近防洪形势持续严峻。

7 月 26 日—8 月 15 日第三场洪水

暴雨普及全江，长江上游与中游洪水全面遭遇，形成第三场洪水，防洪形势严峻。长江上游金沙江和乌江来水占据宜昌洪水总量一半，宜昌站出现本年最大洪峰 66 800 m³/s(8 月 7 日)，枝城站洪峰流量达 71 900 m³/s；洞庭湖沅江、资江出现年最大洪峰，超保证水位，城陵矶合成洪峰流量达 10 万 m³/s 以上。

8 月 16 日—9 月 6 日第四场洪水

中下游重要支流已处于退水阶段，宜昌上游来水仍偏多，形成宜昌站第四场洪水，本场洪水以金沙江、岷江来水为主，屏山、高场两站先后出现最大流量，但两江洪水未遭遇，寸滩虽然未形成高大洪峰，但洪量较大。

长江上中游 40 座控制性水库群联合调度，共拦蓄洪量 449 亿 m³。其中上游水库群(含三峡水库)拦蓄 291 亿 m^3,防洪库容投入占比达 80%,三峡拦蓄 188 亿 m^3,最高调洪水位 171.6 m,最大削峰 29 000 m^3/s;中游水库群(含丹江口水库)拦蓄 158 亿 m^3,防洪库容投入占比达 75%,丹江口拦蓄 73 亿 m^3,最高调洪水位 168 m,最大削峰 9 400 m^3/s。

长江中下游地区共运用 7 处蓄滞洪区分蓄长江洪水,均在城陵矶附近地区,分别为钱粮湖、大通湖东、共双茶、洪湖(东、中、西)和城西垸。总计分蓄洪量 227 亿 m^3,转移人口约 176 万人,淹没耕地约 205 万亩。

通过上述防洪工程运用,中下游主要防洪控制站沙市站最高水位 44.5 m,未超 45 m 保证水位;城陵矶站最高水位 34.86 m,超保证水位 34.4 m 共 21 天,未超过 34.9 m;汉口站最高水位 29.73 m,与保证水位持平,历时 1 天;湖口站最高水位 22.67 m,超保证水位 22.5 m 共 5 天。

9.2.3　1999 年放大后洪水

1999 年洪水是长江流域继 1998 年全流域性大洪水后,发生的一次上中游型大洪水,来水早,最高水位居 20 世纪各区域性洪水之首,主要控制站螺山的最大 30 d 洪量接近 1998 年。对 1999 年洪水量级进行了放大,形成"1999+"洪水,放大后螺山站最大 30 d 洪量相当于 100 年一遇洪水洪量。

1999 年洪水洪峰流量 57 900 m^3/s,最大 30 d 洪量为 1 123 亿 m^3,经过长江梯级水库群调峰蓄洪,实测洪峰减小至 47 200 m^3/s,削峰比例 18.5%,最大 30 d 洪量减少至 984 亿 m^3,调洪作用 139 亿 m^3。长江上游梯级水库调蓄洪峰和 30 d 洪量与实测洪水统计表如表 9-4 所示。

表 9-4　长江上游梯级水库调蓄洪峰和 30 d 洪量与实测洪水统计表

三峡水库水位(m)	上游梯级水库调蓄容积(亿 m^3)	Q_m			$W_{30\,d}$		
		计算(m^3/s)	实测(m^3/s)	削峰比例(%)	计算(亿 m^3)	实测(亿 m^3)	调洪作用(亿 m^3)
165	353.72	47 200	57 900	18.5	984	1 123	139

上游水库群(含三峡水库)拦蓄约 340 亿 m^3,其中,三峡水库拦蓄 123.2 亿 m^3,最高调洪水位 164.78 m,最大天然入库流量 69 800 m^3/s,上游水库群拦蓄后三峡水库最大入库流量 50 000 m^3/s 左右,三峡水库最大出库流量 46 800 m^3/s,经上游水库群和三峡水库调度削减洪峰 23 000 m^3/s。乌江梯级水库群拦蓄洪水总量约 17 亿 m^3,其中构皮滩水库 2 次调蓄洪水,最高调洪水位 629.25 m,最大入库流量 13 600 m^3/s,最大出库流量 11 000 m^3/s,削峰率 19.1%。中游水库群拦蓄洪水总量约 60 亿 m^3,其中,五强溪水库 3 次调蓄洪水,最高调洪水位

107.88 m,最大入库流量 34 100 m^3/s,最大出库流量 18 000 m^3/s,削峰率达 47.2%。长江上游梯级水库调蓄结果与实测洪水过程对比如图 9-4 所示。

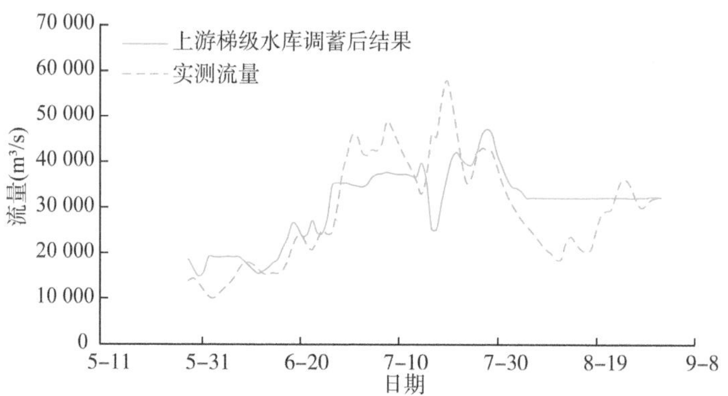

图 9-4　长江上游梯级水库调蓄结果与实测洪水过程对比

长江中下游沙市站最高水位 43.3 m,持续时间约 2 d;莲花塘站最高水位 34.9 m,超保证水位 34.4 m 约 16 d;汉口站最高水位 28.53 m,未超保证水位;湖口站最高水位 21.33 m,未超保证水位。通过上中游水库群联合调度,沙市、莲花塘、汉口、湖口最高水位分别降低 2.5 m、2.8 m、2.2 m、1.6 m;减少了城陵矶附近约 190 亿 m^3 分洪量(34.4 m 以上),避免了城陵矶附近蓄滞洪区的运用,减少了运用损失近 500 亿元。

9.3　边界条件确定

考虑 1954 年中下游存在分洪情况,实测资料仅代表分洪之后的过程,与现状堤防建设、河势区别较大,且干流部分站点无实测资料。因此,需要基于以上处理的各支流、区间来水资料,采用合理可靠的洪水演算模型计算水位过程,并进行合理性分析,以此作为后续还现分析计算的基础。

9.3.1　1954 年洪水还原

将 1954 年的资料还原成天然洪水过程。1954 年无建成的水库进行调蓄,仅中下游附近地区存在分蓄洪的情况,需要将分洪的水量进行还原,分析天然来水过程在现状水库运行影响的河道中的行洪过程。假定河道断面可容纳全部的水量,以宜昌站整编的天然来水过程为边界,采用水文水力学模型计算中游主要站的水位过程,并与文献资料进行对比,分析水位的合理性,沙市、莲花塘、螺山、汉口站计算结果如表 9-5 所示。由于考虑了分洪的水量汇集到河道的情景,各站洪峰水位均明显偏高。整体而言，模型模拟天然水位流量过程基本符合现状地形和 1954 年洪水的演进情况。长江干流宜昌站天然来水过程（流量）如图 9-5 所示，长江干流宜昌站天然来水过程（水位）如图 9-6 所示，长江干流螺山站天然来水过程如图 9-7 所示。

表 9-5　中下游主要站 1954 年实况及还原结果

站名	实况		还原	
	水位(m)	流量(m^3/s)	水位(m)	流量(m^3/s)
沙市	44.56	—	46.05	50 200
莲花塘	—	—	39.00	—
螺山	33.16	77 500	38.20	82 500
汉口	29.72	—	34.00	94 200

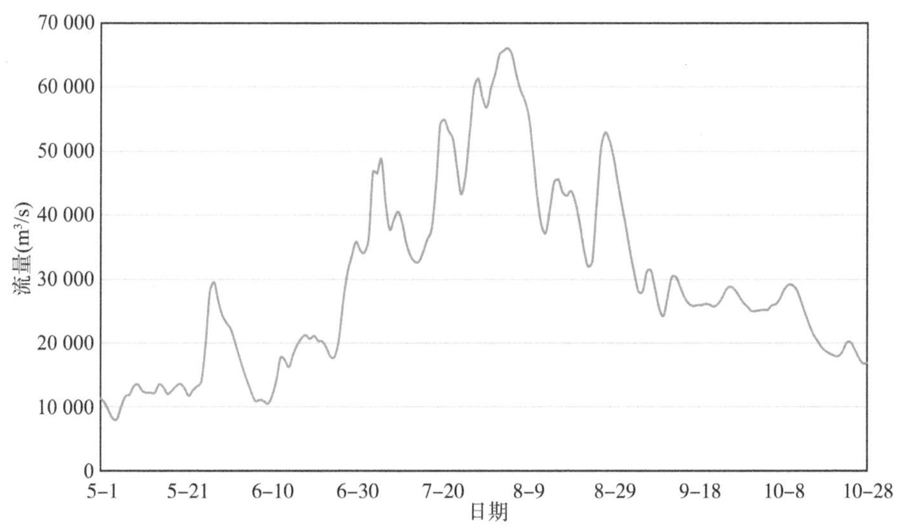

图 9-5　长江干流宜昌站天然来水过程(流量)

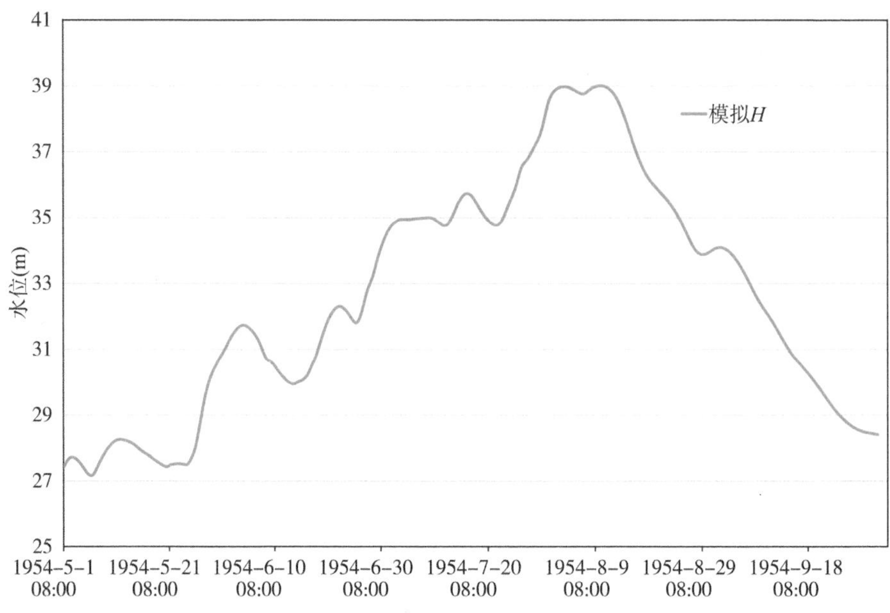

图 9-6　长江干流宜昌站天然来水过程(水位)

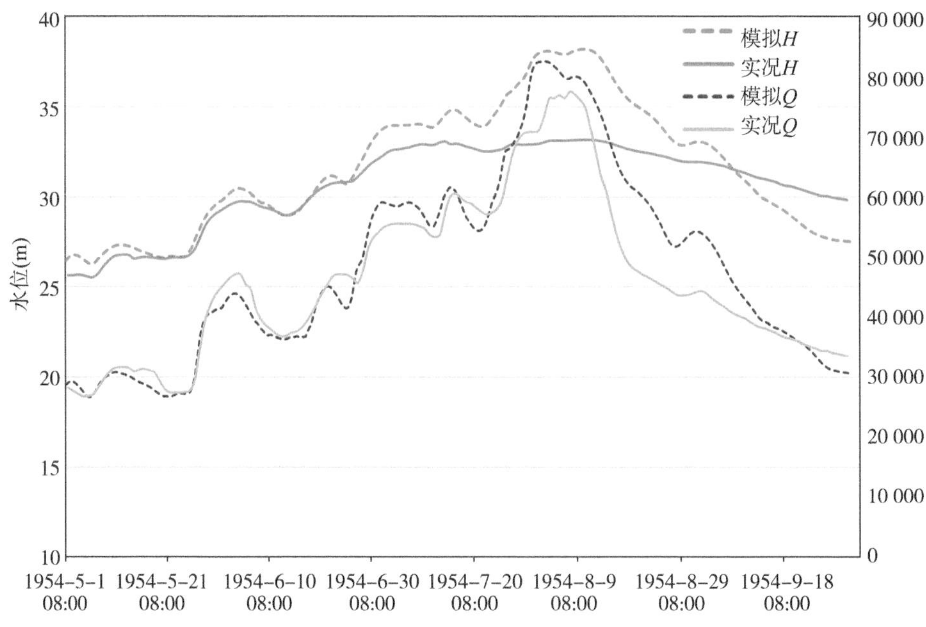

图 9-7　长江干流螺山站天然来水过程

9.3.2　上游梯级水库调度过程

根据水库自身调度规则及针对 1954 年型洪水的联合调度需求，计算长江流域主要干支流水库的调度过程，以金沙江下游乌东德、白鹤滩水库，雅砻江两河口水库为例，调度过程如图 9-8 至图 9-11 所示。

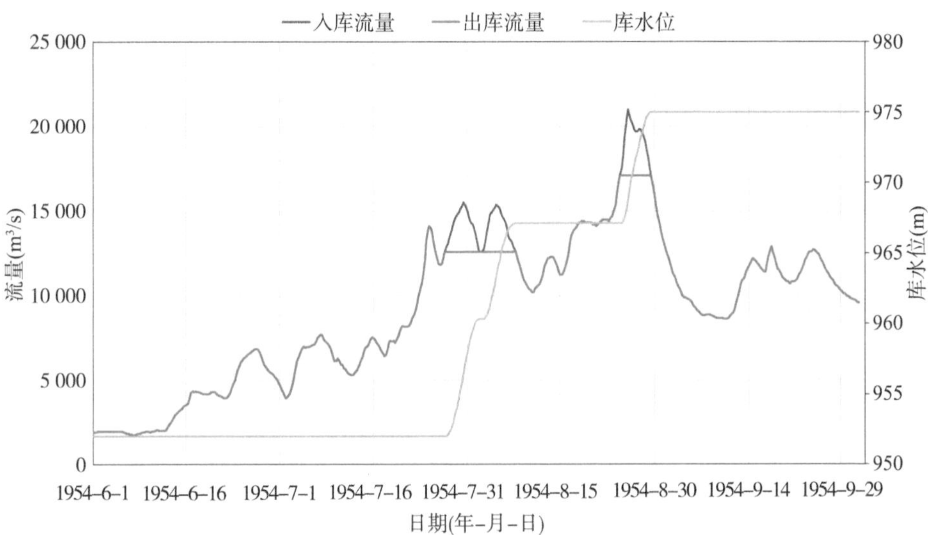

图 9-8　金沙江下游乌东德水库调度过程

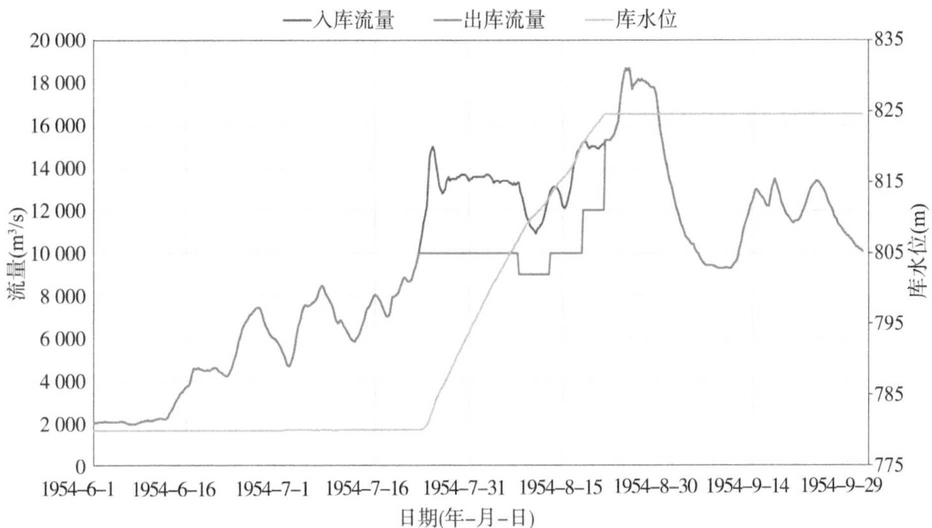

图 9-9　金沙江下游白鹤滩水库调度过程

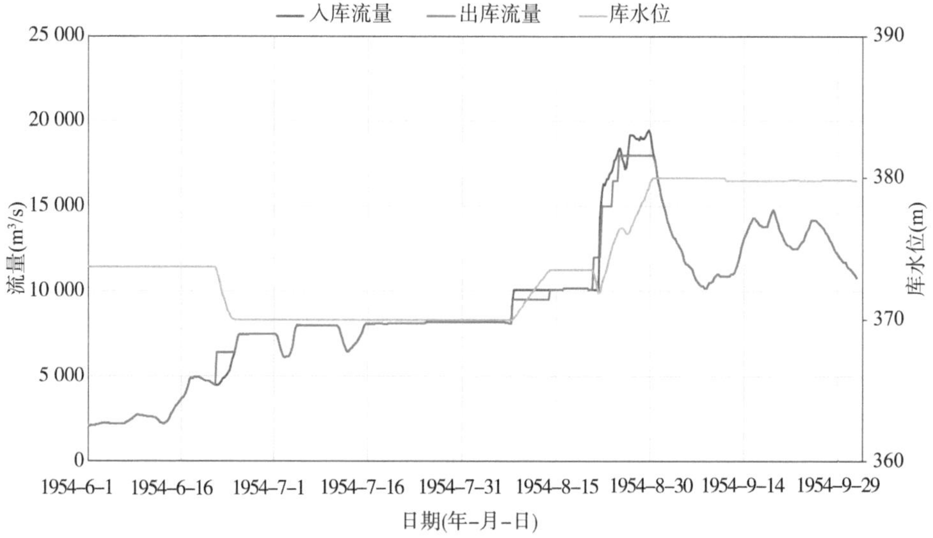

图 9-10　金沙江下游向家坝水库调度过程

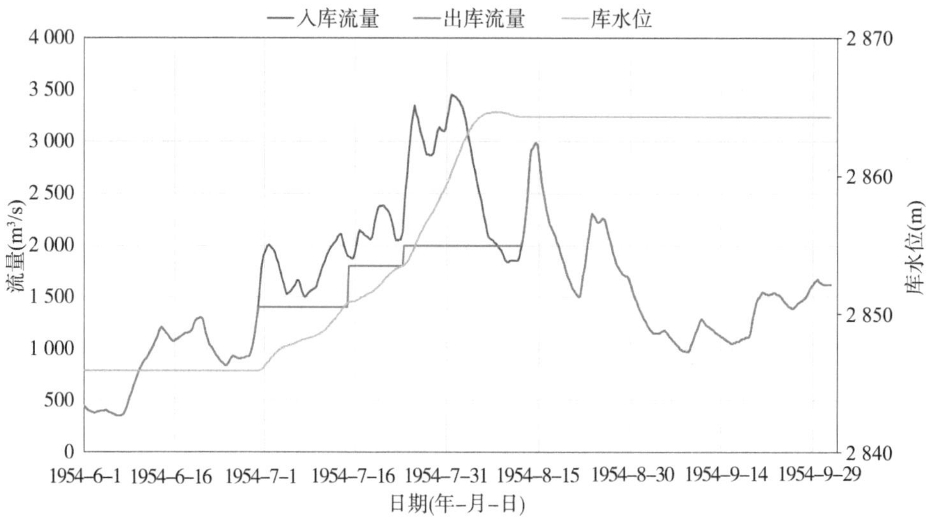

图 9-11　雅砻江两河口水库调度过程

由于前期来水较小，根据长江中下游防洪形势，金沙江下游梯级水库于 7 月中旬开始，结合金沙江洪水过程，配合三峡水库进行削峰和拦量联合调度，并考虑水库自身库水位日涨幅限制进行拦蓄，于 8 月底前均拦蓄到正常高水位，其中乌东德、白鹤滩水库均按可蓄水到 975 m、825 m 考虑。

雅砻江梯级水库，依据往年调度，一般在汛前 5 月底消落至死水位附近，此后逐步抬升水位，在 8 月左右结合洪水过程蓄至正常高度。对于 1954 年型洪水，由于两河口水库还未进入运行期，假定 7 月开始由汛限水位起逐步拦蓄，结合自身满发流量和流域防洪形势，考虑传播时间，在 7 月至 8 月中旬尽最大能力逐步拦蓄，8 月中旬蓄至正常高水位 2 865 m。

其余已运行水库按历年运行情况和调度规则调度。

由于部分水库历年汛期将水位消落至汛限水位以下，汛期实际可用库容大于防洪库容，本次还现调度基于实际情况，因此统计水库群正常高度以下的可用库容，据此反映水库群在 1954 年型洪水中的防洪调度进程，如图 9-12 所示。其中，6 月初，进入汛期时，城陵矶以上主要控制性水库合计可用库容约 422.21 亿 m^3（不含三峡水库），其中金沙江中游梯级水库可用库容 11 亿 m^3，雅砻江梯级水库可用库容 94.92 亿 m^3、金沙江下游梯级水库可用库容 170.99 亿 m^3，岷江、嘉陵江、乌江可用库容分别为 12.67 亿 m^3、28.72 亿 m^3、28.12 亿 m^3，中游清江、洞庭湖水系水库群可用库容分别为 21.57 亿 m^3、54.21 亿 m^3。汛期初城陵矶以上水库群剩余可用库容（不含三峡水库）如图 9-13 所示。

天然来水情况下，三峡水库 1954 年汛期共出现 4 次明显涨水过程，洪峰流量分别为 48 800 m^3/s（7 月 7 日）、55 000 m^3/s（7 月 22 日）、61 400 m^3/s（7 月

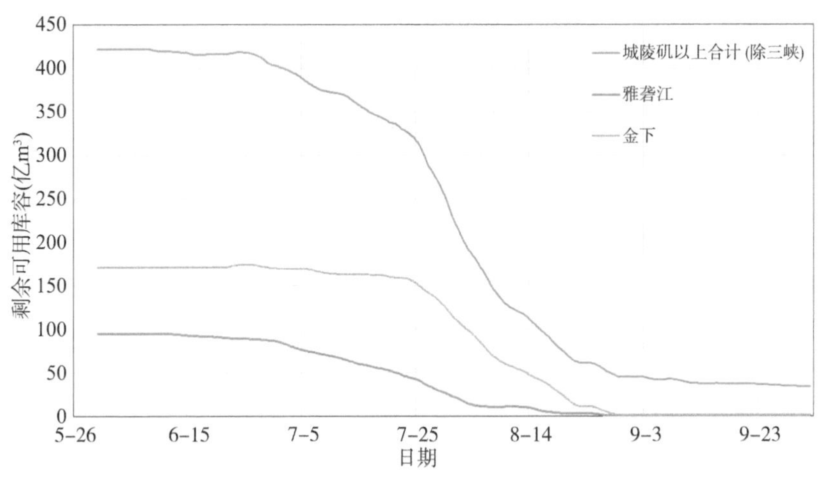

图 9-12　城陵矶以上水库群防洪调度进程（不含三峡水库）

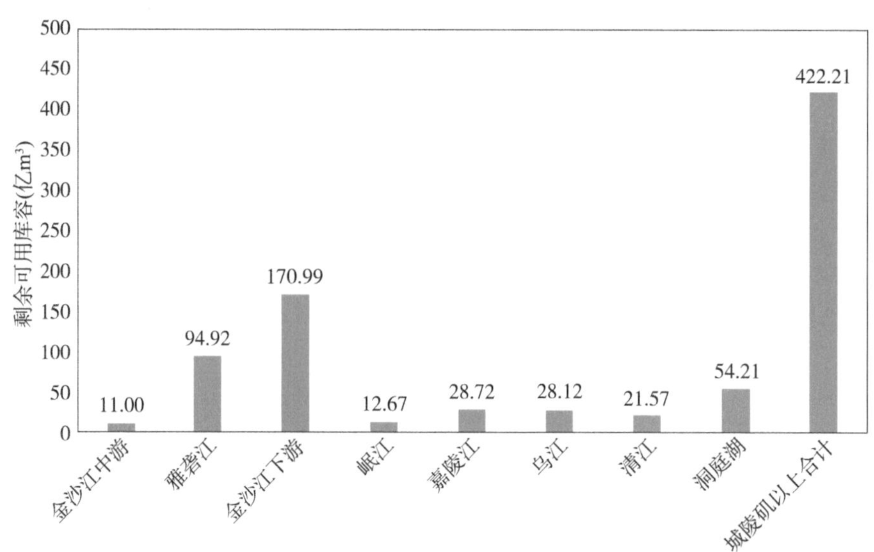

图 9-13　汛期初城陵矶以上水库群剩余可用库容(不含三峡水库)

30 日)、66 100 m^3/s(8 月 6 日)。考虑上游水库群的拦蓄过程,三峡入库涨水过程相应洪峰流量削减至 42 900 m^3/s、50 400 m^3/s、50 000 m^3/s、53 700 m^3/s。三峡水库还现过程与天然过程对比如图 9-14 所示。

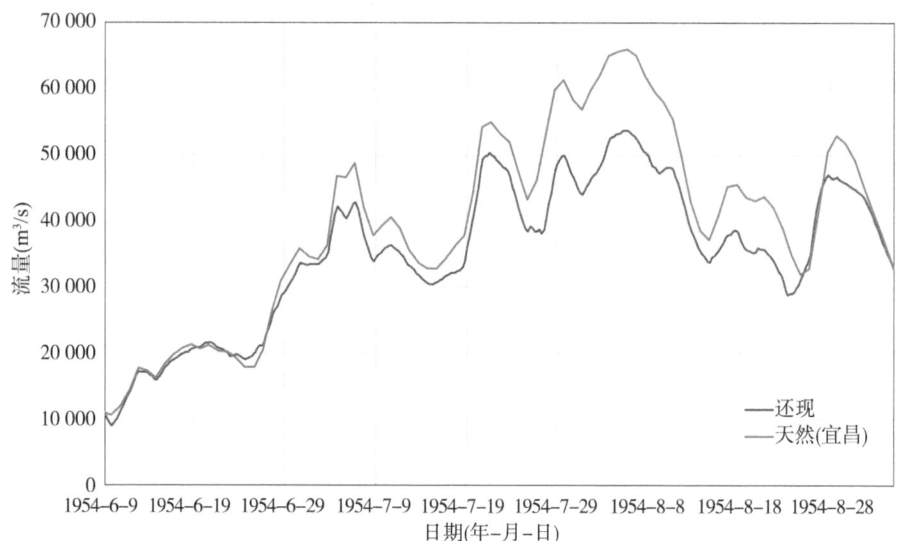

图 9-14　三峡水库还现过程与天然过程对比

9.4　不同工程体系标准下的洪水演进概况

主要考虑莲花塘防洪、蓄洪控制水位 34.4 m 抬高 0.5 m 至 34.9 m 和历史最高水位 35.8 m，结合三峡水库及其上游梯级水库群对城陵矶补偿调度，分析计算 1954 年长江、四水来流时，城陵矶附近防洪形势。

9.4.1　基于三峡水库不同调度目标的洪水演进

三峡水库防洪库容大致分为三个部分：第一部分库容（库水位 145～155 m，56.5 亿 m^3 防洪库容）用于城陵矶防洪，第二部分库容（库水位 155～171 m，125.8 亿 m^3 防洪库容）用于荆江防洪，第三部分库容（库水位 171～175 m，39.2 亿 m^3 防洪库容）用于荆江特大洪水调度。1954 年长江洪水是 20 世纪百年未有的流域性特大洪水，大气环流反常，中下游雨季延长，上游雨季提前，暴雨次数多、持续时间长、覆盖范围广，上、中、下游洪水同时发生遭遇，干流中下游洪水径流集中、洪峰水位流量高、超额洪量巨大，本节选取长江中下游防御目标洪水为 1954 年洪水，聚焦三峡水库及梯级水库群防洪库容三个部分（调洪目标水位 155 m、161 m、171 m）调洪演算结果进行洪水过程分析。

9.4.1.1　三峡水库对城陵矶补偿调度至 155 m

三峡水库按库水位不高于 155 m 时，以莲花塘站 34.4 m 目标水位进行补偿调节。

若三峡水库不拦蓄，莲花塘站水位在 7 月 2 日前后超 34.4 m，8 月 3 日洪峰水位在 37.25 m 左右。考虑三峡水库下泄至城陵矶段的时间，则需在 6 月 29 日启动调度，上游水库群同步开始拦蓄，此时城陵矶以上主要控制性水库合计可用库容约 406.09 亿 m^3（不含三峡水库），已用库容 16.12 亿 m^3，三峡水库可用库容 221.5 亿 m^3。

7 月 24 日，拦洪至 155 m 后转入对荆江河段防洪调度，此时城陵矶以上水库群剩余可用库容 322.44 亿 m^3，三峡水库使用库容 56.5 亿 m^3，剩余可用库容 165 亿 m^3。

8 月 3—7 日控制三峡水库下泄流量使沙市站水位不高于 44.50 m，随来水转退，8 月 8 日起转为入出库平衡调度，库水位最高拦蓄至 156.4 m，7 月 24 日至 8 月 8 日城陵矶以上水库群使用库容 181.63 亿 m^3（不含三峡水库），剩余可用库容 140.81 亿 m^3，三峡水库使用库容 9.41 亿 m^3，剩余可用库容 155.59 亿 m^3。

整个调度期间（6 月 29 日—8 月 8 日），城陵矶以上水库群使用库容 281.40 亿 m^3（不含三峡水库），三峡水库使用库容 65.91 亿 m^3，若只考虑水库拦洪，则莲花塘 8 月 3 日洪峰水位在 37.1 m 左右。城陵矶以上水库群剩余可用库容情况（不含三峡水库）如图 9-15 所示。

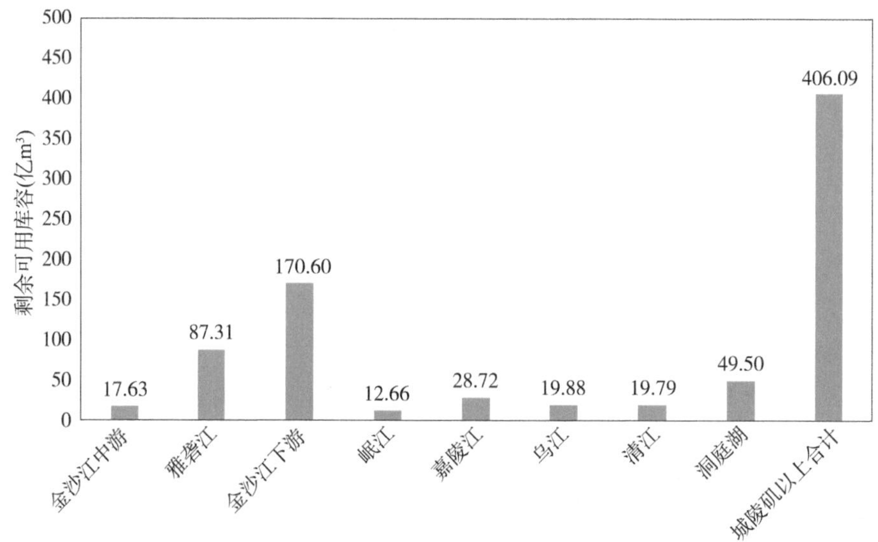

（1）6 月 29 日三峡水库开始补偿调度

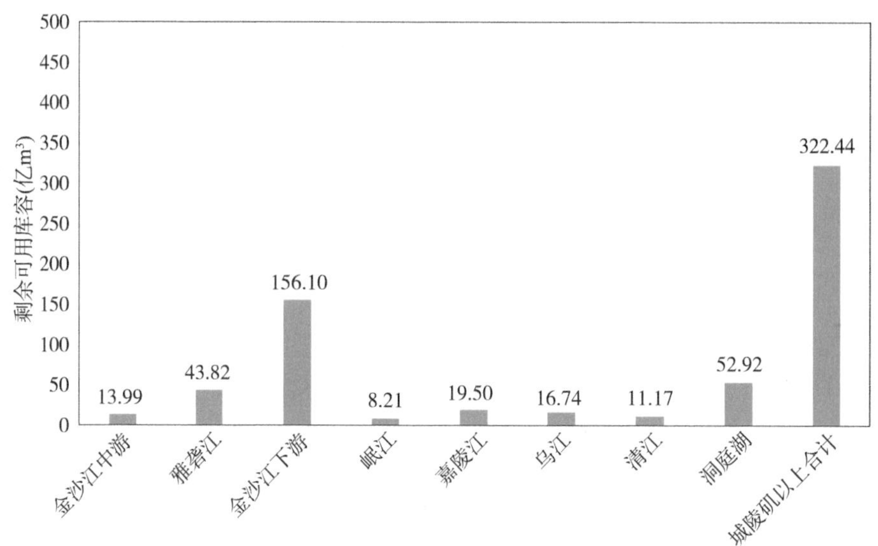

（2）7 月 24 日三峡水库拦蓄至 155 m

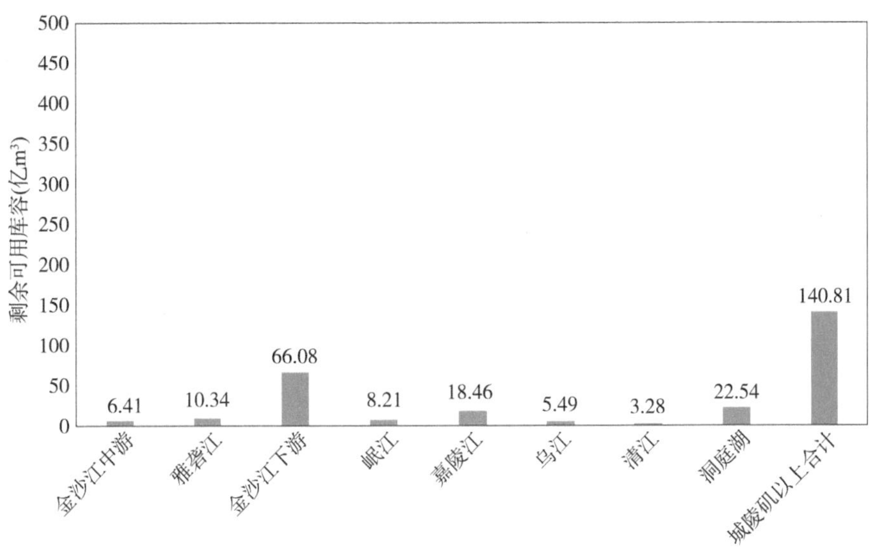

(3) 8 月 8 日三峡水库完成防洪调度

图 9-15　城陵矶以上水库群剩余可用库容情况(不含三峡水库)

三峡水库拦蓄至 155 m 调度过程如图 9-16 所示。

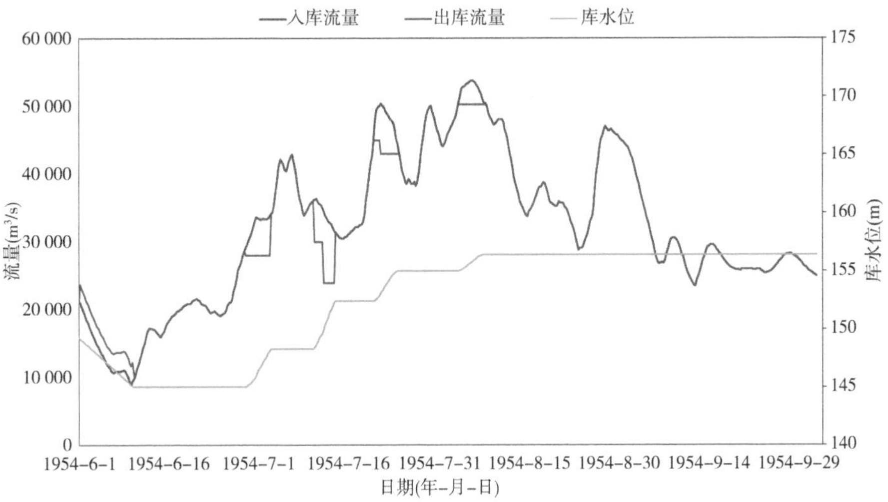

图 9-16　三峡水库拦蓄至 155 m 调度过程

三峡水库 155 m 工况下枝城流量过程如图 9-17 所示。

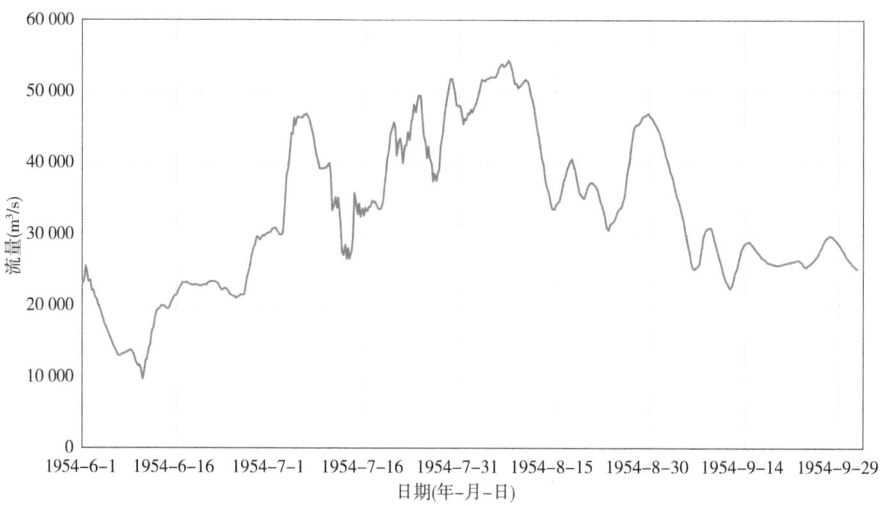

图 9-17　三峡水库 155 m 工况下枝城流量过程

三峡水库 155 m 工况下莲花塘水位过程如图 9-18 所示。

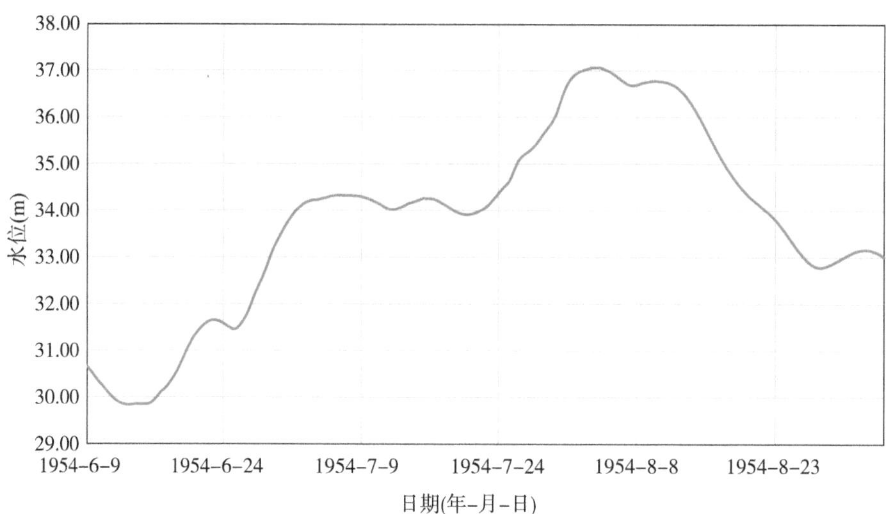

图 9-18　三峡水库 155 m 工况下莲花塘水位过程

三峡水库目标水位 155 m 调蓄结果与实测洪水过程对比如图 9-19 所示。

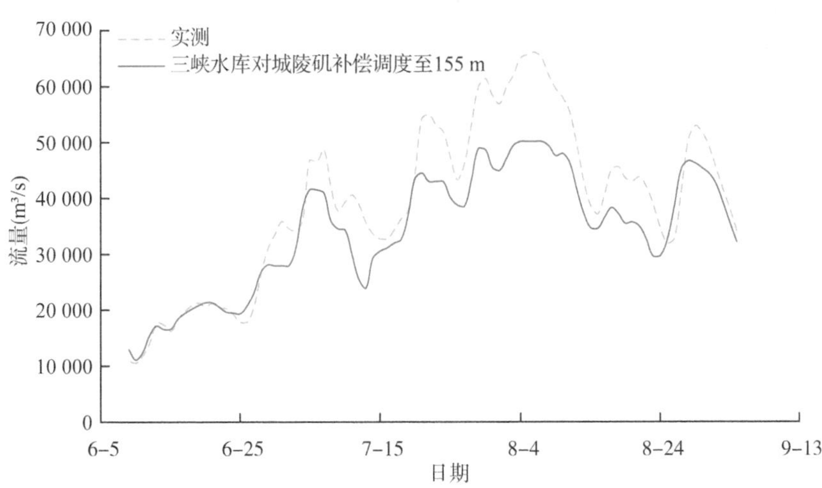

图 9-19　三峡水库目标水位 155 m 调蓄结果与实测洪水过程对比

三峡水库调蓄目标水位 155 m 对应调洪库容 56.5 亿 m^3，对比实测与三峡水库调蓄之后洪水过程，当年宜昌站实测最大流量为 66 100 m^3/s，三峡水库调蓄后出库流量为 53 800 m^3/s，削峰比例达到 18.6%，年最大 30 d 洪量由 1 424 亿 m^3 减少至 1 214 亿 m^3，调洪作用 210 亿 m^3。三峡水库目标水位 155 m 调蓄洪峰和 30 d 洪量与实测洪水统计表如表 9-6 所示。

表 9-6　三峡水库目标水位 155 m 调蓄洪峰和 30 d 洪量与实测洪水统计表

三峡水库		Q_m			$W_{30\,d}$		
目标水位（m）	调蓄容积（亿 m^3）	计算（m^3/s）	实测（m^3/s）	削峰比例（%）	计算（亿 m^3）	实测（亿 m^3）	调洪作用（亿 m^3）
155	56.5	53 800	66 100	18.6	1 214	1 424	210

9.4.1.2　155 m 调度条件下分蓄洪概况

三峡水库完成补偿调度后，若莲花塘站仍按 34.4 m 控制，则超额洪量约 281 亿 m^3，需启动钱粮湖垸、共双茶垸、大通湖东垸、澧南垸、围堤湖垸、民主垸、城西垸、西官垸、建设垸、洪湖东分块 10 处重要蓄滞洪区，屈原垸、江南陆城垸、洪湖中分块、九垸、建新垸 5 处一般蓄滞洪区，以及洪湖西分块才可消纳超额洪量。若控制莲花塘站 34.9 m，超额洪量约 250 亿 m^3，需启动钱粮湖垸、共双茶垸、大通湖东垸、澧南垸、围堤湖垸、民主垸、城西垸、西官垸、建设垸、洪湖东分块

10处重要蓄滞洪区，洪湖中分块1处一般蓄滞洪区以及洪湖西分块消纳超额洪量。若控制莲花塘站35.5 m，超额洪量约188亿m^3，需启动钱粮湖垸、共双茶垸、大通湖东垸、澧南垸、围堤湖垸、民主垸、城西垸、西官垸、建设垸、洪湖东分块10处重要蓄滞洪区，洪湖中分块1处一般蓄滞洪区消纳超额洪量。若控制莲花塘站35.8 m，超额洪量约158亿m^3，需启动钱粮湖垸、共双茶垸、大通湖东垸、澧南垸、围堤湖垸、民主垸、城西垸、西官垸、建设垸、洪湖东分块10处重要蓄滞洪区，屈原垸、江南陆城垸2处一般蓄滞洪区消纳超额洪量。

9.4.1.3 三峡水库对城陵矶补偿调度至161 m

三峡水库按库水位不高于161 m时，以莲花塘站34.4 m目标进行补偿调度。

调度起始时间与155 m工况一致，在6月29日启动调度，上游水库群同步开始拦蓄，此时城陵矶以上主要控制性水库合计可用库容约406.09亿m^3（不含三峡水库），已用库容16.12亿m^3，三峡水库可用库容221.5亿m^3。

7月31日，为城陵矶34.4 m持续补偿调度至161 m后转入对荆江河段防洪调度，此时城陵矶以上水库群较6月29日使用库容增加188.52亿m^3（不含三峡水库），剩余可用库容217.57亿m^3，三峡水库使用库容97.71亿m^3，剩余可用库容123.79亿m^3。

8月3—7日控制三峡水库下泄流量使沙市站水位不高于44.50 m，随来水转退，8月8日起转为入出库平衡调度，库水位最高拦蓄至162.2 m，7月31日至8月8日城陵矶以上水库群使用库容76.76亿m^3（不含三峡水库），剩余可用库容140.81亿m^3，三峡水库使用库容9亿m^3，剩余可用库容114.79亿m^3。

整个调度期间（6月29日—8月8日），城陵矶以上水库群使用库容281.40亿m^3（不含三峡水库），三峡水库使用库容106.71亿m^3，若只考虑水库拦洪，则莲花塘8月4日洪峰水位在36.8 m左右。城陵矶以上水库群剩余可用库容情况（不含三峡水库）如图9-20所示。三峡水库拦蓄至161 m调度过程如图9-21所示。三峡水库161 m工况下枝城流量过程如图9-22所示。三峡水库161 m工况下莲花塘水位过程如图9-23所示。

三峡水库调蓄目标水位161 m对应调洪库容100亿m^3，对比实测与三峡水库调蓄之后洪水过程，当年宜昌站实测最大流量为66 100 m^3/s，三峡水库调蓄后出库流量为48 950 m^3/s，削峰比例达到25.9%，年最大30 d洪量由1 424亿m^3减少至1 128亿m^3，调洪作用296亿m^3。

三峡水库目标水位161 m调蓄结果与实测洪水过程对比如图9-24所示。

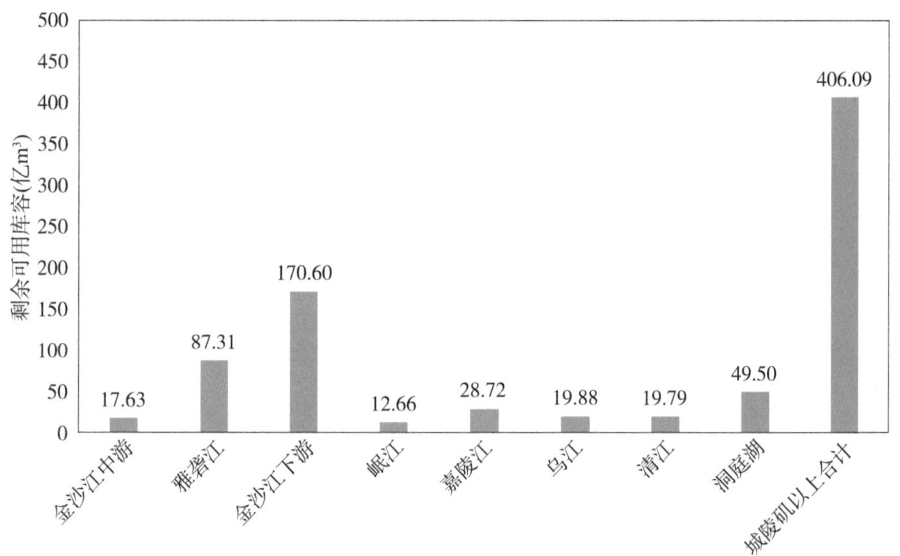

（1）6 月 29 日三峡水库开始补偿调度

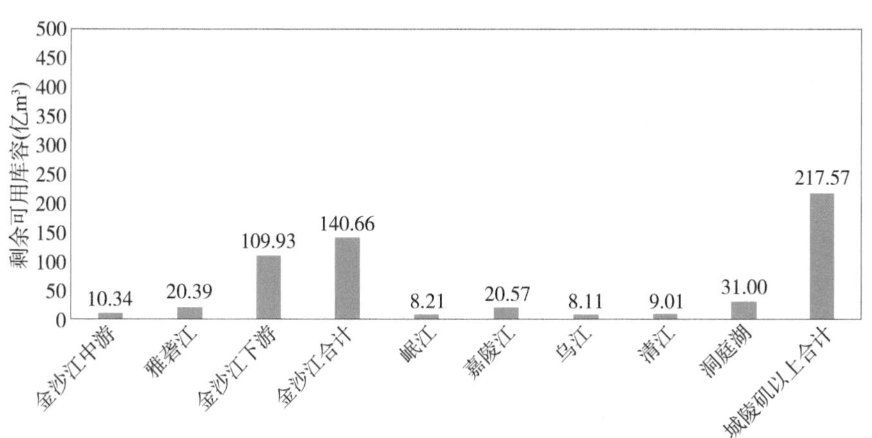

（2）7 月 31 日三峡水库拦蓄至 161 m

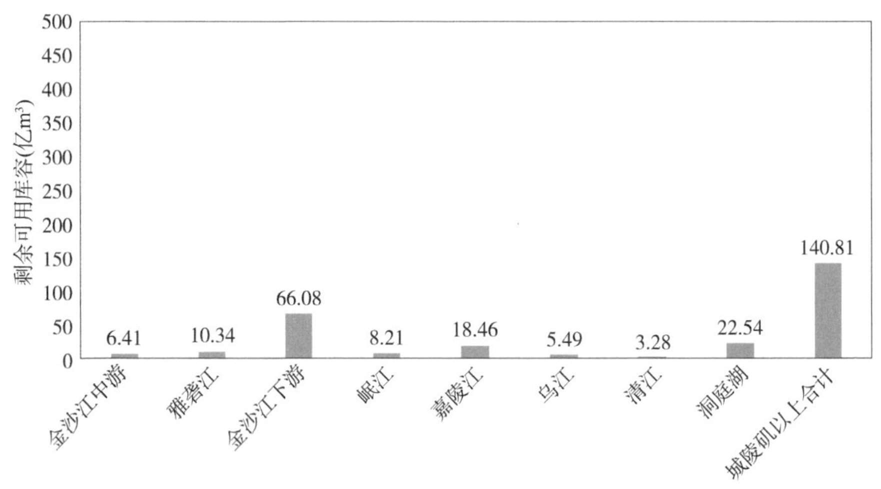

（3）8 月 8 日三峡水库完成防洪调度

图 9-20　城陵矶以上水库群剩余可用库容情况（不含三峡水库）

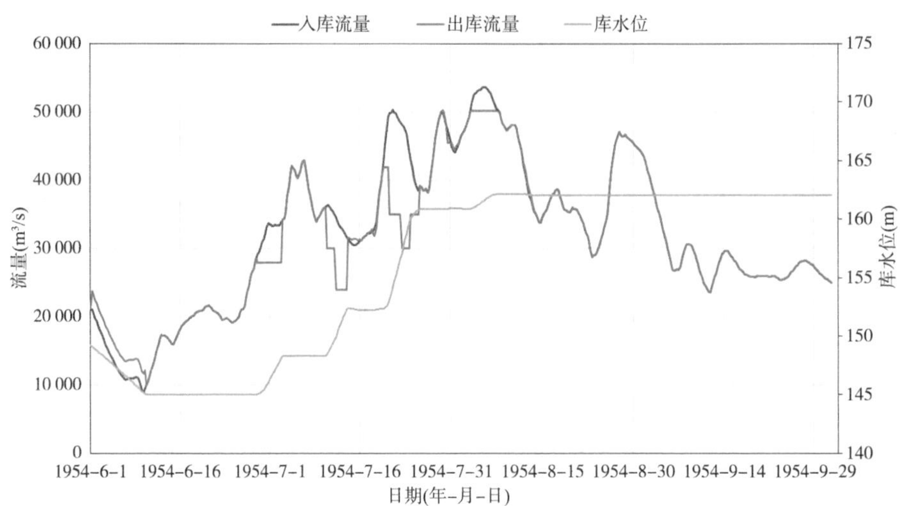

图 9-21　三峡水库拦蓄至 161 m 调度过程

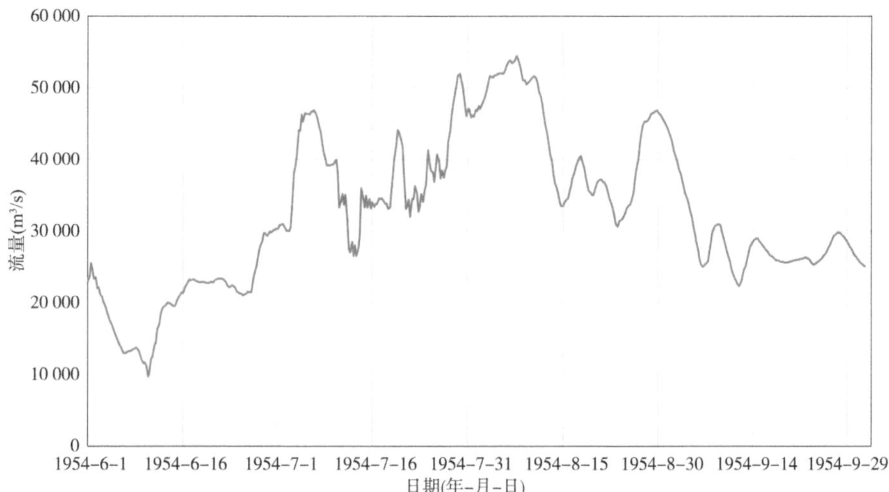

图 9-22　三峡水库 161 m 工况下枝城流量过程

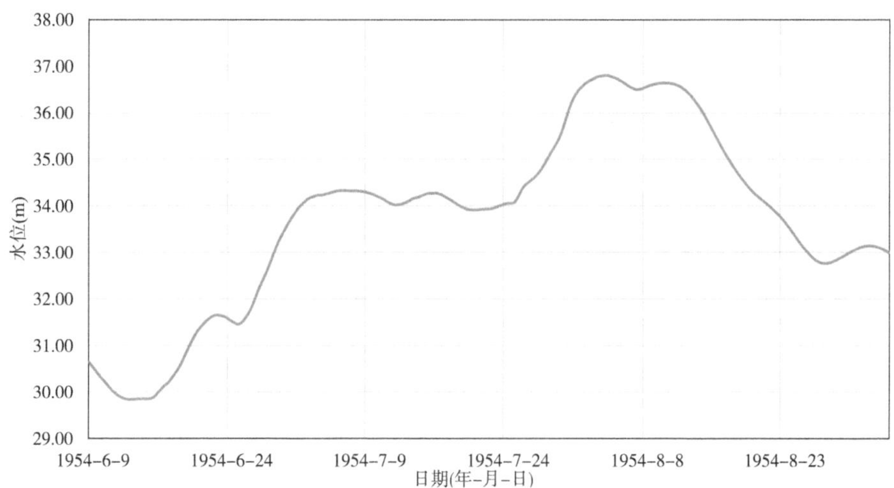

图 9-23　三峡水库 161 m 工况下莲花塘水位过程

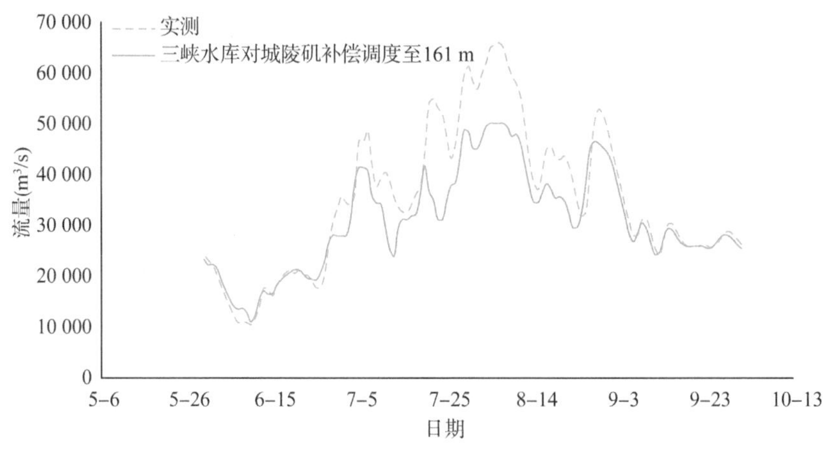

图 9-24　三峡水库目标水位 161 m 调蓄结果与实测洪水过程对比

三峡水库目标水位 161 m 调蓄洪峰和 30 d 洪量与实测洪水统计表如表 9-7 所示。

表 9-7　三峡水库目标水位 161 m 调蓄洪峰和 30 d 洪量与实测洪水统计表

三峡水库		Q_m			$W_{30\ d}$		
目标水位(m)	调蓄容积(亿 m³)	计算(m^3/s)	实测(m^3/s)	削峰比例(%)	计算(亿 m³)	实测(亿 m³)	调洪作用(亿 m³)
161	100	48 950	66 100	25.9	1 128	1 424	296

9.4.1.4　161 m 调度情况下分蓄洪建议

为控制莲花塘站 34.4 m，超额洪量约 218 亿 m^3，需启动钱粮湖垸、共双茶垸、大通湖东垸、澧南垸、围堤湖垸、民主垸、城西垸、西官垸、建设垸、洪湖东分块 10 处重要蓄滞洪区，屈原垸、洪湖中分块 2 处一般蓄滞洪区消纳超额洪量。为控制莲花塘站 34.9 m，超额洪量约 188 亿 m^3，需启动钱粮湖垸、共双茶垸、大通湖东垸、澧南垸、围堤湖垸、民主垸、城西垸、西官垸、建设垸、洪湖东分块 10 处重要蓄滞洪区，洪湖中分块 1 处一般蓄滞洪区消纳超额洪量。为控制莲花塘站 35.5 m，超额洪量约 131 亿 m^3，需启动钱粮湖垸、共双茶垸、大通湖东垸、澧南垸、围堤湖垸、民主垸、城西垸、西官垸、建设垸、洪湖东分块 10 处重要蓄滞洪区消纳超额洪量。为控制莲花塘站 35.8 m，超额洪量约 102 亿 m^3，需启动钱粮湖垸、共双茶垸、大通湖东垸、洪湖东分块 4 处重要蓄滞洪区消纳超额洪量。

9.4.1.5　三峡水库对城陵矶补偿调度至 171 m

三峡水库按莲花塘 34.4 m 水位控制，至 161 m 后转入荆江河段防洪，并持续拦蓄，尽量减少城陵矶地区的超额洪量，至 171 m 后按入出库平衡调度。若只考虑水库拦洪，则莲花塘 8 月 4 日洪峰水位在 36.2 m 左右，此后城陵矶地区仍存在的超额洪量由蓄滞洪区消纳。

对比三峡水库目标水位 155 m、161 m 的调蓄作用，171 m 目标水位调蓄作用较为突出。171 m 目标水位对应调洪库容 200 亿 m^3，洪峰减少了 18 100 m^3/s，削峰比例 27.4%，最大 30 d 洪量对比 1954 年实测 1 424 亿 m^3 减少了 335 亿 m^3 水量。

三峡水库拦蓄至 171 m 调度过程如图 9-25 所示。

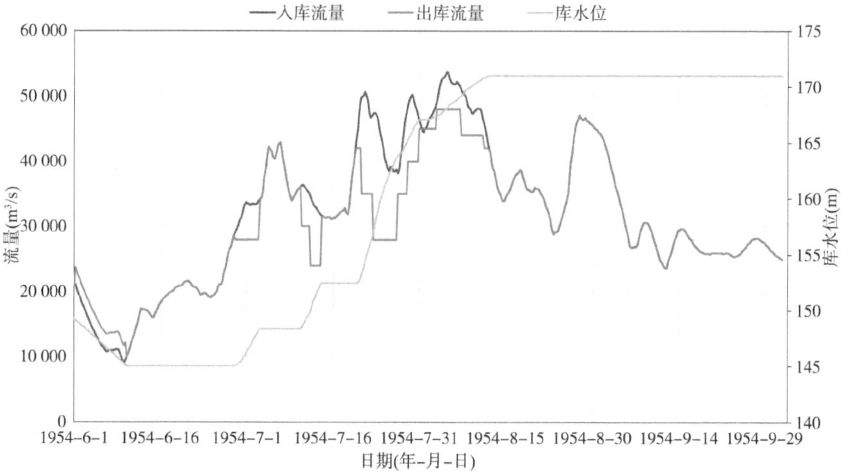

图 9-25　三峡水库拦蓄至 171 m 调度过程

三峡水库 171 m 工况下枝城流量过程如图 9-26 所示。

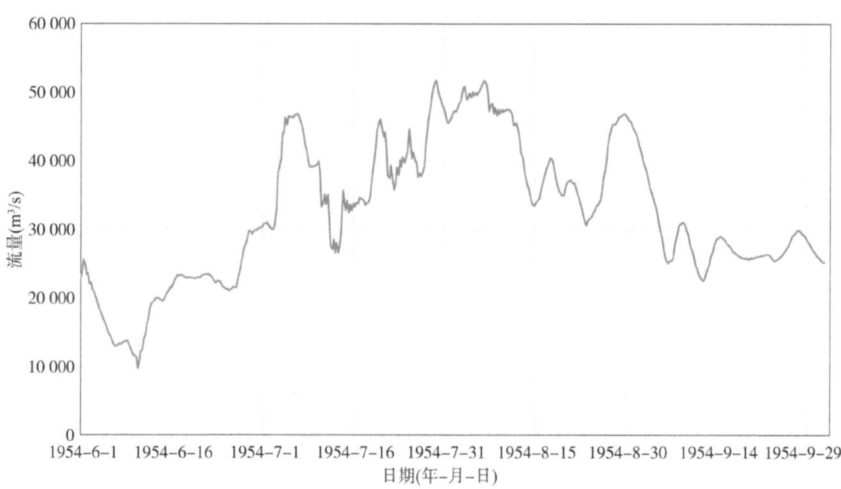

图 9-26　三峡水库 171 m 工况下枝城流量过程

三峡水库 171 m 工况下莲花塘水位过程如图 9-27 所示。

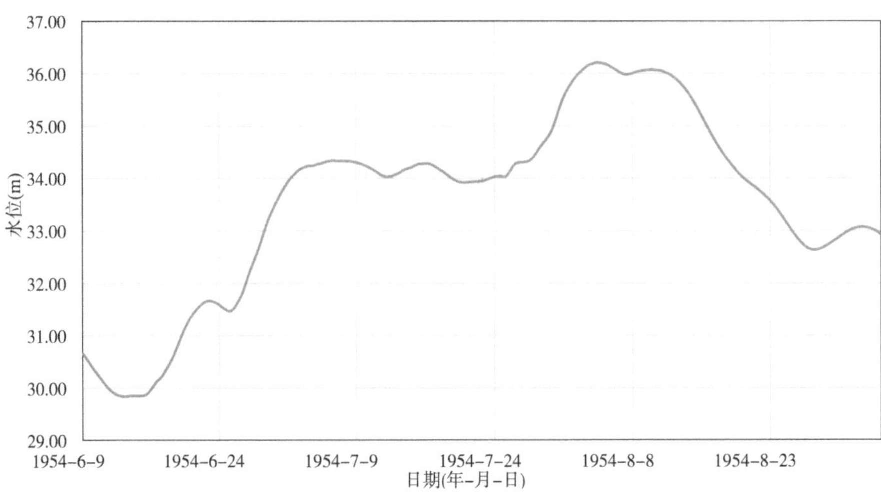

图 9-27　三峡水库 171 m 工况下莲花塘水位过程

三峡水库目标水位 171 m 调蓄结果与实测洪水过程对比如图 9-28 所示。

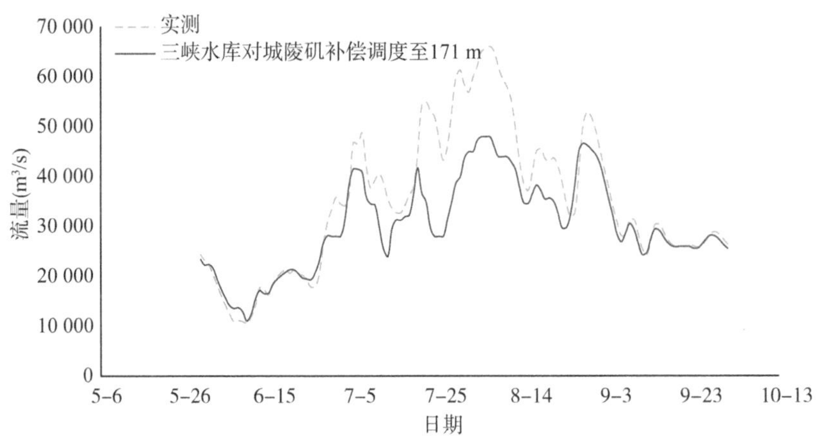

图 9-28　三峡水库目标水位 171 m 调蓄结果与实测洪水过程对比

三峡水库目标水位 171 m 调蓄洪峰和 30 d 洪量与实测洪水统计表如表 9-8 所示。

表 9-8　三峡水库目标水位 171 m 调蓄洪峰和 30 d 洪量与实测洪水统计表

三峡水库		Q_m			$W_{30\,d}$		
目标水位（m）	调蓄容积（亿 m^3）	计算（m^3/s）	实测（m^3/s）	削峰比例（%）	计算（亿 m^3）	实测（亿 m^3）	调洪作用（亿 m^3）
171	125.8	48 000	66 100	27.4	1 089	1 424	335

9.4.1.6　171 m 调度条件下分蓄洪建议

三峡水库完成补偿调度后，若控制莲花塘站 34.4 m，则超额洪量约 152 亿 m^3，需启动钱粮湖垸、共双茶垸、大通湖东垸、澧南垸、围堤湖垸、民主垸、城西垸、西官垸、建设垸、洪湖东分块 10 处重要蓄滞洪区，屈原垸 1 处一般蓄滞洪区消纳超额洪量。若控制莲花塘站 34.9 m，则超额洪量约 124 亿 m^3，需启动钱粮湖垸、共双茶垸、大通湖东垸、澧南垸、围堤湖垸、民主垸、城西垸、西官垸、建设垸、洪湖东分块 10 处重要蓄滞洪区消纳超额洪量。若控制莲花塘站 35.5 m，超额洪量约 73亿 m^3，需启动钱粮湖垸、共双茶垸、大通湖东垸、澧南垸、围堤湖垸、民主垸、城西垸 7 处重要蓄滞洪区消纳超额洪量。若控制莲花塘站 35.8 m，超额洪量约 48 亿 m^3，需启动钱粮湖垸、共双茶垸、大通湖东垸 3 处重要蓄滞洪区消纳超额洪量。

9.4.2　针对莲花塘站不同控制水位目标的调度方案

根据以上工况可看出，经上游水库群调蓄，三峡水库在对城陵矶进行防洪补偿调度并转入荆江河段防洪调度之后，荆江河段无超额洪量，无须分洪，仅城陵矶河段以下存在超额洪量。为充分挖掘三峡水库的拦洪能力，探讨不分洪或尽量减少蓄滞洪区分洪的可能性，以下分别按莲花塘站四种控制水位目标分析超额洪量尽最大可能由三峡水库拦蓄的情况。

在 1954 年型洪水的背景下，若以莲花塘不同控制水位为目标，且分洪区不分洪为条件，基于水力学模型反算分析长江上游的来水限制，以长江中游枝城站为长江影响洞庭湖区来水的代表站计算其流量过程，为洞庭湖区开展防洪风险分析提供计算基础。本次以按水库群联合调度之后（除三峡水库）的三峡水库入库和洞庭四水控制站来水为边界。

9.4.2.1　莲花塘控制水位目标 34.4 m

若莲花塘水位按 34.4 m 控制开展补偿调度，通过水力学模型计算宜昌站来水过程，并计算枝城的流量。

若上游水库不调蓄，则 7 月 2 日水位将超 34.4 m，考虑传播时间调减上游来水过程，使莲花塘水位控制在 34.4 m 以下波动。莲花塘、枝城站调算结果如图 9-29、图 9-30 所示。

若补偿调度需拦蓄的水量均由三峡水库消纳，根据宜昌流量反调三峡水库调度过程(起调水位按 145 m)，如图 9-31 所示，三峡水库最小出库需减至 7 600 m^3/s 左右，8 月 13 日库水位最高将超过坝顶水位 185 m，拦蓄水量约 335 亿 m^3。

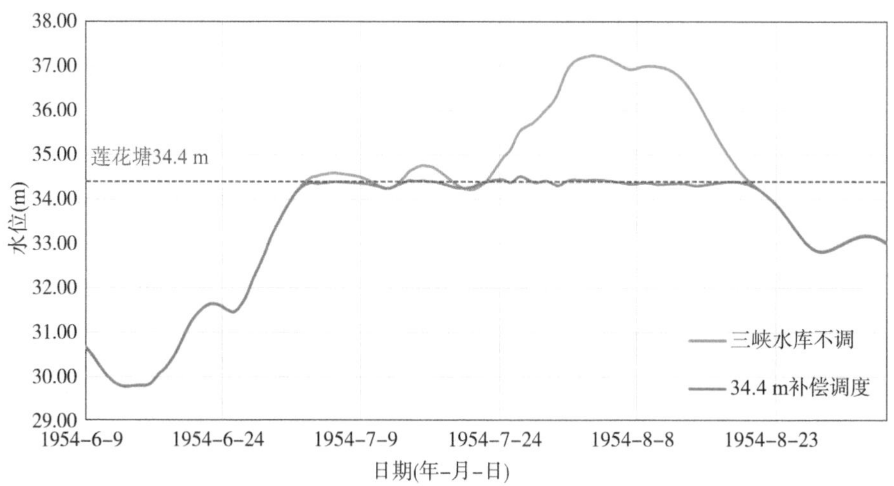

图 9-29　莲花塘 34.4 m 为补偿调度目标时莲花塘水位过程

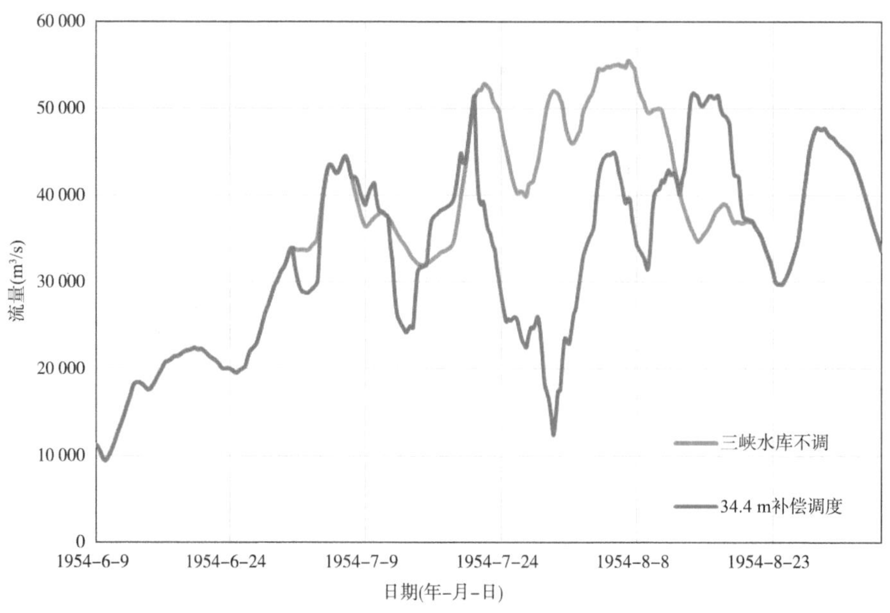

图 9-30　莲花塘 34.4 m 为补偿调度目标时枝城流量过程

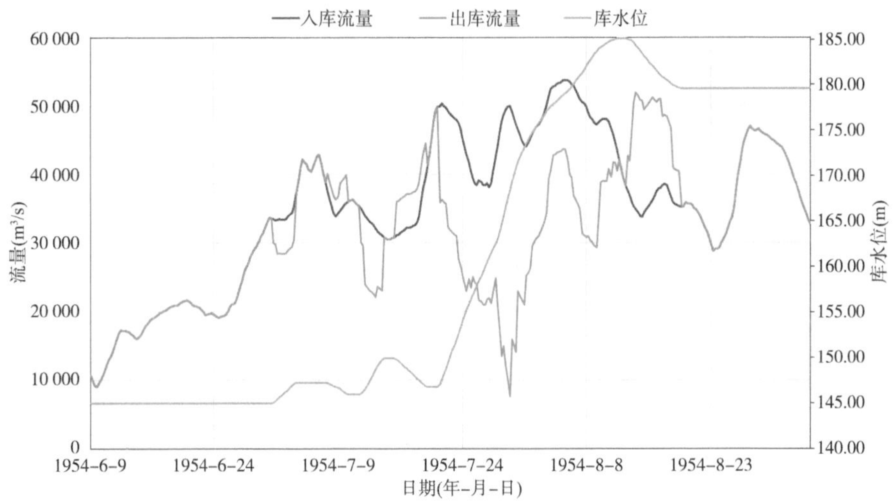

图 9-31　莲花塘 34.4 m 为补偿调度目标时三峡水库调度过程

9.4.2.2　莲花塘控制水位目标 34.9 m

莲花塘水位按 34.9 m 控制开展补偿调度时，若上游水库不调蓄，则 7 月 24 日水位将超 34.9 m，考虑传播时间调减上游来水过程，使莲花塘水位控制在 34.9 m 以下波动。莲花塘、枝城站计算结果如图 9-32、图 9-33 所示。

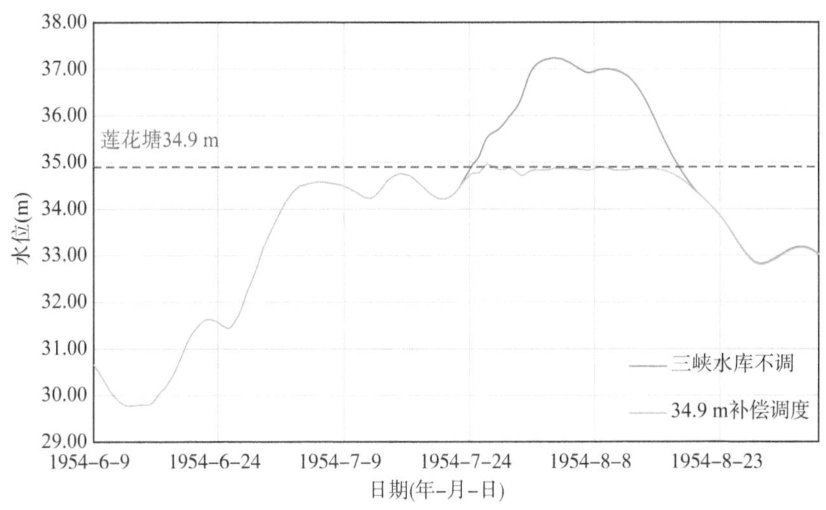

图 9-32　莲花塘 34.9 m 为补偿调度目标时莲花塘水位过程

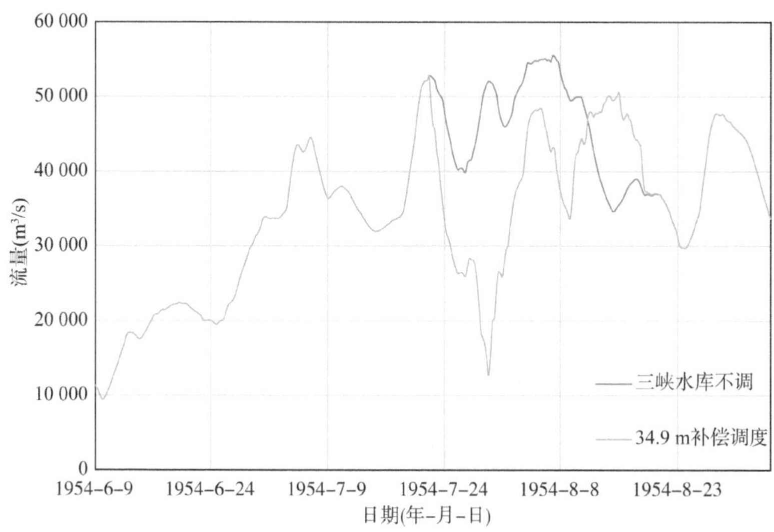

图 9-33　莲花塘 34.9 m 为补偿调度目标时枝城流量过程

若补偿调度需拦蓄的水量均由三峡水库消纳，根据宜昌流量反调三峡水库调度过程（起调水位按 145 m），如图 9-34 所示，三峡水库最小出库需减至 7 600 m^3/s 左右，8 月 11 日库水位最高将拦蓄至 178.4 m（校核洪水位 180.4 m），拦蓄水量约 257 亿 m^3。

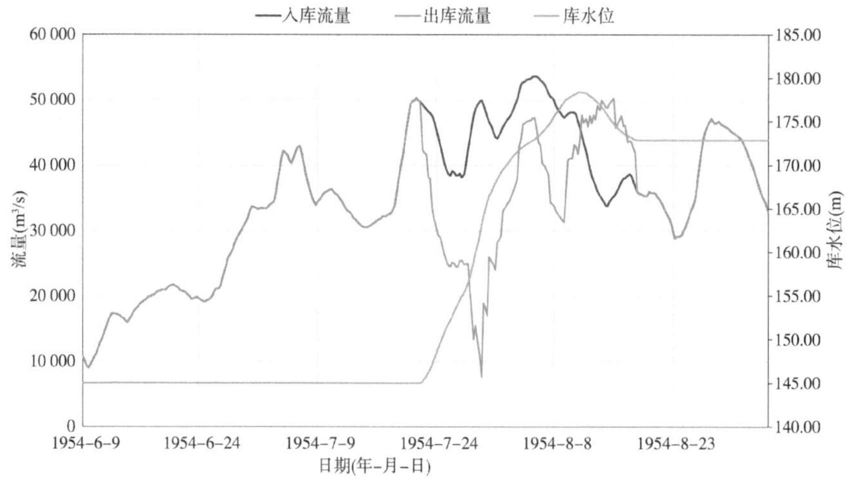

图 9-34　莲花塘 34.9 m 为补偿调度目标时三峡水库调度过程

9.4.2.3　莲花塘控制水位目标 35.5 m

莲花塘水位按 35.5 m 控制开展补偿调度时，若上游水库不调蓄，则 7 月

26 日水位将超 35.5 m，考虑传播时间调减上游来水过程，使莲花塘水位控制在 35.5 m 以下波动。莲花塘、枝城站计算结果如图 9-35、图 9-36 所示。

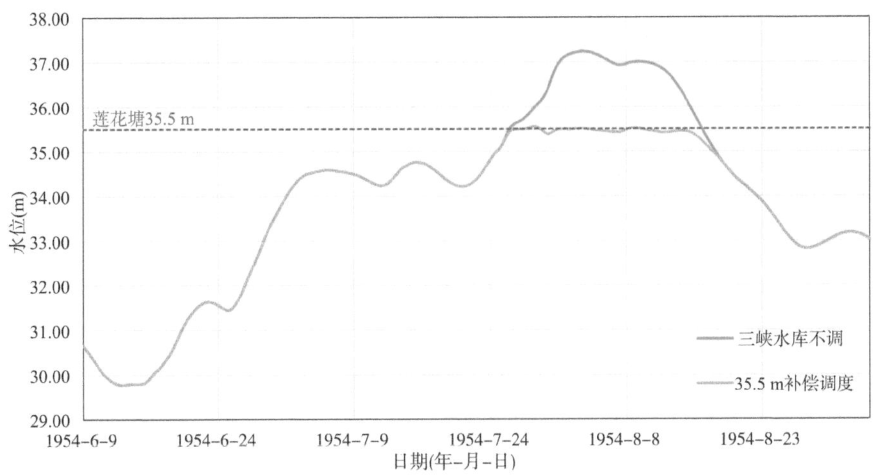

图 9-35　莲花塘 35.5 m 为补偿调度目标时莲花塘水位过程

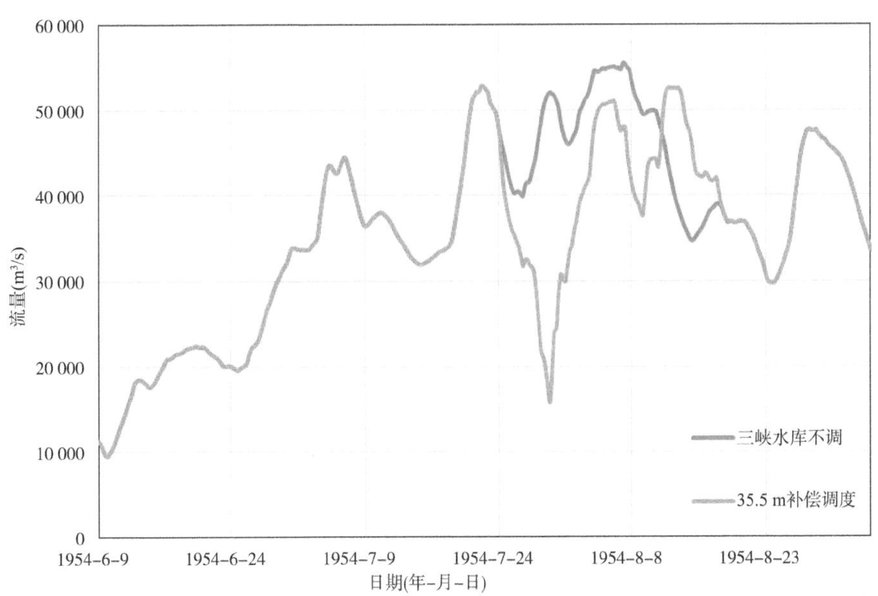

图 9-36　莲花塘 35.5 m 为补偿调度目标时枝城流量过程

若补偿调度需拦蓄的水量均由三峡水库消纳，根据宜昌流量反调三峡水库调度过程（起调水位按 145 m），如图 9-37 所示，三峡水库最小出库需减至 9 000 m^3/s 左右，8 月 11 日库水位最高将拦蓄至 170.4 m（正常高水位 175 m），拦蓄水量约 176.5 亿 m^3。

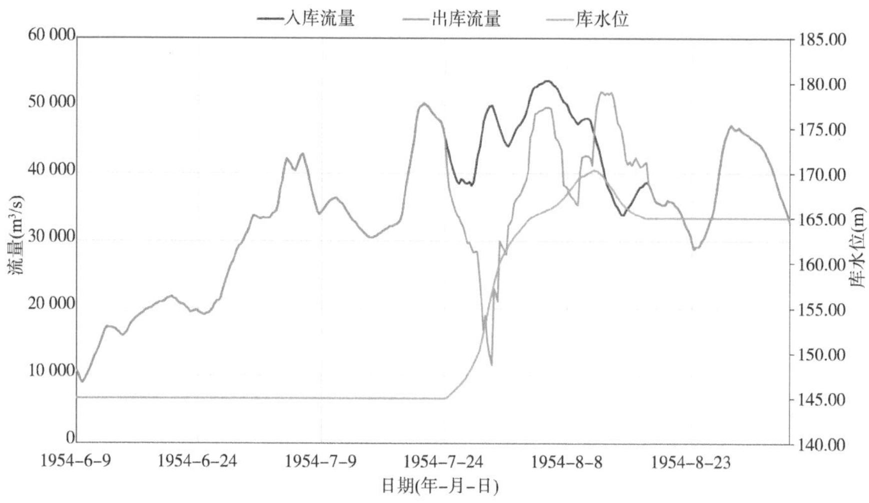

图 9-37　莲花塘 35.5 m 为补偿调度目标时三峡水库调度过程

9.4.2.4　莲花塘控制水位目标 35.8 m

莲花塘水位按 35.8 m 控制开展补偿调度时，若上游水库不调蓄，则 7 月 28 日水位将超 35.8 m，考虑传播时间调减上游来水过程，使莲花塘水位控制在 35.8 m 以下波动。莲花塘、枝城站计算结果如图 9-38、图 9-39 所示。

若补偿调度需拦蓄的水量均由三峡水库消纳，根据宜昌流量反调三峡水库调度过程(起调水位按 145 m)，如图 9-40 所示，三峡水库最小出库需减至 9 000 m^3/s 左右，8 月 11 日库水位最高将拦蓄至 166.05 m，拦蓄水量约 137.5 亿 m^3。

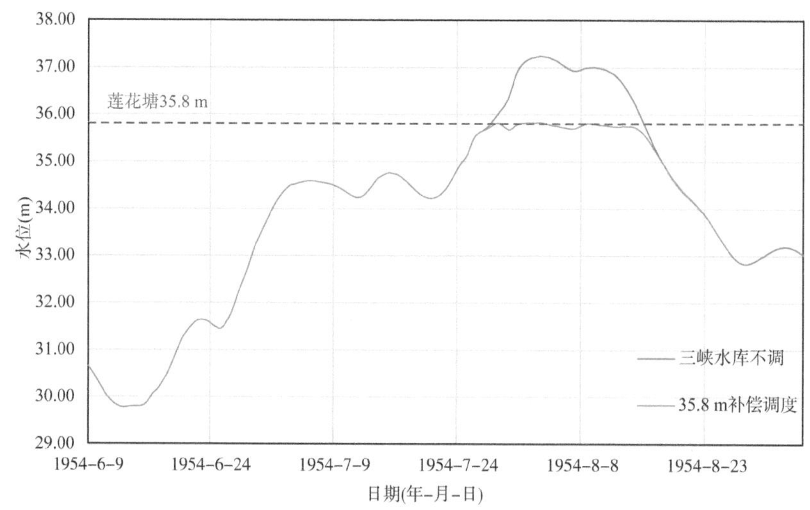

图 9-38　莲花塘 35.8 m 为补偿调度目标时莲花塘水位过程

图 9-39　莲花塘 35.8 m 为补偿调度目标时枝城流量过程

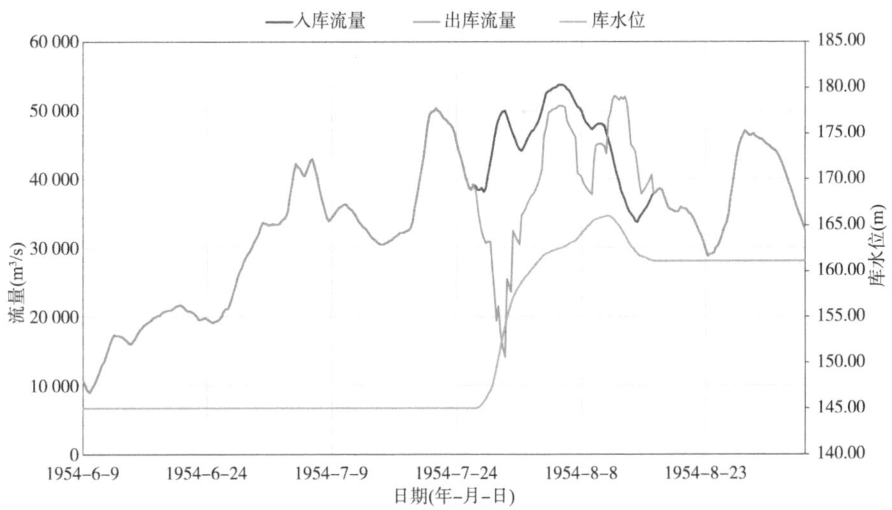

图 9-40　莲花塘 35.8 m 为补偿调度目标时三峡水库调度过程

上中游梯级水库群运用背景下城陵矶附近防洪形势研究如表 9-9 所示。

表 9-9　上中游梯级水库群运用背景下城陵矶附近防洪形势研究

年份	三峡水库补偿调度方式	三峡水库最高拦蓄水位(m)	上游梯级水库使用库容(亿 m^3)	洞庭湖水库使用库容(亿 m^3)	三峡水库使用库容(亿 m^3)	莲花塘最高水位(m)	莲花塘控制目标水位(m)	城陵矶附近超额洪量(m^3/s)	备注
1954	对城陵矶莲花塘 34.4 m 补偿调度至 155 m 后转入对荆江河段补偿调度	156.4	241	40	65.9	37.1	34.4	281	需启用蓄滞洪区
							34.9	250	
							35.5	188	
							35.8	158	
	对城陵矶莲花塘 34.4 m 补偿调度至 161 m 后转入对荆江河段补偿调度	162.2	241	40	106.7	36.8	34.4	218	需启用蓄滞洪区
							34.9	188	
							35.5	131	
							35.8	102	
	对城陵矶莲花塘 34.4 m 补偿调度至 161 m 后转入荆江防洪，至 171 m 后按入出库平衡	171	241	40	125.8	36.2	34.4	152	需启用蓄滞洪区
							34.9	124	
							35.5	73	
							35.8	48	
	按 34.4 m 控制开展补偿调度	185	—	40	335	34.4	34.4	0	—
	按 34.9 m 控制开展补偿调度	178.4	—	40	257	34.9	34.9	0	—
	按 35.5 m 控制开展补偿调度	170.4	—	40	176.5	35.5	35.5	0	—
	按 35.8 m 控制开展补偿调度	166	—	40	137.5	35.8	35.8	0	—
	为城陵矶补偿调度至 158 m，转入对荆江河段补偿调度	171.6	103	50	188	34.86	34.4	227	启用洪湖垸、钱粮湖垸、大通湖东垸、共双茶垸

续表

年份	三峡水库补偿调度方式	三峡水库最高拦蓄水位(m)	上游梯级水库使用库容(亿 m^3)	洞庭湖水库使用库容(亿 m^3)	三峡水库使用库容(亿 m^3)	莲花塘最高水位(m)	莲花塘控制目标水位(m)	城陵矶附近超额洪量(m^3/s)	备注
1870	沙市水位不超 44.5 m 补偿调度运用至库水位 171 m 后,转按控制沙市水位不超 45 m 补偿运用,暂不启用荆江分洪区	172.9	217.5	51.7	200.4	34.9	34.9	47.5	钱粮湖垸、洪湖东分块垸
1999+	对城陵矶补偿调度至 155 m	155	59.3	30	56.6	36	34.4	135	—
	对城陵矶补偿调度至 34.9 m	165	217	34.7	123.2	34.9	34.9	10	—

9.5 标准抬高的工程措施

从1870年、1954年、1999年防汛实践来看，以三峡为首的长江上中游水库群联合调度使用以后，城陵矶附近防洪紧张局面将大为缓解，但遭遇典型洪水时，长江防洪的突出矛盾主要集中在城陵矶附近地区，统筹工程与非工程措施综合防洪除涝体系运用是化解城陵矶地区洪水风险的主要途径。随着洞庭湖区社会经济快速发展，城镇基础设施建设增加，人口数量增多，社会财富增长，潜在洪灾风险损失逐步加大。表9-10统计了洞庭湖区22个蓄洪垸堤防长度共计1 099 km，若将城陵矶水位提高至34.9 m，堤防需加固加高总计281 km，占总堤防长度的25.6%；城陵矶水位35.4 m时，蓄洪垸堤防需加固加高总计约500 km，占总堤防长度的45.5%；城陵矶莲花塘水位35.8 m时，蓄洪垸堤防需加固加高总计845 km，占总堤防长度的76.9%，见表9-10。

9.6 小结

洞庭湖是国家历史、文化、经济战略要地，结合国家防洪标准，通过对现状地形条件下洞庭湖区重点垸、蓄洪垸不同控制断面进行水位计算，结果显示，对比二期综合治理规划水位，除个别堤垸水位偏低，10个重点垸、20个蓄洪垸在其防洪标准规定范围内计算结果高于现行规划水位，说明当前规划水位已无法满足防洪标准要求。

从1870年、1954年、1999年防汛实践来看，以三峡水库为首的长江上中游水库群联合调度使用以后，城陵矶附近防洪紧张局面大为缓解，但遭遇典型洪水时，长江防洪的突出矛盾主要集中在城陵矶附近地区。现状条件下遭遇1870年洪水，长江上游水库群拦蓄洪水总量417.9亿 m^3，洞庭湖流域水库拦蓄洪水51.7亿 m^3，三峡水库最高调度水位达到172.9 m，在不启用荆江分洪区，启用钱粮湖、洪湖东分块蓄洪之后，莲花塘水位最高34.9 m，城陵矶附近存在47.5亿 m^3 超额洪量。针对“1999+”洪水，对城陵矶补偿调度至155 m后不再占用三峡水库库容，在莲花塘控制目标水位34.4 m条件下，城陵矶附近将达到135亿 m^3 超额洪量；三峡水库对城陵矶补偿调度至34.9 m，共占用上游水库群防洪库容313.35亿 m^3，洞庭湖流域防洪库容34.72亿 m^3，三峡水库调洪水位最高达到165 m，城陵矶莲花塘水位最高达到34.9 m，城陵矶附近超额洪量为10亿 m^3。1954年型洪水为长江防御目标洪水，长江委根据实测洪水进行防洪工程调度推演，结合水文过程分为场景1(7月23—27日)、场景2(7月28日—

表 9-10　洞庭湖蓄洪垸堤防高度及长度统计

序号	垸名	堤垸分类	堤长(km)	城陵矶 34.9 m(设计水位超 0.5 m)				城陵矶 35.4 m(设计水位超 1 m)				城陵矶 35.8 m(1998 年实测)			
				欠高 0.5 m 以内堤长(km)	欠高 0.5～1 m 堤长(km)	欠高 1 m 以上堤长(km)	欠高堤长小计(km)	欠高 0.5 m 以内堤长(km)	欠高 0.5～1 m 堤长(km)	欠高 1 m 以上堤长(km)	欠高堤长小计(km)	欠高 0.5 m 以内堤长(km)	欠高 0.5～1 m 堤长(km)	欠高 1 m 以上堤长(km)	欠高堤长小计(km)
1	钱粮湖垸	蓄洪垸	146.387	11.567	0.000	0.000	11.567	29.682	20.063	2.350	52.095	1.301	107.509	29.417	138.227
2	共双茶垸	蓄洪垸	124.619	60.089	0.000	0.000	60.089	22.502	57.405	0.000	79.907	20.892	61.432	31.096	113.420
3	大通湖东垸	蓄洪垸	43.357	28.021	0.000	0.000	28.021	0.000	28.021	0.000	28.021	2.211	0.000	28.021	30.232
4	民主垸	蓄洪垸	81.230	18.100	0.000	0.000	18.100	35.300	24.900	0.000	60.200	32.900	17.600	14.600	65.100
5	澧南垸	蓄洪垸	24.198	0.000	0.000	0.000	0.000	0.000	0.000	0.000	0.000	1.600	17.998	0.000	19.598
6	西官垸	蓄洪垸	59.000	0.000	0.000	0.000	0.000	0.000	0.000	0.000	0.000	24.500	7.400	12.600	44.500
7	围堤湖垸	蓄洪垸	15.130	0.000	0.000	0.000	0.000	0.000	0.000	0.000	0.000	4.600	8.730	0.600	13.930
8	九垸	蓄洪垸	24.500	0.000	0.000	0.000	0.000	0.000	0.000	0.000	0.000	10.800	10.300	0.000	21.100
9	城西垸	蓄洪垸	51.757	3.400	0.000	0.000	3.400	10.957	3.400	0.000	14.357	10.957	3.400	0.000	14.357
10	屈原垸	蓄洪垸	42.030	0.000	0.000	0.000	0.000	3.050	0.000	0.000	3.050	3.550	1.250	0.000	4.800
11	建新垸	蓄洪垸	18.851	9.351	0.000	0.000	9.351	7.500	9.351	0.000	16.851	4.000	5.500	9.351	18.851
12	安澧垸	蓄洪垸	69.655	0.000	0.000	0.000	0.000	0.000	0.000	0.000	0.000	27.000	23.000	9.000	59.000
13	安化垸	蓄洪垸	61.187	20.733	0.000	0.000	20.733	13.021	17.825	0.203	31.049	13.021	17.825	0.203	31.049
14	南汉垸	蓄洪垸	73.310	21.000	0.000	0.000	21.000	4.000	24.000	0.000	28.000	24.050	37.310	0.000	61.360
15	和康垸	蓄洪垸	46.403	38.310	0.000	0.000	38.310	4.038	41.737	0.000	45.775	4.038	41.737	0.000	45.775
16	安昌垸	蓄洪垸	84.247	36.155	0.000	0.000	36.155	6.000	37.355	0.000	43.355	18.492	46.555	1.200	66.247

续表

序号	垸名	堤垸分类	堤长(km)	城陵矶 34.9 m(设计水位超 0.5 m)				城陵矶 35.4 m(设计水位超 1 m)				城陵矶 35.8 m(1998 年实测)			
				欠高 0.5 m 以内堤长(km)	欠高 0.5~1 m 堤长(km)	欠高 1 m 以上堤长(km)	欠高堤长小计(km)	欠高 0.5 m 以内堤长(km)	欠高 0.5~1 m 堤长(km)	欠高 1 m 以上堤长(km)	欠高堤长小计(km)	欠高 0.5 m 以内堤长(km)	欠高 0.5~1 m 堤长(km)	欠高 1 m 以上堤长(km)	欠高堤长小计(km)
17	集成安合垸	蓄洪垸	54.275	5.325	0.000	0.000	5.325	31.825	7.545	0.000	39.370	31.825	7.545	0.000	39.370
18	南顶垸	蓄洪垸	40.238	21.872	0.000	0.000	21.872	11.511	26.870	0.000	38.381	11.511	26.870	0.000	38.381
19	君山垸	蓄洪垸	15.153	2.897	0.000	0.000	2.897	7.928	3.946	0.000	11.874	4.370	7.075	0.748	12.193
20	义合金鸡垸	蓄洪垸	9.930	0.800	0.000	0.000	0.800	0.200	0.800	0.000	1.000	0.200	0.800	0.000	1.000
21	北湖垸	蓄洪垸	10.800	3.600	0.000	0.000	3.600	2.000	4.000	0.000	6.000	2.000	4.000	0.000	6.000
22	六角山垸	蓄洪垸	2.903	0.000	0.000	0.000	0.000	0.683	0.000	0.000	0.683	0.683	0.000	0.000	0.683
合计			1 099.160	281.220	0	0	281.220	190.197	307.218	2.553	499.968	254.501	453.836	136.836	845.173

8月2日)、后续调度(8月3—10日)进行三峡水库分级调度,三峡水库最高蓄洪水位达到171.6 m,长江上中游水库(不包含汉口以下水库)共占用调蓄库容340亿 m^3,城陵矶莲花塘最高水位达到34.9 m,超额洪量达到227亿 m^3(莲花塘34.4 m),需要启用洪湖、钱粮湖、大通湖东、共双茶等多个蓄洪区。

对于历史上1870年型、1954年型的特大洪水,城陵矶附近分蓄洪不可避免,但江湖遭遇较严重的1999年型洪水,放大到100年一遇,城陵矶可不分洪,三峡水库以上库群的控制作用十分明显。另外,100年一遇标准以下控制城陵矶不超过历史最高水位35.8 m的可能性已经存在。在工程运用方面,由于综合因素影响,蓄滞洪区在演练中的理想运用和实际效果的差距缺少令人信服的标准,针对这一因素,区间和四水调控洪水的能力相对较小,洞庭湖高洪水位的风险显然存在,因此,堤防超保证运行的依据和次生风险还需要深入评估。

第 10 章
结论与建议

10.1 结论

三峡水库及上游梯级水库群的逐次运用引起荆江-洞庭湖关系发生变化后，长江中下游1954年型标准(100年一遇洪水)以下洪水得到有效控制，洞庭湖洪水出现新的特点和趋势。三峡工程建成后，遇1954年型洪水，长江中下游分洪量将有所减少，具体数值与三峡水库的防洪调度方式密切相关。从1870年、1954年、1999年防汛实践来看，以三峡水库为首的长江上中游水库群联合调度使用以后，城陵矶附近防洪紧张局面将大为缓解，但遭遇典型洪水时，长江防洪的突出矛盾主要集中在城陵矶附近地区。现状条件下遭遇1870年型洪水，长江上游水库群拦蓄洪水总量417.9亿 m^3，洞庭湖流域水库拦蓄洪水51.7亿 m^3，三峡水库最高调度水位达到172.9 m，在不启用荆江分洪区，启用钱粮湖、洪湖东分块蓄洪之后，莲花塘水位最高34.9 m，城陵矶附近存在47.5亿 m^3 超额洪量；针对“1999＋”洪水，对城陵矶补偿调度至155 m后不再占用三峡库容，在莲花塘控制目标水位34.4 m条件下，城陵矶附近将达到135亿 m^3 超额洪量；三峡水库对城陵矶补偿调度至34.9 m，共占用上游水库群313.35亿 m^3，洞庭湖流域防洪库容34.72亿 m^3，三峡水库调洪水位最高达到165 m，城陵矶莲花塘水位最高达到34.9 m，城陵矶附近超额洪量为10亿 m^3；1954年型洪水为长江防御目标洪水，长江委根据实测洪水进行防洪工程调度推演，对城陵矶补偿调度的结果显示，三峡水库拦蓄最高水位达到155 m时，莲花塘水位34.4 m时城陵矶存在281亿 m^3 超额洪量，莲花塘水位增加0.5 m时，超额洪量减少至250亿 m^3；三峡水库拦蓄水位达到161 m时，莲花塘水位34.4 m时城陵矶存在218亿 m^3 超额洪量，莲花塘水位增加0.5 m时，城陵矶附近超额洪量减少至188亿 m^3；三峡水库拦蓄最高水位达到171 m时，对应莲花塘水位34.4 m时城陵矶附近将存在152亿 m^3 超额洪量，莲花塘水位增加至34.9 m时城陵矶附近超额洪量减少至124亿 m^3，莲花塘水位增加至35.5 m时，城陵矶附近超额洪量减少至73亿 m^3。

根据工程水文学原理，洞庭湖设计洪水位由江湖洪水组合或江湖汇合后的控制站的设计洪水进行分析计算，合理确定。

1. 根据洞庭湖水沙数值模型模拟

(1) 2020年江湖条件现状水沙情景下

上游水库调节后，水位情况：重现期为100年一遇时，南咀站38.15 m，小河咀站37.99 m，安乡站39.27 m，南县站36.78 m，长沙站39.45 m，益阳站40.69 m，常德站46.35 m，津市站44.32 m，七里山站35.56 m，莲花塘站35.29 m；重现期为20年一遇时，南咀站38.08 m，小河咀站37.93 m，安乡站

39.03 m,南县站 36.57 m,长沙站 38.42 m,益阳站 39.06 m,常德站 43.43 m,津市站 42.91 m,七里山站 35.44 m,莲花塘站 35.14 m;重现期为 10 年一遇时,南咀站 37.75 m,小河咀站 37.62 m,安乡站 38.45 m,南县站 36.17 m,长沙站 37.84 m,益阳站 37.79 m,常德站 42.48 m,津市站 42.16 m,七里山站 34.86 m,莲花塘站 34.47 m。

(2) 2020 年江湖条件 30 年水沙情景下,以上水位有所下降(津市除外)

水位情况:重现期为 100 年一遇时,长沙站 39.33 m,益阳站 40.87 m,常德站 45.54 m,津市站 43.8 m,南咀站 37.55 m,小河咀站 37.42 m,安乡站 38.58 m,南县站 36.33 m,七里山站 35.14 m,莲花塘站 34.99 m;重现期为 20 年一遇时,长沙站 38.29 m,益阳站 39.21 m,常德站 42.67 m,津市站 42.41 m,南咀站 37.46 m,小河咀站 37.35 m,安乡站 38.35 m,南县站 36.08 m,七里山站 34.98 m,莲花塘站 34.82 m;重现期为 10 年一遇时,长沙站 37.71 m,益阳站 37.88 m,常德站 41.76 m,津市站 41.63 m,南咀站 37.04 m,小河咀站 36.91 m,安乡站 37.74 m,南县站 35.34 m,七里山站 34.43 m,莲花塘站 34.22 m。

2. 按照洞庭湖水文模型模拟

上游水库调节后的 1981—2020 年长江洪水,还现到 1998 年江湖条件形成七里山水位系列,经过频率分析计算 100 年一遇为 36.37 m,20 年一遇为 35.36 m,10 年一遇为 34.83 m。

3. 在长江清水冲刷、洞庭湖高洪调蓄容积不再衰减、高洪水位持续时间缩短等变化,以及城陵矶附近 100 亿 m^3 蓄洪区在建情况下,结合长江大洪水洪量巨大和洞庭湖治理工程的历史条件,本研究推荐洞庭湖区长沙站、益阳站、常德站、津市站、南咀站、小河咀站、七里山站、莲花塘站设计洪水位成果:

(1) 100 年一遇洪水时,水位情况:长沙站 39.45 m,益阳站 40.69 m,常德站 46.35 m,津市站 44.32 m,南咀站 38.15 m,小河咀站 37.99 m,安乡站 39.27 m,南县站 36.78 m,七里山站 35.56 m,莲花塘站 35.29 m。

(2) 20 年一遇洪水时,水位情况:长沙站 38.42 m,益阳站 39.06 m,常德站 43.43 m,津市站 42.91 m,南咀站 38.08 m,小河咀站 37.93 m,安乡站 39.03 m,南县站 36.57 m,七里山站 35.44 m,莲花塘站 35.14 m。

(3) 10 年一遇洪水时,水位情况:长沙站 37.84 m,益阳站 37.79 m,常德站 42.48 m,津市站 42.16 m,南咀站 37.75 m,小河咀站 37.62 m,安乡站 38.45 m,南县站 36.17 m,七里山站 34.86 m,莲花塘站 34.47 m。

10.2　建议

洞庭湖洪水包括湘、资、沅、澧四水洪水和荆江三口分流来水，流域暴雨洪水特点是降水强度大、范围广、历时长，造成洪水峰高量大。结合长江上游梯级水库群对洪水的巨大调节作用，遭遇特大洪水时城陵矶附近水位长时间稳定在34.4 m的可能性增加，提高莲花塘水位至35.3 m，存在城陵矶不分洪的可能性；另外，受江湖关系变化趋势影响，长江下泄边界条件逐步趋于稳定，以湘、资、沅、澧四水为主的入湖洪水，尤其是松澧洪水遭遇或成为洞庭湖防洪安全的主要因素。

工程建设方面，根据此次设计洪水计算结果可知，湖区堤防防洪标准偏低，进一步对堤防加高加固及进行高质量建设是必要的。建议下一步结合水利信息化手段完善综合防洪减灾体系，加大未达标堤防的建设力度，开展重要蓄滞洪区安全建设及部分河道整治，加强湖区信息化监测、防洪智慧化预测、工程科学化评估等，进一步完善洞庭湖区以堤防、蓄滞洪区、河道整治、水库等工程措施和非工程措施组成的防洪工程体系，以保障洞庭湖区经济社会可持续发展。

参考文献

[1] 赖旭. 三峡工程影响下洞庭湖湿地水位与植被覆盖变化研究[D]. 长沙:湖南大学,2014.

[2] 卢金友,罗恒凯. 长江与洞庭湖关系变化初步分析[J]. 人民长江,1999,30(4):24-26.

[3] 施修端,夏薇,杨彬. 洞庭湖冲淤变化分析(1956—1995 年)[J]. 湖泊科学,1999,11(3):199-205.

[4] 李景保,秦建新,王克林,等. 洞庭湖环境系统变化对水文情势的响应[J]. 地理学报,2004,59(2):239-248.

[5] 张剑明,章新平,黎祖贤,等. 近 47 年来洞庭湖区干湿的气候变化[J]. 云南地理环境研究,2009,21(5):56-62.

[6] 宋佳佳,薛联青,刘晓群,等. 洞庭湖流域极端降水指数变化特征分析[J]. 水电能源科学,2012,30(9):17-19.

[7] 胡春宏,王延贵. 三峡工程运行后泥沙问题与江湖关系变化[J]. 长江科学院院报,2014,31(5):107-116.

[8] 郭小虎,姚仕明,晏黎明. 荆江三口分流分沙及洞庭湖出口水沙输移的变化规律[J]. 长江科学院院报,2011,28(8):80-86.

[9] 李景保,周永强,欧朝敏,等. 洞庭湖与长江水体交换能力演变及对三峡水库运行的响应[J]. 地理学报,2013,68(1):108-117.

[10] 湖南省统计局,国家统计局湖南调查总队. 湖南统计年鉴 2019[M]. 北京:中国统计出版社,2019.

[11] 湖北省统计局,国家统计局湖北调查总队. 湖北统计年鉴 2019[M]. 北京:中国统计出版社,2019.

[12] 宋承新. 径流还原计算的综合修正法[J]. 水文,1999(2):46-48.

[13] 王方方,阮燕云,王二鹏,等. 基于 F 检验的金沙江下游梯级径流还现分析研究[J]. 水电与新能源,2018,32(9):22-25,30.

[14] 魏茹生. 径流还原计算技术方法及其应用研究[D]. 西安:西安理工大学,2009.

[15] 刘强. 水利工程影响下的水文情势分析及径流还原计算技术研究——以大沽夹河流域为例[D]. 泰安:山东农业大学,2018.

[16] 孙娟绒. 坪上水库径流还现计算分析[J]. 太原理工大学学报,2005,36(5):589-592,596.

[17] 渠庚,郭小虎,朱勇辉,等. 三峡工程运用后荆江与洞庭湖关系变化分析[J]. 水力发电学报,2012,31(5):163-172.

[18] 中华人民共和国水利部. 中国河流泥沙公报 2018[M]. 北京:中国水利水电出版社,2019.

[19] 朱玲玲,许全喜,戴明龙. 荆江三口分流变化及三峡水库蓄水影响[J]. 水科学进展,

2016,27(6):822-831.

[20] 李正最,谢悦波,徐冬梅.洞庭湖水沙变化分析及影响初探[J].水文,2011,31(1):45-53,40.

[21] 覃红燕,谢永宏,邹冬生.湖南四水入洞庭湖水沙演变及成因分析[J].地理科学,2012,32(5):609-615.

[22] 李景保,代勇,欧朝敏,等.长江三峡水库蓄水运用对洞庭湖水沙特性的影响[J].水土保持学报,2011,25(3):215-219.

[23] 张丽,钱湛,张双虎.变化水沙条件下三口入洞庭湖水量变化趋势研究[J].中国农村水利水电,2015(5):102-104,108.

[24] 张细兵,卢金友,王敏,等.三峡工程运用后洞庭湖水沙情势变化及其影响初步分析[J].长江流域资源与环境,2010,19(6):640-643.

[25] 陈栋,渠庚,郭小虎,等.三峡建库前后洞庭湖对下荆江的顶托与消落作用研究[J].工程科学与技术,2020,52(2):86-94

[26] 徐贵,黄云仙,黎昔春,等.城陵矶洪水位抬高原因分析[J].水力学报,2004(8):33-37,45.

[27] 丛振涛,肖鹏,章诞武,等.三峡工程运行前后城陵矶水位变化及其原因分析[J].水利发电学报,2014,33(3):23-28.

[28] 王鸿翔,查胡飞,李越,等.三峡水库对洞庭湖水文情势影响评估[J].水力发电,2019,45(11):14-18,44.

[29] 陈进.三峡水库建成后长江中下游防洪战略思考[J].水科学进展,2014,25(5):745-751.

[30] 董炳江,许全喜,袁晶,等.2017年汛期三峡水库城陵矶防洪补偿调度影响分析[J].人民长江,2019,50(2):95-100.

[31] 徐照明,徐兴亚,李安强,等.长江中下游河道冲淤演变的防洪效应[J].水科学进展,2020,31(3):366-376.

[32] 章诞武,丛振涛,倪广恒.基于中国气象资料的趋势检验方法对比分析[J].水科学进展,2013,24(4):490-496.

[33] 王延贵,刘茜,史红玲.江河水沙变化趋势分析方法与比较[J].中国水利水电科学研究院学报,2014,12(2):190-195.

[34] 秦年秀,姜彤,许崇育.长江流域径流趋势变化及突变分析[J].长江流域资源与环境,2005,14(5):589-594.

[35] 吉红霞,吴桂平,刘元波.极端干旱事件中洞庭湖水面变化过程及成因[J].湖泊科学,2016,28(1):207-216.

[36] 方红卫,何国建,郑邦民.水沙输移数学模型[M].北京:科学出版社,2015.

[37] 张高峰,喻丽莉,李妍,等.新安江模型在径流预报中的一致性分析[J].人民长江,2019,50(S1):75-78.

[38] 黎安田.长江1998年洪水与防汛抗洪[J].人民长江,1999,30(1):1-7.

[39] 马建文,秦思娴.数据同化算法研究现状综述[J].地球科学进展,2012,27(7):747-757.

[40] 刘士和,周祖俊.柘溪水库淤积测量及库容关系曲线修正研究[J].武汉水利电力大学学报,2000,33(4):21-24.

[41] 董炳江,陈显维,许全喜.三峡水库沙峰调度试验研究与思考[J].人民长江,2014,45(19):1-5.

[42] 李妍.基于 ArcMAP 的五强溪泥沙淤积及其对水库调度影响的分析[D].武汉:华中科技大学,2019.

[43] Yin H F,Liu G R,Pi J G,et al. On the river-lake relationship of the middle Yangtze reaches[J]. Geomorphology,2007,85(3-4):197-207.

[44] Dai Z J,Liu J T. Impacts of large dams on downstream fluvial sedimentation:an example of the Three Gorges Dam (TGD) on the Changjiang (Yangtze River) [J]. Journal of Hydrology,2013,480(1):10-18.

[45] Mei X F,Dai Z J,Du J Z,et al. Linkage between Three Gorges Dam impacts and the dramatic recessions in China's largest freshwater lake, Poyang Lake [J]. Scientific Reports,2015,5(1):18197.

[46] Li N,Wang L C,Zeng C F,et al. Variations of runoff and sediment load in the middle and lower reaches of the Yangtze River, China (1950—2013) [J]. PLoS ONE, 2016, 11 (8):e0160154.

[47] Houser P R. Improved disaster management using data assimilation[M]//Tiefenbacher J P. Approaches to disaster management-examining the implications of hazards, emergencies and disasters. London:IntechOpen,2013:83-103.

[48] Moore A M, Arango H G, Broquet G, et al. The regional ocean modeling system (ROMS) 4-dimensional variational data assimilation systems:Part I System overview and formulation[J]. Progress in Oceanography,2011,91(1):50-73.

[49] Ghil M, Malanotte-Rizzoli P. Data assimilation in meteorology and oceanography[J]. Advances in Geophysics,1991,33:141-266.

[50] Liu Y,Weerts A H,Clark M,et al. Advancing data assimilation in operational hydrologic forecasting:progresses,challenges,and emerging opportunities[J]. Hydrology and Earth System Sciences,2012,16(10):3863-3887.

[51] Kalman R E. A new approach to linear filtering and prediction problems[J]. Journal of Basic Engineering,1960,82(1):35-45.

[52] Evensen G. Sequential data assimilation with a nonlinear quasi-geostrophic model using Monte Carlo methods to forecast error statistics[J]. Journal of Geophysical Research: Oceans,1994,99(C5):10143-10162.

[53] Clark M P, Rupp D E, Woods R A, et al. Hydrological data assimilation with the ensemble Kalman filter:Use of streamflow observations to update states in a distributed hydrological model[J]. Advances in Water Resources,2008,31(10):1309-1324.

[54] Leisenring M, Moradkhani H. Snow water equivalent prediction using Bayesian data assimilation methods[J]. Stochastic Environmental Research and Risk Assessment, 2010,25(2):253-270.

[55] Salamon P, Feyen L. Disentangling uncertainties in distributed hydrological modeling using multiplicative error models and sequential data assimilation[J]. Water Resources Research,2010,46(12):65-74.

[56] Moradkhani H, Hsu K L, Gupta H, et al. Uncertainty assessment of hydrologic model states and parameters: Sequential data assimilation using the particle filter[J]. Water Resources Research,2005,41(5):5012.

[57] Weerts A H, Serafy G Y. Particle filtering and ensemble Kalman filtering for state updating with hydrological conceptual rainfall runoff models[J]. Water Resources Research,2006,42(9):123-154.

[58] Salamon P, Feyen L. Assessing parameter, precipitation, and predictive uncertainty in a distributed hydrological model using sequential data assimilation with the particle filter [J]. Journal of Hydrology,2009,376(3):428-442.

[59] Noh S, Tachikawa Y, Shiiba M, et al. Applying sequential Monte Carlo methods into a distributed hydrologic model: lagged particle filtering approach with regularization[J]. Hydrology and Earth System Sciences,2011,15(10):3237-3251.

[60] Qin J, Liang S L, Yang K, et al. Simultaneous estimation of both soil moisture and model parameters using particle filtering method through the assimilation of microwave signal [J]. Journal of Geophysical Research: Atmospheres,2009,114(D15).

[61] Nagarajan K, Judge J, Graham W D, et al. Particle filter-based assimilation algorithms for improved estimation of root-zone soil moisture under dynamic vegetation conditions[J]. Advances in Water Resources,2011,34(4):433-447.

[62] Dechant C, Moradkhani H. Radiance data assimilation for operational snow and streamflow forecasting[J]. Advances in Water Resources,2011,34(3):351-364.

[63] Dechant C M, Moradkhani H. Examining the effectiveness and robustness of sequential data assimilation methods for quantification of uncertainty in hydrologic forecasting[J]. Water Resources Research,2012,48(4).

[64] Plaza D A, De Keyser R, De Lannoy G, et al. The importance of parameter resampling for soil moisture data assimilation into hydrologic models using the particle filter[J]. Hydrology and Earth System Sciences,2012,16(2):375-390.

[65] Moradkhani H, Dechant C M, Sorooshian S. Evolution of ensemble data assimilation for uncertainty quantification using the particle filter-Markov chain Monte Carlo method[J]. Water Resources Research,2012,48(12):12520.

[66] Vrugt J A, Braak C J, Diks C G, et al. Hydrologic data assimilation using particle Markov chain Monte Carlo simulation: Theory, concepts and applications[J]. Advances in Water

Resources,2013,51:457-478.

[67] Bi H,Ma J,Wang F. An improved particle filter algorithm based on ensemble Kalman filter and Markov chain Monte Carlo method[J]. IEEE Journal of Selected Topics in Applied Earth Observations and Remote Sensing,2017,8(2):447-459.

[68] Wang B,Yu L,Deng Z H,et al. A particle filter-based matching algorithm with gravity sample vector for underwater gravity aided navigation[J]. IEEE/ASME Transactions on Mechatronics,2016,21(3):1399-1408.

[69] Liu Y Q,Gupta H V. Uncertainty in hydrologic modeling: Toward an integrated data assimilation framework[J]. Water Resources Research,2007,43(7):W07401.

[70] Dechant C M, Moradkhani H. Improving the characterization of initial condition for ensemble streamflow prediction using data assimilation[J]. Hydrology and Earth System Sciences,2011,15(11):3399-3410.

[71] Moradkhani H. Hydrologic remote sensing and land surface data assimilation[J]. Sensors,2008,8(5):2986-3004.

[72] Noh S J,Rakovec O, Weerts A H, et al. On noise specification in data assimilation schemes for improved flood forecasting using distributed hydrological models[J]. Journal of Hydrology,2014,519:2707-2721.

[73] Fan Y R,Huang G H,Baetz B W,et al. Parameter uncertainty and temporal dynamics of sensitivity for hydrologic models: A hybrid sequential data assimilation and probabilistic collocation method[J]. Environmental Modelling & Software,2016,86:30-49.

[74] Thirel G,Salamon P,Burek P,et al. Assimilation of MODIS snow cover area data in a distributed hydrological model using the particle filter[J]. Remote Sensing,2013,5(11):5825-5850.

[75] Delft G V, Serafy G Y,Heemink A W. The ensemble particle filter(EnPF) in rainfall-runoff models[J]. Stochastic Environmental Research and Risk Assessment, 2009, 23(8):1203-1211.

[76] Moradkhani H, Hsu K, Hong Y, et al. Investigating the impact of remotely sensed precipitation and hydrologic model uncertainties on the ensemble streamflow forecasting[J]. Geophysical Research Letters,2006,33(12):285-293.

[77] Moradkhani H, Sorooshian S. General review of rainfall-runoff modeling: model calibration, data assimilation, and uncertainty analysis[M]//Sorooshian S, Hsu K L, Coppola E,et al. Hydrological modelling and the water cycle. Heidelberg: Springer,2009:1-24.

[78] Yan H,Moradkhani H. Combined assimilation of streamflow and satellite soil moisture with the particle filter and geostatistical modeling[J]. Advances in Water Resources, 2016,94:364-378.

[79] Bi H Y, Ma J W, Zheng W J, et al. Comparison of soil moisture in GLDAS model

simulations and in-situ observations over the Tibetan Plateau[J]. Journal of Geophysical Research Atmospheres, 2016, 121(6).

[80] Yan H, Dechant C M, Moradkhani H. Improving soil moisture profile prediction with the particle filter-Markov chain Monte Carlo method[J]. IEEE Transactions on Geoscience and Remote Sensing, 2015, 53(11): 6134-6147.

[81] Zhang H, Hendricks-Franssen H, Han X, et al. State and parameter estimation of two land surface models using the ensemble Kalman filter and the particle filter[J]. Hydrology & Earth System Sciences, 2017, 18(9): 1-39.

[82] Karssenberg D, Schmitz O, Salamon P, et al. A software framework for construction of process-based stochastic spatio-temporal models and data assimilation[J]. Environmental Modelling & Software, 2010, 25(4): 489-502.

[83] Xu X Y, Zhang X S, Fang H W, et al. A real-time probabilistic channel flood-forecasting model based on the Bayesian particle filter approach[J]. Environmental Modelling & Software, 2017, 88: 151-167.

[84] Yang H F, Yang S L, Xu K H, et al. Human impacts on sediment in the Yangtze River: A review and new perspectives [J]. Global and Planetary Change, 2018, 162: 8-17.

[85] Yang S L, Xu K H, Milliman J D, et al. Decline of Yangtze River water and sediment discharge: Impact from natural and anthropogenic changes[J]. Scientific Reports, 2015, 5: 12581.

[86] Lu C, Jia Y F, Jing L, et al. Shifts in river-flood plain relationship reveal the impacts of river regulation: A case study of Dongting Lake in China[J]. Journal of Hydrology, 2018, 559: 932-941.

[87] Mosavi A, Ozturk P, Chau K W. Flood prediction using machine learning models: literature review[J]. Water. 2018, 10(11): 1536.